新一代人工智能实践系列教材

王龙标 党建武 于强 编著

高等教育出版社·北京

语音信息处理 理论与实践

U0393682

中国教育出版传媒集团

高等教育出版社·北京

内容提要

本书阐述语音信息处理的理论与实践内容。全书共 8 章。第 1 章介绍语音产生与感知机理，以及与此相关的语言基础知识，是全书的理论基础。第 2 章介绍语音信号处理基础，包括语音产生与感知的数学模型、语音听觉的数学模型、时域语音信号处理方法、基于产生机理的语音信号处理方法以及基于感知机理的语音信号处理方法。第 3 章介绍语音识别的原理与技术，重点介绍基于隐马尔可夫模型和基于深度学习的声学模型、语言模型、语音识别解码算法、语音识别技术展望以及基于 HTK、Kaldi 等工具的相关实践。第 4 章介绍语音合成原理与技术，主要包括语音合成的原理、基于深度神经网络和端到端的语音合成方法。第 5 章介绍语音增强的原理与技术，涉及单通道及多通道的各种语音增强算法以及相关实践。第 6 章介绍说话人识别原理与技术，包含传统说话人识别算法以及基于深度学习的说话人识别算法，最后介绍相关实践。第 7 章介绍语音对话系统，主要涉及任务型语音对话系统、闲聊系统以及相关实践。第 8 章介绍语音信息处理前瞻技术。

本书可作为高等学校人工智能专业、计算机科学与技术专业的本科高年级学生、研究生相关课程教材，也可作为从事语音信息处理工作的专业技术人员的参考读物。

人工智能是引领这一轮科技革命、产业变革和社会发展的战略性技术,具有溢出带动性很强的"头雁效应"。当前,新一代人工智能正在全球范围内蓬勃发展,促进人类社会生活、生产和消费模式巨大变革,为经济社会发展提供新动能,推动经济社会高质量发展,加速新一轮科技革命和产业变革。

2017 年 7 月,国务院发布了《新一代人工智能发展规划》,指出了人工智能正走向新一代。新一代人工智能(AI2.0)的概念除了继续用电脑模拟人的智能行为外,还纳入了更综合的信息系统,如互联网、大数据、云计算等去探索由人、物、信息交织的更大更复杂的系统行为,如制造系统、城市系统、生态系统等的智能化运行和发展。这就为人工智能打开了一扇新的大门和一个新的发展空间。人工智能将从各个角度与层次,宏观、中观和微观地,去发挥"头雁效应",去渗透我们的学习、工作与生活,去改变我们的发展方式。

要发挥人工智能赋能产业、赋能社会,真正成为推动国家和社会高质量发展的强大引擎,需要大批掌握这一技术的优秀人才。因此,中国人工智能的发展十分需要重视人工智能技术及产业的人才培养。

高校是科技第一生产力、人才第一资源、创新第一动力的结合点。因此,高校有责任把人工智能人才的培养置于核心的基础地位,把人工智能协同创新摆在重要位置。国务院《新一代人工智能发展规划》和教育部《高等学校人工智能创新行动计划》发布后,为切实应对经济社会对人工智能人才的需求,我国一流高校陆续成立协同创新中心、人工智能学院、人工智能研究院等机构,为人工智能高层次人才、专业人才、交叉人才及产业应用人才培养搭建平台。我们正处于一个百年未遇、大有可为的历史机遇期,要紧紧抓住新一代人工智能发展的机遇,勇立潮头、砥砺前行,通过凝练教学成果及把握科学研究前沿方向的高质量教材来"传道、授业、解惑",提高教学质量,投身人工智能人才培养主战场,为我国构筑人工智能发展先发优势和贯彻教育强国、科技强国、创新驱动发展战略贡献力量。

为促进人工智能人才培养,推动人工智能重要方向教材和在线开放课程建设,国家新一代人工智能战略咨询委员会和高等教育出版社于 2018 年 3 月成立了"新一代人工智能系列教材"编委会,聘请我担任编委会主任,吴澄院士、郑南宁院士、高文院士、陈纯院士和高等教育出版社林金安副总编辑担任编委会副主任。

根据新一代人工智能发展特点和教学要求,编委会陆续组织编写和出版有关人工智能基础理论、算法模型、技术系统、硬件芯片、伦理安全、"智能+"学科交叉和实践应用等方面内容的系列教材,形成了理论技术和应用实践两个互相协同的系列。为了推动高质量教材资源的共享共用,同时发布了与教材内容相匹配的在线开放课程、研制了新一代人工智能科教平台"智海"和建设了体现人工智能学科交叉特点的"AI+X"微专业,以形成各具优势、衔接前沿、涵盖完整、交叉融合具有中国特色的人工智能一流教材体系、支撑平台和育人生态,促进教育链、人才链、产业链和创新链的有效衔接。

"AI 赋能、教育先行、产学协同、创新引领",人工智能于 1956 年从达特茅斯学院出发,踏上了人类发展历史舞台,今天正发挥"头雁效应",推动人类变革大潮,"其作始也简,其将毕也必巨"。我希望"新一代人工智能教材"的出版能够为人工智能各类型人才培养做出应有贡献。

衷心感谢编委会委员、教材作者、高等教育出版社编辑等为"新一代人工智能系列教材"出版所付出的时间和精力。

1956 年，人工智能（AI）在达特茅斯学院诞生，到今天已走过半个多世纪历程，并成为引领新一轮科技革命和产业变革的重要驱动力。人工智能通过重塑生产方式、优化产业结构、提升生产效率、赋能千行百业，推动经济社会各领域向着智能化方向加速跃升，已成为数字经济发展新引擎。

在向通用人工智能发展进程中，AI 能够理解时间、空间和逻辑关系，具备知识推理能力，能够从零开始无监督式学习，自动适应新任务、学习新技能，甚至是发现新知识。人工智能系统将拥有可解释、运行透明、错误可控的基础能力，为尚未预期和不确定的业务环境提供决策保障。AI 结合基础科学循环创新，成为推动科学、数学进步的源动力，从而带动解决一批有挑战性的难题，反过来也促进 AI 实现自我演进。例如，用 AI 方法求解量子化学领域薛定谔方程的基态，突破传统方法在精确度和计算效率上两难全的困境，这将会对量子化学的未来产生重大影响；又如，通过 AI 算法加快药物分子和新材料的设计，将加速发现新药物和新型材料；再如，AI 已证明超过 1200 个数学定理，未来或许不再需要人脑来解决数学难题，人工智能便能写出关于数学定理严谨的论证。

华为 GIV（全球 ICT 产业愿景）预测：到 2025 年，97% 的大公司将采用人工智能技术，14% 的家庭将拥有"机器人管家"。可以预见的是，如何构建通用的人工智能系统、如何将人工智能与科学计算交汇、如何构建可信赖的人工智能环境，将成为未来人工智能领域需重点关注和解决的问题，而解决这些问题需要大量的数据科学家、算法工程师等人工智能专业人才。

2017 年，国务院发布《新一代人工智能发展规划》，提出加快培养聚集人工智能高端人才的要求；2018 年，教育部印发了《高等学校人工智能创新行动计划》，将完善人工智能领域人才培养体系作为三大任务之一，并积极加大人工智能专业建设力度，截至目前已批准 300 多所高校开设人工智能专业。

人工智能专业人才不仅需要具备专业理论知识，而且还需要具有面向未来产业发展的实践能力、批判性思维和创新思维。我们认为"产学合作、协同育人"是人工智能人才培养的一条有效可行的途径：高校教师有扎实的专业理论基础和丰富的教学资源，而企业拥有应用场景和技术实践，产学合作将有助于构筑高质量人才培养体系，培养面向未来的人工智能人才。

在人工智能领域，华为制定了包括投资基础研究、打造全栈全场景人工智能解决方案、投资开放生态和人才培养等在内的一系列发展战略。面对高校人工智能人才培养的迫切需求，华为积极参与校企合作，通过定制人才培养方案、更新实践教学内容、共建实训教学平台、共育双师教学团队、共同科研创新等方式，助力人工智能专业建设和人才培养再上新台阶。

教材是知识传播的主要载体、教学的根本依据。华为愿意在"新一代人工智能系列教材"编委会的指导下,提供先进的实验环境和丰富的行业应用案例,支持优秀教师编写新一代人工智能实践系列教材,将具有自主知识产权的技术资源融入教材,为高校人工智能专业教学改革和课程体系建设发挥积极的促进作用。在此,对编委会认真细致的审稿把关,对各位教材作者的辛勤撰写以及高等教育出版社的大力支持表示衷心的感谢!

智能世界离不开人工智能,人工智能产业深入发展离不开人才培养。让我们聚力人才培养新局面,推动"智变"更上层楼,让人工智能这一"头雁"的羽翼更加丰满,不断为经济发展添动力、为产业繁荣增活力!

华为董事、战略研究院院长

语音信息处理是一门涉及心理学、生理学、语言学、概率统计学、数字信号处理、认知科学、模式识别、机器学习等多个领域的交叉学科,是人工智能、计算机科学与技术学科的重要组成方向之一。由于语音是最自然、最高效的人类交流手段,因此语音交互、语音信息处理在人机交互、信息处理等领域具有重要地位,相关技术也逐渐被应用于家居、车载、机器人等应用场景中。目前,语音信息处理已成为计算机科学与技术专业、人工智能专业的主要课程,同时也是各企业人工智能相关产品以及研发部门的重要研究方向。

然而,正因为语音信息处理具有涉及学科众多、相关理论与技术更新较快、语音信息处理平台工具较多等特点,目前已出版的教材很难满足新形势下人工智能专业理论与实践结合的需求。因此,本书基于理论联系实践的思路,力求系统阐述语音信息处理的基本理论、方法与实践平台工具——从科学原理上阐述语音产生与感知的机理,从工程方法上借鉴语音产生与感知机理阐述语音识别、语音合成、语音增强、说话人识别、语音对话等方法的原理与方法,从工程实践上系统介绍最常用的语音信息处理领域的平台工具。同时,本书还介绍了语音信息处理的前瞻技术。本书的作者承担了国家重点基础研究发展计划(973 计划)项目、国家重点研发计划项目以及国家自然科学基金项目,在写作过程中注重体现教学与科研互补、理论与实践结合、学术与产业融合等经验。

本书不仅适用于人工智能专业、计算机科学与技术专业的本科高年级学生、研究生,也适用于其他从事语音信息处理相关工作的专业技术人员。本书的参考学时为本科生 32 学时,研究生 40 学时。

全书共 8 章。第 1 章详细阐述人类的语音产生与感知机理,为第 2—8 章的方法与技术提供了理论依据。第 2—7 章系统介绍了语音信息处理的主要方法与技术,并在每章最后介绍相关方法和技术的实践内容,使理论与实践紧密结合。第 8 章阐述了语音信息处理的前瞻技术,特别是介绍了基于类脑计算的语音信息处理的原理与方法。在内容编排上,本书每章开头都有内容导读,提纲挈领,引导读者快速进入主题;每章结尾都给出本章知识点小结、实践以及习题,方便读者整理思路,回顾本章主要内容。

本书除纸质教材外,还提供如下相关配套资源(可从本书配套课程网站浏览并下载):

① 教材最新勘误表;

② 教学课件;

③ 教材知识点讲解视频。

本书由王龙标、党建武、于强编著。具体编写分工如下:第 1、2、4 章由党建武编写,第 3、5、6、7 章由王龙标编写,第 8 章由于强编写;王龙标负责全书的统筹安排和审定。贾敏、侯杰、郭太阳、林羽钦、秦思晴、吕永杰、宋彤彤、徐强、杨颜冰、贡诚、蔡晨禹、葛檬、李楠、史昊、姜宇、强璐亚、尹浩然、李俊杰、刘猛、周到、武艺博、司宇珂、王瑞芳、齐剑书、汤丽、刘佳星、郭丽丽、高源等参与了本书的资料整理、实践部分撰写与书稿校对等工作。西北工业大学的谢磊教授仔细审阅了全部初稿,并提出了许多宝贵的意见和建议。在此,向所有为本书付出辛勤劳动的人员表示衷心的感谢!

　　本书作者虽然长期从事语音信息处理的理论与实践工作,但因水平有限,且编写时间仓促,书中的不足和错误在所难免。欢迎读者通过邮件(longbiao_wang@tju.edu.cn)提出宝贵意见和建议。我们会在每次重印时及时予以更正,读者也可随时从教材配套课程网站上下载最新的勘误表。

作者

于天津大学

2021 年 12 月

目录

■ **第1章 语音产生与感知机理** ……001

1.1 语音产生机理 ……001
    1.1.1 有声语言的形成 ……001
    1.1.2 发音运动及其范畴化 ……003

1.2 声源产生机理与感知 ……007
    1.2.1 声带的生理结构及振动机理 ……007
    1.2.2 声音的高低与强弱 ……010
    1.2.3 辅音声源的产生 ……012

1.3 语音感知机理 ……013
    1.3.1 听觉器官的构造及其功能 ……013
    1.3.2 听觉感知机理与听觉模型 ……017
    1.3.3 人的语音感知机理 ……021
    1.3.4 语言中副语言信息和非语言信息的感知 ……024

1.4 语音信号及其特性 ……026
    1.4.1 语音产生的声学计算 ……027
    1.4.2 声调、语调及韵律 ……034

1.5 言语产生与感知的相互作用 ……037
    1.5.1 言语知觉运动理论 ……037
    1.5.2 语音产生和感知的时频表示 ……039

1.6 小结 ……045

1.7 语音生成实验 ……045

推荐读物 ……045

习题1 ……046

参考文献 ……046

■ **第2章 语音信号处理基础** ……049

2.1 语音产生与感知的数学模型 ……049
    2.1.1 语音产生系统的表示及其信号的数字化 ……049
    2.1.2 离散时间信号与离散系统表示 ……052
    2.1.3 压缩采样理论的原理应用 ……054

2.2 语音听觉的数学模型 ……059
    2.2.1 基于神经心理学研究的听觉数学模型 ……060
    2.2.2 听觉滤波器 ……060
    2.2.3 听觉模型 ……061
    2.2.4 基于双耳机制的声源定位方法 ……063
    2.2.5 听觉的时间信息处理机制 ……066

2.3 时域语音信号处理方法 ……068
    2.3.1 短时平均能量 ……069
    2.3.2 短时平均过零率 ……070
    2.3.3 短时自相关函数 ……071

2.4 基于产生机理的语音信号处理方法 ……073
    2.4.1 倒谱分析 ……073
    2.4.2 线性预测编码 ……075
    2.4.3 语音基频的提取 ……081

2.5 基于感知机理的语音信号处理方法 ……083
    2.5.1 滤波器组的分析 ……084
    2.5.2 梅尔频率倒谱分析 ……085
    2.5.3 感知线性预测分析 ……086
    2.5.4 语音信息处理系统的前端增强 ……087

2.6 小结 ……090

2.7 语音信号处理实验 ……091

推荐读物 ……092

习题2 ……092

参考文献 ……093

■ **第3章 语音识别原理与技术** ……095

3.1 语音识别概述 ……095
    3.1.1 简介 ……095
    3.1.2 发展历史 ……095
    3.1.3 基于模板匹配的语音识别 ……097

3.2 声学模型 ……099
    3.2.1 隐马尔可夫模型的基本原理与算法 ……100
    3.2.2 基于 GMM-HMM 的声学模型 ……108
    3.2.3 深度神经网络简介 ……111
    3.2.4 基于深度学习的声学模型 ……114

3.3 语言模型 ……119
    3.3.1 基于 N-gram 的语言模型 ……119
    3.3.2 基于深度学习的语言模型 ……123

3.4 语音识别解码算法 ……126
    3.4.1 基于 Viterbi 的解码算法 ……126

3.4.2 基于加权有限状态转换机的
解码算法 ……128

3.5 语音识别技术的展望 ……133

3.6 小结 ……135

3.7 语音识别实践 ……136

3.7.1 开源数据集 ……137

3.7.2 语音识别工具 ……138

3.7.3 搭建语音识别系统 ……139

习题 3 ……144

参考文献 ……145

■ 第 4 章 语音合成原理与技术 ……147

4.1 语音合成方法的回顾 ……147

4.1.1 基于语音产生机理的语音
合成方法 ……148

4.1.2 基于参数分析的语音合成
方法 ……149

4.1.3 文语转换语音合成方法 ……149

4.2 语音合成的原理 ……152

4.2.1 文本分析 ……152

4.2.2 韵律分析 ……157

4.2.3 统计参数语音合成的原理 ……158

4.3 语音合成的主流技术 ……168

4.3.1 基于深度神经网络的语音
合成 ……169

4.3.2 端到端语音合成 ……171

4.4 多样化语音合成 ……180

4.4.1 基于平均音模型的多样化语音
合成 ……180

4.4.2 基于深度学习的多样化语音
合成 ……190

4.4.3 低资源场景下的语音合成 ……199

4.4.4 抗噪语音合成 ……203

4.5 小结 ……205

4.6 语音合成实践 ……206

4.6.1 实验设计 ……206

4.6.2 实验内容 ……206

习题 4 ……213

参考文献 ……214

■ 第 5 章 语音增强原理与技术 ……217

5.1 语音增强概述 ……217

5.2 单通道语音增强 ……220

5.2.1 基于传统信号处理的语音
增强方法 ……220

5.2.2 基于深度学习的语音增强
方法 ……225

5.3 基于麦克风阵列的语音增强 ……237

5.3.1 固定波束形成 ……238

5.3.2 自适应波束形成 ……243

5.4 语音增强技术的展望 ……248

5.4.1 语音增强和语音分离的结合 ……248

5.4.2 语音增强和脑科学研究的
结合 ……250

5.4.3 多模态语音增强技术 ……251

5.4.4 实时在线语音增强技术 ……252

5.5 小结 ……253

5.6 语音增强实践 ……253

5.6.1 加噪声、混响 ……253

5.6.2 语音增强 Matlab 算法实践 ……254

5.6.3 基于深度神经网络的语音增强
实践 ……256

5.6.4 基于 Wave-U-Net 的语音增强
实践 ……257

习题 5 ……258

参考文献 ……258

■ 第 6 章 说话人识别原理与技术 ……261

6.1 说话人识别概述 ……261

6.1.1 说话人识别概念 ……261

6.1.2 说话人识别技术优势 ……263

6.1.3 说话人识别应用前景 ……264

6.1.4 说话人识别技术难点 ……264

6.1.5 说话人识别发展历程 ……265

6.2 传统说话人识别算法 ……267

6.2.1 经典前端特征 ……267

6.2.2 经典识别模型 ……267

6.3 基于深度学习的说话人识别算法 ……273

6.3.1 深度说话人特征 ……273

6.3.2 后端判别算法 ……275

6.3.3 端到端的说话人识别模型 ……275

6.3.4 迁移学习、多任务学习及多数据库联合学习 ……276

6.4 小结与展望 ……276

6.5 说话人识别实践 ……277

6.5.1 所需环境 ……277

6.5.2 数据库与评价指标 ……277

6.5.3 基于 i-vector 的说话人识别实践 ……278

6.5.4 基于 x-vector 的说话人识别实践 ……280

6.5.5 常用声纹数据库及工具箱 ……282

习题 6 ……283

参考文献 ……283

■ 第 7 章 语音对话系统 ……287

7.1 语音对话系统概述 ……287

7.1.1 语音对话系统的发展历史 ……287

7.1.2 语音对话系统的分类及应用场景 ……289

7.2 任务型语音对话系统 ……290

7.2.1 口语理解 ……290

7.2.2 对话状态追踪 ……293

7.2.3 对话策略学习 ……299

7.3 闲聊系统 ……302

7.3.1 检索式闲聊系统 ……302

7.3.2 生成式闲聊系统 ……306

7.4 语音对话系统展望 ……312

7.5 小结 ……313

7.6 语音对话系统实践 ……314

7.6.1 对话行为识别实验 ……314

7.6.2 域检测、意图识别和槽填充联合训练实验 ……316

7.6.3 对话状态追踪实验 ……318

7.6.4 对话策略学习实践 ……321

7.6.5 检索式聊天机器人的实现 ……322

7.6.6 生成式闲聊系统的实现 ……326

习题 7 ……328

参考文献 ……329

■ 第 8 章 语音信息处理前瞻技术 ……331

8.1 语音情感信息处理与分析 ……331

8.1.1 情感描述模型 ……331

8.1.2 语音情感数据库 ……332

8.1.3 语音情感特征 ……334

8.1.4 语音情感识别算法 ……334

8.1.5 结论与展望 ……336

8.2 基于端到端的语音信息处理 ……337

8.2.1 面向语音识别的端到端模型 ……337

8.2.2 端到端口语理解模型 ……341

8.2.3 问题及展望 ……341

8.3 基于类脑计算的语音信息处理 ……342

8.3.1 基于稀疏关键点的编码方法 ……343

8.3.2 神经元模型 ……345

8.3.3 多脉冲学习算法 ……346

8.3.4 基于稀疏关键点编码技术和多脉冲学习算法的环境声音识别模型 ……347

8.3.5 结论与展望 ……351

习题 8 ……351

参考文献 ……352

第1章 语音产生与感知机理

【内容导读】在漫长的进化过程中,人类语言的表示形成了两种基本形式:有声语言和书面语言。书面语言作为有声语言的文字记录使人类文化和文明得以积累和传承,但是文字记录并不能反映和保留有声语言的全部信息。有声语言不仅包含文本记录的语义,还包含韵律特征(即音高、时长、强度等超音段特征)传递的副语言信息和非语言信息。其中副语言信息记录说话人"怎么说"的信息,体现话语结构、说话者的情绪状态、行为意图等丰富的语言信息,有时也表达"言外之意"。非语言信息显示"谁在说"的信息,包括说话人的性别、口音、健康状况甚至身份地位和社会阶层等非语言信息[1]。因此,从人际交流的角度看,有声语言(通称言语)是更基本、更重要的形式。

有声语言从本质上讲是经过语言信息调制、承载说话人的意图信息和生物信息的声波,而人类听觉系统通过感知此类声波理解有声语言完成言语交流。本书主要是从语音信号处理的角度来探讨言语交流过程的理论和技术问题。当我们考虑有声语言的"语言信息"时,用"言语"的称谓,当把它作为物理信号进行处理时,称之为"语音"。在不引起混淆的情况下,一般不做严格区分。

语音信号是人在言语交流过程中由发音器官产生并由听觉系统感知的语言载体。因此,语音信号处理的研究,长期以来一直是围绕着人的发音和听觉机理及相关的语言学概念展开的。即使是当今盛行的基于深度学习方法的语音识别和语音合成技术,也是围绕与发音过程相关的声学模型和与发音内容有关的语言模型进行的。为此,作为本书的第1章,我们首先介绍人的语音产生机理和听觉机理,以及与此相关的语音基础知识。

1.1 语音产生机理

声音作为载体属于语音的生理物理特性,其承载的内容属于语音的社会特性。有声语言将语音的生理物理特性和社会特性无缝地结合在一起。语音的功能就是通信和日常会话交流。人类的语音产生和感知机制是在长期的进化过程中形成的,有突变,也有传承。人体结构包含语音产生及感知器官在内都是从灵长类动物进化而来的,但能够承载如此高密度信息的声音是人类语音所特有的。

1.1.1 有声语言的形成

人类的有声语言是如何产生的？在有声语言出现之前,人类与动物在很多方面有共通之处,都充分利用了其具有的 5 种感觉:视觉、听觉、嗅觉、触觉和味觉来传递和接收信息,比如用眼神、表情、手势、身势等进行交流,这些可以称为"原始自然语言"。美国手语研究之父 William Stokoe 提出人类语言发展的一个假说,即从最初的手势符号演化成手势语言,再由手势语言逐渐转化为有声语言[2]。书面语言的出现远在有声语言之后。

　　人类的双手在视觉和随视觉而产生的知觉作用下可以指示并部分地模仿外部世界。视觉与手生成的带有明显语义的语言符号逐渐变成了手势语言。为此，人类的眼睛就会很自然地看着双手以及双手的运动直接指向的事物，或双手模拟再现其他事物。在理解各种手势时，大脑领会的是一个完整的概念，包括动作、动作的主体以及对象，即相当于现在包含主语、谓语和宾语的句子。毫无疑问，手势语言的出现直接促进了脑部的发育和脑部结构的复杂化，并使得人类逐步拥有抽象思维的能力。在那个时代，声音也许只起到唤起和报警等作用。但近年来，脑科学的研究表明，手势语言和有声语言在大脑中激活相同的脑区，使用相同的系统[3]。这些结果表明手势语言和有声语言存在内在联系。

　　人类的直立行走导致了另一末梢器官（口腔）的生理结构变革，即喉头的位置更趋向咽部的下方，并且与口腔的角度发生了改变。图1-1显示了人类发音器官的进化[4]。图1-1(a)是黑猩猩声道（声音通路）的核磁共振成像，图1-1(b)是人类声道的核磁共振成像。在此进化过程中，人类口腔系统的变化主要有三方面[5]：①支撑口腔顶部骨质结构向后旋转，缩短了口腔的水平长度；②舌头逐渐下降到咽部，使得相对长而扁平的舌体改变成厚圆形；③颈部逐渐加长，将吞咽和发音功能分离。和黑猩猩相比，人的声道形状有明显变化，由水平和垂直两部分组成（见图1-1(b)）。这些变化使得舌头由前后的一维运动变为前后上下的二维运动。喉头位置及角度的改变形成了更长的咽腔，有利于发音时产生共鸣，从而更容易发出清晰而多样的声音。黑猩猩等动物的喉头与舌骨粘连在一起（见图1-1(a)），而人类喉头与舌骨的分离使得人可以将声源和发音运动简单地分割开来，进行相对独立的控制。综上所述，直立行走、手和脑部的进化、共鸣腔的形成等因素，为有声语言的产生提供了物理和生理

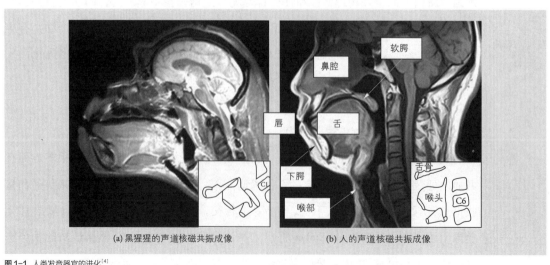

(a) 黑猩猩的声道核磁共振成像　　　　(b) 人的声道核磁共振成像

图1-1　人类发音器官的进化[4]

上的必要条件。

　　人类学的研究结果显示,大约 10 万年前人类的声道就和现代人相差无几,具有产生语音的条件。而有声语言的真正出现在 4 万~5 万年前[5]。因此,上述生理条件的变化只为有声语言的产生奠定了必要的物质基础。然而,对有声语言的产生发挥更大作用的可能是社会因素,即人类祖先的群体性生活。群体性生活不仅在抵御猛兽攻击、抵抗自然灾害、寻找食物等方面发挥了巨大的作用,而且客观上使人们相互之间的联系更为紧密,有了相互交流的必要。"原始自然语言"已经不能满足人类日益增长的表达、交流的需要。为了寻找更经济、更有效的表达手段,人类首先需要把双手从传递言语信息中解放出来。此外,人类希望在视线无法到达或光线不好的环境也可以进行交流。这两方面需求是有声语言产生的社会需求。随着发音器官逐渐进化成熟,有声语言承担起手势语言的功能,成为言语交互的主要手段。也就是说,人类的先祖在"原始自然语言"所提供的各种交际手段中作出了取舍,选择了最简便且最经济的方式,逐渐形成了现代的言语功能。

1.1.2　发音运动及其范畴化

　　现代语言从最初的手势符号演化成手势语言,再由手势语言逐渐转化为有声语言,其中关键的节点在于,从肢体姿态语言进化为口腔内部的发音器官的姿态语言,完成了从"可视"语言到"可闻"语言的进化。下面先从发音器官的姿态的角度来说明语音的调音过程。

　　前已提及,口腔系统的进化使得舌头由前后的一维运动变为前后上下的二维运动,舌头的高度精确和协调的运动是产生千变万化的发音姿势的基础,也是人类语音的基础。神经解剖学分析表明,相对于其他哺乳动物的神经而言,人类舌头的肌肉由异常大量的运动神经元支配着。普通成年人舌头的运动神经元大约有 8 000 个。如此庞大的运动神经元将支配舌肌的特定区域神经完成特定的运动,产生复杂语音所必需的各种差别细微的运动。

　　语音的发音姿势需要满足一定的条件,首先发音姿势要简单易学,即不需要特殊训练就可以掌握。母语习得就是这样的一个例子,我们在不知不觉中习得了语音的发音运动。当人们超过临界年龄(约 12 岁)[6]时,运动神经的可塑性变差,二语习得才需要特殊训练。其次,发音姿势要能够产生稳定的声学特性,即满足语音的量子理论[7]。该理论认为,一个相对独立的语音单元,即使其发音姿势在一定范围内变动,其声学特性应该稳定不变。这种特性使得物理上连续变化的发音运动在声学感知上是离散的、范畴化的,以至于可以被符号化。刚出生的婴儿几乎可以听辨很多种和父母母语无关的语言音素,但在成长过程中为了加快语音辨识和计算速度以及受到母语的特化,到 12 个月左右就基本只对母语的音素有听觉反应了。

在语音习得过程中,人们在听觉功能的监控下,不断地通过一系列神经命令以试错的方式,控制发音器官练习发出同一范畴的语音。与此同时,这些"运动指令"也被范畴化。其结果是,每一个范畴声学特征对应一组范畴化的运动指令,形成"运动指令池"(motor command pool)。当人们发某个给定的音时,可以从对应运动指令池信手拈来,及时取出一个运动指令,实现迅速而准确地实现发音。这里,"准确"指的是范畴意义上的准确,实际上每次发音都会有些差别。在连续发音时,人们参考前后发音,基于能量最小的原则从运动命令池中选出最佳的命令。因此,人们根据上下文的不同,在语音范畴不变的前提下规划发音姿势,形成协同发音。协同发音是语音产生的一个重要研究课题,特别是对言语障碍患者的康复至关重要。

人类可发出的单音有数千种,同时满足上述两个条件,最终被范畴化成为语音单元的不到一千种。这些单元被称为音素,分为两大类:元音(vowel,也称母音)和辅音(consonant,也称子音)。音素是最小的语音单位,按语言的物理属性和生理属性区分。音素的基本特征是由声道的谐振特性和声源特性区分的。人类的语言共有 7 000 多种语音,其中包含约 200 个元音和 600 个辅音。但每一种语言平均只运用约 40 种音素构造其语音系统。注意,这 40 种音素并非与人类语音全集里元音或辅音中的单元唯一对应。在某一种语言中,人们往往是把若干相近的音素归类为一个音位。比如,汉语拼音中的 z、c、s 和 zh、ch、sh 在普通话中是两组不同的音位,但在南方许多方言中它们是同一组音位。语言学关于音素和音位的区分有多种不同的描述。如果从人的语音生成和感知功能上简单区分的话,音素是语音生成上可以区分的最小语音单元,音位是听觉上可以区分的最小语音单元。前者的区分标准是物理和生理属性,后者的区分标准则是社会和语言属性。

为了进一步了解语音的发音姿势,我们将部分汉语元音的正中矢状切面磁共振成像(MRI)图显示在图 1-2,其中国际音标符号/γ/相当于汉语拼音/e/;/ɚ/相当于汉语拼音/er/。可以看出,元音的发音姿势主要以舌体运动为主、唇部变形为辅。我们将部分元音发音时,发音器官的轮廓线抽出叠在一起,显示在图 1-3(a),部分辅音发音姿势叠在一起,显示在图 1-3(b)。元音的发音姿势,舌体前后上下大幅度运动,嘴唇有前突运动(正面看为圆唇运动)。因此,可以用元音发音时舌背最高点(舌位)位置和唇部形状来粗略地描述元音的发音特征。相对于元音,辅音的发音运动要复杂得多。大部分辅音的发音和舌尖与舌前部位置相关(参见图 1-3(b))。此外,还有双唇音、舌背音、鼻音和边音等。国际语音协会(the international phonetic association,IPA)根据发音的部位和声源特性定义了 150 个以上的音素。如果考虑辅助符号的话,IPA定义的音素的数量还会增加许多。

从声道形状上讲,元音发音时声波从喉部到唇部辐射,中途不受阻碍;而辅音发声时声波在声道的某处会受到阻碍。从声源特性上讲,元音的声源一般是由声带振动引

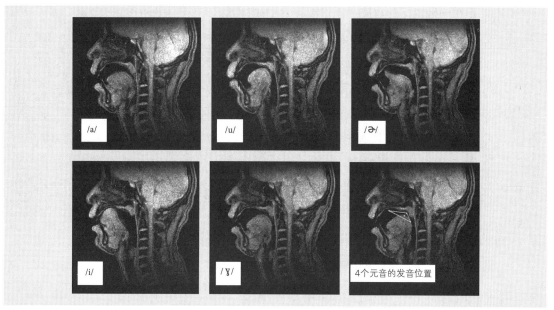

图1-2 部分汉语元音(对应汉语拼音见表1-1)的正中矢状切面磁共振成像(MRI)图及其舌位

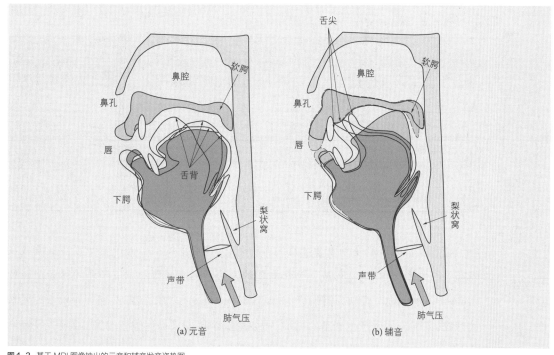

图1-3 基于MRI图像抽出的元音和辅音发音姿势图

起声门周期性开闭而形成的准周期性类三角波序列(浊音,voiced sound)。基于此,在前后方向上,舌位可以分为前部、中部和后部;从闭开状态上看,舌位可以分为闭、半闭、半开和开。IPA定义的元音舌位如图1-4所示,同一舌位成对出现时,右侧代表圆唇元音。为了直观地了解声道形状与舌位及唇部的关联性,在图1-2右下角的子图上显示了除元音/ɚ/以外其他4个元音的舌位。可以看到其舌位和IPA定义的基本一致。为了进一步了解汉语元音的特点,表1-1列出了所有汉语元音的拼音和国际音标的对应关系。可以看到，汉语有三个元音没有在 IPA 的定义中出现。元音［ɚ］（汉字"二"的发音）是汉语特有的，它除了舌体的移动外还伴随舌体的变形；-i［ʅ］和-i［ʅ］两个元音分别是汉语拼音/zi,ci,si/和/zhi,chi,shi/的韵母，不能和其他辅音搭配。因为和 IPA 没有对应关系，也有学者质疑其是否属于元音。虽然元音的声源一般是

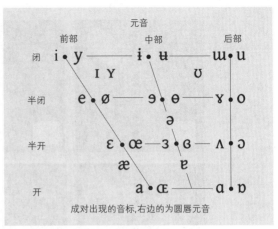

图1-4 国际语音学协会（IPA）制定的元音舌位图

由声带振动产生的浊音源，但也有元音发音时声带不振动的情况，这种元音称为清元音（voiceless vowel）。

表1-1　汉语元音拼音（左侧）和国际音标（右侧）的对照表

舌位	前		后	
	非圆唇	圆唇	非圆唇	圆唇
闭	-i [ʅ]/[ʅ]　　i [i]	ü [y]		u [u]
半闭			e [ɤ]	o [ɔ]
半开	ê [ɛ]		er [ɚ]	
开	a [ä]			
	舌面元音	舌尖元音		

　　辅音发音时气流受到发音器官的各种阻碍，在声道的狭窄处产生摩擦性乱流或在阻塞处产生爆破性乱流，形成语言多样化的发音。其发音伴随声带振动的称为浊辅音（voiced consonant），否则为清辅音（unvoiced consonant）。在语言中，辅音一般依附元音而存在，并配合元音产生音节。因此，需要用三个特征来描述辅音的调音特性：发音部位、发音方式和有无浊音源。声道中可能形成发音部位的有：外唇、内唇、牙齿、齿龈、齿龈后部、硬腭前部、硬腭、软腭、小舌、咽腔壁、声门、会厌、舌根、舌背部、舌面、舌尖中部、舌尖前部、舌尖下部。有的是以上腭一侧为参照，有些是以舌头一侧为参照。IPA 2020 年修订的辅音的国际音标如表 1-2 所示。

　　表 1-3 显示了汉语辅音的拼音和国际音标，其中左侧为汉语拼音，右侧为国际音标。汉语辅音的发音位置以舌体为参照物，国际音标的定义以上腭一侧为参照物。

表 1-2　辅音国际音标表（2020 年修订）

辅音（肺部气流）　　　　　　　　　　　　　　　　　　　　　　　　　　　⊕⊕⊛ 2020 IPA

	双唇	唇齿	齿	龈	龈后	卷舌	硬腭	软腭	小舌	咽	声门
塞音	p b			t d		ʈ ɖ	c ɟ	k g	q ɢ		ʔ
鼻音	m	ɱ		n		ɳ	ɲ	ŋ	ɴ		
颤音	ʙ			r					ʀ		
拍音或闪音		ⱱ		ɾ		ɽ					
擦音	ɸ β	f v	θ ð	s z	ʃ ʒ	ʂ ʐ	ç ʝ	x ɣ	χ ʁ	ħ ʕ	h ɦ
边擦音				ɬ ɮ							
边音		ʋ		ɹ		ɻ	j	ɰ			
边近音				l		ɭ	ʎ	ʟ			

注：成对出现的音标，右边的为浊辅音，左边的为清辅音。阴影区域表示不可能产生的音。

表 1-3　汉语辅音的拼音（左侧）和国际音标（右侧）

发音方法		发音部位							
		双唇	唇齿	龈	齿	龈后	硬腭	软腭	
塞音	不送气	b [p]			d [t]			g [k]	清音
塞音	送气	p [pʰ]			t [tʰ]			k [kʰ]	
塞擦音	不送气			z [ts]		zh [tʂ]	j [tɕ]		
塞擦音	送气			c [tsʰ]		ch [tʂʰ]	q [tɕʰ]		
擦音			f [f]	s [s]		sh [ʂ]	x [ɕ]	h [x]	
擦音						r [ʐ]			
鼻音		m [m]			n [n]			ng [ŋ]	浊音
边音					l [l]				

1.2　声源产生机理与感知

　　语音根据声源的主要特性可以分为清音和浊音。清音的声源是气流受到由声道中特定位置的阻塞而形成的摩擦音或爆破音，浊音的声源是由处于喉部的声带振动产生的。下面首先简要阐述和浊音声源相关的声带的生理结构及振动机理。

1.2.1　声带的生理结构及振动机理

　　喉腔位于颈部，是由软骨支架围成的空腔，软骨之间通过弹性膜及韧带相连接，加上肌肉与黏膜，使得喉腔结构复杂且精细。声带由左右对称的黏膜皱襞（软组织）组成，处于喉腔的中部，形成声门上部和声门下部的结合点。图 1-5 给出了以声带为中心的喉头结构剖面示意图。声带的结构通常用"黏膜层—肌体（cover-body）"的概念描述。基于该概念，声带通常被分成具有不同物理特性的两层软组织。声带黏膜是柔软的、不具有收缩性的黏性组织，附着在声带肌体之上。与此相对，声带肌体是由声带肌纤维和韧带组成的。虽然对于声带的软组织层有不同的描述[8]，但用"声带黏膜—声带肌体"的概念表述，对研究或模拟声带的振动特性是很方便的。

人们从很早就发现，发声时浊音声源是由声带振动产生的。为了探索其工作原理，人们早在18世纪就通过解剖动物和人体的喉头，并用气动实验观测声带的振动和声门的开闭运动。人们发现伴随着声带的振动，声门周期性开闭形成了断续的气流脉冲序列，因此称之为"声门气流声源"。

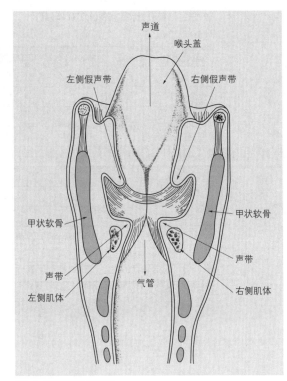

图1-5 喉头结构剖面示意图

有关声带振动的机理，从19世纪末开始一直存在着争议。直到20世纪50年代van den Berg 提出了肌肉弹性空气动力学后，人们的认识才接近了声带振动机理的实质。人们在安静呼吸时，声带外转（向外侧靠拢），处于张开状态；发声时，声带内转（向中间靠拢）。肌肉弹性空气动力学认为，声门由于声门下部加压而开启，并由于声带肌肉的弹性和声门处的伯努利效应产生的负压力而闭合[9]。通过频闪仪或高速摄影对声带振动的观测，人们已经确认声带振动时黏膜的表面波是自声带的下部向顶部传播的。这种表面声波称为黏性波或垂直相位差，在冠状面中可对它进行更清楚的观察。如果把开放过程和关闭过程的黏膜层上部和下部的相位差考虑进来，声带的一个振动周期可以分为8个状态。图1-6为声带振动过程示意图，圆圈上逆时针方向显示了声带由闭合经过开放过程到完全开放，再由完全开放经过闭合过程回到闭合的8个状态，图中上下部分显示了声带闭合与开放的状态。声带振动周期开始时，黏膜层下部向两侧横向移动，并带动上部继续这种移动，直到左侧和右侧分离，从而打开空气通道；一旦横向位移最大后，黏膜的下部开始向中线靠拢，随后上部也开始向中间靠拢，最终左右上下各部分彼此相接触，关闭空气通道，准备下一轮的开闭运动。整个振动过程周而复始，以基频（F0）周期性重复。值得注意的是，声带上部的横向位移与下部的横向位移是不同相位的。也就是说，声带下部的相位领先于声带上部，并在声带黏膜中形成自下而上的波浪运动。总体上讲，声带振动由两种运动模式组合而成，一种

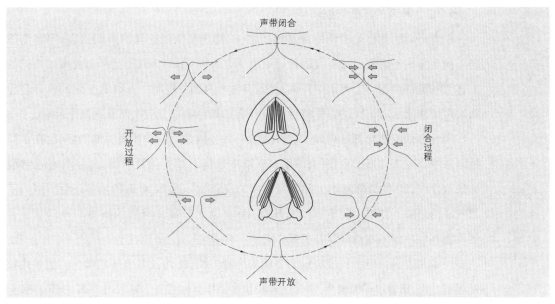

图 1-6 声带振动过程示意图

是左右的横向运动,一种是自下而上的波浪运动。根据上述观察,研究者发现,参与声带振动的主要组织是声带的黏膜层,黏膜层上下部的相位差带来的变形才是维持声带周期性振动的内在因素。因此,描述声带振动的理论由"肌肉弹性空气动力学"发展为"黏膜黏弹性空气动力学"。

声带的生理建模研究有着悠久的历史,图 1-7 显示了几种有代表性的生理计算模型。其中,图 1-7(a)为 Flanagan 和 Landgraf 基于肌肉弹性空气动力学提出的质量模型 1[10];图 1-7(b)为 Ishizaka 和 Flanagan 基于黏膜黏弹性空气动力学提出的质量模型 2[11];图 1-7(c)为 Story 和 Titze 在质量模型 2 的基础上增加了肌肉层提出的质量模型 3[12]。这些模型在语音产生机理和病理语音研究领域仍然发挥着重要作用。这个领域的最新动向之一,是通过三维有限元方法来研究声带结构细小变化对声源声学特性的影响。

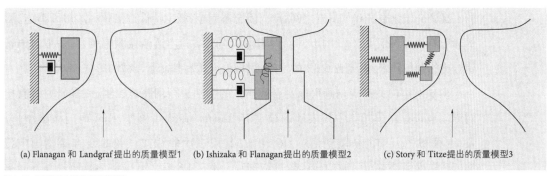

(a) Flanagan 和 Landgraf 提出的质量模型1　　(b) Ishizaka 和 Flanagan 提出的质量模型2　　(c) Story 和 Titze提出的质量模型3

图 1-7 代表性的声带生理计算模型

注:模型左右对称,这里只显示了左侧

1.2.2 声音的高低与强弱

声音高低的变化是语音的重要特征之一,特别是汉语这样的声调语言,声音高低的不同会形成不同的语义。汉语普通话有 4 个声调:阴平、阳平、上声和去声。不同的方言,声调数有所差异,粤语中声调最多,有 9 个声调。控制声音高低变化的机理是什么? 声调变化会对语音的声学特性产生什么影响? 本小节依次回答这两个问题。

声音高低的变化,即语音的基频 (F0) 升降是构成语音韵律最关键的要素,在不同的语言中都发挥着形形色色的作用。F0 是声带组织具有的固有谐振频率,在正常说话的范围中,F0 的升降基本上和声带的张力成正比。此外,声调的调节还受到声门下部气压的影响。如果声门下部气压升高,F0 也随之升高。声带的张力和声门下压力很可能存在一定的互动或互补关系。

声带张力是由声带长度决定的。随着声带被拉长,其张力也随之增大。通过内窥镜测量发现,随着声调的增高,声带的伸长长度呈指数性增长。基频每升高一倍,声带伸长长度的平均值为男性 2.8 mm、女性 1.9 mm。另外,由于肺里的呼气是引起声带振动的原动力,基频的变动也有空气动力学的要素。高压的呼气流会使声带黏膜变成弓形,从而增加了黏膜层的长度以及张力,进而使得基频上升。通过将针刺入声门下的气管等方式对呼气压(声门下压力)和音高进行测量发现,每增加 100 帕(Pa),基频升高 2~4 Hz。

浊音的发声过程中,声带周期性振动,声门周期性开闭。随着声门的开闭,声门的开口面积不断地周期性变化,从声门喷出的呼气流也随着变化。声门喷出的呼气流形成声门气流波形(简称声门波)。声门波的形状是顶点向右偏移的非对称三角波,其上升沿缓慢,下降沿陡峭(参考图 1-8)。影响音质的三个要素有:声门开放率(OQ = 开区间/周期长)、声门开闭速率(SQ = 上升沿时长/下降沿时长)以及声带是否完全闭合。一般来讲,OQ 约等于 1,SQ 大于 1。如果用紧张和松弛来描述声音的话,当声音变得紧张,则 OQ 减小,SQ 增大;当声音变得松弛时,则 OQ 增大,SQ 减小。特别是,SQ 越大意味着下降沿变得越陡峭,声源中高频成分就越多,反之亦然。声带闭合相位(见图 1-6)的状态和音质密切相关。紧喉音的声门完全闭合,OQ 最小,高频和低频的振幅差较小,即高频成分较强。声带闭合相位区间,气息音的声门间缝隙较大,OQ 最大,声门波接近正弦,高频较弱。真音介于紧喉音和气息音之间,声门闭合不完全,频率特性按倍频-12 dB 下降,口唇的辐射特性引入倍频 6 dB 的上升。为了得到更真实的声道谐振频率特性,一般对语音信号进行预加重,带来倍频 6 dB 的上升,以抵消声源高频能量衰减的影响。

由于对声门波准确刻画可以对合成声音的特性进行细腻地控制,许多研究者直接对声门波进行建模。其中代表性的模型有 Rosenberg-Klatt 模型,Fant 声门波模型,以及 LF 模型[13]。前两个模型是对 OQ 和 SQ 利用三次曲线或正弦曲线直接刻画声门波,LF 模型则是对声门波的导函数进行刻画。由于 LF 模型可以更细腻地刻画不同类型的声门波,所以被广泛应用在语音分析和歌声分析研究中。

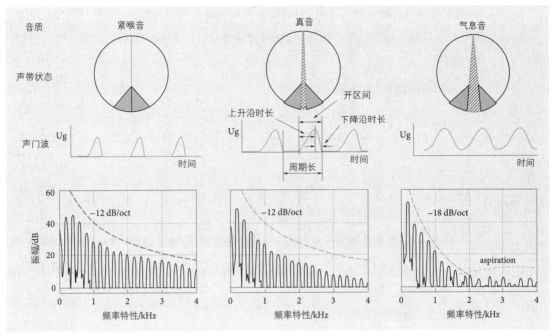

图 1-8　不同音质的声门状态、声门波及频率特性

　　LF 模型是 Fant 等提出的一种用来描述声门激励信号时域波形的模型,包括 3 个时间参数 t_p、t_e、t_a 及一个幅度参数 E_e。

　　图 1-9 显示了一个典型的声门波曲线及其 LF 模型,LF 模型实质上是声门波信号的微分。其中,0 为一个声门振动周期(T_0)的起始点,t_c 为声门振动周期的终点。t_p 为

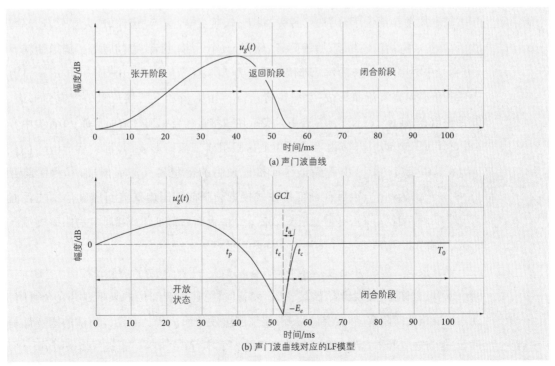

图 1-9　典型的声门波曲线及其 LF 模型

第一个导数由正到负的过零点,对应的是声门流量的峰值位置;t_e 为声门闭合时间点,将 LF 模型分为前面的张开阶段与后面的返回阶段;t_a 为返回阶段的时长;$-E_e$ 为脉冲的负峰值。

LF 模型的数学表示如下:

$$u_g'(t) = \begin{cases} Ae^{\alpha t}\sin(\omega_g t), & 0 \leqslant t \leqslant t_e \\ \dfrac{-E_e}{\varepsilon t_a}\left[e^{-\varepsilon(t-t_e)} - e^{-\varepsilon(t_c-t_e)} \right], & t_e < t < t_c \\ 0, & t_c \leqslant t \leqslant T_0 \end{cases} \tag{1.1}$$

$$\varepsilon t_a = \left[1 - e^{-\varepsilon(t_c-t_e)} \right] \tag{1.2}$$

其中,α,ω_g 及 ε 是模型脉冲形状的直接控制参数,与时域参数 t_p、t_e、t_c 满足约束关系。通过改变上述参数,LF 模型可以准确地模拟噪音声源的细节(参见语言生成实验1)。

1.2.3　辅音声源的产生

语音的声学特性在很大程度上取决于声道狭窄处的位置及其狭窄程度。和元音声道"宽松的"狭窄处相比,大多数辅音声道有"紧凑的"狭窄处。当气流通过狭窄处(其横截面积一般小于 0.2 cm^2)时会产生摩擦性乱流。另外,突然开放声道的阻塞处,后部气压会产生爆破性乱流。这些摩擦性乱流和爆破性乱流形成多样化的清音声源。发声伴随声带振动的声源称为浊辅音声源,否则称为清辅音声源。前面的章节讲述了浊音声源的产生机理,本小节主要讲述清音声源的产生机理。

辅音按发音部位可分为:双唇音、唇齿音、舌尖音、齿音、齿龈音、齿龈后音、龈腭音、舌面音、卷舌音、硬腭音、唇硬腭音、软腭音、小舌音、咽音、声门音等。普通话辅音(方括号中为国际音标)的发音部位可以分为 7 类:①双唇音(b[p],p[pʰ],m[m])由上唇和下唇阻塞气流而形成;②唇齿音(f[f])由上齿和下唇接近阻碍气流而形成;③舌尖前音(z[ts],c[tsʰ],s[s])由舌尖抵住或接近齿背阻碍气流而形成;④舌尖中音(d[t],t[tʰ],n[n],l[l])由舌尖抵住上齿龈阻碍气流而形成;⑤舌尖后音(zh[tʂ],ch[tʂʰ],sh[ʂ],r[ʐ])由舌尖抵住或接近硬腭前部阻碍气流而形成;⑥舌面前音(j[tɕ],q[tɕʰ],x[ɕ])由舌面前部抵住或接近硬腭前部阻碍气流而形成,又称"舌面音";⑦舌面后音(g[k],k[kʰ],h[x],ng[ŋ])由舌面后部抵住或接近软腭阻碍气流而形成,又称"舌背音"。

辅音按发音方法可分为:塞音(爆破音)、擦音、塞擦音、边音、鼻音等。

塞音:也称为"爆发音""破裂音"。发音时,前述发音部位的某阻塞处完全紧闭,使气流通路暂时阻塞,然后突然张开,使气流爆发出而成音。汉语普通话的塞音都是清音,但有送气和不送气之分。如普通话的 p[pʰ],t[tʰ],k[kʰ]是送气爆破音,b[p],d[t],g[k]是不送气爆破音。

擦音:也称为"摩擦音"。发音时,前述某发音部位处于不完全闭塞,气流通路很狭窄(一般横截面积小于 0.2 cm^2),气流是从窄缝中挤出形成湍流,因摩擦而成音。如普通话的 f[f],s[s],sh[ʂ],x[ç]和 h[x]为清擦音,r[ʐ]为浊擦音。

塞擦音:成阻时气流通路先闭塞,而后转为窄缝状态。发音开始时和塞音一样,收尾时和擦音一样,所以叫塞擦音。如普通话的 z[ts],zh[tʂ]和 j[tɕ]是不送气塞擦音,c[tsʰ],ch[tʂʰ]和 q[tɕʰ]是送气塞擦音。

边音:也称"流音"。发音时,用舌头挡着口腔中央部分的气流通路,使气流从舌头的两边流出而产生声音。如普通话的 l[l],它伴随着声带的振动。

鼻音:发音时,口腔气流通路闭塞,声门波通过下垂的软腭从鼻腔辐射,在发声时鼻腔起共鸣作用。汉语普通话的鼻辅音有 m[m],n[n]和 ng[ŋ]。当软腭下垂时,口腔和鼻腔连通,声道形状上互为分支,口腔和鼻腔会发生声学耦合。m[m]和 n[n]发音时,口腔因为通路被阻塞,相当于一段封闭一段开放的短管。声学上,一端开放另一端封闭的短管,其谐振(共鸣)频率服从下述公式:

$$F_n = \frac{(2n-1)c}{4l}, \quad n=1,2,3,\cdots \tag{1.3}$$

其中,F_n 为第 n 次谐振频率,l 为管长,c 为音速。声道分支的谐振频率可以在声学特性上贡献其反共振峰(零点)。由于软腭运动缓慢,当其他发音器官已经进入后续元音发音状态时,软腭仍可能处于下垂或半下垂状态。此时,相对口腔通路而言,鼻腔相当于一个分支,起反共振作用。此时的元音带有一定鼻音成分,称之为鼻化元音。

1.3　语音感知机理

使用有声语言进行交流时,听觉感知是必不可少的。人类的语音产生功能和语音感知功能共同进化,在成长过程中共同发育,形成了只有人类才拥有的既有输入又有输出的认知功能。人们在学习语言的过程中,通过学习发音(语音生成)和听音(语音感知)来掌握语言。即使有语言习得机制,人们仍然可以利用听觉感知反馈机制对言语产生过程进行监控。本节从听觉器官的构造及其功能、听觉感知机理与听觉模型、人的语音感知机理、语音中副语言和非语言信息的感知等方面进行阐述。

1.3.1　听觉器官的构造及其功能

声源定位是动物防御天敌,进行自我保护的一个基本功能。声音在实际环境中传播时,由于头部、耳郭、躯干等部位的散射和反射作用,到达双耳的声音信号能量、传递时间、频谱特征都会发生相应的变化。人类具有左、右两只耳朵,并利用声源信号到达双耳的强度差（binaural intensity difference）和时间差（binaural time difference）等特征信息判断信号方位。当声源（包括复杂的集群信号）偏向左耳或右耳，即偏离两耳中轴线的正前方时，声源到达左、右耳的距离存在差异，这将导致到达双耳的声音在声级、时间、相位上存在着差异。这种微小差异被人耳所感知，传导给大脑并与存储在大脑里已有的听觉经验进行比较、分析，得出声音方位的判别，这就是双耳效应。麦克风阵列就是利用人的双耳效应原理对目标声源进行定位，进而对目标声源以外的声音进行抑制[14]。

听觉器官是在哺乳动物的各类器官中进化很成功的器官。在漫长的进化过程中，听觉器官在构造和功能上发生了巨大的变化，逐渐具有高灵敏度和可以感知较宽频率范围的听觉特性[4]。听觉系统由听觉器官的各级听觉中枢及其连接网络组成。听觉器官通称为耳，其结构中有特殊分化的细胞，能感受声波的机械振动并将其转换为神经信号。

人类听觉器官（耳）的结构如图1-10所示，分为三个部分：外耳（outer ear）、中耳（middle ear）和内耳（inner ear）。外耳包括耳郭（auricle）和外耳道（ear canal），主要起集声的作用。部分动物为了捕捉声音，能够自由转动耳郭。人的耳郭运动能力已经退化，但前方和侧方来的声音可直接进入外耳道，且耳郭的形状有利于声波能量的聚集。实验证明，耳郭的形状可使频谱峰压点在5.5 kHz的纯音提高10 dB。耳郭边缘部亦对较宽频谱范围的声波有1~3 dB的增益效应。外耳道是声波传导的通路，一端开放，另一端由耳（鼓）膜封闭。声学上，一端开放另一封闭的短管，其谐振（共鸣）频率服从公式（1.3）。外耳道长约2.5 cm，常温下音速约为350 m/s，因此外耳道的初次谐振频率大约位于3.5 kHz附近，其二次谐振频率将达10 kHz左右。人们分别测量了不同频率声波在外耳道口以及传至鼓膜外侧表面的声压。其结果显示，频率在3~5 kHz的声波在耳膜附近比在外耳道口约高10 dB。实验证明，外耳主要作用之一是增强3~12 kHz频段的声音能量。

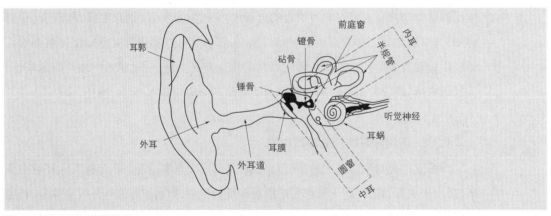

图1-10　人类听觉器官（耳）的结构视图

中耳位于外耳和内耳之间,主要包括耳膜、听骨链、中耳肌和咽鼓管等。声波从外耳道进入,作用于耳膜,后者随之产生相应的振动。耳膜和听骨链形成一个力学系统,其功能是放大来自外耳的声波振动并传输给内耳,为下一步的听觉信号转换做准备。听骨链由锤骨、砧骨和镫骨三个听小骨构成,通过杠杆原理来放大声音产生的振动,其振动增幅约为 1.5 倍。外耳收集的声音通过耳鼓膜振动传给锤骨,锤骨将振动经过砧骨和镫骨传递到耳蜗的前庭窗,中耳将空气振动转换为机械振动传递给内耳,声波从空气传入内耳淋巴液时,因两种介质之间阻抗的差异会造成 30 dB 的能量衰减。中耳的主要作用是实现空气和耳蜗内淋巴液之间的阻抗匹配,同时放大声音。其中,耳膜的面积大约是前庭窗面积的 25 倍。杠杆作用和面积放大效应两者合在一起,可使中耳对声波放大的总增幅达到 35 倍左右(约 31 dB)。这样,整个中耳的增幅作用基本上补偿了空气和淋巴液声阻抗的差异造成的能量损失。中耳通过耳咽管和咽喉相通,以适应外界压力的突变,保护耳膜。此外,中耳的听骨链结构也具有谐振特性。研究发现,听骨链对 500~2 000 Hz 的声波产生较大的谐振,起到带通滤波器的作用。

内耳位于耳朵最深处,其最主要的结构是骨迷路,由耳蜗和前庭系统构成。前庭系统是平衡觉的末梢器官,负责对头部的线性加速度和角加速度的感应。因此,内耳兼有听觉和感受位置变化的双重功能。平衡障碍可能会导致听觉症状,即可能会有听力障碍、耳鸣等症状。耳蜗的功能是将来自外耳和中耳的机械振动转换为神经信号传递给大脑。人类的耳蜗形似蜗牛壳,由底端至顶端绕蜗轴卷曲约两周半,其展开的长度约为 35 mm。由蜗轴向管的中央伸出一片薄骨,叫骨螺旋板。骨螺旋板的游离缘连着一个富有弹性的纤维膜(称为基底膜),基底膜延伸到骨管对侧壁,与螺旋韧带相接。图1-11 给出了耳蜗横截面图。耳蜗由三个内部充满淋巴液的空腔组成。这三个空腔由上到下依次为:前庭阶、蜗管和鼓阶。

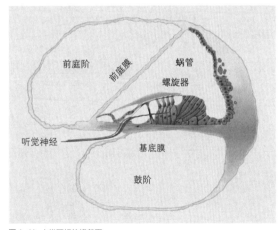

图1-11　人类耳蜗的横截面

耳蜗的功能由位于基底膜上的听觉毛细胞实现。根据形态和功能,毛细胞可以分为外毛细胞和内毛细胞。由于内淋巴液行波运动导致基底膜振动,内毛细胞将耳蜗内淋巴液的振动转化为电信号。随后,神经信号沿脑干听觉传导路径到达大脑颞叶听觉皮质而产生听觉感知。外毛细胞不直接把神经信号传递给大脑,而是机械地把传入耳蜗的低水平声音放大。这种放大作用可能是由毛细胞发束的运动造成的,也有可能是由听觉神经的反馈调节造成的。

如果把耳蜗拉直,其结构如图 1-12(a)所示。耳蜗远处顶端的分隔开口(蜗孔)允许流体在上下两个腔之间自由通过。前庭阶在底部与前庭窗相接,是镫骨施力的部位。鼓阶在底端中止于蜗窗,毗邻中耳腔,是释放声压的窗口。声波由外耳传到中耳后,镫骨底板和前庭窗膜的振动推动前庭阶内的淋巴液,声波便以液体介质周期性压力变化的方式移动,其前进方向从前庭窗开始,沿前庭阶向蜗顶推进,穿过蜗孔后再沿鼓阶推向圆窗。由于淋巴液具有不可压缩性,前庭窗膜向内推时圆窗膜向外鼓出,前庭窗膜向外拉时它向内收缩,因此圆窗膜在这里便起着重要的缓冲作用。由于声波的传播循序渐进,前庭阶和鼓阶的压力随输入声音的频率和时间变化,蜗管夹在二阶之间,二阶内的瞬态压力差便使蜗管的基底膜在不同段内随时间而上下波动。基底膜的波动也从耳蜗基部开始,依次向蜗顶移动,叫作行波。行波和基底膜的谐振密切相关。

图 1-12(b)给出了基底膜的谐振频率及其最大振幅在基底膜的位置。基底膜相当于(前庭窗)一端固定另一端自由振动的振动板,其谐振频率服从于公式(1.3),其最大振幅位置到根部的距离等于 1/4 波长。基底膜的最低谐振频率为 20 Hz 左右,其谐振最大值位于基底膜的末端。随着谐振频率升高,其谐振峰值的位置向前庭窗方向移动。当谐振频率达到 20 000 Hz 左右时,谐振峰值将移到基底膜的根部。可见,从生理结构上来讲,人的听觉范围被框定在 20~20 000 Hz 的频段上,是因为受基底膜谐振

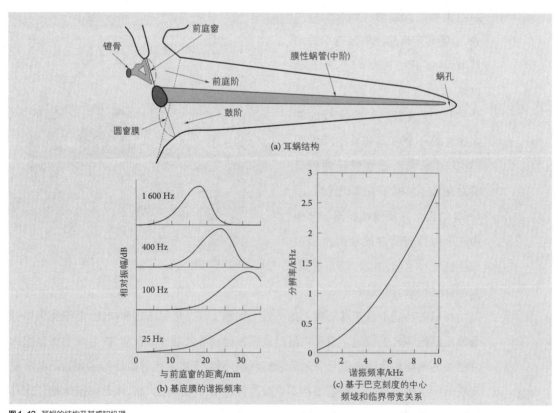

图 1-12 耳蜗的结构及其感知机理

频率范围的制约。基底膜上的每个点都被认为是根据特定频率选择性地振荡,其功能相当于一个带通滤波器(听觉滤波器),基底膜相当于一组中心频率有序排列的带通滤波器组。尽管人类的可听频率范围在哺乳动物中较窄,但人耳具有良好的频率分辨率,可感知的声音强度范围很大,最大强度和最小强度之比可达 10^{12} 倍。

从基底膜谐振频率峰值的分布可以直观地看出,低频的分辨率高,高频的分辨率低。不少研究者从心理声学的角度去测量不同频段听觉的临界带宽,形成一系列标准。其中有梅尔刻度(Mel Scale)[15]、巴克刻度(Bark Scale)[16]和耳捕刻度(ERB Scale)[17]等。梅尔刻度是以人的音高感知特性为基准的标准,而巴克刻度和耳捕刻度都是从听觉滤波器的概念出发得到的标准。通过归一化比较发现,这些标准大同小异,没有本质的区别。图 1-12(c)显示了基于巴克刻度的中心频域和临界带宽关系图。可以看到,随着中心频率的增高,临界带宽指数增加,即可区分的频率粒度增大,其频率分辨率急速下降。

由于这种听觉生理的限制,人们难以感知高频段上频率间的微小差异。但从信号处理的角度讲,计算机完全有可能突破人的这个极限。Dang 等人的研究也验证了这一点[18],并将其应用到说话人的语音特征抽取上。

1.3.2　听觉感知机理与听觉模型

1. 听觉感知的神经机理

声波传入内耳淋巴液后转变成液体的行波振动,带动基底膜振动,进而引起位于基底膜上的螺旋器毛细胞静纤毛弯曲,引发毛细胞电位变化,毛细胞释放神经递质刺激螺旋神经节细胞轴突末梢,产生轴突动作电位。每个毛细胞对应一条具有一个最佳响应频率的频率响应曲线,各个频率的毛细胞在耳蜗中沿膜性蜗管按照一定的顺序排列。当某个频率的声音出现时,就会激活与该频率相近的一组毛细胞,因此单个频率是由一组神经元的编码实现的。大量研究发现,语音的听觉编码主要有以下三种方式:频率编码(frequency coding),时间编码(temporal coding)和群体编码(population coding)。频率编码即神经元通过动作电位的发放频率来编码输入语音信息。时间编码除了考虑一段时间内的脉冲发放频率外,还考虑神经元发放动作电位的时序信息与语音信息的相关性。和频率编码相比,时间编码多了一个时间维度,因此更为高效。群体编码指一个神经元群组共同编码输入语音的编码方式。上述三种编码方式,无论在神经科学还是计算建模方面都有广泛的使用。但相对而言,频率编码被更广泛地用来描述听觉过程的神经活动。

由于生命伦理的限制,我们无法通过生理学方法直接对人的听觉神经纤维的特性进行实验研究。作为类比研究,人们从猫和豚鼠的动物实验中获得了相关听觉滤波器的生理知识。其中,利用激光多普勒方法测量研究了声音信号的基底膜振动的特征,

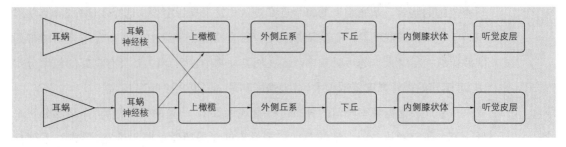

图1-13 听觉传导路径的略图

以及从后端听觉神经纤维的激活特性获得了听觉生理调优特性和等强度函数的有关知识。从神经生理学角度来看,经过神经编码的语音信息,沿脑干听觉传导路径,经由若干个核团传输到达大脑颞叶听觉皮质中枢进行听觉感知。听觉传导路径略图如图1-13所示,图中包含了介入从末梢神经到初级听觉皮层的传入性路径的主要神经核团。在主要的神经核中,每个细胞在一定程度上选择性地响应刺激的频率,并趋于遵循最佳频率规则匹配。一般认为,听觉中枢神经系统在以基底膜上的听觉滤波器组的频率分析机制为基础上,在脑干中进行多级并行信息处理。

耳蜗神经核(cochlea nucleus,CN)是中枢最初的中继核。尽管CN细胞是根据其时频响应模式分类的,但其功能尚不完全清楚。其中一些CN细胞通过巨大的神经末梢与听觉神经有突触连接。该机制对于忠实地传输(或强调)刺激声的时间波形,以及在后续机制中处理微秒级的双耳时间差很有用。上橄榄复合体(superior olivary complex,SOC)分别直接和间接接受从左、右CN来的神经投射,并且分别处理双耳的刺激声到达的时间差和声级差(两者都是声源定位的线索),其中内侧丘系(medial lemniscus,ML)对通过延迟线同时从两侧到达的输入产生强烈的响应。外侧丘系(lateral lemniscus,LL)通过接收一只耳朵的兴奋性输入和另一只耳朵的抑制性输入来响应耳间水平差异。下丘(inferior colliculus,IC)中,具有相同频率响应的细胞分布在一层,各层按最佳频率依次排列,每层都有具有不同时间、频率、水平和双耳响应特性的细胞。位于丘脑的内侧膝状体(medial geniculate body,MGB)通过传入性和传出性连接,构成和听觉皮层的反馈回路。另外,它还与注意力和觉醒状态有关的部分紧密连接。至此,耳蜗编码的语音信息在沿脑干听觉传导路径传输的同时,在脑干中进行多级并行信息处理,经由MGB腹内侧核到达大脑颞叶听觉皮质中枢进行听觉感知。相比视觉通路,听觉通路经过了数量更多的神经核团的处理。

2. 听觉模型

听觉系统的定义范围很广,听觉模型的定义也比较宽泛,取决于不同的研究领域和研究目标。基于听觉通路的功能,从知觉方面(例如音高和响度)进行模拟的模型,称为听觉感知模型;而模拟听觉末梢系统(耳蜗)的模型称为听觉模型。本节从语音信号处理的角度探讨听觉模型。

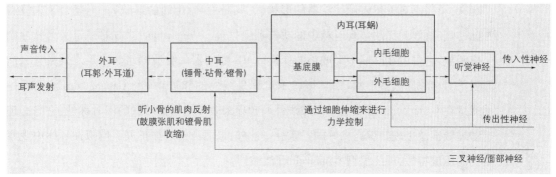

图 1-14　听觉末梢系统中的信号处理示意图

　　听觉末梢系统中的信号处理按图 1-14 所示的框图进行分类。从外部世界来看，要建模的对象是外耳(耳郭/外耳道)，中耳(锤骨，砧骨和镫骨)，内耳(耳蜗)和末梢(初级)神经。外耳具有高频加重功能，并且对于空间感知很重要。中耳具有声阻抗匹配的功能，它高效地将空气的声压变化转换为耳蜗中伴随淋巴液行波变化的基底膜振动。耳蜗(基底膜，内毛细胞和外毛细胞)具有声音成分频率分解的频谱分析功能，该分析功能取决于声音的频率和声压级，并以非线性和主动的方式进行。末梢神经将声音编码为一系列听觉神经脉冲，并将它们从中枢带到更高阶(传入性神经)。耳声发射产生于耳蜗，源于外毛细胞的主动运动，是经听骨链及鼓膜传导释放入外耳道的音频能量。它被用于新生儿听力筛查与老年人听觉检测等临床检测。模拟所有这些现象的模型将会是非常复杂的听觉模型。这里主要关注图 1-14 中模拟从外界到传入性神经流程的前端听觉模型。

　　从信号处理的角度来看，听觉末梢系统的频率分解功能可以通过带通滤波器组来解释。该带通滤波器组是一组在频率方向上连续排列的听觉滤波器，称为听觉滤波器组。带通滤波器的 Q 值、带宽、对称/不对称形状等受输入声音特性影响。通常，通过听觉滤波器组来解释听觉末梢频率的选择性(将复合音分解为正弦波的能力)，并且可以从心理物理方法的心理物理调谐特性或同时/非同时掩蔽特性得到解释。听觉心理物理方法是人类听觉滤波器的常规估计方法，包含心理生理调谐模型、掩蔽功率谱模型等。目前，最流行和最有效的听觉滤波器估计方法是使用陷波噪声掩蔽方法获得掩蔽阈值，并在假设掩蔽功率谱模型的情况下估计滤波器形状[19]。基于实验结果[20]得到的滤波器的带宽称为等效矩形带宽(equivalent rectangular bandwidth，ERB)，以 ERB 为宽度 1 且经过变换的频率轴的带宽称为 ERB-number。近年来，有学者研究了耳蜗的压缩特性(放大特性)，其他非线性效应(如双音抑制)的心理物理测量方法(如定向掩蔽等非同时掩蔽实验)和滤波器的形状。

　　听觉模型中，roex(rounded-exponential)滤波器[19]，Gammatone 滤波器[21] 和 Gammachirp 滤波器[22] 是通过心理物理方法得到的听觉滤波器。roex 滤波器在频域中独立定义,可以不对称地表示滤波器的形状(尤其是山峰/山麓的形状)。但是由于它没有脉冲响应,因此无法实现时域中的滤波器组处理。Gammatone 滤波器被定义为脉冲响应函数,它可以在时域中形成小波变换或 IIR 滤波器的滤波器组。不足之处是它只能表示对称的滤波器形状,而且该表示过程是线性的和被动的。Gammachirp 滤波器是通过在 Gammatone 滤波器中添加线性调频项来表示滤波器形状的不对称性,它与心理物理数据及生理知识有良好的一致性。此外,该滤波器还被扩展到模拟在耳蜗中观察到的压缩特性,即压缩型 Gammachirp 滤波器。

图 1-15 显示了 Gammachirp 滤波器的幅度频率特性、动态放大(压缩)特性和输入输出特性。其中,图 1-15(a)显示了滤波器的幅度频率特性,横轴是近似对数间隔的频率,纵轴是滤波器增益(dB)。中心频率分别为 250 Hz,500 Hz,1 000 Hz,2 000 Hz,4 000 Hz,8 000 Hz 的 6 个滤波器具有相同的形状,其形状与频率无关。该幅度频率特性在心理物理学中被称为"滤波器形状"。由测量得知,中心频率与带宽之间具有以下关系:

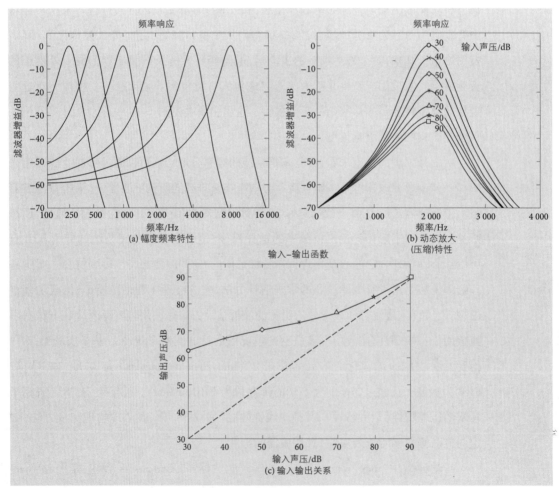

图 1-15 Gammachirp 滤波器的幅度频率特性、动态放大(压缩)特性和输入输出特性[23]

$$ERB_N = 24.7(4.37F/1000+1) \tag{1.4}$$

其中,ERB_N 表示"正交于正常听力者的测量结果等效带宽"(Hz),F 表示滤波器中心频率(Hz)。图 1-15(b)显示了滤波器形状和增益如何随声压变化的示例。可以看出,中心频率处的增益在声压为 30 dB 时最高,为 0 dB(无衰减);随着声压的升高增益降低;当声压达到 90 dB 时,增益降低到 −35 dB 左右,滤波器的带宽也逐渐扩宽。它反映了听觉滤波器是非线性时变滤波器,其特性会随外部声音环境和声压而变化。图 1-15(c)显示了根据图 1-15(b)计算出的滤波器输入声压与输出声压之间的关系。与虚线所示的线性关系相比,实线的斜率平缓。对于听力正常的人,在中等声压范围内的输出对输入的增量比为 0.2~0.3。由于输出的增加程度相对于输入的增加较小,因此在心理物理实验中被称为"压缩特性"。

1.3.3 人的语音感知机理

语音感知从语言中正确地提取音素和音节所需的感知能力,是通过语音波的声学物理特性分析来实现的。随着对人类感知机理和认知机理理解的不断深化,借助强大的计算能力和高性能的机器学习方法,语音识别和合成技术得以迅猛发展。重温人的语音感知机理,对语音技术的学习、理解和开发都是有益的。

1. 语音基频感知

声波的两个基本参数是频率和振幅。人耳感知的音调与声波的频率有关,声波的频率越高,感知的音调也越高。频率是声音高低的物理特性,而音调则是频率的心理度量。同样,人类感知的声音强度与声波的振幅有关。由于人耳对两个强度不同的声音的感觉大致上与两个声音强度比值的对数成正比,因此人们习惯于用对数来表示声音强度的等级(声强级),而不是用声强的物理学单位直接表示声音强弱。

实际上,人们感知的声音高低(主观度量)和客观度量不尽一致。声音的听觉感觉可以从"低"音高到"高"音高进行排序。音高主要是声音频率的函数,但也受强度和频率成分影响。例如,在 40 dB 的声压级(sound pressure level),1 000 Hz 正弦波的音调为 1 000 Hz,音高的一半是 500 Hz,音高的两倍是 2 000 Hz。在 1 000 Hz 以上的频率范围,音调单位梅尔(mel)几乎与频率的对数成正比。所以,mel 等级在语音分析和识别中的诸如梅尔频率倒谱系数(mel-frequency cepstral coefficient,MFCC)在信号处理中得到广泛使用。主观度量的对数尺度体现了内耳基底膜上频率分辨率的对数分布特性。如果将频率和振幅都以对数表示,二者呈线性关系。这种表示方法经常用在描述一个系统的频率传递特性上。

虽然用纯音来定义音高,但是现实生活中的声音,比如语音、乐器的声音等,一般频率组成都很复杂。通过傅里叶级数等分析方法,复杂的声音可以被分解为许多频率分量,每个分量都可以被认为是纯音。这些频率分量的有序排列被称为频谱。对于语音来说,声调取决于频谱最低分量的频率,也是声带振动的频率,即基频,与基频成整数倍的频率称为高次谐波。基频是汉语声调对应的物理参数,而感知量—音高则是心理度量。汉语的声调本质上是对基频相对变化的感知结果。在不改变基频的情况下,通过改变声音强度可以实现声调感知的变化。也就是说,在频率不变的情况下强度的变化对声调感知略有影响。强度增大时,低频率音高显得更低,而高频率音高显得更高。

由于基频和音高在概念上并不一致(前者是物理量,后者是心理量),所以在语音信号处理中应加以区分使用。因为在大多数情况下,音高不仅是声音频率的函数,还取决于声音强度和组成。这种现象在产生和感知汉语声调中十分明显。例如,可以通过降低声音的强度而不是降低基频来产生普通话的低音(第三声)。实验表明,对外国人来说学习第三声的发音往往很难,但许多外国学生经常通过降低音量的方法产生自然度较好的第三声。这些实验证明了音高和基频的本质区别。

2. 语音音素感知

音素感知线索包括多种声音物理特征,而且每个特征的重要性也有所差异。在自下而上的信息整合过程中,首先要解决线索多重性的问题。例如,音素/k/的声学物理特征包括:先行元音结尾处的共振峰过渡模式、无声区间、短促的爆破噪声、从爆破瞬间到后续元音声带开始振动的时间(voice on set time, VOT)以及后续元音开头的共振峰过渡模式等。其中,先行元音结尾或后续元音开始处的共振峰过渡模式不是最重要的声学物理特征。原因是,即使没有先行元音(例如单词或句子的开头),或者没有后续元音,也可以感知到/k/。冗余的声学物理特征增加了识别的鲁棒性,即使由于背景噪声等干扰导致某些声学物理特征丢失,人类依旧可以通过其他声学物理特征的组合来推测出原始音素。目前的语音识别系统并没有充分利用人类的这一能力。

音素感知线索的声学特征随时间连续分布。因此,通常很难确定语音波形上每个音素的起点和终点。例如,从不同连续语音中切出音素/i/和/u/对应的语音波形并将它们连接在一起合成的/iu/,与连续语音的/iu/相比,其可懂度、清晰度和自然度通常都会劣化。这是因为在连续语音中的一些声学物理特征在波形切割中丢失了,并且连接部位前后的声学物理特征也不连贯。尽管每个音素的声学物理特征在时间上连续分布,但感知连续语音不会感觉音素是连续渐变的,而是感知到一串离散音素序列。正如语音的量子理论而言,语音感知系统是从连续分布的声学物理特征中提取离散的语音符号串。

由于协同发音的影响,音素感知线索的声学物理特征和其前后音素以及发声速度等密切相关。例如,VOT是爆破辅音的声波物理特征之一,在语速慢时VOT变长,而在语速快时变短。音素的声学物理特征也会受发音器官的形状、大小及其运动模式的差异而变化。而人的语音感知系统吸收了这类变化实现了音素感知的鲁棒性。

上述音素感知过程是自下而上的信息整合过程,在音素感知中,人们还使用自上而下地信息预测。自上而下的信息是基于经验和习得并存储在大脑中的信息,其中包括语音排列规则信息、心理词典信息、句法信息和语义信息等。

与心理词典中不存在的非单词音素相比,查找心理词典中存在的单词音素所花费的时间要少,而且易于感知。例如,对于通过系统地改变词头爆破辅音的 VOT 而合成的单词/dash/—非单词/tash/的刺激连续体,以及非单词/dask/—单词/task/的刺激连续体,通过听辨确定/d/和/t/的范畴边界,其边界位偏向非单词一侧(即/tash/和/dask/一侧),而不是正常的/d/和/t/范畴边界。这表明,/d/和/t/之间的辅音含糊不清的刺激更容易被心理词典信息感知为单词(即/dash/和/task/)[24]。

使用各种自上而下的信息也会产生偏差,甚至可能引起误解。但是,即使在某些音素无法感知的恶劣声学环境中,依靠自上而下的信息也可以补偿缺失信息而使这些音素的感知成为可能。换句话说,自上而下的信息的使用增加了音素感知的鲁棒性。

3. 语音单词认知

语音单词认知是将从语音波提取的音素序列与心理词典中的单词进行比较,然后识别语音单词。这种认知过程不仅受到作为语境的句法和语义信息的影响,还受到单词本身属性的影响,例如人们对该单词的熟悉程度。

语音单词认知的典型模型之一是队列模型[25]。队列模型的特点在于,在语音单词认知加工过程中,激活的候选单词称为队列的集合,而且假定该队列中以音素为单位依次顺序匹配处理。当输入语音为/benefit/时,所有以/b/开头的单词将作为候选单词集合被激活。接下来,沿着时间轴将输入语音与每个候选单词之间的顺序匹配处理。就是说,每次输入一个音素,在此位置上与该音素不匹配的音素候选词将会被逐个删除。上下文信息(例如语义)也用于此优化过程,并且从候选集合中删除了语义上不合适的候选单词。这种删除会一直持续到队列中仅剩下一个候选单词为止。至此,音素匹配结束,没有必要匹配到单词结尾。

语音单词认知的另一个典型模型是轨迹模型(trace model)[26]。它的特点是假定了语音由神经单元进行的并行分布式处理。跟踪模型包括三层:声学特征处理层、音素处理层和单词处理层。在声学特征处理层,存在与元音特征、辅音特征、浊音特征和爆破音等相对应的声学特征单元。音素处理层具有与每个音素相对应的音素单元,而单词处理层具有与每个候选单词相对应的单词单元。每个单元都有一个活动值、一个静态值和一个衰减时间值。单元之间的连接具有加权系数而且是双向的。

为了促进具有上下层级关系的单元之间的结合,各单元可以通过双向全连接从另一个层级的单元接收输入,并且被激活。例如,单词处理层级中的词单元/pig/会被音素处理层级中存在的音素单元/p/、/i/和/g/传来的促进性输入激活。由于连接是双向的,反方向自上而下的激活也会发生。此外,在每个处理层级上,单元之间的耦合都是抑制性的。通过这种抑制性耦合，每个单元都阻止了其他单元在同一水平上的激活。例如，在单词处理层级的词单元/pig/和/it/，通过抑制耦合相互抑制彼此的活动。通过持续的层间和层内激活与抑制的交互作用，最终在各个处理层级上只有最匹配输入语音的单元具有较高的活动性，而所有其他单元具有较低的活动性。当一个单词单元比所有其他单词单元更活跃时，只要基于该活动计算出的概率超过某个阈值，单词识别就会完成。

跟踪模型的每个单元接收输入的时间具有一定的范围，层级越高，范围越大。所以跟踪模型可以捕获在时间上以分散方式存在的特征，并且不仅可以处理时间轴上的先行语境，还可以借助自上而下的预测功能处理后续语境。另外，在跟踪模型中，每个单元的副本在时间上都是重复的。其结果是无论输入在什么时刻，与之对应的单元都会被激活。

上述语音认知机理是通过心理学和实验语音学揭示的，我们从现有的语音识别技术中都可以找到它们的足迹。比如，基于隐马尔可夫模型的语音识别的声学模型部分，建模音素单元有音素，双音素和三音素，识别时借助隐马尔可夫模型自下而上对语音参数进行逐帧信息整合，输出建模时的对应音素单元，然后和发音词典进行匹配。这一匹配过程相当于基于知识的自上而下的指导，当几个音素单元具有同样概率（即识别比较含糊）时，就根据它在词典中的出现概率来给出最后判定。这里的发音词典相当于人的心理词典。如果词典不够大，就会出现未登录词（out-of-vocabulary，OOV），同样的问题也发生在人的心理词典上。

在语音单词的识别过程中，队列模型是通过不断剪枝的方式去进行从音素单元到单词的匹配。语音识别中采用的维特比算法（Viterbi algorithm）和这个思路非常相似。而跟踪模型和人工神经网络更相似，它们是通过网络层级间的激活和层级内部的抑制来实现单词识别的。现在有多种深度神经网络的结构和算法基本上实现了这类功能。跟踪模型是双向连接的，在实时处理过程中可以实现自下而上和自上而下的功能。

1.3.4 语音中副语言信息和非语言信息的感知

语音不仅传达文字的信息（狭义的语言信息），还传递副语言信息和非语言信息，例如性别、年龄、个性、情感、意图和身体状况等。这类信息在日常会话交流中起着非常重要的作用。

语音是由声道和声源共同作用产生的，声源产生的振动经过声道调制形成语音辐射到空气中。因此，在感知语音中的副语言信息和非语言信息时，声学特征是反映说话者之间的声带和声道特征差异和说话方式差异的重要线索。

1. 语音个性差异的感知

语音的个性特征可以表现为与时间无关的静态成分，如长期平均语谱和平均基频,也可以出现在基频和语谱的动态特性中。前者主要来源于发音器官的先天特征,后者主要和后天学习相关。这些声学特征有助于对不同人个性差异的感知。然而,不同说话人有其代表性的个性特征,听话人在感知个性差异时关注的个性特征也会因人而异。语音个性感知的难易程度取决于音素及其发音特征,比如,元音和鼻音具有较长的稳定区间和较强的能量比其他音素更容易感知,语音个性感知的关注点多在于音色和基频变化。另一类个性差异识别的重要特征是辅音的发音部位和发音方式,因为它们经常带有方言的特色。

长期平均语谱是一种有助于语音个性感知的静态分量,它反映出声道长度和声道形状的个体差异。例如,声道下部(梨状窝等)形状的个体差异导致语音频谱的高频分量(大约 2.5 kHz 或更高)的个体差异[27],有助于感知元音的个性差异。平均基频的个体差异主要归因于声带的个体差异。另外,语音的音色特征也源于发声器官的个体差异,同样有助于感知个性。与个性密切相关的词对有:声音的"高音—低音""清澈—浑浊""沉着—焦虑""洪亮—沙哑""低沉—高亢""有磁性—没磁性"等,还有一个表达词"鼻音重"。

语音的动态成分是感知的重要因素之一。如果将持续发音的单元音和连续语流相比较,我们不难发现后者更有利于说话人的识别。这是因为连续语流中包括了辅音的发音部位和发音方式,口音和话语习惯等。

语音基频是通过语音感知成年人性别的最主要特征。母语为汉语的成年男性的日常会话平均基频约为 150 Hz,成年女性为 300 Hz,成年男性的声音范围比成年女性低一个八度。女性在青春期声音虽然也会发生变化,但是基频的下降幅度很小。男性随着青春期喉软骨的发育,声带长度和质量增加,从而导致声带振动频率降低,引起变声。在变声之前小孩的声带长度和声道长度都比成年人的短,语音的音域高,语音共振峰向高频一侧移动。此外,由于发音运动机能尚未完全发育,孩子的声音会有冗余和喧闹的特点。

由于声道长度的性别差异而导致的音质差异也有助于性别感知。通常,男女声道的总长度比大约是 1∶0.83,随着声道长度的增大,语音共振峰的波峰向低频段偏移。声带以软腭处为拐点形成垂直的咽腔和水平的口腔,男女垂直咽腔长比约 1∶0.85,而男女水平口腔长比约 1∶1.2,比率正好相反。声道的垂直/水平比的差异会引起发音动态过程中语谱倾向性的变化。即使男女说话人发音基频相同,从声道的垂直/水平比的差异引起的语音特征的变化可以感知说话人的性别。

声带随着年龄的增长会发生相应的变化,影响声带的振动。一般而言,男性语音的基频直到 50 岁后期几乎不变,从 60 岁开始将有所增加,这是为了补偿加龄引起的高频域听觉损失。而女性语音的基频将随着年龄的增长而有所下降。因此,基频被认为有助于对女性年龄的感知。除基本频率外,老年人的声音还具有独有的特征,其特征主要表现在"嗓音浑浊""口齿不清"和"语速变慢"等方面。另外,有一种脑功能障碍疾病称为嗓音失认症(phonagnosia),患者的语音感知功能没有问题,但是无法识别说话人[28]。此类患者的存在表明,语音个性差异识别是由大脑中的独立机制处理的。

2. 情感感知

上述非语言信息是与说话人之间的差异有关的特征,而情感是与说话人心理变化有关的特征。基频、语速、响度和音质都是与情感相关的语音特征。这些特征的变化是由说话人对声带声源以及声道的有意识或无意识操纵而引起的声学变化。

表达愤怒情绪的语音与平静的语音相比,其基频增高且变化范围增大,同时语速较快而且响度及其变化幅度也相应增大。与此相比,表达悲伤情绪的语音具有与愤怒的语音相反的声学特征。这些特征是情感感知的线索。

情感语音的最主要声学特征是声带声源的变化,包括基频、声门开放率、声门开闭速率以及声带是否完全闭合等变化。声道的变化是影响情感表达、仅次于声带的第二要因。用声源—滤波器模型来解释的话,情感感知是对声源—滤波器输出的语音波形进行感知。虽然在情感表达方面声源起主导作用,但声道和声源在形成情感语音时有互补作用。比如,怒发冲冠的愤怒或盛怒(hot anger)时,语音的声学特征之一是语谱的高频部分具有很高的能量,目的是让听话人清晰地听到其语音内容,这里主要是与声源高频成分的增加相关。而沉默隐忍的愤怒或冷冷的愤怒(cold anger)时,语音的声源和平静时没有什么区别,只是声道传递函数(滤波器)的高频段上扬,其结果是使生成语音信号的声学特性和盛怒的情形相似,即语谱的高频部分具有很高的能量,同样达到让听者清晰地听到其语音内容的目的。

另外,通过在各种文化背景下对情感语音感知的对比研究可知,不同文化背景的听话者对语音情感感知的一致性可以达到 $50\% \sim 60\%$[29]。它显示文化背景对情感感知有相当的影响。Ekman 认为,基本情感的声学特征有跨文化的普遍性,而复杂情感的声学特征则依赖于特定的语言文化。

1.4　语音信号及其特性

语音信号的本质是经过语言调制的声音信号。声音是由物体振动所产生并以机械波的形式传播的。语音就是由声带振动或声道某阻塞部位的摩擦或爆破产生的,振动引起声波并沿声道传播,最终从口唇或鼻孔辐射到自由空间。传播过程中,介质的每个质点都是在自己的平衡位置作往返的简谐运动,质点的位移幅度与时间的变化一般呈正弦函数关系。因此,声波的两个基本参数是频率(frequency)和振幅(amplitude)。频率是某一质点以中间轴为中心,1s 内来回振动的次数,记为 f,单位为赫兹(Hz)。而质点完成一次全振动经过的时间为一个周期,记为 T,单位为秒(s)。频率和周期互为倒数,其关系为 $f=1/T$。语音信号的产生和分析就是以声波在声道中传播的机理进行计算的。

1.4.1　语音产生的声学计算

语音生成是一个复杂的生理和声学过程:肺部提供稳定的气流,在声门或声道阻塞处形成声源;舌头、下腭、嘴唇以及软腭等发音器官协同运动,形成各种各样相对稳定的声道形状,声源的声波沿着声道向口唇或鼻孔传播时会形成特有的声学特性。为了揭示语音生成的机理,研究人员前赴后继,进行了几个世纪的探索。值得一提的是,von Kempelen 于 1791 年发明了一台机械式语音合成器(见图 1-16)[30]。虽然这台机器是机械结构,不具有任何计算功能,但它基本上正确地再现了人的整体发音结构及其运作过程,帮助人们加深对语音生成机理的理解。如图 1-16 所示,这台机器包括肺(风箱)、浊音声源(簧片)和多种清音声源,鼻音以及声道(谐振皮革管)。在声源产生过程,操作人员通过挤压风箱提供气流,通过簧片切断装置控制浊音和清音,“s”手柄和“sh”手柄用来控制产生清音的种类。声道由皮革管组成,操作人员挤压皮革管的前端形成 /i/ 的形状,挤压皮革管的后端形成 /a/ 的声道形状,以此来模拟声道的变形,在声源的驱动下产生相应的声音,必要时还可以由鼻孔产生鼻音。从原理上讲,它是一个模拟人发音过程的声源—滤波器模型。

19 世纪中叶,研究人员通过大量的动物和人体实验发现,声带产生的脉冲式气流在声道中形成共鸣,最终生成元音。在此基础上,德国学者 Müller 提出用声源—滤波

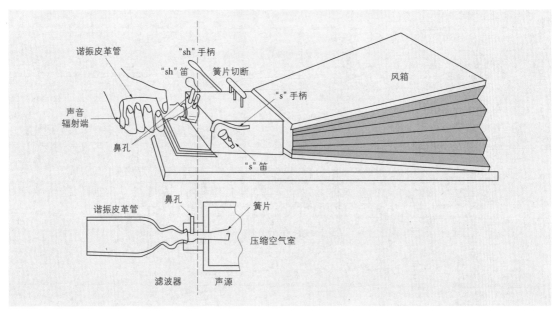

图 1-16 von Kempelen 制作的机械式语音合成器略图

器的概念解释语音产生的这一过程。20 世纪 60 年代 Fant 确立了语音产生理论,包括声源—滤波器模型(source-filter model)[31]。该模型将语音产生的过程解释为,语音信号是声源信号经过一个时变滤波器加工得到的。因此,语音波形包含了声源和声道的主要特性。图 1-17 给出了语音生成的声源—滤波器模型示意图。准周期性的声门波作为声源信号从声门发出并沿声道传播的过程受声道特性(滤波器)的调制,生成的语音波从口唇辐射到自由空间。

图 1-18 显示了一段/a/的语音波形。这里测量了 4 个参数,语音波形的周期 $T_0 = 4$ ms,周期内两个相邻波峰的间隔 $T_1 = 1.3$ ms,周期内最高峰和次高峰的相对幅度 $A_1 = 25.2$ Hz 和 $A_2 = 12.8$ Hz。语音波形的周期是声带的振动周期,其倒数是基频 F0,即 $F0 = \dfrac{1}{T_0} = 250$ Hz。由此可得声道的第一共振峰为 $F_1 = \dfrac{1}{T_1} = 787$ Hz,其带宽为 $B_1 = \dfrac{\log A_1/A_2}{\pi T_1 \log e} = 63$ Hz[31]。这些与波形估计的声学特性和实测值相当吻合。

实际上,语音产生过程中,由于声源和声道(滤波器)之间有耦合作用,两者很难简单地分割。为了便于说明,本书在多数场合对声源产生和声道调制分别进行阐述。1.2 节已介绍了声源的产生机理,本节着重介绍声道(滤波器)声学特性的计算。

从机理上讲,人类语音丰富的声学特性源于咽喉下降、舌体移位及变形所构成的复杂的声道形状,以及多样的发音部位和发音方式。声道声学特性的计算需要考虑发

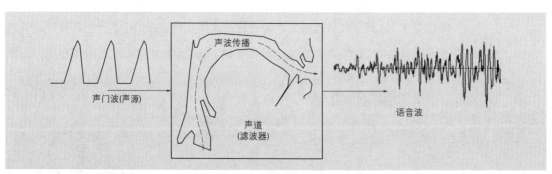

图 1-17 语音产生的声源—滤波器模型

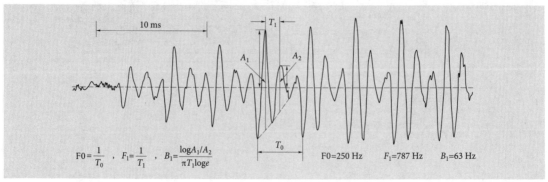

图 1-18 从/a/波形推算基频、第一共振峰的频率和带宽

音部位,即声源的位置。特别是,塞音和擦音等清声源位于声道中的某发音部位将声道分成两段:前段和后段。位于声源前部的声道段贡献共振特性,位于声源后部的声道段贡献反共振(anti-resonance)特性。另外,声道的分支也贡献反共振特性。在声学特性上具有影响力的声道分支有喉头附近的梨状窝(pyriform fossa)、鼻腔内部的上颌窦(maxillary sinus)、额窦(frontal sinus)和蝶窦(sphenoidal sinus)等副鼻腔(见图1-19)。还有当软腭开放时口腔和鼻腔互为分支,口腔和鼻腔会发生声学耦合。由于软腭非常柔软,锁闭的软腭相当于一个振动板,即使没有开放,对于声道喉部咽腔体较大的浊音音素(如元音[i])也会发生鼻腔的耦合[32]。图1-19把声道的详细结构投影到声道剖面的示意图

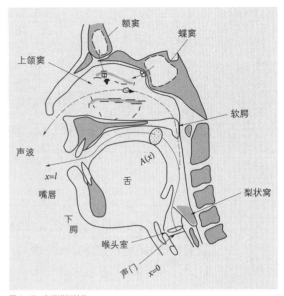

图1-19　声道详细结构

上,其中给出了这些分支的相对位置关系。

　　在语音产生过程中,声波从声源出发沿声道向外传播,经嘴唇或鼻孔面向自由空间辐射。声波含有丰富的频率成分,当波长小于声道横向宽度时,声波就会产生横向谐振,出现复杂声学现象。当波长大于声道横向宽度时(频率小于 5 kHz 的频段),可以合理地假设声波是以平面波的形式沿声道传播,即传播中声波的波面始终垂直于声波的行进方向。为了进一步简化,假设无论是在流体中还是在管壁上都不存在热传导和黏性阻抗带来的损失。根据这些假设,以及质量、动量和能量守恒定律,Portnoff[33]证明声道中的声波传播满足下述方程组:

$$\frac{\partial p(x,t)}{\partial x}=-\rho\,\frac{\partial(u(x,t)/A(x,t))}{\partial t} \tag{1.5a}$$

$$\frac{\partial u(x,t)}{\partial x}=-\frac{1}{\rho c^{2}}\frac{\partial(p(x,t)A(x,t))}{\partial t}+\frac{\partial A(x,t)}{\partial t} \tag{1.5b}$$

　　其中,$A(x,t)$是声道的动态横截面积函数,x 是从声门到唇部的路径上,至声门的距离(如图1-19所示)。$p(x,t)$和 $u(x,t)$分别是 x 处随时间变化的声压和体积流速度。ρ 是空气密度,c 是音速。在发音过程中,随着舌体和唇部等发音器官的运动和变形,声道的形状动态变化。由于发音器官运动的频率一般在 50 Hz 以下,所以可以近似地认为声道形状在 20 ms 的范围内是稳定不变的。如果信号处理的窗长界定在

20 ms 左右的范围内,声道截面积可以认为不随时间变化。此时,$A(x,t)$ 退化为 $A(x)$,公式(1.5a)和(1.5b)简化为

$$\frac{\partial p(x,t)}{\partial x} = -\frac{\rho}{A(x)}\frac{\partial u(x,t)}{\partial t} \tag{1.6a}$$

$$\frac{\partial u(x,t)}{\partial x} = -\frac{A(x)}{\rho c^2}\frac{\partial p(x,t)}{\partial t} \tag{1.6b}$$

进一步可以导出

$$\frac{\partial}{\partial x}\left[\frac{1}{A(x)}\frac{\partial u(x,t)}{\partial x}\right] = \frac{1}{c^2 A(x)}\frac{\partial^2 u(x,t)}{\partial t^2} \tag{1.7}$$

式(1.7)称为韦伯斯特方程。如果声管是一个均匀的直管,即对所有的 x,$A(x)=A$,$p(x,t)$ 和 $u(x,t)$ 的关系满足波动方程

$$\frac{\partial^2 \phi}{\partial x^2} = \frac{1}{c^2}\frac{\partial^2 \phi}{\partial t^2} \tag{1.8}$$

基于此,可以推导出 1.2 节的公式(1.3)。如果将均匀直管中的声波传播分解为从后部(封闭端)到前部(开放端)方向传播的前向行波 $f(x,t)$ 和反向传播的后向行波 $b(x,t)$,在 t 时刻,管中任意一处 x 的体积流速度 $u(x,t)$ 和声压 $p(x,t)$ 为

$$u(x,t) = f(t-x/c) - b(t+x/c) \tag{1.9a}$$

$$p(x,t) = \frac{\rho c}{A}[f(t-x/c) + b(t+x/c)] \tag{1.9b}$$

从图 1-19 可知声道的横截面积是随距离变化的。作为近似,可以用一连串截面积不同、长度为 Δx 的相连的均匀圆管来表示横截面积变化的声道,如图 1-20 所示。以圆管 n 为例,如果其长度 Δx 足够小,可以用圆管的中间位置($\Delta x/2$)的体积流速度和声压作为该管的代表,即该圆管的体积流速度为 $u_n(t)$,声压为 $p_n(t)$,n 代表声道中声波传播的位置。在圆管 n 区间,声波分解为从声门到嘴唇方向传播的前向行波 $f_n(t)$ 和反向传播的后向行波 $b_n(t)$,声波从边界传播到 $\Delta x/2$ 所需时间为 Δt,该区间的

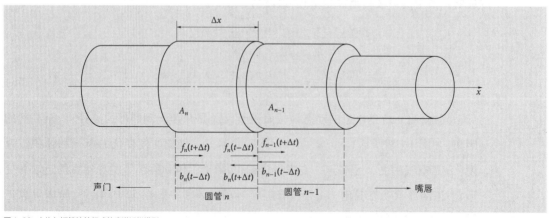

图 1-20 由均匀短管接续组成的声道近似模型

体积流速度 $u_n(t)$ 和声压 $p_n(t)$ 可以表示为

$$u_n(t) = f_n(t - \Delta t) - b_n(t + \Delta t) \tag{1.10a}$$

$$p_n(t) = \frac{\rho c}{A_n} [f_n(t - \Delta t) + b_n(t + \Delta t)] \tag{1.10b}$$

如果考虑在两个圆管连接的界面上声压和体积流速度的连续性,即

$$p_n(\Delta x/2, t) = p_{n-1}(-\Delta x/2, t) \tag{1.11a}$$

$$u_n(\Delta x/2, t) = u_{n-1}(-\Delta x/2, t) \tag{1.11b}$$

则可以得到递归方程:

$$f_{n-1}(t + \Delta t) = k_n b_{n-1}(t - \Delta t) + (1 + k_n) f_n(t - \Delta t) \tag{1.12a}$$

$$b_n(t + \Delta t) = (1 - k_n) b_{n-1}(t - \Delta t) - k_n f_n(t - \Delta t) \tag{1.12b}$$

式中的 k_n 称为反射系数(reflection coefficient),可由两个邻接圆管的截面积计算得出:

$$k_n = \frac{A_{n-1} - A_n}{A_{n-1} + A_n} \tag{1.13}$$

递归方程(1.12a)和(1.12b)表现了声波在声道内传播的过程,如果给声道施加一个声源,在嘴唇辐射端考虑适当的辐射特性,就可以通过计算得到语音信号。元音的声源一般在声门,通过计算元音的传递特性并在频域上表示,可以得到表示式:

$$V(s) = \frac{G}{\displaystyle\prod_{n=1}^{N/2} (s - p_n)(s - p_n^*)} \tag{1.14}$$

其中,G 为比例系数,$s = p_n$ 时分母等于零,$V(s)$ 为无穷大,称为极点。因为该传递函数只有极点,所以称为全极点模型(all pole model)。极点是复数,即 $p_n = -\sigma_n + i\omega_n$,$p_n^*$ 是 p_n 的共轭,$F_n = \dfrac{\omega_n}{2\pi}$ 是谐振频率。在频域上,极点附近 $|V(s)|$ 形成一个山峰,称为共振峰。F_n 从小到大排序,分别称为第一共振峰(first formant),第二共振峰(second formant)等。

如上所述,若考虑声道中的鼻腔、副鼻腔、梨状窝等分支的影响,或声源位于声道中途的某处,声道传递函数会出现反谐振的特性。实质上,声道的反谐振频率是声道中其轴向与声波前进方向不一致的部分(声源的后部和分支等)的谐振频率。由于这些部分"劫持"其频率的能量,使得该频率的能量无法输出,所以在输出信号的频谱上产生一个深谷,称为零点。因此,全极点型传递函数就无法准确地描述此类声道的声学特性。但只要在声道分支的分叉处确保连接界面上声压和体积流速度的连续性,带有分支的声道也可以像单管一样计算其声道传递函数。带有反谐振特性的传递函数为

$$V(s) = \frac{G \prod_{m=1}^{M/2} (s - z_m)(s - z_m^*)}{\prod_{n=1}^{N/2} (s - p_n)(s - p_n^*)} \tag{1.15}$$

其中,分子的 z_m 是零点。极点在频谱上产生 $N/2$ 个山峰,零点在频谱上产生 $M/2$ 个深谷。传递函数的零点代表了声道的反谐振特性。

在很多定性分析的场合,可以用非常简化的声道模型给出很有价值的讨论,无须公式(1.14)和(1.15)那样的精密计算。最简单的声道是截面积均匀的声管,它可以近似地描述中性元音的声道特征。当声管的截面积跳跃式增大时会出现开口端辐射效应,在实际的声道声学特性计算中,还需要考虑补偿声道开口端的辐射效应[34]。开口端的辐射效应使得声管的有效长度增加,可以用增加有效长度进行补偿。假设其长度为 l,一端封闭另一端开放,如果考虑开口端辐射效应,在式(1.3)中添加补偿项有效管长增量 Δl 即可。考虑了开口端辐射效应的均匀声管谐振频率的计算公式为

$$F_n = \frac{(2n-1)c}{4(l+\Delta l)}, \quad n = 1,2,3,\cdots \tag{1.16}$$

其中,F_n 为第 n 次谐振频率,l 为管长,c 为音速。面向自由空间的开口端辐射效应带来有效管长的增量为

$$\Delta l = r \cdot a \tag{1.17}$$

其中,a 为管截面的半径,r 为开口端辐射补偿系数(取值为 0.6~0.8)[31]。研究人员[35]系统地研究了声管内各种条件的开口端辐射效应,找出了开口端辐射效应的补偿规律。

作为声道分支的副鼻腔,其形状可以用亥姆霍兹谐振器(helmholtz resonator)近似,即一个大的腔体带有一个细的瓶颈。如果腔体足够大,瓶颈中流入流出的气流引起的腔体压力变化可以忽略不计的话,其谐振频率为

$$F = \frac{c}{2\pi} \sqrt{\frac{A}{VL}} \tag{1.18}$$

其中,F 为谐振频率,V 为腔体体积,L 为瓶颈长,A 为瓶颈的截面积,c 为音速。

基此,根据 Fant 的研究[31],以舌位为参照将声道分为前腔和后腔,分别用两个截面积不同的均匀短管相连来近似声道形状(称为二声管模型),并计算其声学特性。二声管模型近似的元音声道形状如图 1-21(a)所示,其中元音用口腔腔体和唇部短管表示。图 1-21(a)从上到下分别为元音[ə]、[a]、[i]、[u]、[y]和[æ]声道形状的近似表示,左边为声门,右边为唇部,声波从左向右传播。图中分别标示了声管的横截面积(A,单位 cm²)和管长(l,单位 cm)。利用公式(1.14),在常温下声速为 34 000 cm/s,空气密度为 0.001 14 g/cm³,考虑声学的黏性阻抗和开口端的辐射效应等影响[34],计算得到的频谱如图 1-21(b)所示。从图 1-21(a)中可以看到,直管/u/的谐振频率分

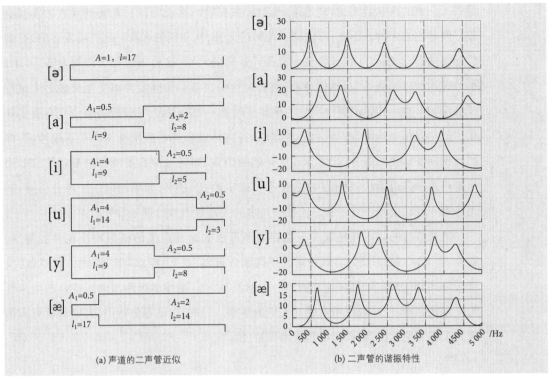

(a) 声道的二声管近似　　　　　　　　　(b) 二声管的谐振特性

图 1-21　二声管模型近似的元音声道形状及其声学特性

别是 489 Hz,1 469 Hz,2 450 Hz,…。比较式(1.16)的计算结果,可以反推开口端辐射
补偿系数 r,其值为 0.75,处于合理的范围。

　　和均匀直管[ə]相比,元音[a]的声管前部变粗后部变细,元音[i]的声管则是前
部变细后部变粗,在形态上它们大致反映了实际的声道形状。在声学特性上讲,元音
[a]的第一共振峰和第二共振峰向中间靠拢,元音[i]的第一共振峰和第二共振峰向
两边分离(参照图 1-21(b))。从形态和声学特性上讲,[a]和[i]是元音的两个极端。
[u]是通过控制开口端再现唇部的调音点,进而表现其声学特性。[y]的发音声道形
状和[i]一样,只是嘴唇更为前突,形成的第二、第三共鸣峰位于[i]的第二共振峰的两
侧。我们也可以把[i]、[u]和[y]三个声道看成为亥姆霍兹共鸣器,用式(1.18)计算
第一共振峰,可以得到很好的近似。[æ]的形状和声学特性都介于[a]和[ə]之间。
元音代表性的声学特性基本上由第一共振峰和第二共振峰决定,很少受第三共振峰的
支配。可以看到,该简单模型可以很好地表征元音的声学特性。所以,学者经常用前
元音/后元音,或高元音/低元音来描述元音的特性。由于舌头和下腭的相关性很高,
舌位的上/下和前/后几乎是同义语。参照图 1-2 的 MRI 图像,元音共振峰的结构和
声道形状的关系可以用舌位、舌位形成的阻塞程度和口唇部的开口度三个参数简洁地
表征。IPA 就是用这三个特征描述元音的。

　　尽管上述声管模型使用的参数和 Fant 研究中使用的参数不尽一致,但我们仍然

得到了一致的声学特性,特别是第一、第二共振峰。这说明同一范畴的元音的发音参数空间是相当大的。因此,即使同一范畴的元音,当和别的音素一起连续发音时,受前后音素的影响,发音的状态将会形成各式各样的差别,这种现象称为协同发音。1.1.2小节曾用神经控制的"运动指令池"解释过这一现象。协同发音本质上是说话人试图以最小的努力在连续语流中产生的感知范畴上一致的发音,它使得语音也变得更多样化。但它同时也给语音识别和语音合成,特别是发音运动的反推带来了不少难题,即如何识别多样化的语音、如何合成更自然的语音、如何从声音推测声道形状等。如果给定声源和声道形状,发出的声音是唯一确定的;反过来,如果给定一个声音信号,则无法唯一地确定其声道形状。这种一对多的关系是语音处理中常见的逆问题。

语音信号的基本特性取决于发音运动形成的时变声道的谐振特性和声源特性。如公式(1.14)和(1.15)所示,声道的传递函数可以由一组极点(谐振特性)和零点(反谐振特性)联合表示,其功能相当于一个滤波器[31]。虽然谐振和反谐振都是产生声音的决定性因素,但前者在听觉感知上更为重要。因此,在语音分析中,人们常常将声道视为全极点型滤波器,而忽略其反谐振特性。

1.4.2 声调、语调及韵律

声调描述的是一个音节中基频随时间变化的模式。在声调语言(比如汉语)中,声调具有音位特征,可以区别语义。汉语声调的承载单位为音节(即单字),时程与该音节元音音段同步,一般将声调作为超音段特征处理。声调的音高是相对的,不是绝对的;声调的升降变化是滑动的,不像从一个音阶到另一个音阶那样跳跃式地移动,这是因为受发音器官的生理制约。声调的高低通常用五度标记法:立一竖标,中分5度,最低为1度,最高为5度。如汉语普通话即有4个声调。

语调是一个句子或音段中基频的时间函数。汉语语调是在超音段上以基频及其时长的变化来体现的,包括音高升降曲折的形式(调型)和相对的音阶特征。韵律的声学表现主要是声调、音重、音长、节奏以及整体感知上语流的轻重缓急和抑扬顿挫。从听觉感知的角度来看,语言的节奏本质上就是和语义表达及理解相关的组词与断句策略在语音上的体现,是由语义的表达和理解的需要所决定的一种韵律上的结构模式。普通话的节奏大致分为三个基本层次:韵律词、韵律短语和语调短语。节奏层次划分的主要依据是语音时长的停连伸缩和音高的升降起伏。有学者认为,语调与字调(单字的音调变化)之间的关系就好比大小波浪之间的层层叠加,以小波浪比喻字调、大波浪比喻语调,大小波浪的相叠与覆盖可以用代数和来表示,相位相同时互相增强,相位相反时互相抵消。一个大波浪可以同时承载几个小波浪,并制约这些小波浪;大小波浪之间的关系,是上下层不对等的层级制约关系;同一大波浪承载的多个小波浪之间则是对等的线性连接关系。由于大小波浪拥有各自的波形,经由层级制约与对等的线性连接后,融合为一个全新的波形,有别于原来的大波浪和小波浪串连。

汉语语调(通常称为音高曲线)是声调、中性语调和口气语调三种因素的叠加。在汉语中,除声调本身的调型和有规则的连字调外,还存在大量表达说话人情绪和态度的音高运动。中性语调是在连贯的言语中相互作用下形成的声调,口气语调是表达说话人情绪或态度的音高运动。声调通过与音节同步的音高目标来实现,焦点、新话题通过调整局部目标的调域来体现,多种表意功能在基频中同时、平行存在,表面的整体倾向来自多种相互独立的因素,不存在统一的、以形式为定义的整体语调结构。

为了描述声调和语调的变化,许多学者探讨了如何通过计算模拟声调和语调两种特征来共同生成 F0。其中有指令—响应模型 Stem-ML(soft template mark-up language)模型[37]、并行编码与目标逼近(parallel encoding and Target approximation,PENTA)[38]模型和一些分层的基频建模方法。PENTA 模型是假设了不同交流功能(包括中性语调、焦点、话语类型、音节或词的目标实现域等)和各自对应的发音编码方案,它们共同决定了一系列目标近似参数,生成 F0[38]。在所有基频曲线模型中最能表达大小波浪叠加概念的,是日本学者 Fujisaki 于 1984 年提出的 Fujisaki 模型[39]。该模型具有生理和物理基础的可解释性,与常用的逐帧分析方法相比,其长期特征的机制得到了更清晰的描述。此模型的思路是:一个句调单元的基频曲线一定能拆解成全局句调成分与局部强调成分,二者单位大小不同,局部强调成分叠加在全局句调成分上。它通过一组短语命令(phrase command)串和一组声调命令(tone command)串来实现非声调语言的基频变化曲线。Fujisaki 通过引入负的重音命令将此模型推广并应用于声调语言[40],证明且呼应了大波浪与小波浪之间的关系。图 1-22 显示了扩展到声调语言的 Fujisaki 模型,其中声调命令从以前仅有正向声调命令扩展到具有正向和负向声调命令。Li 等人将此模型应用到汉语情感语音合成研究中。

该模型(用于声调语言)可以由以下公式表示:

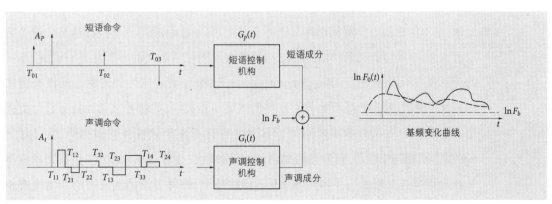

图1-22　扩展到声调语言的 Fujisaki 模型

$$\ln F0(t) = \ln F_b + \sum_{i=1}^{I} A_{pi} G_p(t-T_{0i}) + \sum_{j=1}^{J} \{ A_{t1j} [G_t(t-T_{1j}) - G_t(t-T_{2j})] +$$
$$A_{t2j} [G_t(t-T_{2j}) - G_t(t-T_{3j})] \} \tag{1.19}$$

$$G_p(t) = \begin{cases} \alpha^2 t \exp(-\alpha t), & t \geq 0 \\ 0, & t < 0 \end{cases} \tag{1.20}$$

$$G_t(t) = \begin{cases} \min[1-(1+\beta t)\exp(-\beta t), \gamma], & t \geq 0 \\ 0, & t < 0 \end{cases} \tag{1.21}$$

有学者在分析了大量的汉语材料后,提出了层级多短语语流韵律构架[41]。其思想为:汉语语调的基频曲线可视为字调成分与句调成分叠加而成,即除了相邻字调的连接外,还有来自上层句调的覆盖,连续语流不仅是字调的平滑拼接,还有较大范围语调对字调的规范,构成韵律语境。这种相邻平滑与上层覆盖应存在于每一个韵律阶层。连续语流里不仅只有字调成分与句调成分这两种韵律层级与单位间的互动,向下应有音节字调与韵律词间的关系,向上也应有短语句调成分与语段成分的互动关系。基于层级多短语语流韵律构架,在连续语流中被传统方法视为字调及孤立短句的种种变异是可以得到合理解释并且可以预测的。其实,合成语音有时听起来不流畅、不自然,大部分是由于在音段层次只注重单字的连续变调,而未注重韵律词的上层信息,以至于单位韵律语境不足;在超音段层次只处理个别短语句调,而未考虑短语调的连续性及跨短语呼应,以致未能完全体现大范围语篇韵律语境。因此,各级韵律语境的缺乏才是合成语音不自然的主因。加入语篇韵律语境的模型,可有效地产生更自然的语音合成效果。从感知的角度来看,在语流中即便个别单音节的字调信息不完整,但只要语流层级、韵律构架、韵律边境清晰,便能弥补并提供有效判定即时韵律单位处理及向前预估的信息。当同一段语流内的单位无法同时体现语篇规范的全面表意及局部连接的韵律语境时,它将会违背听话人预期,造成听话人错误地切分语流内单位的结果,需多次修正,延误即时处理过程。

情感语音的表征主要涉及基频相关特征,比如共振峰频率、时长、音强、嗓音音质等。Ekman 和 Izard 将喜悦/高兴、悲伤、恐惧、惊讶、愤怒和厌恶视为基本情感。他们发现,基本情感的声学特征有跨文化的普遍性,而复杂情感的声学特征则是依赖于特定语言文化的。然而,某种情感状况的属性在不同说话者之间并不总是一致的,不同的说话者有不同的使用策略。Yanushevskaya 等提出,语音属性和情感之间没有清晰的一对一映射,特定刺激可能与一系列情感属性相关,有些信号比其他信号显得更强烈。李爱军[42]对汉语基本情感的语音表达进行了声学分析和感知实验,通过对比6 种基本情感与中性语音,发现情感语调大致体现在语音的基频线索(包括音高范围和音阶)和"连续附加边界调"(SUABT)等特征上,但每个说话者使用的线索略有不同。不同于非声调语言,汉语母语者所产生的 SUABT 由表达语言含义的词汇声调和表达情感态度或语用意义的情感语调两部分组成。情感语调的声学形式与语用功能之间的关系是"多对多"。

上述基本情感模型的研究对情感进行范畴化描写,难以穷尽情感的范畴化类型,同时无法解释较复杂的情感。为此,Cowie 等人(2001)转向从效价(valence,正负)、唤醒度(arousal,高低)和优势度(dominance,大小)等维度描述复杂的情感。基于正负效价分类,Barkhuysen 等人发现对于言语片段,正性情感比负性情感更容易被听者识别。它不仅解决了复杂情感难以分类的问题,而且适用于刻画情感产生的根源——态度。此外,相比唤醒度,效价的判断在人群中具有较高的一致性。

1.5　言语产生与感知的相互作用

言语的产生和感知是人类语音交互中的基本活动。人的言语产生和感知功能是共同进化,同步发育的。在此,我们使用"言语"一词是为了凸显人际交互中的语音中的信息,包括语言信息、副语言信息和非语言信息,而不仅仅是声学意义上的语音信号。由于语音信号是言语产生和感知之间的桥梁,本节以语音信号为介质考察言语产生和感知的相互作用和相互依赖关系。

1.5.1　言语知觉运动理论

人际交互中,说话人可以被认为是语音产生系统中的编码器,听话人可以被认为是语音感知系统中的解码器,这就使得说话人与听话人之间形成一个闭环链路,即言语交互理解回路。此外,由于说话人不时地监听自己的话语,言语信息在说话人自身大脑内部也进行着交互。这种交互在习得新语言过程中尤为重要。此时,言语的产生与感知作为一种内部的"言语链",在人脑中形成一个闭环回路,即生成感知认知回路。人类言语交流过程可以用图 1-23 中所示的言语链描述,同时言语链也是对言语产生与感知之间关系的形象描述[43]。生成感知认知回路和言语交互理解回路在同一知识语境和语言语境下工作。它反映了说话人的意图如何以言语的形式编码并传递给听话人,又反映了如何在听话人的大脑中解码、再现说话人的意图。

言语产生时,说话人首先基于想要传递的意图来决定说话的内容,然后由言语中枢进行言语规划,将抽象的概念映射到词汇表征,并以正确的顺序给出词汇的音素、语调和时长。大脑的言语运动中心按照这些信息编排对应的发音运动程序并传递到后续神经系统,按照时序来执行。下一级神经水平运动指令又将动作信息传递给负责语音产生的所有部位:膈肌、喉部、舌头、下巴、嘴唇等。由于肌肉收缩,肺部提供的空气流穿过声带,产生不同类型的声源(例如周期性的脉冲式气流、耳语、呼气流、嘶哑声

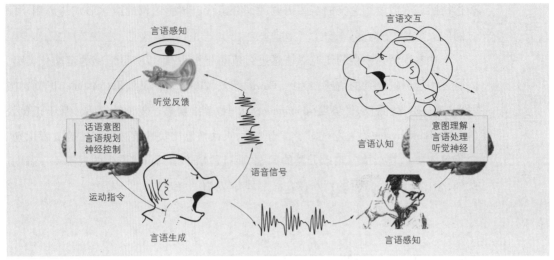

图1-23 言语的产生与感知过程

等），并经过口腔和鼻腔的调制，由唇部、鼻孔的声波放射以及声道壁振动辐射产生语音信号。

言语感知时，声波到达听话人以及说话人的鼓膜，中耳将鼓膜表面的机械振动通过听小骨传递给内耳转换为流体的行波。内耳的基底膜和毛细胞将流体行波承载的语音信息转换为神经脉冲，经由听觉神经传递给脑干、丘脑和听觉皮层。大脑的语言中枢通过整合语义、语调、时长和能量包络等信息识别传达意义的音素。同时，听话人通过音质等额外信息辨识说话人、了解说话人的健康与情绪状态。此外，听话人的大脑高级中枢会有意识或潜意识地将这些输入的声学特征和语言信息与以前的记忆和当前的语境相结合，解读说话人的思维，某种程度上再现说话人的意图。同样，听话人也可以成为说话人，然后言语链将反向运作。

言语感知运动理论（motor theory of speech perception）是将言语产生和感知过程融为一体进行研究考察的。最初是由Liberman等人在1967年提出的一个假说（强运动说），即在语音感知过程中，语音生成的运动系统的作用是必不可少的，强调音素感知不变的原因在于发音的运动指令[44]。强运动说受到了部分学者的强烈反对。经过近20年的激烈争论和实验求证，Liberman等人于1985年提出修正版，形成了现在的言语感知运动理论（弱运动说）[45]。该理论将运动指令改为语音姿势，其中语音姿势是由说话人语言层面控制的，而不是实际的运动。该理论主张：①语音感知的对象是反映说话人意图的发音运动和驱动发音器官的运动指令所形成的脑内表征；②语音生成和感知通过共享具有不变性的同一特征（语音姿势）而密切相关；③这个相关特性是在进化过程中获得的而不是后天学习中获得的，将语音的生成和感知自动关联在一起的发音感知模块存在大脑中。

多年来，实验观测从不同的角度支持了言语感知运动理论。其中视听整合作为言语交互的核心要素之一,有效地证明了发音姿势在听觉感知中的关键作用。因为说话中许多发音运动是可见的,比如嘴型,这种视觉信息与所产生的声学信息强烈相关。在发音模仿的行为学实验中,如果人们清楚语音中的发音姿势,就可以以更快的速度实现语音的模仿。在嘈杂的环境中,对于听力正常的人来说,发音运动的视觉信息有明显的辅助作用。而对于听力受损的人来说,视觉信息本身通常就可以为语音感知提供足够的信息。听觉和视觉信息在语音感知早期潜意识水平上"整合"的另一有力证明是著名的 McGurk 效应[46]:当给受试者播放听觉刺激"ba"同时呈现出视觉"ga"的嘴部动作时,部分受试者会将其识别为音节"da",这表明语音感知的结果被发音姿势的视觉信息所篡改。这种效应的敏感性估计在 26% 到 98% 之间。镜像神经元系统的存在表明发音运动可以部分地通过由执行该运动的相同神经回路来理解。它反映了手势语言和有声语言有着共同的生理基础,为有声语言从手势语言起源的理论提供了新的依据,也为言语知觉运动理论中生成和感知的映射关系提供了一定的神经生物学支撑[47]。

从图 1-23 可以看到,在言语链的生成感知认知回路以及言语交互理解回路中,语音信号都是在担负着桥梁作用。言语感知运动理论指出,言语生成和感知通过共享具有不变性的同一特征(语音姿势)而密切相关。如前所述,语音姿势在语音生成端比较直观,容易想象。连续发音时它们从一个声道形状连续变化到另一个声道形状,配上对应的发音方式,就形成了言语生成的语音姿势。相对而言,言语感知的语音姿势就没有那么直观了。在日常的言语交流中,听话人会感知说话人产生的语音形式,发送和接收的语音信息之间必须存在对等关系。Liberman 等人将具有第一至第三共振峰辅音+元音的合成音/ra/和/la/的第三共振峰过渡部分切割出来,呈现给被试者的一侧耳朵,被试者听到的是像鸟叫一样的非语言声音。当将其余语音部分呈现给被试者的另一侧耳朵,把/ra/和/la/的过渡部分声音来回切换时,被试者会听到/ra/和/la/在切换。这个双重感知实验证明:在言语感知过程中,被试者同时采用将过渡部分作为非语音声音独立处理的模式和整合音素特征的语音模式进行工作。也就是说,听者对声音信号进行分析以提取语音信息,整合语音单元(如音段、音节),将它们映射到大脑中的抽象语音类别[48]。

1.5.2　语音产生和感知的时频表示

本节从语音声波的产生到内耳的声波分解两个侧面引入语音分析的概念。我们基于正弦信号的线性组合和分解来分析语音信号。

语音信号是一个振幅随时间变化的连续波形 $x(t)$。它可以表示为一系列相位 φ_n 不同的正弦波的线性组合:

$$x(t) = \sum_{k=0}^{\infty} a_k \sin(k\omega_0 + \varphi_k) \tag{1.22}$$

其中，ω_0 为正弦波的基频（$f_0 = \omega_0/2\pi$），$k\omega_0$ 为第 k 次谐波的频率，a_k 是第 k 次谐波的振幅。原信号 $x(t)$ 和正弦波之间的关系可以表示为图 1-24。如图所示，原信号 $x(t)$ 被分解为一系列正弦波的谐波，其振幅为 $[a_0, a_1, a_2, \cdots, a_k, \cdots]$，相位为 $[\varphi_0, \varphi_1, \varphi_2, \cdots, \varphi_k, \cdots]$。分解的正弦波的数学表达式显示在图的上方，对应的幅度值显示在图的下方。从上到下的方向是时间轴，从左到右的方向是频率轴。实际上，正弦波成分的振幅就是该信号的频率分量。原信号不包含的正弦波成分，其频率分量为零，即 $a_k = 0$，它将不出现在分解的谐波中。图中的信号不包含偶次谐波的成分，所以直流成分（$k = 0$，$\varphi_0 = \pi/2$）和偶次谐波的振幅为零。如果一个信号当频率大于 $k\omega_0$ 时所有谐波的振幅都为零的话，$f_c = k\omega_0/2\pi$ 就是该信号的截止频率。

公式（1.22）将周期信号分解为一组正弦波的叠加，该方法称为傅里叶级数（Fourier series）。通过傅里叶级数，可以得到图 1-24 频率轴上表示的频率分量。如果减小 ω_0，高次谐波频率的间隔也会相应减少。如果无限地减小 ω_0，即让其趋于零，离散频率成分就变为连续分布。此时，傅里叶级数的求和公式就变为求积分，称为傅里叶变换（fourier transform）。通过傅里叶变换，时域信号就可以无损失地变换为频域信号。傅里叶变换的公式如下：

$$X(\omega) = \int_{-\infty}^{\infty} x(t)\mathrm{e}^{-\mathrm{j}\omega}\mathrm{d}t \tag{1.23a}$$

$$x(t) = \frac{1}{2\pi} \int_{-\infty}^{\infty} X(\omega)\mathrm{e}^{\mathrm{j}\omega t}\mathrm{d}\omega \tag{1.23b}$$

式（1.23a）和（1.23b）分别是傅里叶变换的正变换和逆变换。从欧拉公式 $\mathrm{e}^{\mathrm{j}\omega t} = \cos\omega t + \mathrm{j}\sin\omega t$ 可知，$\mathrm{e}^{\mathrm{j}\omega t}$ 是正弦信号和余弦信号的指数表达形式。

为了便于信号压缩、传输和数字化处理，对连续的语音信号 $x(t)$ 按一定的间隔（Δt）进行采样，可以得到一个离散的时间序列信号 x_n（详见第 2 章）。采样频率 f_S（$= 1/\Delta t$）应该大于等于信号的截止频率 f_c 的 2 倍（即 $f_S \geq 2f_c$）。对一个时间窗内 N

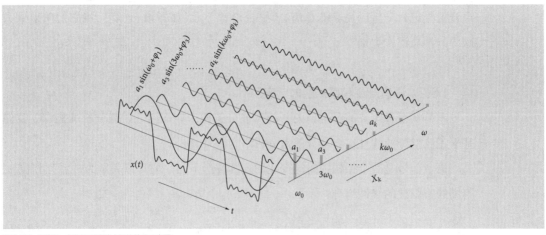

图 1-24 原信号 $x(t)$ 和正弦波之间的关系示意图

点采样的语音信号 $x_n, n = \{0, 1, 2, \cdots, N-1\}$，通过式（1.24a）的离散傅里叶变换，可以得到对应的语音信号的离散频谱（复数序列）$X_k, k = \{0, 1, 2, \cdots, N-1\}$ 式（1.24b）。

$$X_k = \sum_{n=0}^{N-1} x_n \exp\left(-\mathrm{j}\frac{2\pi kn}{N}\right), \quad \{0 \leqslant k \leqslant N-1\} \tag{1.24a}$$

$$x_n = \frac{1}{N}\sum_{k=0}^{N-1} X_k \exp\left(\mathrm{j}\frac{2\pi kn}{N}\right), \quad \{0 \leqslant n \leqslant N-1\} \tag{1.24b}$$

同样，对语音的离散频谱进行离散傅里叶逆变换，可以得到原来的语音序列 x_n。在许多场合，信号的功率谱比频谱描述更方便些。功率谱可以由式（1.25）得到。

$$X_k = \frac{1}{N}\left|\sum_{n=0}^{N-1} x_n \exp\left(-\mathrm{j}\frac{2\pi kn}{N}\right)\right|^2 \qquad \{0 \leqslant k \leqslant N-1\}$$
$$= \frac{1}{N}(\Re\ (X_k)^2 + \Im\ (X_k)^2) \tag{1.25}$$

由上面的分析可以看到，傅里叶变换计算的是给定语音信号 $x(t)$（$t_1 \leqslant t \leqslant t_2$）区间的整体的平均频率成分，不考虑该区间语音的时变特征。我们知道，发音过程是一个时变过程，需要给一个时间窗口框出语音信号的"稳态"区间。语音分析就是在这样"稳态"的时间窗内，提取其参数或特征，每组参数代表语音在给定时间窗内的平均值。窗口大小是构建良好模型的关键之一。值得注意的是，语音发音过程在 20 ms 的区间上可以认为是稳定不变的，如果给定区间太长，得到的语音频谱特性就会丢掉了发音过程的动态特性；如果长度达到覆盖多个音素，分析结果就失去了语言学上的特征。为此，我们用一串连续滑动的时间窗把连续的语音信号划分成许多部分重叠的语音帧，从而计算出可以反映声道时域和频域的动态特性。所谓时间窗，可以认为是一个时间序列，在给定有限区间内其加权值不为零，之外所有的值都为零。基于发音器官的物理特性，窗长一般为在 20~40 ms，每 8~16 ms 移动一次窗口。加窗运算是指将语音信号和滑动的窗函数对应的样本进行相乘，从而产生一组由窗函数进行加权的新语音样本序列，如图 1-25 所示。这样，我们可以得到语音信号随时间变化的频率特性，频率成分的强度用灰度表示，可以同时展示语音的时频特性，通称为语谱图（spectrogram）。为了在语谱图中显示语音周期的时间构造，人们倾向于用更小的窗长。例

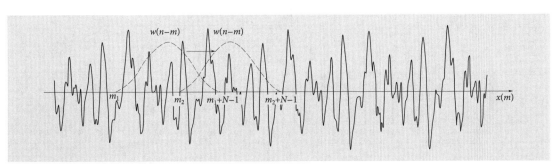

图1-25 利用窗函数 $w(n)$ 的语音分帧

如,常用的语音分析软件 Praat 的窗长默认值是 5 ms。

时间域上两个函数的卷积相当于频域上两个函数相乘。在时域信号到频域的变换过程中,某一频率的信号能量会扩散到相邻频率点上,出现频谱泄漏现象。为了减少频谱泄漏,通常在采样后根据需求对信号加不同类型的时间窗函数。最简单的时间窗是矩形窗,其窗内加权值相等,数值为 1(表面上看是不加窗)。常见的时间窗有三角窗、汉明(Hamming)窗、汉宁(Hanning)窗和高斯(Gaussian)窗等。除了矩形窗外,其他的时间窗在时域上的幅度体现为中间高,两端低。逐渐减少窗口边缘的幅值是为了减轻加窗后对信号频率特性的影响。窗长为 N 的信号序列,其汉明窗和汉宁窗的数学公式为

$$w_{\text{ham.}}(n) = \begin{cases} 0.54 - 0.46\cos\left(\dfrac{2\pi n}{N-1}\right), & 0 \leq n \leq N-1 \\ 0, & \text{其他} \end{cases} \tag{1.26}$$

$$w_{\text{han.}}(n) = \begin{cases} 0.50 - 0.50\cos\left(\dfrac{2\pi n}{N-1}\right), & 0 \leq n \leq N-1 \\ 0, & \text{其他} \end{cases} \tag{1.27}$$

图 1-26 比较了矩形窗、汉明窗和汉宁窗的频谱泄漏。频率分析的分辨率主要是受窗函数的主瓣宽度影响,而泄漏的程度则取决于主瓣和旁瓣的相对幅值大小。不同的窗函数就是在频率分辨率和频谱泄漏中做一个折中选择。矩形窗的主瓣宽度最小,但旁瓣最大。因此,矩形窗虽然频率分辨率最高,但频谱泄漏最大,不建议使用。汉明窗略好于汉宁窗。从简洁和减少频谱泄漏的观点,汉明窗比较受到推崇。

图 1-27 显示了使用不同长度、不同类型窗函数对"阿姨"一词的语音信号分析的结果,其中窗函数和窗长标在相应的子图上,共振峰和基频的时间变化轨迹显示在中间的子图上。图 1-27(a)和(b)显示"阿姨"一词的语音波形。图 1-27(c)(d)和(f)分别显示了窗长为 5 ms 的汉明窗、高斯窗和矩形窗的分析结果。由于旁瓣的频谱泄漏问题,矩形窗(即不加窗)频率分辨率远低于其他两种时间窗。高斯窗和汉明窗除

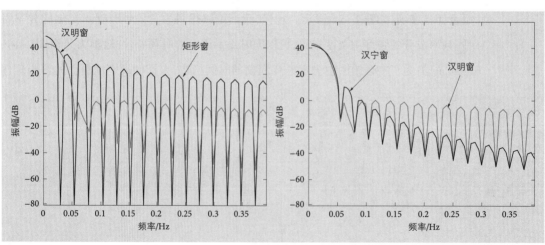

图 1-26 部分窗函数频谱泄漏的比较

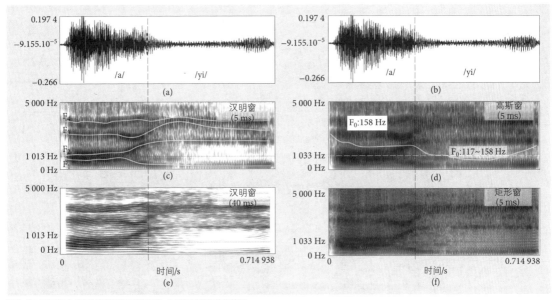

图 1-27　不同长度、不同类型窗函数对"阿姨"一词的语音信号分析结果

注:图(a)和(b)显示了"阿姨"一词的语音波形;图(c)、(d)、(e)、(f)分别显示了不同窗函数的分析结果

了反差外,没有太大的区别。图 1-27(c)和(e)分别显示窗长为 5 ms 和 40 ms 的汉明窗的分析结果,其中图(e)所示的窄带(窗长长)频谱图的频率分辨率高,可以清晰地观察到语音的谐波结构,但语音的周期性被抹杀。与之相反,在图(c)的宽带(窗长短)频谱图中,语音的周期性清晰可见,但由于频率分辨率不够高,语音的谐波构造观察不到。因此,可以根据研究目的适当选择宽带频谱图和窄带频谱图。图 1-27(c)同时显示了语音信号的第一到第四共振峰,共振峰的轨迹在元音区间相对稳定,在音节的过渡段急速变化。语音感知不仅感知稳定段的频率特性,同样重视频谱的动态特性。图 1-27(d)显示了基频(F0)根据字调(阴平+阳平)的时间变化轨迹,阴平稳定区间的 F0 为 158 Hz,阳平 F0 从最低的 117 Hz 升回到 158 Hz。由此可见,频谱图含有语音丰富的时频和频域信息,是语音可视化的主要手段之一,最近作为基于深度神经网络的语音识别和合成的语音特征被广泛使用。

图 1-28 给出了"模拟考试"一词的语音波形、语谱图和部分浊音的声道传递函数,其中声母和韵母使用国际音标标注。信号的采样频率为 16 kHz,截止频率为 8 kHz。语谱图的窗函数为汉明窗、窗长为 5 ms,在自然语流中很少看到共振峰有稳定区间。为了较为准确地计算声道特性,汉明窗的窗长设为测试点(图中箭头的位置)附近语音周期的长度,即该处 F0 的倒数。如果忽略先行声源信号的卷积影响,计算的频谱既保证了周期完整性,又不受周期性谐波的影响。在具有代表性的测试点附近求得元音的声学特性和表 1-4 列举的测试值基本一致。在自然的语流中,发音姿势一个接一个连续切换,发音器官连续运动,很少有稳定不变的区间,元音的共振峰一直随时间变化,听话人是如何感知语音的呢? 言语知觉运动理论[45]指出,语音生成和知觉是

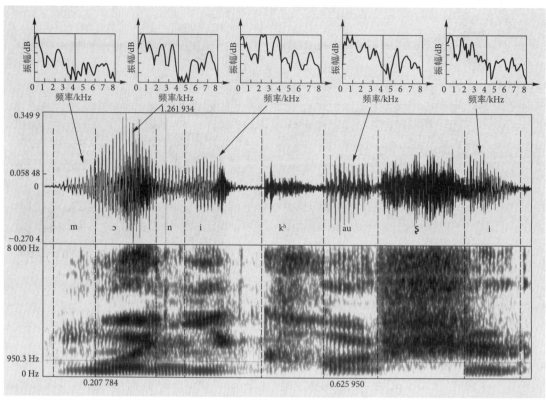

图1-28 "模拟考试"一词的语音波形、语谱图和部分浊音的声道传递函数

通过共享具有不变性的同一特征(语音姿势)完成的。研究人员在研究人对频率变化的感知时,发现人的感知模型可以用二阶运动曲线描述[49]。而人的发音器官运动也可以用二阶运动方程描述。语音生成和感知描述的一致性再次给了我们一个启示:言语是由发音器官运动生成的,人们是通过感知语音频谱的动态特性感知发音姿势,进而感知言语的。语音信号是连接言语生成和感知的桥梁。

表1-4 不同研究人员测量的汉语元音共振峰[50-53]

元音	吴宗济				徐焕章			张家禄		孟子厚		
	F0	F1	F2	F3	F1	F2	F3	F1	F2	F1	F2	F3
i[i]	320	320	2 890	3 780	350	2 600	3 500	384	3 098	314	2 877	3 880
u[u]	320	420	650	3 120	480	750	3 800	491	836	372	832	3 257
ü[y]	320	320	2 580	3 700	330	2 400	—	415	2 660	314	2 443	3 053
o[ɔ]	320	720	930	2 970	700	1 100	3 100	773	1 131	665	987	3 445
e[ɤ]	310	750	1 220	3 030	700	1 300	3 000	853	1 389	619	1 350	3 408
a[a]	320	1 280	1 350	2 830	1 000	1 300	3 000	1 061	1 464	967	1 399	3 259
i[ɿ]	320	370	2 180	3 210	450	2 000	3 300	425	2 381	396	2 083	2 862
i[ʅ]	320	420	1 630	3 130	450	1 600	3 100	411	1 874	392	1 801	3 225
er[ɚ]	310	730	1 730	3 420	750	1 600	—	797	1 763	678	1 560	3 510
ê[ɛ]	310	610	2 480	3 510	520	2 300	3 200	670	2 428	850	2 032	3 223

1.6　小结

　　本章从语音产生与感知机理入手,首先介绍有声语言的形成和发音运动的范畴化、听觉感知机理以及声音特征的客观度量和主观感知。1.2 节介绍了浊音声源相关的声带振动激励和模型以及清音声源的产生。1.3 节从不同的侧面介绍了语音感知机理。1.4 节基于声波传播理论简单地介绍了声道传递函数的计算,阐述了汉语声调、句调和韵律的关系。1.5 节介绍了言语产生与感知的相互作用,从言语产生与感知的关联性讲解了语音信号处理的最基本工具——傅里叶变换。和传统教材不同的是,我们试图从语音产生和感知的机理揭示语音处理背后的物理意义,并希望能够开阔读者新的视野,起到温故而知新的作用。

本章知识点小结

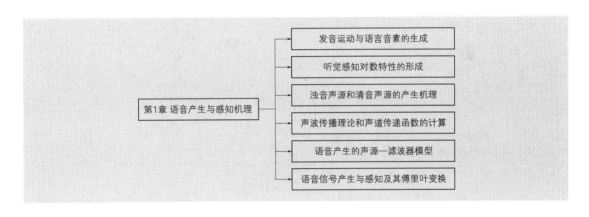

1.7　语音生成实验

　　使用河原英树教授利用 MATLAB 开发的语音信号分析程序,完成如下实验内容:
1. 通过修改声道横截面积函数合成语音,理解声道谐振频率和面积函数之间的关系;
2. 通过修改声源参数体验声道频率特性的变化与合成音质的变化;
3. 通过录音反推声道形状体验语音生成与感知的关系。

推荐读物

Fant, G. (1960). Acoustic theory of speech production. The Hague, Mouton.

Flanagan, J. (1970). Digital Representation of Speech Signals. BTL Symp. Digital Tech. Commun, Murray Hill, N. J.

Stevens, K. (2000). Acoustic phonetics. The MIT press.

习题 1

1. 人类的有声语言（语音）出现的条件什么？从物理特性和社会功能等方面试述语音和语言的关系。

2. 对于一个均匀声管$(A(x)=A)$，用代入的方法证明式(1.9)是偏微分方程(1.6)的解。

3. 已知截面积为A_{n-1}和A_n的两个无损短管在接点处的反射系数可以写成

$$k_n = \frac{A_{n-1}-A_n}{A_{n-1}+A_n} \quad 或 \quad k_n = \frac{1-\dfrac{A_n}{A_{n-1}}}{1+\dfrac{A_n}{A_{n-1}}} \tag{A.1}$$

试证：$-1 \leq k_n \leq 1$。已知面积A_{n-1}和A_n均为正值。

4. 语音发音是声波从给定声源沿声道传播，在唇部或鼻孔辐射到自由空间。请说明声道开口端辐射效应以及简单的补偿方法。

5. 语音产生过程中的协同发音是如何产生的？它带来的好处和问题是什么？

6. 基于内耳的机理说明人的听觉感知特性为什么呈现对数尺度。试论梅尔刻度、巴克刻度和耳捕刻度的异同。

7. 求下列窗函数的傅里叶变换。

（1）指数窗

$$w(n) = \begin{cases} a^n, & 0 \leq n \leq N-1 \\ 0, & 其他 \end{cases} \tag{A.2}$$

（2）矩形窗

$$w(n) = \begin{cases} 1, & 0 \leq n \leq N-1 \\ 0, & 其他 \end{cases} \tag{A.3}$$

（3）汉明窗

$$w(n) = \begin{cases} 0.54-0.46\cos\left(\dfrac{2\pi n}{N-1}\right), & 0 \leq n \leq N-1 \\ 0, & 其他 \end{cases} \tag{A.4}$$

请示意画出各个窗函数的傅里叶变换的幅度。

8. 声门脉冲的常用近似式为

$$g(n) = \begin{cases} na^n, & n \geq 0 \\ 0, & n < 0 \end{cases} \tag{A.5}$$

（1）画出作为ω函数的傅里叶变换式$G(e^{j\omega})$；

（2）说明如何选择a才能使

$$20 \lg |G(e^{j0})| - 20 \lg |G(e^{j\pi})| = 60 \text{ dB} \tag{A.6}$$

9. 根据下列离散时间信号的傅里叶变换，确定各相应的信号。

（1）$X(k) = 2\left(1+\cos\left(\dfrac{6\pi}{N}k\right)\right)$

（2）$X(k) = 1 - 2e^{-j3\frac{2\pi}{N}k} + 4e^{j2\frac{2\pi}{N}k} + 3e^{-j6\frac{2\pi}{N}k}$

（3）$X(k) = \cos^2\dfrac{2\pi}{N}k$

（4）$X(k) = \dfrac{e^{-j\frac{2\pi}{N}k}}{1+\dfrac{1}{6}e^{-j\frac{2\pi}{N}k}-\dfrac{1}{6}e^{-j2\frac{2\pi}{N}k}}$

10. 设$x_a(t) = a^t u(t)$，$|a| < 1$。用傅里叶变换对$x_a(t)$做频谱分析，讨论做傅里叶变换时，数据长度N的选择对分析结果的影响。

11. 如果$x(n)$是一个周期为N的周期序列，则它也是周期为$2N$的周期序列。把$x(n)$看作周期为N的周期序列，其傅里叶变换为$X_1(k)$，再把$x(n)$看作周期为$2N$的周期序列，其傅里叶变换为$X_2(k)$，试利用$X_1(k)$确定$X_2(k)$。

参考文献

[1] Fujisaki, H., Hirose, K., Kawai, H., Asano, Y., A system for synthesizing Japanese speech from orthographic text. in *IEEE*

ICASSP. 1990. Albuquerque, USA.

［2］ Stokoe, W.C., Casterline, D.C., Croneberg C.U., *A dictionary of American sign language on linguistic principles*. 1965, Washington, D.C.: Gallaudet College Press.

［3］ Bernardis, P., Gentilucci, M., *Speech and gesture share the same communication system*. Neuropsychologia, 2006. **44**（2）: p. 178-190.

［4］ 本多清志, 人の顔形と声質. 日本音響学会誌, 2001. **57**: p. 308-313.

［5］ Liberman, P., McCarthy, R., *Tracking the evolution of language and speech*. Expedition Magazine, 2007. **49**(2): p. 15-20.

［6］ Lenneberg, E., *Biological Foundation of Language*. Working Papers on Bilingualism, . 1967, New York: Wiley.

［7］ Stevens, K., *Acoustic phonetics*. 2000: The MIT press.

［8］ Titze, I.R., *Principles of Voice Production*. 1994, New Jersey: Prentice Hall.

［9］ Van den Berg, J.W., *Myoelastic-aerodynamic theory of voice production*. J. Speech and Hearing Research, 1958. **1**: p. 227-244.

［10］ Flanagan, J., Landgraf, L., *Self-oscillating source for vocal-tract synthesizers*. IEEE Transactions on Audio and Electroacoustics, 1968. AU-**16**: p. 57-64.

［11］ Ishizaka, K., Flanagan, J., *Equivalent lumped-mass models of vocal fold vibration*, ed. Stevens, Hirano. 1981. 231-244.

［12］ Story, B., Titze, I., *Voice simulation with a body-cover model of the vocal folds*. J. Acoust. Soc. Am., 1995. **97**（2）: p. 1249-1260.

［13］ Fant, G., Liljencrants, J., and Lin, Q., *A four-parameter model of glottal flow*. STL-QPSR 4/1985, 1985: p. 1-13.

［14］ Krim, H., Viberg, M., *Two decades of array signal processing research*. IEEE Signal Processing Mag., 1996. **13**(4): p. 67-94.

［15］ O'Shaughnessy, D., *Speech communication: human and machine*. 1987: Addison-Wesley.

［16］ Zwicker, E., *Subdivision of the audible frequency range into critical bands*. Journal of the Acoustical Society of America, 1961. **33**: p. 248-248.

［17］ Moore, B. C. J., Glasberg, B. R., *Suggested formulae for calculating auditory-filter bandwidths and excitation patterns*. J. Acoust. Soc. Ame., 1983. **74**: p. 750-753.

［18］ Lu, X., Dang, J., *An investigation of dependencies between frequency components and speaker characteristics for text-independent speaker identification*. Speech Communication, 2008. **50**: p. 312-322

［19］ Patterson, R.D., Moore, B.C.J., *Auditory filters and excitation patterns as representations of frequency resolution*. 1986.

［20］ Glasberg, B.R., Moore, B.C.J., *Derivation of auditory filter shapes from notched-noise data*. Hearing Research, 1990. **47**(1-2): p. 103-138.

［21］ Patterson, R. D., Holdsworth, J., Nimmo-Smith, I., Rice, P., *SVOS Final Report: The Auditory Filterbank*. APU report 1987. **2341**.

［22］ Irino, T., Patterson, R.D., *A time-domain, level-dependent auditory filter: the gammachirp,*. J. Acoust. Soc. Am., 1997. **101**: p. 412-419.

［23］ 入野, 俊., はじめての聴覚フィルタ（やさしい解説）. 日本音響学会誌, 2010. **66**.

［24］ Ganong, F, W., *Phonetic categorization in auditory word perception*. J Exp Psychol Hum Percept Perform, 1980. **6**（1）: p. 110-125.

［25］ Marslen-Wilson, W.D., Welsh, A., *Processing interactions and lexical access during word recognition in continuous speech*. Cognitive Psychology, 1978. **10**(1): p. 29-63.

［26］ Mcclelland, J.L., Elman, J.L., *The TRACE models of speech perception*. Cognitive Psychology, 1986. **18**(1): p. 1-86.

［27］ Kitamura, T., Honda, K., Takemoto, H., *Individual variation of the hypopharyngeal cavities and its acoustic effects*. Acoustical Science & Technology, 2005. **26**(1): p. 16-26.

［28］ Garrido, L., Eisner, F., Mcgettigan, C., Stewart, L., Sauter, D., *et al.*, *Developmental phonagnosia: A selective deficit of vocal identity recognition*. 2009.

［29］ Dang, J., Li, A., Erickson, D., Suemitsu, A., Akagi, M., *Comparison of Emotion Perception among Different Cultures*. Acoustics of Science and Technology, 2010. **31**(6): p. 394-402.

［30］ Dudley, H., Tarnoczy, T. H., *The speaking machine of Wolfgang von Kempelen*. J. Acoust. Soc. Ame., 1950. **22**（1）: p. 151-166.

［31］ Fant, G., *Acoustic theory of speech production*. 1960, The Hague: Mouton.

［32］ Dang, J., Wei, J., Honda, K., Nakai, T., *A study on transvelar coupling for non-nasalized sounds*. J. Acoust. Soc. Am., 2016. **139**(1): p. 441-454.

［33］ Portnoff, M., R., *A Quasi-One-Dimensional Digital Simulation for the Time-Varying Vocal Tract,*, in *Dept. of Elect. Engr.,*,

1973,MIT, ;Cambridge,Mass.,.

［34］ Dang,J.,Shadle,C.,Kawanishi,Y.,Honda,K.,Suzuki,H., *An experimental study of the open end correction coefficient for side branches with an acoustic tube.* J. Acoust. Soc. Am.,1998. **104**(2):p. 1075-1084.

［35］ Flanagan,J., *Speech Analysis, Synthesis, and Perception.* 1972:Springer-Verlag,Berlin-Heidelberg-New York.

［36］ Chao,Y.R., *A Grammar of Spoken Chinese*, 1968, Berkeley:University of California Press.

［37］ Shih,C.,Kochanski,G.P., *Prosody control for speaking and singing styles*, in *Proc. Eurospeech* 2001.:Aalborg,Denmark. p. 669-672.

［38］ Xu,Y., *Speech melody as articulatorily implementedcommunicative functions.* Speech Communication,2005. **46**(46): p. 220-251.

［39］ Fujisaki,H.,Hirose,K., *Analysis of voice fundamental frequency contours for declarative sentences of Japanese.* J. Acoust. Soc. Jpn(E),1984. **5**(4):p. 233-242.

［40］ Fujisaki,H., *Information, Prosody, and Modeling — with Emphasis on Tonal Features of Speech —.* https://www. researchgate.net/publication/228955748,2004.

［41］ 郑秋豫,语篇的基频构组与语流韵律体现. Language and Linguistics,2010. **11**(2):p. 183-218.

［42］ Li,A., *Encoding and Decoding of Emotional Speech:A Cross-Cultural and Multimodal Study between Chinese and Japanese.* 2015:Springer.

［43］ Denes,P.,Pinson,E., *The Speech Chain.* 2nd 1993,New York:W.H. Freeman and Co.

［44］ Liberman,A.,Cooper,F.,Shankweiler,D.,Studdert-Kennedy,M., *Perception of the speech code.* Vol. 74. 1967.

［45］ Liberman,A.,Mattingly,G., *The motor theory of speech perception revised.* Cognition,1985. **21**:p. 1-36.

［46］ McGurk,H.,MacDonald,J., *Hearing lips and seeing voices.* Nature,1976. **264**:p. 746-748.

［47］ Lotto,A.J.,Hickok,G.S.,Holt,L.L., *Reflections on mirror neurons and speech perception.* Trends in Cognitive Sciences,2009. **13**(3):p. 110-114.

［48］ Fowlera,C.A.,Brown,J.M.,Sabadini,L.,Weihing,J., *Rapid access to speech gestures in perception:Evidence from choice and simple response time tasks.* J Mem Lang,2003. **49**(3):p. 396-413.

［49］ 相川清明,实,津.,河原英紀,東倉洋一,周波数变化音追跡の動特性. 日本音響学会誌,1996. **52**(10):p. 741-751.

［50］ 吴宗济,普通话元音和辅音的频谱分析及共振峰的测算. 声学学报,1964. **1**(1):p. 33-39.

［51］ 徐焕章,普通话元音的平均声谱. 声学学报,1965. **2**(1):p. 1-7.

［52］ 张家騄,齐士钤,吕士楠,准动态元音分析方法. 声学学报,1979. **1**:p. 23-29.

［53］ 孟子厚,普通话单元音女声共振峰统计特性测量. 声学学报,2006. **31**:p. 199-202.

第2章 语音信号处理基础

【内容导读】语音是经过语言调制的声学信号。语音信号处理主要关注语音信号的调制和解调过程，较少关注其语言高层成分。其调制过程是由发音器官运动生成的动态声道对浊音声源或清音声源进行滤波实现的，即声源-滤波器模型；其解调过程是由内耳的基底膜将声波振动分解为不同频率的神经电信号传递给大脑听觉皮层进行感知的过程。在长期的语音信号处理方法的研究过程中，人们主要遵循语音产生机理解码声道特性和声源特性，以及基于人的语音感知机理去分析语音特征。本章将沿着这个思路介绍语音信号处理的基础知识和方法。

2.1 语音产生与感知的数学模型

语音生成过程中发音器官连续运动形成时变的声道形状，同时在适当的时间节点上产生浊音或清音声源驱动声道，产生自然语流。严格地讲，语音生成系统是一个非线性时变系统。传统的信号处理方法都是针对线性时不变系统设计的。考虑到发音器官的运动频率在 50 Hz 以下，所以可以近似地认为声道形状在 20 ms 的范围内是稳定不变的，同时忽视诸如塞擦声源等非线性成分，就可以把语音产生系统作为线性时不变系统处理。本节在这个前提下，从语音信号处理的角度考察语音产生和感知过程的机理及其数学模型。

2.1.1 语音产生系统的表示及其信号的数字化

发音过程中，在 20~30 ms 的范围内声道形状可以近似地认为是稳定不变的。基于此前提，语音生成系统退化为线性时不变系统，如图 2-1 所示。其系统模型可以简单地表示如下：

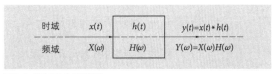

图2-1 语音产生的系统模型

图中虚线上方是时域表示，下方是频域表示。在时域上，$h(t)$ 是声道系统的脉冲冲激响应函数，给该系统输入一个信号 $x(t)$，其输出信号 $y(t)$ 可以由下式求得：

$$y(t) = \int_{-\infty}^{\infty} x(\tau) h(\tau - t) \, d\tau \tag{2.1}$$

即，系统的输出等于系统的输入和系统脉冲冲激响应的卷积。如果对公式（2.1）两边同时进行傅里叶变换，可以得到

$$Y(\omega) = X(\omega) H(\omega) \tag{2.2}$$

其中，$H(\omega)$ 是 $h(t)$ 的傅里叶变换，称为声道传递函数。$X(\omega)$ 和 $Y(\omega)$ 分别是 $x(t)$ 和

$y(t)$ 的傅里叶变换。

为了将数字信号处理方法应用到模拟语音信号处理中，必须把该信号离散化，表示成数列。通常，对模拟信号 $x_a(t)$ 以等间隔 T 进行周期性抽样，可以得到序列

$$x(n) = x_a(nT), \quad -\infty < n < \infty \tag{2.3}$$

其中 n 为整数。式（2.3）所示的抽样序列在满足抽样定理的条件下，就可以唯一地表示原模拟信号。抽样定理可以概述如下：

如果信号 $x_a(t)$ 的傅里叶变换 $X_a(\omega)$ 是带宽受限的，即：若当 $|\omega| \geq 2\pi F_C$ 时 $X_a(\omega) = 0$，这样当 $T \leq 1/2F_C$ 时，用等间隔的抽样序列 $x_a(nT)$（$-\infty < n < \infty$）能够唯一地恢复出原模拟信号 $x_a(t)$。

抽样定理可以由下列公式得以证明：

$$X_T(\omega) = \int_{-\infty}^{\infty} x_a(nT) e^{-j\omega t} dt = \int_{-\infty}^{\infty} \left[x(t) \sum_{n=-\infty}^{\infty} \delta(t - nT) \right] e^{-j\omega t} dt \tag{2.4}$$

根据卷积的规则，时域函数乘积的傅里叶变换等于两个函数傅里叶变换的卷积。$x(t)$ 的傅里叶变换为 $X(\omega)$，δ 函数序列的傅里叶变换为

$$F\left(\sum_{n=-\infty}^{\infty} \delta(t - nT) \right) = \omega_T \sum_{n=-\infty}^{\infty} \delta(\omega - n\omega_T) \tag{2.5}$$

这里，$\omega_T = \dfrac{2\pi}{T}$。将式（2.4）表示为两个函数傅里叶变换的卷积，即

$$X_T(\omega) = \frac{\omega_T}{2\pi} \int_{-\infty}^{\infty} X(\omega - u) \sum_{n=-\infty}^{\infty} \delta(u - n\omega_T) du$$

$$= \frac{1}{T} \sum_{n=-\infty}^{\infty} S(\omega - n\omega_T) \tag{2.6}$$

式（2.6）是离散化语音信号在频域空间的数学表示。为看清楚抽样定理的物理意义，假定 $X(\omega)$ 的频率分布如图 2-2（a）所示，当 $|\omega| > \omega_C = 2\pi F_C$ 时，$X(\omega) = 0$。在此，频率（F_C）称为奈奎斯特（Nyquist）频率。由式（2.6）可知，$X_T(\omega)$ 是由 $X(\omega)$ 以 $\omega_T = \dfrac{2\pi}{T}$ 为周期无限地重复而得到的。图 2-2（b）画出了 $\dfrac{1}{T} > 2F_C$ 情况下的 $X_T(\omega)$ 的图形。显然在此种情况下，傅里叶变换的镜像不会和基带（$|\omega| < \omega_C$）产生叠接。与此相反，在 $\dfrac{1}{T} < 2F_C$ 的情况下（见图 2-2（c）），中心在 $\dfrac{2n\pi}{T}$ 的镜像与基带产生叠接，$n = \{-\infty < n < \infty\}$。此时，该信号高端频率折射并叠加到其低频率上，这种现象称为混叠。显然，如果 $x_a(t)$ 的傅里叶变换是限带的，且抽样频率 $\left(F_S = \dfrac{1}{T} \right)$ 大于或等于奈奎斯特频率的两倍（即 $F_S \geq 2F_C$），在这种情况下可以避免混叠现象。

如果采样频率满足 $\dfrac{1}{T} > 2F_C$，很明显，在基带范围内抽样序列的傅里叶变换正比于

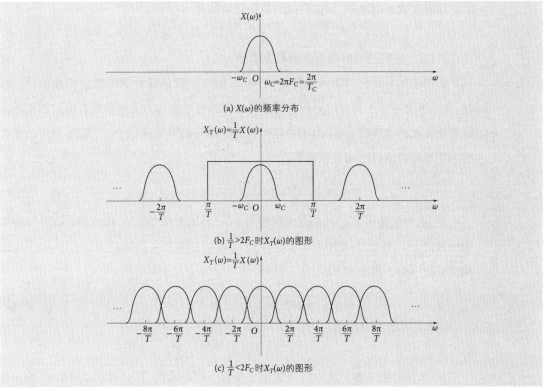

图 2-2 抽样定理的说明

原模拟信号的傅里叶变换,即

$$X_T(\omega) = \frac{1}{T}X(\omega), \quad |\omega| < \frac{\pi}{T} \tag{2.7}$$

如图 2-2(b)所示,可以通过矩形窗函数将 $S(\omega)$ 无损地恢复出来。频域的矩形窗函数的时域表示为 sinc 函数。利用 sinc 函数,可以用下式唯一地恢复出原信号 $s_a(t)$:

$$s_a(t) = \sum_{n=-\infty}^{\infty} x_a(nT) \frac{\sin\dfrac{\omega_T(t-nT)}{2}}{\dfrac{\omega_T(t-nT)}{2}} \tag{2.8}$$

通过上述信号抽样过程,我们将语音信号在时间轴上离散化,得到时间离散信号。但它在幅度上仍然是模拟信号,其样值在一定的取值范围内,有无限多个值。显然,计算机无法对无限个样值一一给出数字表示。为了实现以数字码表示样值,必须把模拟样值分级“取整”,采用“四舍五入”的方法使其在一定取值范围内的样值由无限多个值变为有限个值,这一过程称为量化。如果用 16 bit 字节量化,就是将最大幅度的模拟值用 65 536(2^{16}) 个值来分级“取整”。量化后的抽样信号与量化前的抽样信号相比较,当然有所失真,且不再是模拟信号。这种量化失真在接收端还原模拟信号时表现为噪声,称为量化噪声。量化噪声的大小取决于样值分级“取整”的方式,分的级数越多,即量化级差或间隔越小,量化噪声也越小[1]。通过抽样和量化,我们就可以将模拟语音信号变成时间离散、幅度离散的数字语音信号。

2.1.2　离散时间信号与离散系统表示

借助信号与系统的频域描述方法,可以大大地简化线性系统的分析和设计。因此,在这里复习一下离散时间信号与系统的傅里叶变换和 z 变换是有益的。如果不考虑量化带来的噪声,只关注由于抽样得到离散时间信号带来的变化,则图 2-1 的线性时不变系统的离散时间表示如下:

$$y(n) = \sum_{k=-\infty}^{\infty} h(k)x(n-k) = h(k) * x(n) \tag{2.9}$$

即,系统的输出 $y(t)$ 的离散时间信号 $y(n)$ 等于系统的输入 $x(t)$ 和系统脉冲冲激响应函数 $h(t)$ 各自的离散时间信号 $x(n)$ 和 $h(k)$ 的卷积。离散时间信号 $y(n)$ 的 z 变换由下面一对方程来定义:

$$Y(z) = \sum_{n=-\infty}^{\infty} y(n)z^{-n} \tag{2.10a}$$

$$y(n) = \frac{1}{2\pi \mathrm{j}} \oint_C Y(z) z^{n-1} \mathrm{d}z \tag{2.10b}$$

式(2.10a)定义了 $y(n)$ 的 z 变换或正变换。可以看出,$Y(z)$ 通常是变量 z^{-1} 的无穷幂级数,而序列 $y(n)$ 是幂级数的系数。一般来讲,只在一定的 z 值下,幂级数才收敛于某有限值。式(2.10a)收敛的充分条件是

$$\sum_{n=-\infty}^{\infty} |y(n)| |z^{-n}| < \infty \tag{2.11}$$

使级数收敛的 z 值集合在复 z 平面上确定了一个区域,称为收敛域。通常,收敛域有如下形式:

$$R_1 < |z| < R_2 \tag{2.12}$$

例如,长度为 N 的矩形窗 $x(n) = u(n) - u(n-N)$ 的 z 变换为

$$X(z) = \sum_{n=-\infty}^{\infty} (u(n)-u(n-N))z^{-n} = \sum_{n=0}^{N-1} (1)z^{-n} = \frac{1-z^{-N}}{1-z^{-1}} \tag{2.13}$$

其中,$u(n)$ 为阶跃函数,

$$u(n) = \begin{cases} 1, & n \geq 0 \\ 0, & n < 0 \end{cases} \tag{2.14}$$

在此例中,$x(n)$ 是有限长序列,因此,$X(z)$ 是变量 z^{-1} 的多项式,除 $z=0$ 外,$X(z)$ 在 z 平面上处处收敛。任何有限长序列的收敛域至少为 $0 < |z| < \infty$。

式(2.10b)所示的围线积分给出了"逆 z 变换",其中 C 是 z 平面上绕原点且处于 $X(z)$ 收敛域内的封闭曲线。对于有理 z 变换是一种特殊情况,它可以用部分分式展开求 z 逆变换。z 变换有很多定理和性质,它们对于研究离散时间系统是很有用的,熟悉这些定理与性质是掌握后面各章内容的基础。

为了和 z 变换进行对比,我们在此复习一下离散傅里叶变换。离散傅里叶变换假设信号为周期信号,即

$$\tilde{x}(n)=\tilde{x}(n+N),\ -\infty<n<\infty \tag{2.15}$$

对一个时间窗内 N 点采样的语音信号 $\tilde{x}(n),n=\{0\leqslant n\leqslant N-1\}$,通过下式的离散傅里叶变换,可以得到对应的语音信号的离散频谱(复数序列) $\tilde{x}(k),(0\leqslant k\leqslant N-1)$

$$\tilde{x}(k)=\sum_{n=0}^{N-1}\tilde{x}(n)\mathrm{e}^{-\mathrm{j}\frac{2\pi kn}{N}} \quad \{0\leqslant k\leqslant N-1\} \tag{2.16a}$$

$$\tilde{x}(n)=\frac{1}{N}\sum_{k=0}^{N-1}\tilde{x}(k)\mathrm{e}^{\mathrm{j}\frac{2\pi kn}{N}} \quad \{0\leqslant n\leqslant N-1\} \tag{2.16b}$$

这两个公式是周期序列的确切表示式。然而,对式(2.16a)与式(2.16b)给予另一种解释,可以使这种表示有更广泛的应用。下面讨论有限长序列 $x(n)$,若序列 $x(n)$ 在区间 $0\leqslant n\leqslant N-1$ 以外为零。这样,它的 z 变换是

$$X(z)=\sum_{n=0}^{N-1}x(n)z^{-n} \tag{2.17}$$

如果在单位圆上对 N 个等间隔点(即取 $z^k=\mathrm{e}^{\mathrm{j}\frac{2\pi k}{N}}$, $k=\{0,1,2,\cdots,N-1\}$,计算 $Y(z)$,则

$$X(\mathrm{e}^{\mathrm{j}\frac{2\pi kn}{N}})=\sum_{n=0}^{N-1}x(n)\mathrm{e}^{-\mathrm{j}\frac{2\pi kn}{N}} \quad \{0\leqslant k\leqslant N-1\} \tag{2.18}$$

若建立一个周期序列,它是由 $x(n)$ 无限重复得来的,即

$$\tilde{x}(n)=\sum_{r=-\infty}^{\infty}x(n+rN) \tag{2.19}$$

这样,从式(2.16a)和式(2.18)容易看出,$X(z)$ 在单位圆上的样值 $X(\mathrm{e}^{\mathrm{j}\frac{2\pi kn}{N}})$ 就是式(2.19)所示周期序列的傅里叶系数。因此,有限长序列 $y(n)$(长度为 N)的离散傅里叶变换(DFT)可由如下公式严格地加以表示:

$$X(k)=\sum_{n=0}^{N-1}x(n)\mathrm{e}^{-\mathrm{j}\frac{2\pi kn}{N}}, \quad \{0\leqslant k\leqslant N-1\} \tag{2.20a}$$

$$x(n)=\frac{1}{N}\sum_{k=0}^{N-1}X(k)\mathrm{e}^{\mathrm{j}\frac{2\pi kn}{N}}, \quad \{0\leqslant n\leqslant N-1\} \tag{2.20b}$$

显然,式(2.20a、2.20b)与式(2.16a、2.16b)的区别只是在符号上有点变化(去掉了表示周期性的符号~),以及明确地限定 k,n 在 $0\leqslant k\leqslant N-1$ 和 $0\leqslant n\leqslant N-1$ 的范围内。因此,在用 DFT 表示任一种序列时,都将它们按照周期序列处理。也就是说,DFT 实际上是描述式(2.19)所示周期序列的,记住这一点是很重要的。另外一种理解是当利用 DFT 表示序列时,如果 $y(n)$ 的长度是 N,则序列的自变量必须按模 N 来理解.即

$$\tilde{x}(n)=\sum_{r=-\infty}^{\infty}x(n+rN)=x(n\bmod N) \tag{2.21}$$

该周期性对 DFT 的特性有很大的影响。在实际应用时,当时间分析窗长 N 和语

音周期长度相近又有差异时,由于傅里叶变换对信号序列 $\tilde{x}(n)$ 的周期性假设,信号被近似为以分析窗长进行周期重复,而引入计算误差。分析窗长远大于信号的周期时,这类误差可以忽略不计。

DFT 表示式及其特性非常重要,主要有下列原因:

① 能够把 DFT $X(k)$ 看成是有限长序列 z 变换(或傅里叶变换)的抽样形式。

② DFT 的性质和 z 变换、傅里叶变换中的许多有用的性质很相似(由于固有的周期性,有些特性略有变化)。

③ 利用快速傅里叶变换(fast Fourier transform,FFT)算法,对于 N 点 DFT 运算,可以 $N \log N$ 的复杂度高效地计算。

在语音信号处理上,DFT 广泛地应用于计算频谱估值、相关函数以及数字滤波器的实现等方面。表 2-1 中列出了 DFT 的一些比较重要的性质,其中最主要的特点表现在序列的模 N 移位上。譬如,它使得离散卷积与通常卷积有明显的差别。

表 2-1　离散傅里叶变换的一些性质

性质	序列	N 点 DFT
线性	$ax_1(n)+bx_2(n)$	$aX_1(k)+bX_2(k)$
位移	$x((n-n_0))_N$	$e^{j\frac{2\pi k n_0}{N}}X(k)$
时间翻转	$x((-n))_N$	$X^*(k)$
卷积	$\sum_{k=-\infty}^{\infty} x(k)h((n-k))_N$	$X(k)*H(k)$
序列相乘	$x(n)w(n)$	$\frac{1}{N}\sum_{n=0}^{N-1} X(n)w(k-n)_N$

2.1.3　压缩采样理论的原理应用

信号处理领域中的一次较早的突破是奈奎斯特采样定理的提出。如前所述,该定理证明了若采样频率大于或等于信号的截止频率的 2 倍,便可无损地从采样信号中恢复出原始信号。然而,随着信息需求量的日益增加,信号带宽越来越宽,在信息采集中对采样速率和处理速度等提出越来越高的要求。2004 年左右,Candès 等人证明,只要了解和利用信号稀疏性,就可以用比奈奎斯特采样定理所规定的采样率低得多的采样率来重构信号[2,3]。它是在采样过程中完成了数据压缩并实现了压缩采样。这个方法称为压缩感知(compressed sensing),又称压缩采样(compressed sampling)或稀疏采样(sparse sampling),是一种寻找欠定线性系统的稀疏解的技术。为了和传统的采样定理相对应,本书采用"压缩采样"或"稀疏采样"的称谓。

1. 压缩采样理论的原理

压缩采样理论将采样与压缩合并同时进行,以达到直接获取采样数据压缩表示。它包括信号的稀疏表示、测量矩阵和重构算法三方面内容,其中信号的稀疏表示是其他两个方面研究的前提和基础。

（1）信号的稀疏表示

信号具有稀疏性是应用压缩采样理论的前提。稀疏性是指信号自身或者经过变换后仅有少部分值是非零的，绝大部分值为零，但这种严格的稀疏性要求在多数情况下很难满足。若绝大多数变换系数的绝对值都为零，则把变换以后的信号称为稀疏信号；若绝对值较小的变换系数占变换系数总数的 50% 以上，则把此信号称为近似稀疏信号，或可压缩信号。压缩采样同样适用。

一个长度为 N 的一维离散信号 $X=[x_1,x_2,\cdots,x_N]^T$，它的稀疏表示如公式（2.22）所示：

$$X=\sum_{i=1}^{N}s_i\psi_i \quad 或 \quad X=\boldsymbol{\Psi}S \tag{2.22}$$

其中，$\boldsymbol{\Psi}=[\boldsymbol{\Psi}_1,\boldsymbol{\Psi}_2,\cdots,\boldsymbol{\Psi}_N]$，$\boldsymbol{\Psi}_i$ 为列向量，且基向量之间相互正交

$$\langle\boldsymbol{\Psi}_i,\boldsymbol{\Psi}_j\rangle=0 \quad (i\neq j) \tag{2.23}$$

$\boldsymbol{\Psi}$ 即为稀疏基，常用的稀疏基有离散余弦变换基、离散小波变换基、Chirplet 基和傅里叶变换基等，可以根据原始信号特征灵活选取。采用合适的稀疏基 $\boldsymbol{\Psi}$，可以使信号的稀疏度尽量小并大大提高采样速度。

S 是信号 X 在正交变换基 $\boldsymbol{\Psi}$ 上的投影。$S=[s_1,s_2,\cdots,s_N]^T$，$s_i=\langle X,\boldsymbol{\Psi}_i\rangle$。$S$ 中非零元素个数称为 S 的 l_0 范数，记为 $\|S\|_0$。如果 $\|S\|_0=K$，且 $K\ll N$，则称信号 X 为 K 稀疏的。S 为稀疏信号。

（2）测量矩阵

测量矩阵用来对高维信号进行低维投影来获取采样信号，是压缩采样理论的实现方式。合适的测量矩阵应该保证低维采样得到 M 个观测值，完整包含或者尽可能多地包含原始信号信息。为了确保信号的线性投影能够保持信号的原始结构，压缩采样中的测量矩阵必须满足约束等距性（restricted isometry property，RIP）[4]，或者与变换域矩阵具有不相关性[5]。压缩测量过程的数学描述如下：当 X 为 K 稀疏信号时，可以利用 $M\times N$ 维测量矩阵 $\boldsymbol{\Phi}\in\mathbb{R}^{M\times N}$（$M\ll N$）获得未知信号 X 在该测量矩阵 $\boldsymbol{\Phi}$ 的测量值 Y，即将 N 维数据压缩成 M 维测量信号 $Y=[y_1,y_2,\cdots,y_M]^T$：

$$Y=\boldsymbol{\Phi}X \tag{2.24}$$

由公式（2.22）和（2.24），将 Y 进一步表示为公式（2.25）

$$Y=\boldsymbol{\Phi}X=\boldsymbol{\Phi}\boldsymbol{\Psi}S=\tilde{\boldsymbol{\Phi}}S \tag{2.25}$$

其中，$\tilde{\boldsymbol{\Phi}}$ 是由测量矩阵与稀疏基计算得到 $M\times N$ 维矩阵，称为感知矩阵，并且 M 要满足条件 $M\geqslant O(K\ln(N))$。

压缩测量是对信号中信息的感知，决定了重构信号中保留的信息的多少，随着测量维数 M 的减少，感知过程中所保留的信息也有所减少，当测量维数 $M<\mathcal{O}(K\ln(N))$

时，感知信息会丢失信号的主要内容。

（3）重构算法

重构算法是压缩采样理论的核心。若重构的信号是稀疏的或可压缩的，并且测量向量 Y 和感知矩阵 $\tilde{\boldsymbol{\Phi}}$ 满足 RIP 条件，则可以通过求解最优 l_0 范数问题精确或近似精确地重构原始信号 X。也就是说，利用尽可能少的观测值 M 快速稳定、高效率地恢复出长度为 N 的原始信号。

当得到 $\|S\|_0 = K$，$K \ll M$，且 $\tilde{\boldsymbol{\Phi}}$ 满足 RIP 条件时，重构问题转化为求解最优 l_0 范数的问题：

$$\hat{S} = \text{argmin} \ \|S\|_0 \quad 约束条件：Y = \tilde{\boldsymbol{\Phi}} S \tag{2.26}$$

在最优化理论中，求解公式（2.26）是一个 NP 难题，通常转化为 l_1 范数问题来求解。

重构算法主要有匹配追踪（matching pursuit，MP）类算法和基追踪（basis pursuit，BP）类算法，前者重构速度快，但是对类似语音信号这种结构复杂的信号重构效果不好，后者虽然重构速度较前者慢，但是重构效果比前者好。利用重构信号 $\hat{S}$ 进行反变换，得到复原的时域信号 $\hat{X} = \boldsymbol{\Psi} \hat{S}$。

2. 语音信号的稀疏采样和复原

仿照奈奎斯特采样定理，我们给压缩采样理论如下定义：在给定的时间区间 $[0, T]$ 内，若信号 $x(t)$ 在某个变换域可以稀疏表示，其稀疏度为 K，且对 $x(t)$ 进行采样时能够保证抽样点数

$$N \geqslant \alpha K（\alpha \ 为常数） \tag{2.27}$$

那么，$x(t)$ 可以由采样序列 $x_{CS}(n)$ 高概率地复原，即 $x_{CS}(n)$ 保持了 $x(t)$ 的几乎所有信息。因此，信号的采样率 N 不再取决于信号的带宽，而是取决于信息在信号中的结构与内容（稀疏性），α 取决于信号和使用要求。通过利用信号的稀疏特性，在远小于奈奎斯特采样率的条件下，用随机采样获取信号的离散样本，然后通过非线性重建算法重构信号。因为这个重构是有损失的，所以在此用了"高概率地复原"和"保持了几乎所有信息"等比较含糊的词来描述。

这里用语音信号的例子阐述稀疏采样和复原的原理。图 2-3 显示了感知压缩的稀疏采样及其频谱表示。图 2-3（a）给出了元音/a/的 5 kHz 以内的频谱，其中包括了 5 个共振峰。如果用这 5 个共振峰作为/a/的稀疏表示，/a/可以用包括频率和幅度的 10 个数值来描述。下式构建了稀疏表示下的/a/的时域波形（如图 2-3（b）所示）。

$$x(t) = \sum_{i=1}^{5} a(i) \sin \left(2\pi f(i) t\right) \tag{2.28}$$

其中，$a(i)$ 和 $f(i)$ 是共振峰 i 幅度和频率。按照奈奎斯特采样定理，采样频率应大于等于 10 kHz。这里，我们分别用奈奎斯特采样频率的 1/2、1/3、1/4、1/8 进行随机采样

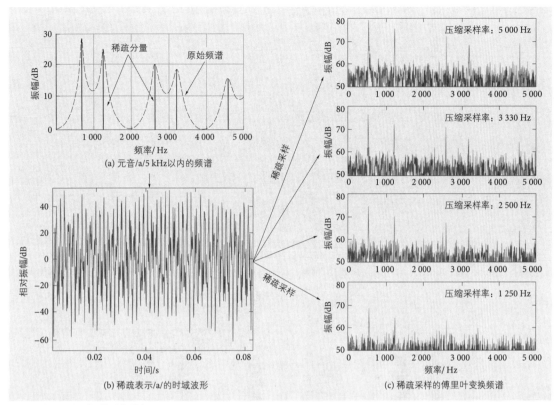

图 2-3　感知压缩的稀疏采样及其频谱表示

$x_{cs}(n)$，然后将其傅里叶变换的频谱显示在图 2-3（c）。由于采用随机亚采样，这时频域就不再是以固定周期进行延拓了，而是会产生大量不相关（incoherent）的干扰值。这些看似非常像随机噪声的干扰是由信号非零值的稀疏成分发生能量泄露导致的。这些泄露随着随机亚采样率的降低而增大。当随机采样率为奈奎斯特采样率的 1/2 和 1/3 时，稀疏成分（共振峰）还清晰可见。当其值为 1/4 时，部分泄露噪声就接近稀疏成分（共振峰）的幅度了。当随机采样率为奈奎斯特采样率的 1/8 时，第 4、第 5 共振峰就被完全淹没了。这个现象可以理解为，随机采样使得频谱随机移动而不是规则平移，频率泄露均匀地分布在整个频域。只要不是所有稀疏成分都被泄露噪声淹没，就可以高概率地恢复原信号。

接下来以随机稀疏采样率为奈奎斯特采样率的 1/8（即 1 250 Hz）的情况为例，说明如何复原信号。图 2-4 显示了用逐步剥离的方式从稀疏采样信号中复原信号。从图 2-4（a）可以看到，当随机稀疏采样率为 1 250 Hz 时，第 4 和第 5 共振峰完全被淹没。我们首先利用没被淹没的共振峰信息进行初步剥离降低泄漏噪声，其数学表示如下，

$$y(t,j) = x'(t) - \sum_{k=1}^{j} a(k)\sin\left(2\pi f(k)t\right), \quad \{j=1,2,\cdots,5\} \tag{2.29}$$

其中，$a(k)$ 和 $f(k)$ 是没被淹没的共振峰 k 的幅度和频率，$x'(t)$ 是由稀疏采样得到

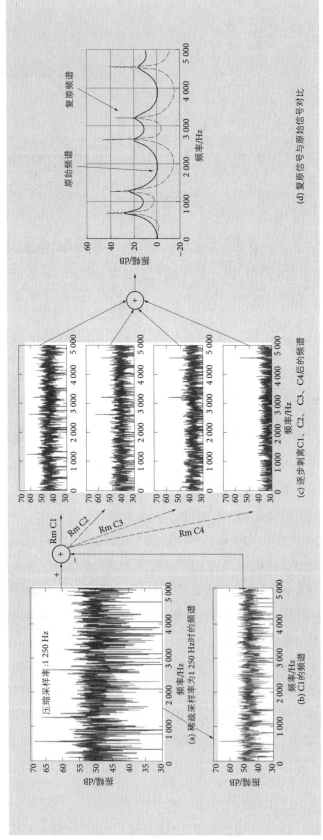

图 2-4 用逐步剥离的方式从稀疏采样信号中复原信号

(a) 稀疏采样率为 1 250 Hz 时的频谱

(b) C1 的频谱

(c) 逐步剥离 C1、C2、C3、C4 后的频谱

(d) 复原信号与原始信号对比

的信号,$y(t,j)$ 是第 j 次剥离后的信号。图 2-4(b)是被剥离的第一共振峰的随机稀疏采样的频谱(C1),被剥离 C1(Rm C1)后的频谱显示在图 2-4(c)顶部的框内。可以看出,在剥离了 C1 之后,泄露噪声有所下降,第 4 和第 5 共振峰隐约可见。当剥离了 C2 之后,泄露噪声进一步下降,第 4 和第 5 共振峰已经显露。当剥离了前 4 个成分之后(图 2-4(c)底部的框内),泄露噪声进一步下降,第 5 共振峰鹤立鸡群,就可以唯一无误地确定。图 2-4(d)将复原的信号和原始的信号相比较,可以看到,作为共振峰最主要的信号——频率被准确无误地恢复了,但是共振峰的幅度和带宽没有很好地恢复。当然,通过附加算法恢复这些信息还是可能的。

尽管稀疏采样理论最初的提出是为了克服传统信号处理中对于奈奎斯特采样要求的限制,它可以理解为对于稀疏信号的扩展,并没有完全突破奈奎斯特抽样定理的限制。它与传统采样定理的区别如下:

① 传统采样定理关注的对象是无限长的连续信号,而稀疏采样关注的是有限维观测向量空间的向量。

② 传统采样理论是通过均匀采样获取数据,而稀疏采样则通过计算信号与一个观测函数之间的内积获得观测数据。

③ 传统采样恢复是通过对采样数据的 sinc 函数线性内插获得观测数据,而稀疏采样采用的则是从线性观测数据中通过求解一个高度非线性的优化问题来恢复信号。传统采样定理可以唯一准确地恢复原信号,而稀疏采样可以高概率地复原原信号。

尽管如此,这种压缩观测的思想也给高维数据分析指出了一条新的途径。因此,稀疏采样理论一经提出,便在信息论、医疗成像、无线通信、模式识别、图像处理、图像压缩、图像超分辨重建等领域受到高度关注和应用。在语音信号处理领域,稀疏采样理论在语音降噪、语音压缩、声源定位等方向得到了应用。

2.2　语音听觉的数学模型

在讨论时间信息处理之前,本节先从信号处理的角度简要介绍听觉系统的信息处理功能。如果专注于耳蜗基底膜上某个点,对于正弦波的振动输入,该点可以有选择性地响应特定频率范围的声音,其功能是一种带通滤波器(听觉滤波器)。可以将基底膜整体视为中心频率有规律变化的滤波器组。输出的强度分布称为激励模式,它反映输入声音的功率谱[6]。在正常的听觉系统中,外毛细胞的非线性作用会增加弱信号在基底膜的增益,并通过减少听觉滤波器带宽来增强基底膜的频率选择性(锐化)。随着基底膜的振动,每个位置的内毛细胞膜电位发生变化,从而使得听觉神经的激活概率发生变化。可以认为,激活概率随时间的变化表示了通过听觉滤波器滤波后的刺激声音波形。但是,对于高频刺激(1.5~4 kHz),由于听神经的锁相消失,与时间精细结构相对应的刺激波形的详细信息也会丢失[7]。

2.2.1 基于神经心理学研究的听觉数学模型

本书第1章详细阐述了人类的听觉器官及听觉机理,特别是耳蜗将声波的机械振动进行频域分解转化为信号的过程。基于神经心理学的研究成果,我们分析了听觉传导路径及其听觉特性。这是人类语音感知的最初一步。这里进一步探讨听觉数学模型及其应用。

图2-5给出了基于神经心理学研究的听觉数学模型。在此模型中,语音信息在耳蜗经过神经编码,沿脑干听觉传导路径,经由若干个核团传输到达大脑颞叶听觉皮质中枢进行听觉感知[30]。图中垂直虚线大致划分了语音信息的神经编码、双耳处理机制、神经传输及听觉感知处理的几个功能,与这些功能相对应的数学模型有听觉滤波器组、语音处理双耳模型、调制滤波器组以及基于深度人工神经网络的语音感知模型等。听觉中枢神经系统在以基底膜上的听觉滤波器组的频率分析机制为基础上,在脑干中进行多级并行信息处理。由于不少模型是依据听觉心理实验的结果构建的,很难与神经生理功能一一对应。

2.2.2 听觉滤波器

从工程的角度来看,语音信号在听觉末梢系统中的声学频率分析是通过带通滤波器实现的。该带通滤波器称为听觉滤波器,其滤波特性(滤波器的 Q 值、带宽、对称/不对称形状变化等)部分取决于输入声音的特性。在听觉末梢系统中,听觉滤波器沿频率方向连续排列形成一个滤波器组,称为听觉滤波器组[6]。听觉系统频率的选择性(将复杂的声音分解为正弦波的能力)可以用听觉滤波器组的特性来解释。它可以通过对猫和豚鼠等动物的生理学实验获取,如使用激光多普勒方法测量声音信号驱动基

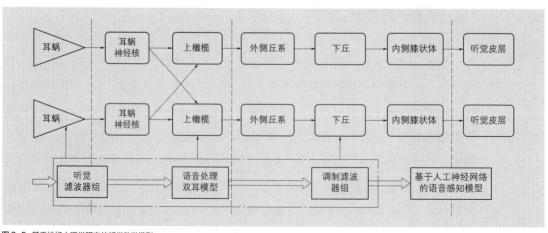

图2-5 基于神经心理学研究的听觉数学模型

底膜振动的特征,以及从后段听觉神经纤维的发射特性进行测试,直接获得生理调谐特性和等强度函数等。由于此类生理学实验无法直接对人的听觉神经纤维的特性(如听觉神经的发射方式)进行研究,作为替代方案,人们基于从动物实验中获得的有关听觉滤波器的生理知识的指导,通过量化心理物理调谐特性或同时/非同时掩蔽特性等心理物理方法来研究人的听觉频率选择性。

心理物理方法作为人类听觉滤波器的常规估计方法主要有两种:一种方法是同时使用两个信号获取掩蔽阈值从而确定心理生理调谐特性,其中一个低幅度正弦波(比如,在感觉级上为 10 dB)作为信号音、一个窄带噪声(或正弦波)信号作为掩蔽器。该方法虽然与生理调谐特性具有高度相关性,但是由于两个正弦波的频率之间的关系而发生差频现象,因此不能准确地估计听觉滤波器的端部。另一种方法是使用掩蔽功率谱模型。Fletcher 使用窄带噪声的同时掩蔽实验[6] 是初期最著名的实验。以该实验为契机,人们确认了听觉滤波器为一种带通滤波器,同时掩蔽了声音信号的噪声分量是听觉滤波器中的频率分量。由此获得的滤波器带宽为临界带宽(critical bandwidth,CB)。令 CB 为 1,对频率轴进行变形,得到一个新的频率轴,称其为 Bark 轴[8]。为了避免检测信号时因该信号的频率与滤波器的中心频率不匹配而导致的听觉失谐问题,Patterson 等人创建了陷波噪声掩蔽方法[9],揭示了听觉滤波器形状不对称的机制。

当前主流的听觉滤波器估计方法就是使用陷波噪声掩蔽方法[9] 获得掩蔽阈值,并在假设掩蔽功率谱模型的情况下估计滤波器形状。作为经典方法之一,PolyFit 方法[10] 是通过听觉滤波器的参数函数和掩蔽阈值数据的最小二乘拟合实现的。根据该实验结果获得的滤波器的带宽称为等效矩形带宽(equivalent rectangular bandwidth,ERB),以 ERB 为宽度 1 进行归一化变换的频率轴称为 ERB_N number [10]。为了区分听力正常者和听力障碍者的滤波器带宽,将听力正常者的 ERB 定义为 ERB_N。听力正常者的中心频率为 $F(Hz)$ 的听觉滤波器的等效矩形带宽为

$$ERB_N = 24.7(4.37F/1\ 000+1) \tag{2.30}$$

基于这个频率变化带宽的等间距排列的听觉滤波器 ERB_N number 为

$$ERB_N\ number = 21.7\ \lg(4.37F/1\ 000+1) \tag{2.31}$$

2.2.3　听觉模型

研究者主要从心理物理学的角度和生理学的角度考察听觉的滤波特性,构建听觉模型。从心理物理学方法提出的听觉滤波器有 roex(rounded-exponential)滤波器[11]、Gammatone 滤波器[12] 和 Gammachirp 滤波器[13]。roex 滤波器是在频域中独立定义的,它可以不对称地表示滤波器的形状,尤其对波峰/边缘的形状可以精细刻画。但是,由于它没有简洁的脉冲响应函数相对应,从而无法实现时域中的滤波器组处理。Gammatone 滤波器被定义为脉冲响应函数,因此它可以在时域中形成小波变换或 IIR 滤波

器的滤波器组。但它只能表示对称的滤波器形状,而且是线性的和被动的。Gammachirp 滤波器可以通过向 Gammatone 滤波器添加非线性调频来描述滤镜形状的不对称性,它与心理物理数据以及生理观测均有良好的一致性。此外,它进一步被扩展到压缩型 Gammachirp 滤波器[14],该滤波器模拟在耳蜗中观察到的压缩放大特性。

与基于心理物理学的听觉滤波器相对应,通过生理学方法提出的听觉滤波器组模型有 Cascade/Parallel 型滤波器组(具有不变 Q 值的模型[15]和可变 Q 值的模型[16]),可以直接模拟耳蜗基底膜上的行波。将基底膜的特性分为线性部分/非线性部分来模拟基底膜响应的双关共振非线性(dual resonance nonlinear, DRNL)滤波器[17],该滤波器已经发展成为可以解释顺向掩蔽数据和脉动阈值数据等心理物理数据的滤波器组[18]。

为了更好地模拟和利用人耳的频率响应特性,我们进一步从语音信号处理的角度考察听觉末梢的功能。耳蜗基底膜上的任意一点 i,它对应的中心谐振频率为 f_i(Hz),其振动可以用 $a\cos(2\pi f_i+\varphi)$ 来表示。其中,a 为振幅,φ 为相位。Patterson 等人[19]在听觉心理学实验中发现,基底膜谐振的振幅包络可以用伽马分布来描述,进而提出了 Gammatone 滤波器。即耳蜗基底膜上的任意一点 i 的脉冲响应的性质可以表示描述为,以该点谐振频率 f_i 为中心的正弦波由伽马分布调制的函数。

$$g_i(t) = at^{n-1}e^{-2\pi B(f_i)t}\cos(2\pi f_i t+\varphi) \tag{2.32}$$

一般情况下,耳蜗基底膜运动由一个 4 阶的 Gammatone 滤波器和 3 个主要参数就可以很好地模拟。如果在基底膜上取等间距的点,滤波器的中心频率 f_i(Hz)($i=1$,$2,\cdots,N$)间隔将服从对数分布。$B(f_i)$ 是前述的"等效矩形带宽(ERB)",对沿着耳蜗每个点的听觉滤波器宽度的心理声学度量,中心频率越高,带宽越宽。每个滤波器的带宽(B)由等效矩形带宽描述可以用下式表示:

$$B(f_i) = 0.103\ 9f_i+24.7 \tag{2.33}$$

Gammatone 滤波器的幅频响应曲线是关于中心频率对称的且与强度无关,无法体现出内耳基底膜曲线的非对称性和强度自适应的特性。为了解决此问题,Irino 等人提出 Gammachirp 滤波器来模拟基底膜滤波器的非对称性和强度依赖性[13]。

$$g_i^c(t) = at^{n-1}e^{-2\pi B(f_i)t}\cos(2\pi f_i t+c\ln(t)+\varphi) \tag{2.34}$$

可以看到,Gammachirp 滤波器和 Gammatone 滤波器的差别是余弦函数中多了一个自然对数项。如果让该项系数 c 的值为零,则两个滤波器完全等同。为了模拟内耳基底膜曲线的非对称性,一般取 $c=-2.96$。图 2-6(a)显示了 Gammachirp 滤波器组(中心频率如图所示)的时域波形,图 2-6(b)显示了同一滤波器组的幅度频率特性。

从图 2-6(a)可以看出,Gammachirp 滤波器组的时域波形是由伽马分布调制的中心为 f_i 的正弦波,随着中心频率增高,窗长变短。和 Gammatone 滤波器相比,Gammachirp 滤波器包络的峰值稍微延后了一些。图 2-6(b)显示了滤波器的幅度频

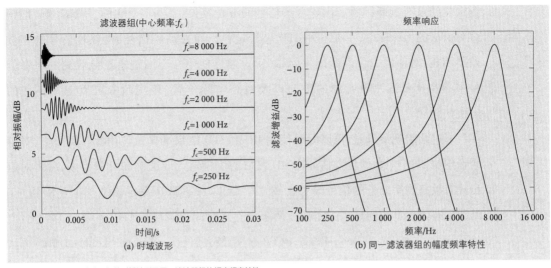

图 2-6　Gammachirp 滤波器组的时域波形及同一滤波器组的幅度频率特性

率特性,纵轴显示滤波器增益(dB),横轴按对数的间隔显示,6 个中心频率的滤波器接近等间隔分布,具有相同的形状且与频率无关。该幅度频率特性在心理物理学中被称为"滤波器形状"。

2.2.4　基于双耳机制的声源定位方法

声源定位是动物界防御天敌、保护自身的一个基本功能。人类可利用双耳机制进行声源定位。声音在实际环境中传播时,由于头部、耳郭、躯干部位等的散射和反射作用,到达双耳的声音信号能量、传递时间、频谱特征都会发生相应的变化。人类利用声源信号到达双耳时的耳间强度差(interaural intensity difference,IID)和耳间时间差(interaural time difference,ITD)等特征信息判断信号方位,必要时可通过转动头部改变 IID 和 ITD 选择确定声源方向的最佳角度。

研究结果表明,区分不同声源的特征线索包括基音、方位、强度、频率、时间等。其中基于双耳效应的声源方位特征是区分声音的重要线索。Roman 等人提出了一种基于双耳机制的语音实时增强算法,在人工控制条件下,可以分离出指定方位的声音信号,但在多信号竞争情况下系统不能自动挑选需增强的目标[20]。Akagi 等人通过 IID 和 ITD 定位噪声的到来方向进行降噪[21]。

如图 2-7 所示,当某声源 $x(t)$ 处于实验者头部右侧发出信号,波阵面到达左耳的距离大于到达右耳的距离,从而使两耳接收到的信号产生了 ITD(δ)和 IID。这些差异随目标声源的方向和距离而改变,是听觉系统进

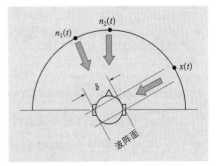

图 2-7　双耳声源定位

行定位的重要判断因素。由于低频信号的波长较长,基本不受头颅、耳郭影响,低频声源信号的 IID 较小,主要利用 ITD 进行定位。而在高频信号时,双耳信号的相位差不明显,对声源方位判断则主要靠 IID。通过使用在不同观察点接收到的声音信号中的差异来估计声音源的方向以及最终实际位置,该实验者可以完成声音的定位。

通过几组观察点对,可以同时使用 IID 和 ITD 结果准确定位声源。实际上,对于语音定位,基于 ITD 的位置估计比 IID 评估的位置估计要准确和可靠得多,后者对定位具有较高频率分量的信号时更有效[22]。所以,大多数声源定位系统主要依靠 ITD 结果。有许多不同的算法试图估计两个麦克风之间最可能的 ITD,主要分为三类:广义互相关(general cross-correlation,GCC)方法,最大似然(maximum likelihood,ML)方法以及相位变换(phase transform,PHAT)方法或频率域谱白化方法[23]。所有这些方法都尝试以最佳或次优的方式过滤互相关,然后选择结果峰值的时间索引作为 ITD 估计。

例如,两个麦克风(双耳)接收到的信号的简单模型可以表示如下:

$$y_1(t) = h_1(t) * x(t) + n_1(t) \tag{2.35a}$$

$$y_2(t) = h_2(t) * x(t-\delta) + n_2(t) \tag{2.35b}$$

两个麦克风接收源信号 $x(t)$ 及其延迟 $x(t-\delta)$,通过和每个具有可能不同的脉冲响应 $h_1(t)$ 和 $h_2(t)$ 的通道进行卷积,以及叠加麦克风相关的噪声信号 $n_1(t)$ 和 $n_2(t)$,最后得到观测信号 $y_1(t)$ 和 $y_2(t)$。该问题可归结为估计最佳的 δ。令 $Y_1(\omega)$ 和 $Y_2(\omega)$ 分别是 $y_1(t)$ 和 $y_2(t)$ 的傅里叶变换,此问题的常见解决方案是采用下面所示的互相关方法[23],

$$\hat{\delta} = \underset{\beta}{\arg\max} \int_{-\infty}^{\infty} W(\omega) Y_1(\omega) Y_2^*(\omega) e^{j\omega\beta} d\omega \tag{2.36}$$

其中,δ 是两个麦克风之间原始源信号延迟(ITD)的估计,$Y_2^*(\omega)$ 是 $Y_2(\omega)$ 共轭。

对于一般的声音和语音源,研究人员已经详细研究了权重函数 $W(\omega)$ 的各种不同选择,典型的有三种:ML,PHAT 和 GCC,其数学表达如下,

$$W_{ML}(\omega) = \frac{|Y_1(\omega)||Y_2(\omega)|}{|N_1(\omega)|^2 |Y_2(\omega)|^2 + |N_2(\omega)|^2 |Y_1(\omega)|^2} \tag{2.37a}$$

$$W_{PHAT}(\omega) = \frac{1}{|Y_1(\omega) Y_2^*(\omega)|} \tag{2.37b}$$

$$W_{GCC}(\omega) = 1 \tag{2.37c}$$

其中,$N_1(\omega)$ 和 $N_2(\omega)$ 分别是第一麦克风和第二麦克风的估计噪声谱。ML 权重需要有关麦克风噪声频谱的知识。PHAT 权重不需要估计噪声谱,其因为简单易行而被更多地采用。GCC 权重不使用任何加权函数。

随着任务的复杂度增加,麦克风阵列的麦克风数目也相应增加。为了不失一般

性,这里以三个麦克风组成的麦克风阵列为例解释其机理[21]。如图 2-8 所示,等间距一字排列的三个麦克风依次命名为左(l)、中(c)、右(r)。假设声场中存在 M 个噪声源 $n_m(t)\{m=1,2,\cdots,M\}$,麦克风之间的 ITD 为 $\delta_m\{m=1,2,\cdots,M\}$,目标声源为 $x(t)$,麦克风之间的 IID 为 ξ。以中间的麦克风为参照,各麦克风接收到的信号为

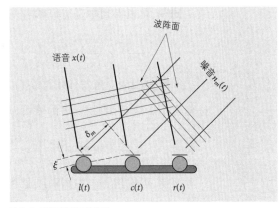

图 2-8　麦克风阵列声源定位

左麦克风:
$$l(t)=x(t-\xi)+\sum_{m=1}^{M}n_m(t-\delta_m) \tag{2.38}$$

中麦克风:
$$c(t)=x(t)+\sum_{m=1}^{M}n_m(t) \tag{2.39}$$

右麦克风:
$$r(t)=x(t+\xi)+\sum_{m=1}^{M}n_m(t+\delta_m) \tag{2.40}$$

综合来讲,左右麦克风之间的差为一个时间常数 $\tau(\tau\neq0)$。如果由(2.41)式定义一个函数 $g_{lr}(t)$:

$$g_{lr}(t)=\frac{\{l(t+\tau)-l(t-\tau)\}-\{r(t+\tau)-r(t-\tau)\}}{4} \tag{2.41}$$

$g_{lr}(t)$ 是一个时域波束成型器,其短时傅里叶变换(short-time fourier transform, STFT)为

$$G_{lr}(\omega)=F[g_{lr}(t)]=\sin \omega\tau\sum_{m=1}^{M}N_m(\omega)\sin \omega\delta_m \tag{2.42}$$

如果将频域分割为若干个足够小的频带 $\tilde{\omega}$,令 $\omega_{k-1}\leq|\tilde{\omega}|<\omega_k,k=\{1,2,\cdots,K\}$, $\omega_0=0,\omega_k-\omega_{k-1}\ll1$,则式(2.42)中正弦求和的项将变为如下形式,

$$\sum_{m=1}^{M}N_m(\tilde{\omega})\sin \tilde{\omega}\delta_m=N_k(\tilde{\omega})\sin \tilde{\omega}\delta_k,\quad k=\{1,2,\cdots,K\} \tag{2.43}$$

$$G_{lr}(\omega)=\sin \omega\tau\sum_{k=1}^{K}N_k(\tilde{\omega})\sin \tilde{\omega}\delta_k \tag{2.44}$$

通过上述变换,多个噪声源等价为一个虚拟噪声源。$N_k(\tilde{\omega})$ 为虚拟噪声源第 k 个频带上的集成噪声频谱,δ_k 为对应频带的虚拟到来时间差。δ_k 可以逐帧在各频带上自动估算。为此,我们将左麦克风和中麦克风、右麦克风和中麦克风分别配对形成另两个信号。左麦克风和中麦克风形成的时域信号和频域表示为

$$g_{lc}(t)=\frac{\{l(t+\tau')-l(t-\tau')\}-\{c(t+\tau')-c(t-\tau')\}}{4} \tag{2.45}$$

$$G_{lc}(\tilde{\omega})=\sin \tilde{\omega}\tau'N_k(\tilde{\omega})e^{-j\omega\frac{\delta_k}{2}}\sin \tilde{\omega}\frac{\delta_k}{2},\quad \omega_{k-1}\leq|\tilde{\omega}|<\omega_k \tag{2.46}$$

同理,可以得到中麦克风和右麦克风形成信号的频域表示:

$$G_{cr}(\tilde{\omega}) = \sin \tilde{\omega}\tau' N_k(\tilde{\omega}) e^{j\omega\frac{\delta_k}{2}} \sin \tilde{\omega} \frac{\delta_k}{2}, \quad \omega_{k-1} \le |\tilde{\omega}| < \omega_k \tag{2.47}$$

因为式(2.46)和(2.47)的 $G_{lc}(\tilde{\omega})$ 和 $G_{cr}(\tilde{\omega})$ 没有包含目标信号的任何成分,所以目标信号不影响 δ_k 的估算, τ' 的值可以自由设置。

$$\delta_k = \underset{t}{\arg\max} \left[F^{-1} \left[\frac{G_{lc}(\tilde{\omega}) G_{cr}^*(\tilde{\omega})}{|G_{lc}(\tilde{\omega})| |G_{cr}(\tilde{\omega})|} \right] \right], \quad \omega_{k-1} \le |\tilde{\omega}| < \omega_k \tag{2.48}$$

至此,可以估算出虚拟噪声源 $N_k(\tilde{\omega})$ 频带的到来时间差 $\delta_k\{k=1,2,\cdots,K\}$,并进行声源定位。注意,这里的声源定位不是定位某个具体声源的到来方向,而是正前方除目标声音以外其他所有声源(虚拟噪声源)的各个频域成分的到来方向。这个方法的优点是它对能够处理的声源个数没有限制。

2.2.5 听觉的时间信息处理机制

当讨论听觉的时间信息处理时,将声音波形分为振幅包络(调制波)和时间精细结构(载波)两部分比较方便。振幅包络是连接声音波形的每个波的顶点的连接,变化相对较慢,可以认为它代表声音强度的变化。一般的声音波形可以认为是振幅包络波形叠加在相对快速振动的时间精细结构上。

1. 时间调制传递函数

时间调制传递函数(temporal modulation transfer function,TMTF)是描述听觉系统时间响应特性的形式表达之一。通过由正弦波进行振幅调制的信号作为刺激来测量 TMTF。其刺激波形 $y(t)$ 为时间 t 处的函数,表示如下。

$$y(t) = [1 + m\sin(2\pi f_m t)] x(t) \tag{2.49}$$

其中, $x(t)$ 是调制前的声音(载波), f_m 是调制频率,调制波为正弦波(省略相位项), m 是振幅调制(amplitude modulation,AM)深度,取 0 到 1 之间的值。TMTF 是 AM 检测阈值(可以检测 AM 存在的最小 m)随调制频率变化的函数。

实验证明[24],检测阈值随着调制频率的增加而增加,而且在 1 000 Hz 以上无法检测到 AM。如图 2-9 所示,TMTF 显示了听觉系统对于振幅包络的感知是低通滤波特性。当刺激的总体声压级降低时,AM 检测阈值通常会升高,但其低通滤波的形状对刺激声级的依赖性较小。调制频率(2~16 Hz)在远小于基底膜频率最低分辨率(20 Hz)、作为功率谱的变化无法被检测的条件下,调制检测阈值对于每个载波频率几乎相等。该结果显示,AM 处理机制是独立于分解语音频率分量的听觉滤波器组之外而存在的。

2. 调制频谱

调制频谱(modulation spectrum)与通常的声音波形分析相似,它将语音振幅包络

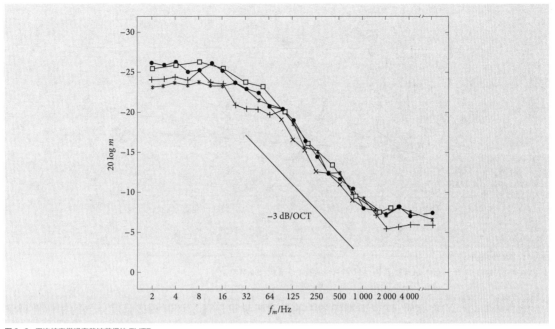

图 2-9　用连续宽带噪声载波获得的 TMTF
注：纵坐标是检测阈值 m 的对数值，随着向下检测阈值提高，感知度降低[24]。

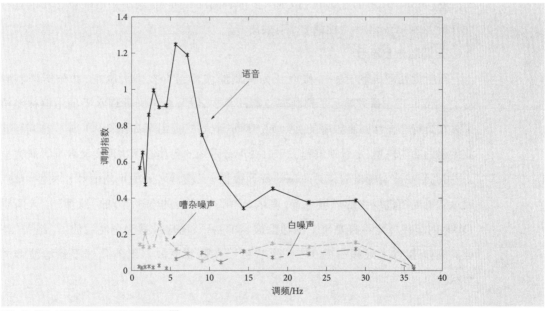

图 2-10　语音、白噪声和嘈杂噪声的调制频谱分析[25]

的时间变化用频谱（调制频谱）表示。调制频谱通常是通过将语音信号分为多个（载波）频段，并在每个频段内进行计算。与一般频谱分析的情况一样，调制频谱由幅度分量和相位分量组成。图 2-10 显示了对语音、白噪声和嘈杂噪声进行了调制频谱的分析结果[25]。可以看到，语音的调制频谱的调制度在 4~8 Hz 之间出现了一个峰值，远大于白噪声和嘈杂噪声。和白噪声相比，嘈杂噪声中含有多人说话的语音，所以在 4 Hz 前后可以看到一个小的峰值。语音的调制频谱和韵律、话语的节奏等相关。

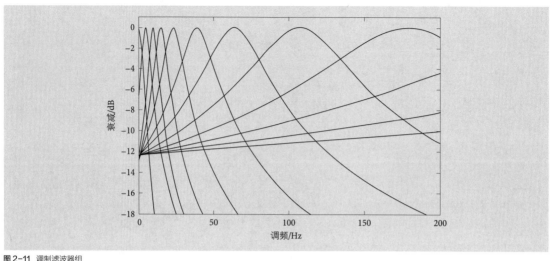

图 2-11 调制滤波器组

滤波器在 0~10 Hz 范围具有 5 Hz 的固定带宽,在 10 到 1 000 Hz 之间具有 Q 值为 2 的对数尺度[28]

研究表明,辅音识别任务中的异常听觉可以通过调制频谱幅度分量的相似性得到一定程度的解释。语音的频谱—时间调制频谱不仅影响语音的识别,而且还影响非言语信息(例如说话者的性别)的识别。多个研究已经证实,调制频谱的概念在语音特性分析[26]和语音识别[27]领域中是有效的。

3. 调制滤波器组

对听觉处理机制有一个假设认为调制滤波器组存在于大脑中,并分析调制频谱[28]。有心理学研究显示了调制滤波器的存在,以及在不同处理水平的中枢神经核中存在具有选择性调制频率的神经元。Dau 等人[28]提出了如图 2-11 所示的调制滤波器组的功能模型,定量地解释关于时变声音感知的各种心理物理实验数据。研究显示,用调制滤波器输出的相对简单的统计数据(滤波器之间的平均值和相关性)可以表示和再现随机变化的环境声音(流水,下雨,音乐会的掌声等)的"纹理"[29]。听觉 TMTF 的形状可能不再是单个低通滤波器的特征,而应被视为调制滤波器"组"的特征。例如,接近上限频率的 TMTF 形状可以在调制滤波器组的顶部跟踪滤波器的形状。

2.3 时域语音信号处理方法

实际环境中没有完全纯净的语音信号,往往都伴有噪声或其他干扰声音,而语音处理的对象是有效语音信号,即排除了无声段、纯噪声段的区间,这就需要从输入信号中找到语音部分的起止点。语音端点检测的目的是从包含语音的一段信号中确定出语音的起点及终点,又称话音激活检测(voice activity detection,VAD)。长期以来,人们从时域参数、频域参数、时频参数、模型匹配等角度进行了研究,取得了不少成果。作为信号处理的基础知识,本节介绍传统的端点检测方法中所用的时域特征参数,如短时平均能量、短时平均过零率、短时自相关函数等的原理和提取方法。

2.3.1　短时平均能量

语音和噪声的短时能量是语音和非语音的区别的一个重要标志。一般来说语音段的能量是噪声段能量叠加语音声波能量之和,因此语音段能量比噪声段能量大。如果在环境噪声和系统输入噪声较小、高信噪比情况下,只要计算输入信号的短时平均能量或短时平均幅度就能把语音段与噪声背景区分开。但在低信噪比情况下,这种算法的效果就会很差。

语音信号的能量随时间变化比较明显,一般清音部分的能量比浊音部分的能量小得多。语音信号的短时平均能量分析给出反映这些幅度变化的描述方法。E_n 表示在信号的第 n 个点开始加窗函数时的短时平均能量。

$$E_n = \sum_{m=-\infty}^{\infty} \left[x(m)w(n-m) \right]^2 = \sum_{m=-\infty}^{\infty} x^2(m)h(n-m) \tag{2.50a}$$

$$h(n) = w^2(n) \tag{2.50b}$$

其中,$w(n)$ 是窗函数,$h(n)$ 可以看作是系统的脉冲冲激响应。式(2.50a)表示,窗口加权的短时能量相当于将"语音平方"信号通过一个线性滤波器的输出。短时平均能量的计算过程如图 2-12 所示,该系统首先将 $x(n)$ 进行平方运算后,输入脉冲冲激响应函数为 $h(n)$ 的系统。也就是说,窗函数的选择决定了短时平均能量表示方法的特点。

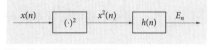

图 2-12　短时平均能量计算过程

那么,窗函数的选择是否影响短时平均能量?若式(2.50b)中的 $h(n)$ 非常宽,且为恒定幅度,那么 E_n 随时间的变化就很小。这样的窗就等效为很窄的低通滤波器。很明显,我们要求的是稍微有一些低通滤波但不能多到输出是个常数。也就是短时平均能量可以反映语音信号的幅度变化,希望有一个短时窗(脉冲冲激响应函数)响应快速的幅度变化。但是太窄的窗不能提供足够的匀化,以产生平滑的能量函数。

图 2-13 为用不同窗长计算的短时平均能量变化。语音为"模拟考试",图中用国际音标标注。信号的采样频率为 16 kHz,窗长分别为 5 ms、10 ms、20 ms 和 40 ms。从图 2-13 可以看到,浊音段的短时平均能量一般大于清音段。但由于重音在"考试"的"试"上,清音[ʂ]的短时平均能量大于前后的浊音段。对于很高质量的语音(高信噪比),可以用能量来区分有无语音。

由于式(2.50a)定义的短时平均能量函数用的是信号幅度的平方,它强调了 $x(n)$ 序列中抽样之间的变化,引来的问题是对幅度大的信号非常敏感。解决这个问题的简

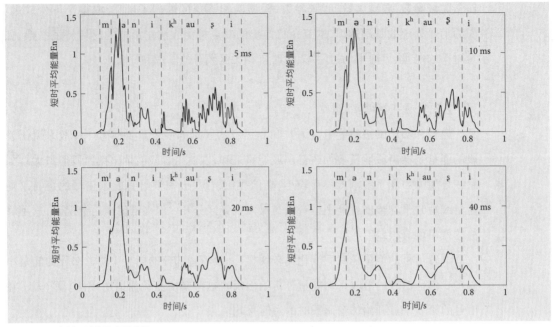

图 2-13 不同宽度矩形窗的短时平均能量

单方法是定义一个平均幅度函数

$$M_n = \sum_{m=-\infty}^{\infty} |x(m)| w(n-m) \qquad (2.51)$$

这里用计算加权的信号绝对值之和代替平方和。去掉平方运算后算法得到了简化。对于式(2.51)的平均幅度计算,其动态范围减小。可以想象,在清音语音和浊音语音之间的幅度差就不像短时能量那样明显。

2.3.2　短时平均过零率

语音信号在振幅变化过程中,只要波形与时间轴相交就会发生零交叉。在离散时间信号情况下,如果相邻的抽样具有不同的代数符号就称为发生了过零。语音信号在单位时间内产生过零次数是信号频率量的一个简单度量。对于所有窄频带信号(如正弦波),单位时间波形与时间轴相交次数(即过零率,zero-crossing rate)可以精确地度量其功率集中的频率。例如,若频率为 f_0 的正弦波信号以频率 f_s 进行采样,一个周期内过零 2 次,其过零率为 $2f_0$,一周期内的采样数为 f_s/f_0。

因为语音信号是宽带信号,所以平均过零率表示方法就不那么确切。然而,用短时平均过零率的表示方法可以得到谱特性的粗略估计。在讨论语音的过零表示以前,首先定义并讨论所需的计算方法。一个适当的定义是

$$Z = \frac{f_s}{N} \sum_{n=0}^{N-1} |\text{sign}[x(n)] - \text{sign}[x(n+1)]| \qquad (2.52)$$

$$\text{sign}[x(n)] = \begin{cases} 1, & x(n) \geqslant 0 \\ -1, & x(n) < 0 \end{cases} \qquad (2.53)$$

图 2-14　短时平均过零率的实现框图

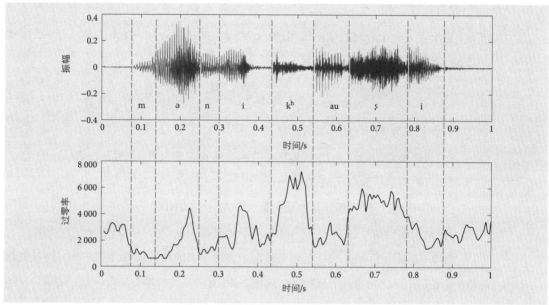

图 2-15　语音的过零率分布

按照式（2.52），图 2-14 给出了短时平均过零率的实现框图。

短时平均过零率可以看作信号频率的简单度量。过零率也是语音的一个简单而有效的特征，一般用于判断语音信号是清音还是浊音。浊音主要由低频成分组成，这是由于声门激励频谱特性随着频率每增加一倍，其振幅下降约 12 dB。相对而言，清辅音的声道前腔（从声源位置到辐射端）较短、谐振频率较高，加之声源为宽带噪声，所以其能量集中在较高频段。由于语音不是窄频带信号，所以过零率对应于主功率集中的平均频率。因此，浊音的短时平均过零率集中在 1 400 次每秒左右，而清音的平均过零率在 4 500 次每秒以上。在图 2-15 的示例中，可以看到在［ə］和［i］的后部平均过零率剧烈上升的峰值。［ə］的情况是后续音素［n］在齿龈处形成阻塞点引起摩擦噪声，而［i］的情况是因为后续音素［kʰ］在软腭处形成阻塞点引起的摩擦噪声。虽然背景噪声能量很低（见图 2-13），但它的平均过零率在 3 000 次每秒左右（其频率约 1 500 Hz）。

2.3.3　短时自相关函数

自相关函数和过零率一样可以用作估算语音的一些频谱特性，而无须明确的频谱变换。一个函数序列 $x(n)$ 的自相关函数定义如下：

$$R(i)=\sum_{n=-\infty}^{\infty}x(n)x(n-i),\quad i=\{0,1,2,\cdots\} \tag{2.54}$$

如果 $x(n)$ 是一个周期信号，$R(i)$ 就会在 i 等于周期整数倍的点取极大值。因此，自相关函数在基频的估计、浊音/清音的确定和线性预测中具有一定的应用。特别是，它保留了语音信号中关于谐波和共振峰的频谱幅度信息，同时抑制（通常是不希望的）相位效应。

当给定 n 一个合理的取值区间：$n=\{-N+1,-N+2,\cdots,-2,-1,0,1,2,\cdots,N-1\}$，式（2.54）就会成为短时自相关函数。

$$R(m)=\frac{1}{2N+1}\sum_{n=-N+1}^{N-1}x(n)x(n+|m|), \quad |m|=0,1,\cdots,N-1 \quad (2.55)$$

自相关函数 $R(m)$ 具有如下性质：

① 如果序列的周期为 P，则其自相关函数的周期亦为 P，即 $R(m)=R(m+P)$。

② 自相关函数为偶函数，即 $R(m)=R(-m)$，$0\leqslant m\leqslant N-1$。

③ $m=0$ 时，自相关函数具有最大值，即 $|R(m)|\leqslant R(0)$。

④ 对于确定信号，$R(0)$ 等于功率；对于随机或周期信号，$R(0)$ 等于平均功率。

图 2-16 显示了从图 2-15 的语音波形中截取出来的浊音部分（图 2-16(a)）及其自相关函数（图 2-16(c)），以及清音部分（图 2-16(b)）及其自相关函数（图 2-16(d)）。浊音在其周期的整数倍前后（分别迟延 95,185,281,$\cdots$）取得极大值。由于清音缺乏周期性，其自相关函数没有周期性极大值，而且自相关函数的幅值也远小于周期信号。

用式（2.55）计算第 m 次自相关滞后时，需要计算 N 次相乘和 N 次相加。因此，在

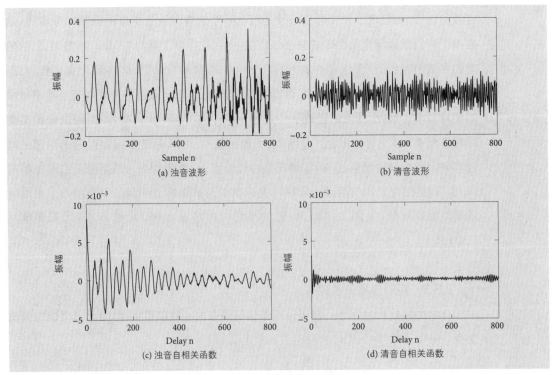

(a) 浊音波形

(b) 清音波形

(c) 浊音自相关函数

(d) 清音自相关函数

图 2-16 语音的自相关函数

周期估计时将要在滞后计算上进行大量的运算。减少运算的方法之一,就是利用功率谱计算信号的自相关函数。

信号的功率谱和短时自相关函数有密切的关系。对一个信号序列 $x(n)$,可以直接由式(2.56)从自相关函数 $R(m)$ 计算信号的功率谱。

$$X(k) = \sum_{m=-(N-1)}^{N-1} R(m)\exp\left(-j\frac{2\pi km}{N}\right), \quad 0 \leqslant k \leqslant N-1 \qquad (2.56)$$

由于 $R(m)$ 是实数序列,$X(k)$ 是一个偶函数,

$$X(k) = X(-k), \quad 0 \leqslant k \leqslant N-1 \qquad (2.57)$$

则自相关函数 $R(m)$ 的傅里叶变换退变为余弦变换:

$$X(k) = \sum_{m=-(N-1)}^{N-1} R(m)\cos\left(\frac{2\pi km}{N}\right), \quad 0 \leqslant k \leqslant N-1 \qquad (2.58)$$

同样,自相关函数 $R(m)$ 可以从功率谱通过离散傅里叶逆变换求出:

$$R(m) = \frac{1}{N}\sum_{k=-(N-1)}^{N-1} X(k)\exp\left(j\frac{2\pi km}{N}\right), \quad |m| = 0,1,\cdots,N-1 \qquad (2.59)$$

众所周知,快速傅里叶变换(FFT)利用数学的对称性尽可能地将指数函数的乘法运算减少,以加法代替乘法实现高速计算。DFT 和 IDFT 的计算采纳了 FFT 的思路,实现了高速算法。所以,利用 DFT 和 IDFT 计算自相关函数 $R(m)$ 远远快于公式(2.54)在时域直接计算的方法。

2.4　基于产生机理的语音信号处理方法

2.1 节已介绍过,语音信号处理的一个基本假设是,语音的产生过程可以用一个线性时不变系统来表示。在时域上系统的输出输入是卷积关系,在频域上它们变为乘积关系。这一变化给信号处理带来了很大的方便。

2.4.1　倒谱分析

在语音的稳定区间,其产生过程可以由声带的准周期脉冲或(在声道狭窄处)随机噪声激励的线性时不变系统来模拟。因为一个线性时不变系统的输出是通过卷积输入的激励信号和系统冲激响应得到的,语音信号作为该线性系统的输出是声源波形与声道脉冲响应卷积的结果。因此,语音分析问题可以看作是将各卷积分量分开的问题,即"解卷"的问题。倒谱分析(cepstrum analysis)就是将声源和滤波器(声道的共振特性)进行分离后予以分析[30]。其基本思想是,在时域上,语音的时间序列信号 $y(n)$ 可以描述为声源信号 $x(n)$ 和声道的脉冲冲激响应函数 $h(n)$ 的卷积:

$$y(n) = \sum_{i=-\infty}^{n} x(i)h(n-i) \qquad (2.60)$$

其中，n 为离散时间变量。在频域上，语音的频谱信号 $Y(k)$ 可以表示为声源频谱 $X(k)$ 和声道传递函数 $H(k)$ 的乘积：

$$Y(k) = X(k)H(k) \qquad (2.61)$$

其中，k 为离散傅里叶变换的频率序号。对式（2.61）两边同时取对数，可以得到两个对数频谱的相加：

$$\log|Y(k)| = \log|X(k)| + \log|H(k)| \qquad (2.62)$$

$$C(n) = \frac{1}{2\pi}\int_{-\pi}^{\pi}\log|Y(k)|e^{j\omega n}d\omega = \frac{1}{2\pi}\int_{-\pi}^{\pi}(\log|X(k)| + \log|H(k)|)d\omega \qquad (2.63)$$

式（2.63）的离散傅里叶逆变换，其结果并没有回到原来的时域空间，而是变换到所谓"quefrency"的倒频率空间[30]，因此 $C(n)$ 被称为倒谱。由于声源信号 $X(k)$ 的频率范围远高于声道传递函数 $H(k)$ 的频率范围，两者分别处在倒频率轴上的高端和低端。对浊音而言，倒谱可以语音的基频为参照，$C(n)(n \geq F0)$ 的高端部分主要是声源信息，$C(n)(n < F0)$ 的低端部分 n 主要包含声道传递函数的信息。

$$C(n) = \begin{cases} C_{L}(n), & n < F0 \\ C_{H}(n), & n \geq F0 \end{cases} \qquad (2.64)$$

可以用一个窗函数"Lifter"将两者分开，随后通过快速傅里叶变换（FFT）分别得到声源和声道特性：倒谱 $\hat{X}(k)$ 和 $\hat{H}(k)$，然后再通过快速傅里叶逆变换（inverse FFT，IFFT）分别得到声源的时间序列 $\hat{x}(n)$ 和声道特性 $\hat{h}(n)$。倒谱的计算流程如图2-17所示。

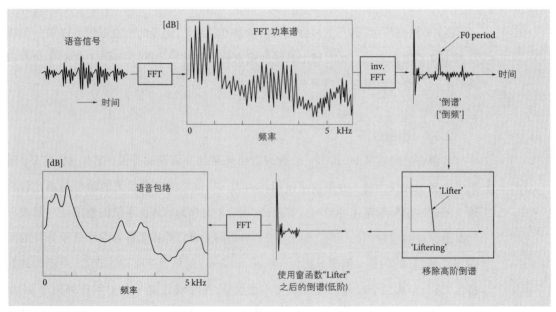

图2-17 倒谱的计算流程

2.4.2　线性预测编码

线性预测编码(linear predictive coding,LPC)是语音处理中的核心技术之一,于1969 年被人提出[30],在语音识别、合成、编码、说话人识别等诸多方面都得到了成功的应用。LPC 在语音信号处理方面不仅有预测功能,而且提供了一个非常好的声道模型。利用其参数可以实现很多功能,如降低传输码率、解混响等,这些参数主要包括 LPC 系数、偏相关系数以及线谱对等。

线性预测编码的基础是假设语音信号是由声道共鸣产生的,其过程伴随周期性摩擦与爆破声(齿擦音与爆破音)的声源扰动。这个假设基于人们对人类语音产生系统物理特性的理解,实际上非常接近于真实语音的产生过程。其核心思想是,基于信号过去若干(p)个时域采样 $x(n-i)$,并通过一组紧凑的 LPC 系数$[a_i]$进行线性组合,"预测"或近似当前时域采样 $x(n)$ 的方法,如式(2.65)所示:

$$\hat{x}(n) = \sum_{i=1}^{p} a_i x(n-i) \tag{2.65}$$

$$\varepsilon(n) = x(n) - \hat{x}(n) = x(n) - \sum_{i=1}^{p} a_i x(n-i) \tag{2.66}$$

式 2.66 为线性预测误差 $\varepsilon(n)$,即原始信号 $x(n)$ 和预测信号 $\hat{x}(n)$ 之差,其预测的计算过程可用图 2-18 表示,而 $a_i(i=1,2,\cdots,p)$ 就是线性组合中的加权系数。

构建线性预测模型实质上就是求解一组预测系数 $a_i\{i=1,2,\cdots,p\}$,使得预测误差 $\varepsilon(n)$ 在某个预定的准则下最小。理论上,通常采用均方误差 $E[\varepsilon^2(n)]$ 最小准则。$E[\cdot]$ 表示对误差的平方求数学期望或平均值。根据上面 $\varepsilon(n)$ 的定义,$\varepsilon^2(n)$ 的数学期望为

$$E[\varepsilon^2(n)] = E\left[\left[x(n) - \sum_{i=1}^{p} a_i x(n-i)\right]^2\right] \tag{2.67}$$

通过使得实际语音取样 $x(n)$ 与线性预测的 $\hat{x}(n)$ 间差值的平方和最小,即使用最小二乘法,可决定唯一的一组预测系数。

令

$$\frac{\partial E[\varepsilon^2(n)]}{\partial a_j} = 0, \quad 1 \leqslant j \leqslant p \tag{2.68}$$

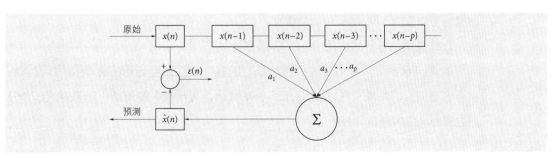

图 2-18　线性预测计算过程示意图

$$\frac{\partial E[\varepsilon^2(n)]}{\partial a_j} = -2E[\varepsilon(n)x(n-j)] = 0 \tag{2.69}$$

将式（2.66）代入（2.69）得：

$$E\left[x(n)x(n-j) - \sum_{i=1}^{p} a_i x(n-i)x(n-j)\right] = r(j) - \sum_{i=1}^{p} a_i r(j-i) = 0, \quad \{1 \leqslant j \leqslant p\} \tag{2.70}$$

其中，$r(j) = E[x(n)x(n-j)]$ 是 $s(n)$ 的自相关序列。式（2.70）可写成如下矩阵形式：

$$r - RA = 0 \tag{2.71}$$

其中，自相关矢量 r、自相关矩阵 R 以及参数矢量 A 分别为

$$r = \begin{bmatrix} r(1) \\ r(2) \\ \vdots \\ r(p) \end{bmatrix}, \quad A = \begin{bmatrix} a_1 \\ a_2 \\ \vdots \\ a_p \end{bmatrix},$$

$$R = \begin{bmatrix} r(0) & r(1) & \cdots & r(p-1) \\ r(1) & r(0) & \cdots & r(p-2) \\ \vdots & \vdots & \ddots & \vdots \\ r(p-1) & r(p-2) & \cdots & r(0) \end{bmatrix}$$

式（2.71）称为 Yule-Walker 方程。p 个预测器系数 a_i 可通过求解方程（2.71）得到，由此得到的 $a_i\{i=1,2,\cdots,p\}$ 将使 $E[\varepsilon^2(n)]$ 最小。令这个最小均方误差为 E_{pm}，即

$$E_{pm} = E[\varepsilon^2(n)]_{\min} = r(0) - \sum_{i=1}^{p} a_i r(i) \tag{2.72}$$

整合式（2.71）和（2.72），可以得到

$$\begin{bmatrix} r(0) & r(1) & \cdots & r(p) \\ r(1) & r(0) & \cdots & r(p-1) \\ \vdots & \vdots & \ddots & \vdots \\ r(p) & r(p-1) & \cdots & r(0) \end{bmatrix} \begin{bmatrix} 1 \\ -a_1 \\ \vdots \\ -a_p \end{bmatrix} = \begin{bmatrix} E_{pm} \\ 0 \\ \vdots \\ 0 \end{bmatrix} \tag{2.73}$$

式（2.73）是完整的针对平稳信号的线性预测误差滤波器求解方程式。预测误差的能量可以作为 LPC 模型精度的量度。

1. 线性预测分析的应用——LPC 谱估计

如式（2.66）所示，LPC 的核心思想是基于信号的过去若干个时域采样的线性加权组合去预测当前时域采样，求得一组加权系数使得其预测误差最小。如果对式（2.66）两边进行 z 变换，可以得到

$$E(z) = \left(1 - \sum_{i=1}^{p} a_i z^{-i}\right) X(z) \tag{2.74}$$

其中，$E(z)$ 和 $X(z)$ 是预测误差和语音信号的 z 变换。线性预测分析的基本原理是将被分析的信号看作一个模型的输出，这样就可以用模型参数描述该信号。如果将 $E(z)$ 和 $X(z)$ 分别作为线性预测模型的输入和输出，模型的传递函数将为

$$H(z) = \frac{X(z)}{E(z)} = \frac{G}{1 - \sum_{i=1}^{p} a_i z^{-i}} \qquad (2.75)$$

式中，G 为系统增益，预测系数 a_i 为 LPC 系数。这种模型没有零点，称为全极模型或 AR 模型。LPC 系数可认为是一个全极点线性滤波器系统函数分母多项式的系数，而该系统是声道响应、声门脉冲形状及口鼻辐射的综合模拟。给定一组预测系数后，可得到全极点线性滤波器的频率特性，这样可用有限个参数通过该模型产生语音序列。

对于语音信号，LPC 系数确定后，根据 $H(z)$ 可得到其频率特性的估值，即 LPC 谱：

$$H(e^{j\omega}) = \frac{G}{1 - \sum_{i=1}^{p} a_i e^{-j\omega i}} \qquad (2.76)$$

LPC 谱的特点为，对于能量幅度大的频率成分的匹配效果要远好于能量小的部分，这是最小均方误差准则所决定的。LPC 谱可以很好地表示频谱包络，其频率特性曲线会在共振峰频率处出现峰值。因此，LPC 可以看作一种短时谱估计法。由于浊音声源的频谱幅度一般以 −12 dB/oct 下降，语音信号的高频成分强度远远低于低频。为了提高高频成分频谱包络的预测精度，语音信号需要预增强，即实施时间差分：

$$x'(n) = x(n+1) - \alpha x(n) \qquad (2.77)$$

其中，α 的取值范围为 0~1.0，对于语音信号 $\alpha = 0.97$ 效果较好。

这里，用傅里叶变换的频谱检验 LPC 等模型的精度。这是因为傅里叶变换没有引入任何假设，理论上它没有误差。图 2-19 给出基于 LPC 的频谱和傅里叶变换的频谱（图 2-19(b)），以及不同阶数 p 下的 LPC 谱（图 2-19(c)）。为了调查 LPC 阶数变化对语音分析的影响，将 LPC 阶数从 4 到 40 分 5 档显示在图 2-19(c)。可以看到，当阶数为 4 时，频谱中只有一个明显的峰值；当阶数为 8 时，频谱中有 3 个峰值；当阶数为 14 时，频谱出现了 5 个峰值。这些频谱依然和实际语谱相差甚远。当阶数到 20时，LPC 谱和傅里叶变换频谱很好地匹配（图 2-19(b)）。随着 p 的增加，更多的谱细节被描绘出来。理论上，LPC 模型中每增加一个极点都会对提高预测精度有贡献。但实际上，以元音为例，当 LPC 的阶数超过语音共振峰（以及零效应）所需数量的极点时建模的准确性几乎不会增加。在示例中，当阶数为 40 时，第一共振峰分裂为 2 个，出现了多余的峰值，反而会将这种无关的极点引入频谱，同时增加计算量。由此可见，适当地选择 LPC 阶数 p 对精确表示声道传递函数至关重要。

在实际应用中，LPC 阶数 p 的选取原则应遵循人的语音产生机理。成人的声道平

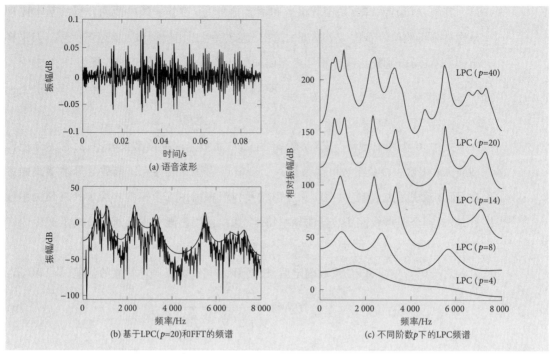

图 2-19 不同阶数 p 的 LPC 谱

均在每 1 kHz 的带宽上有一个共振峰,描述一个共振峰需要两个 LPC 阶数。比如,截止频域 8 kHz(采样率 16 kHz)的语音需要 16 个 LPC 阶数。LPC 的全极点模型忽略零点,并假设语音为无限长的静止语音,因此若仅分配足够的极点来模拟预期的共振峰数量,则可能会导致模型使用极点来处理窗口频谱中的反共振效应(零点)。在声学特征上,声道分支或声源后部声道的反共振影响会在声道传输函数引入零点。而全极点模型的 LPC 方法无法准确地描述这些零点。由于零点会伴随一个极点(一般称为零极点对),声道分支或声源后部声道的反共振也会形成大约两个零极点对,我们额外增加 4 个 LPC 阶数描述这两个零极点对也可以一定程度上弥补全极点模型的不足。图 2-19(b)就是基于这个原则选定 LPC 阶数的。语音生成的声学建模的假设是声波以平面波方式传播,LPC 算法在计算 5 kHz 以上语音时误差会增加。如果对采样频率很高的信号进行 LPC 运算时,应提前适当降低采样频率。

为了描述语音产生系统的传递函数既有极点也有零点的特性,不少研究者用自回归滑动平均(auto-regressive moving average,ARMA)模型进行语音信号分析[32]。ARMA 模型既可以表示零点又可以表示极点,对于复杂频谱特性的描述能力较强,但参数估计比较复杂。

2. 线性预测分析的应用——LPC 复倒谱

LPC 系数是线性预测分析的基本参数,这些系数可以被转换为其他参数,以得到语音的其他替代表示方法。这里介绍从 LPC 系数到复倒谱的转换,它通过 LPC 模型系统冲激响应的复倒谱来实现。整个 LPC 系统的转移函数是 $H(z)$，它的脉冲冲激响应函数 $h(n)$ 可以表示为

$$H(z) = \frac{G}{1 - \sum\limits_{i=1}^{p} a_i z^{-i}} = \sum\limits_{n=0}^{\infty} h(n) z^{-n} \tag{2.78a}$$

$$h(n) = \sum\limits_{i=1}^{p} a_i h(n-i) + G\delta(n), \quad n \geq 0 \tag{2.78b}$$

如果它的复倒谱用 $C(n)$ 表示，则能证明 $C(n)$ 可由下列递推公式求得：

$$C(n) = \begin{cases} 0, & n < 0 \\ \log(G), & n = 0 \\ a_n + \sum\limits_{k=1}^{n-1} \left(\dfrac{k}{n}\right) C(k) a_{n-k}, & 1 \leq n \leq p \\ \sum\limits_{k=n-p}^{n-1} \left(\dfrac{k}{n}\right) C(k) a_{n-k}, & n > p \end{cases} \tag{2.79}$$

以这种方式计算出的倒谱称为 LPC 复倒谱。注意，从波形直接计算出的倒谱和 LPC 复倒谱的值有所不同。LPC 复倒谱分析的最大优点是运算量小。LPC 复倒谱系数也称为 LPCC，是语音识别中常用的特征矢量。

3. 偏相关系数

通过 LPC 分析获得的预测系数对量化和内插操作比较敏感。为了解决这个问题，研究者提出了偏相关系数。偏相关系数是由前向线性预测时的预测残差和后向线性预测时的预测残差的偏相关系数定义的。偏相关系数和 LPC 系数可以使用递推公式互相推导。

如果已知 LPC 系数 $a_i \{i = 1, 2, \cdots, p\}$，令其初始值为

$$a_j^{(p)} = a_j, \quad 1 \leq j \leq p \tag{2.80}$$

在阶数从 p 递减到 1 的过程，偏相关系数 k_i 可用反向递推公式由 LPC 系数组得。即第 $(p-1)$ 阶偏相关系数 k_{p-1} 是由第 p 阶预测子系数组 $\{a_i^{(p)}\}$（$i = 1, 2, \cdots, p$）和自相关系数，使用递推公式高效地计算出来。

$$\begin{cases} k_i = a_i^{(i)} \\ a_j^{(i-1)} = \dfrac{a_j^{(i)} + a_i^{(i)} a_{i-j}^{(i)}}{1 - k_i^2}, & 1 \leq j \leq i-1 \end{cases} \tag{2.81}$$

类似的，如果已知偏相关系数 $k_i \{i = 1, 2, \cdots, p\}$，LPC 系数 a_i 也可以由下述递推公式算出，

$$\begin{cases} a_i^{(i)} = k_i \\ a_j^{(i)} = a_j^{(i-1)} - k_i a_{i-j}^{(i-1)}, & 1 \leq j \leq i-1 \end{cases} \tag{2.82}$$

对 $i = 1, 2, \cdots, p$ 解递推公式（2.82），最后得到一组解为

$$a_j = a_j^{(p)}, \quad 1 \leqslant j \leqslant p \tag{2.83}$$

由于偏相关系数的绝对值小于等于 1,因此比线性预测系数易于处理。当语音通过 p 个声管一维级联连接形成的近似声道时,偏相关系数对应于连接点处的反射系数。如果声管 i 以及相邻声管 $i+1$ 的截面积函数分别为 A_i 和 A_{i+1},则它们和偏相关系数 k_i 的关系如下,

$$\frac{A_{i+1}}{A_i} = \frac{1-k_i}{1+k_i} \tag{2.84}$$

4. 线谱对分析

线谱对(line spectrum pair,LSP)分析是从 LPC 派生的频域参数分析方法,也称为线频谱频率(line spectrum frequency,LSF)。LSP 在数学上等价于其他 LPC 参数。

为了求解 LSP,我们将 LPC 的误差传递函数 $A(z)$ 分解为两个多项式的和,即

$$A(z) = 1 - \sum_{i=1}^{p} a_i z^{-i} = \frac{1}{2}\big[P(z) + Q(z)\big] \tag{2.85}$$

$$\begin{cases} P(z) = A(z) + z^{-(p+1)} A(z^{-1}) \\ Q(z) = A(z) - z^{-(p+1)} A(z^{-1}) \end{cases} \tag{2.86}$$

不难证明,$P(z)$ 是一个对称的实系数多项式,而 $Q(z)$ 是一个反对称的实系数多项式,因此它们具有共轭复根。从语音生成的角度,将声道视为由 $p+1$ 段声管级联而成的声管,如果考虑声门完全开启或完全闭合条件下的声道谐振频率,方程式 $P(z)=0$ 和 $Q(z)=0$ 的边界条件为

$$P(z)\big|_{z=-1} = 0, \quad Q(z)\big|_{z=1} = 0 \tag{2.87}$$

可以证明:当 $A(z)$ 的零点都在单位圆内时,$P(z)$ 的零点 ω_i 和 $Q(z)$ 的零点 θ_i 都在单位圆上,并且其零点随频率的增大而交替出现,即

$$0 < \omega_1 < \theta_1 < \omega_2 < \theta_2 < \cdots < \omega_{\frac{p}{2}} < \theta_{\frac{p}{2}} < \pi \tag{2.88}$$

这些线谱按频率大小依次排列就形成了线谱对。一对 $[\omega_i, \theta_i]$ 反映一个共振峰,它们之间的距离反映共振峰振幅的强度。距离越小,共振峰的振幅就越强。

$$|H(e^{j\omega})| = G / |A(e^{j\omega})| = 2G / |P(e^{j\omega}) + Q(e^{j\omega})|$$

$$= 2^{(1-p)/2} G \Big/ \Big[\sin^2\Big(\frac{\omega}{2}\Big) \prod_{i=1}^{\frac{p}{2}} (\cos\omega - \cos\theta_i)^2 +$$

$$\cos^2(\omega/2) \prod_{i=1}^{\frac{p}{2}} (\cos\omega - \cos\omega_i)^2 \Big] \tag{2.89}$$

它也可以用于估计语音的基本特性。因为其为频域参数,因而与语音信号的频谱包络的共振峰联系更为密切。

尽管必须求解代数方程以获得 LSP,但利用根的性质仍可以给出高效计算方法。

LSP 的值是频率,其属性易于理解。同时,LSP 有良好的量化和插值特性,可以用偏相关系数的 60% 信息量合成相同质量的语音,因而在 LPC 声码器中得到应用。因为插值特性优越,LSP 被广泛应用于语音动态特性的分析上。目前,表示 LPC 参数最有效的方式为 LSP,它的一些特性比其他系数更有吸引力。

2.4.3　语音基频的提取

语音基频(F0)是指发浊音时声带振动所引起的周期性特征,基频周期是声带振动频率的倒数。基频的检测和估计是语音处理中一个非常重要的课题,特别在汉语等声调语言的语音处理中尤为重要,因为它提供了语义和词法对照的依据。虽然 F0 的估计看起来很简单,但是由于语音的非平稳性、声带振动具有不规则性、F0 值的大范围变动、F0 与声道形状的相互作用以及环境噪声影响等原因,完全准确地估计 F0 有着相当大的难度。虽然还没有一个普遍认可的方法可以在不同要求和不同环境下准确和可靠地检测语音信号基频,但研究者进行了长期不懈的努力,还是开发了不少有效的基频抽取方法。目前语音基频检测方法依然是一个活跃的研究领域[33]。本节介绍其中一些受到普遍关注的方法。

1. 基于时频特性的基频检测方法

基于时频的基频检测方法,大致可以分为以下几类。

（1）基于自相关函数的基频检测法

声带的准周期振动,使得语音信号的波形在时域上准周期地重复。在时域中,周期信号的最明显特征就是波形的类似性。依赖波形类似性的基频检测算法的主要原理是,通过比较原始信号及其移位后的信号之间的类似性来确定基频周期。大多数现存的基频检测法都基于这一概念,其中最具代表性的是自相关函数法。

为了提高自相关函数法检测基频的精度,一般采用低通滤波作为预处理。低通滤波主要用于减少高频共振峰和外来高频噪声的影响,其截止频率视为 900 Hz,以便仅保留元音的第一共振峰,消除其他共振峰的影响,且仍能保留其一、二次谐波。

然后进行自相关函数的计算:

$$R(m) = \frac{1}{N+1} \sum_{n=0}^{N-1-m} x(n)x(n+m), \quad \{m=0,1,\cdots,N-1\} \tag{2.90}$$

因为语音信号是准周期信号,当 m 接近周期(p)的整数倍时,$R(m)$ 取得极大值。由于信号的准周期性,随着 m 的增大,周期的差异也会增大,即 $R(0)>R(p)>R(2p)>\cdots>R(np)$。为了准确地检测语音周期,可通过"中心削波"技术减少与周期无关的 $R(m)$ 值。

利用时域信号的周期性估算 F0 或者从频域频谱具有规则间隔的谐波估计 F0 时,一般采取三个步骤:预处理、F0 提取和校错后处理。预处理用于简化输入信号(消除信号中与 F0 无关的信息),将留下的数据集中到 F0 确定的特定任务。由于基本音调估计也会产生错误,因此预处理可以利用语音产生理论的连续性等约束条件,清除候选 F0 的错误估计。

（2）基于 LPC 的基频检测方法

对信噪比较高的语音来说,LPC 预测误差中主要的成分是由声源信号引起的。因为声道系统是可预测的,声源信号是不可预测的,所以残差信号的谱较为平坦并且共振峰效应在残差信号中已被去除掉了。因此,利用预测残差 $e(n)$ 作自相关分析,并在恰当的范围内测出最大峰值进行基频检测,可获得比较理想的基频检测结果。基于自相关函数的基频检测法可以应用于预测残差信号。

（3）基于倒谱的基频检测方法

在倒谱分析一节可以看到,波形的周期性重复会在频谱上将周期性特征以乘法的方式叠加上。通过对频谱进行傅里叶变换,与基本周期相对应的分量显示为独立的峰。基于倒频谱的 F0 估计就是有效地利用了这一特点。另外,通过使用频谱包络的除法运算将具有周期性变动的频谱进行归一化,也可以获得类似的效果。对式（2.63）通过高通"Lifter"进行分割获得 F0。

$$F0 = \max_n C_H(n) = \frac{1}{2\pi} \int_{-\pi}^{\pi} (\log |X(k)|) e^{j\omega n} d\omega, \quad F0 - \Delta F < n < F0 + \Delta F \quad (2.91)$$

其中,$X(k)$ 为语音信号 $x(n)$ 的傅里叶变换。

2. 基于正弦模型的基频检测方法

通常,进行高精度的基频检测及其伴随的浊音/清音判断是比较困难的。基于正弦模型的基音检测算法的基本思想是,不进行声源和声道特征的分离,通过使原始语音和正弦谐波模型合成的语音之间的均方误差(mean square error,MSE)最小来确定基频 F0。即

$$\omega_0 = \min_{\omega_0} \frac{1}{N+1} \sum_{n=-N/2}^{N/2} |x(n) - \hat{x}(n, \omega_0, \varphi)|^2 \quad (2.92)$$

其中,$x(n)$ 是原始语音信号,以正弦波表示为

$$x(n) = \sum_{l=1}^{L} A_l \cos (n\omega_l + \theta_l) \quad (2.93)$$

在此,A_l 包括声源、声道传递特性和辐射特性的所有影响,也包括由于周期变化而引起的所有相位 θ_l 变化。模拟声音 $\hat{x}(n, \omega_0, \varphi)$ 可以由基频 ω_0 和高次谐波叠加表示如下:

$$\hat{x}(n, \omega_0, \varphi) = \sum_{k=1}^{K} A(k\omega_0) \cos (nk\omega_0 + \varphi_k) \quad (2.94)$$

在分析中,通过选择由短时傅里叶变换获得的频谱局部峰值来获得 $A(k\omega_0)$,并且通过将该峰值处的相位与前后帧的相位相连接来获得 $k\omega_0 + \varphi_k$。

在此表达式中,诸如摩擦辅音之类的非周期性部分也表示为正弦波之和,因此正弦波分量的轨迹会重复出现不自然地增大和减小。在正弦加噪声模型[34]中,通过固定正弦波数并添加随机数来解决这个问题。在该模型中,语音波形表示如下

$$\hat{x}(n, \omega_0, \varphi) = \sum_{k=1}^{K} A(k\omega_0) \cos\ (nk\omega_0 + \varphi_k) + r(n) \tag{2.95}$$

其中 $r(n)$ 代表随机成分。分析方法同上。

3. 基于 STRAIGHT 算法的基频检测方法

多年来,Kawahara 一直致力于开发以 STRAIGHT 算法[35]和 TEMPO [36]为基础的一系列语音分析和基频提取的工具,由于篇幅的限制这里不做详细介绍,感兴趣的读者请参考相关文献[37-38]。

STRAIGHT 通过调整两个窗口的相对位置使得功率谱在时间—频率上具有稳定平滑的表征,用以解释信号的周期性。在此,基于具有良好可解释性的公式化予以说明。

如果将窗口仅相隔半个基本周期 T_0 的两个功率谱 $|X(\omega, t)|^2$ 相加时,其功率谱对窗函数和波形的相对位置的依赖成分正好相互抵消。利用这一特性,可以通过下式获得不依赖于相对位置的功率谱 $P_T(\omega, t)$。

$$P_T(\omega, t) = |X(\omega, t-T_0/4)|^2 + |X(\omega, t+T_0/4)|^2 \tag{2.96}$$

由此获得的 $P_T(\omega, t)$ 可以解释为,不随时间和位置变化的稳定频谱包络是在频域以 T_0 的周期进行采样并被平滑得到的。这时,T_0 恰是该信号的周期。这样一来,频谱包络的估计就变为一个数模转换的问题。只需要数模转换信号和原始信号的值在采样点相匹配的一致采样(consistent sampling)[39],就可以通过以下近似计算方法获得频谱包络 $P_s(\omega, t)$。

$$L(\omega) = \log\ |g(\omega) * P_s(\omega, t)| \tag{2.97}$$

$$P_s(\omega, t) = \exp\ [q_0 L(\omega) + q_1 (L(\omega + \omega_0) + L(\omega - \omega_0))] \tag{2.98}$$

其中,$g(\omega)$ 是积分值归一化为 1、宽度为 ω_0 的矩形平滑函数。q_k 是根据窗函数与平滑函数之间的相关性计算出的补偿系数。

该方法基于一致采样理论的 F0 自适应频谱平滑和倒谱提升,用于无干扰频谱估计。由时间稳定的功率谱和无干扰的频谱计算出的扰动谱,为 F0 和非周期性估计提供了基础[41]。由此,可以同时得到准确的基频和稳定的频谱。

2.5　基于感知机理的语音信号处理方法

语音信号经过人耳将其声波按频率转换成一系列神经电信号,传入大脑进行感知和认知处理。在此过程中,语音信号经历了不同阶段、不同方式的加工。基于此,研究

者开发了不少语音信号处理的方法。

2.5.1 滤波器组的分析

从生理结构看,沿着基底膜轴向维度的每个微小区间都相当于一个具有带通频率选择性的滤波器。从工程的角度来看,在听觉末梢系统中进行的声学频率分析是使用带通滤波器组来实现的,该带通滤波器组的滤波器特性(滤波器的 Q 值、带宽、对称/不对称形状变化)也会受输入声音的特性的调制。该带通滤波器被称为听觉滤波器,其沿频率方向上连续排列形成的滤波器组被称为听觉滤波器组。

输入的语音信号依次通过基底膜的带通滤波器组,每个滤波器输出一个窄带信号,其中包含在窄频率范围内的语音振幅(或相位)信息。最常用的短时傅里叶变换实质上就是一个滤波器组,它是等带宽滤波器在线性频率轴上按中心频率的顺序以相等的间隔排列形成的滤波器组。短时傅里叶变换 $S(\omega_c, t)$ 在某个频率 ω_c 处的值可以解释为一个带通滤波器的输出,该滤波器的脉冲响应为 $w(t)\exp(j\omega_c t)$,其中 $w(t)$ 是短时傅里叶变换的窗函数。短时傅里叶变换的计算就相当于该滤波器组对信号进行分析。

一组带宽与中心频率比值不变的带通滤波器在对数频率轴上等间隔地排列形成滤波器组就相当于小波变换。与短时傅里叶变换相比,小波变换更接近内耳中的声音分析。小波变换继承和发展了短时傅里叶变换局部化的思想,同时又克服了窗口大小不随频率变化等缺点,能够提供一个随频率改变的"时间–频率"窗口。小波变换的数学表示为

$$X(a, \tau) = \frac{1}{\sqrt{a}} \int_{-\infty}^{\infty} x(t) \, \Psi\left(\frac{t-\tau}{a}\right) \mathrm{d}t \tag{2.99}$$

其中,a 为伸缩尺度,τ 为时间平移。Ψ 为小波的基函数,常用的有墨西哥帽小波,Symlet 小波,Morlet 小波,Haar 小波函数等。

根据心理生理学实验结果获得人耳滤波器的带宽称为等效矩形带宽(ERB)[10]。听力正常的人以中心频率为 F 的听觉滤波器的等效矩形带宽为

$$\mathrm{ERB}_N = 24.7(4.37F/1\,000+1) \tag{2.100}$$

研究者进而从心理物理的角度和生理学的角度考察了听觉滤波器的脉冲响应特性,提出了 Gammatone 滤波器和 Gammachirp 滤波器。Gammatone 滤波器定义的脉冲响应函数,可以在时域中形成小波变换或无限长脉冲响应(infinite impulse response, IIR)滤波器的滤波器组。但它只能表示对称的滤波器形状,而且是线性的和被动的。Gammachirp 滤波器(见式(2.34))可以通过向 Gammatone 滤波器添加自然对数项来描述滤镜形状的不对称性,不仅与心理物理数据而且与生理观测具有良好的一致性。此外,它被扩展到压缩型 Gammachirp 滤波器,该滤波器模拟在耳蜗中观察到的压缩放大特性。这类滤波器组分析以非常简单的方式模拟人类的听觉系统,是基于人类听觉机

理进行语音分析和识别的有效方式。

2.5.2 梅尔频率倒谱分析

2.4.1 小节从语音产生的角度介绍了倒谱分析方法。梅尔频谱倒谱分析是同时利用语音产生和感知机制的一种流行的语音分析方法。结合梅尔间隔频率分析的感知机理,对线性频率的倒谱分析方法进行改造之后,形成了梅尔频率倒谱系数(mel-frequency cepstral coefficient, MFCC)。MFCC 将遵循巴克刻度或梅尔刻度的倒谱在频率上进行非线性加权合并,在语音频谱信息的表示方面更为有效。和 LPC 相比,它具有更好的内插特性,被广泛应用于语音识别和语音合成等领域。

MFCC 的参数计算流程如图 2-20 所示。首先,通过一阶有限激励响应高通滤波器(如差分运算)对输入的语音信号进行预增强。根据发音运动的平稳特性,对语音信号进行加窗分帧处理,可以采用汉明窗,窗长一般选取 25 ms 左右,帧移为 10 ms 左右。通过 FFT 将窗内时域信号变换成为信号的频域信号(功率谱)。用一组梅尔刻度上线性分布的三角窗滤波器(一般取 40 个三角滤波器)对信号的功率谱滤波,每一个三角窗滤波器覆盖的范围都近似于人耳的一个临界带宽,以此来模拟人耳的掩蔽效应。三角窗滤波器组的输出取对数,可以得到近似于同态变换的结果。通过离散余弦变换(discrete cosine transform, DCT)去除各维信号之间的相关性,将信号映射到低维空间(从 40 维降到 13 维)得到 MFCC。另外,在实际的识别系统中,为了获取表征语音动态特性的差分参数,一般会将相邻分析帧中 MFCC 之间的一阶差分 ΔMFCC 和二阶差分 $\Delta\Delta$MFCC 与 MFCC 一起使用。

从上述计算中可得到从 0 阶到 12 阶的 13 维参数。0 阶 MFCC 简单地表示语音的平均功率。由于这种功率随着麦克风放置方法和通信信道条件而显著变化,所以 0 阶 MFCC 通常不直接用于语音识别,但其时间的导数通常会被使用。1 阶 MFCC 表示低频和高频之间的功率差,其中正值表示浊音,负值表示清音。这是因为浊音的低频能量大、高频的能量小,而清音则正好相反。随着阶数升高,MFCC 表示频谱更多的细节。例如,对具有 4 个共振峰(即截止频率为 4 kHz)的语音来说,2 阶 MFCC 为正值的

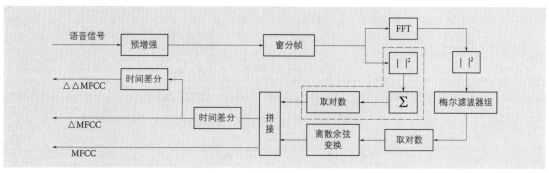

图 2-20 MFCC 的参数计算流程

情况,说明了 F1 和 F3 附近频带的能量较高,而 F2 和 F4 附近的能量较低。这样的信息对于区分有声和无声是非常有用的。要注意的是,MFCC 和 LPC 系数都不直接显示与共振峰等相关的频谱包络的细节信息。

2.5.3 感知线性预测分析

LPC 分析主要是基于语音产生机理,它将声道作为全极点模型处理。在前面章节的讨论中,LPC 的原理是从时域信号处理的角度进行阐述的,LPC 分析实际上可以等价为一种线性频率尺度上的频谱分析。然而,人的听觉机理在处理声音时用的是梅尔刻度而不是线性频率尺度。

为将人耳的听觉感知机理融入 LPC 分析方法中,Hermansky 提出了感知线性预测(perceptual linear prediction, PLP)分析方法[40]。PLP 技术从临界频带分析处理、等响度曲线预加重和信号强度—听觉响度变换三个层次上模仿了人耳的听觉感知机理。

PLP 特征提取的主要步骤如图 2-21 所示。

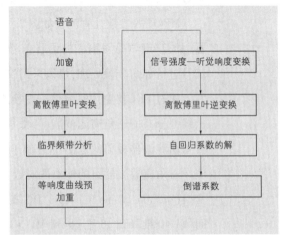

图 2-21 PLP 特征提取流程

1. 语谱分析

语音信号经过加窗、离散傅里叶变换得到语音功率谱 $P(\omega)$。

2. 临界频带分析

临界频带的划分反映了人耳听觉的掩蔽效应,是人耳听觉模型的体现。利用公式

$$\Omega(\omega) = 6\log \left\{ \omega/1\,200\pi + \left[(\omega/1\,200\pi)^2 + 1 \right]^{1/2} \right\} \qquad (2.101)$$

将频谱 $P(\omega)$ 的频率轴 ω 映射到巴克频率 Ω,得到 N 个频带 $\Omega_i \{ i = 1, 2, \cdots, N \}$。每个频带内 Ω_i 的能量谱与式(2.102)的加权系数相乘,求和后得到临界带宽听觉谱 $\Theta(\Omega_i)$。

$$\psi(\Omega) = \begin{cases} 0, & \Omega < -1.3 \\ 10^{2.5(\Omega+0.5)}, & -1.3 \leqslant \Omega \leqslant -0.5 \\ 1, & -0.5 < \Omega < 0.5 \\ 10^{-(\Omega+0.5)}, & 0.5 \leqslant \Omega \leqslant 2.5 \\ 0, & \Omega > 2.5 \end{cases} \qquad (2.102)$$

在此,Ω_i 表示第 i 个临界频带听觉谱的中心频率。

$$\Theta(\Omega_i) = \int_{1.3}^{2.5} P(\Omega_i - \Omega)\psi(\Omega)\,\mathrm{d}\Omega, \quad \{i = 1, 2, \cdots, N\} \tag{2.103}$$

与原始的 $P(\omega)$ 相比,与相对较宽的临界频带屏蔽曲线 $\psi(\Omega)$ 的卷积显著降低了 $\Theta(\Omega)$ 的频率分辨率,这允许对 $\Theta(\Omega)$ 进行下采样。将 $\Theta(\Omega)$ 大约以 1 巴克间隔进行采样。对 0~5 kHz 分析带宽,通常以巴克或梅尔(即临界频带)空间等间隔映射到范围 0~17 巴克。此时,N 设置为 17。

3. 等响度曲线预加重

用模拟人耳大约 40 dB 等响曲线 $E(\omega)$ 对 $\Theta(\Omega_i)$ 进行等响度曲线预加重,即

$$\Gamma(\Omega_i) = E(\omega_i)\Theta(\Omega_i), \quad \{i = 1, 2, \cdots, N\} \tag{2.104}$$

ω_i 表示第 i 个临界频带听觉谱的中心频率所对应的频率。其中

$$E(\omega_i) = [(\omega_i^2 + 56.8 \times 10^6)\omega_i^4] / [(\omega_i^2 + 6.3 \times 10^6)^2 \times$$
$$(\omega_i^2 + 0.38 \times 10^9)] \tag{2.105}$$

4. 信号强度–听觉响度转换

为了近似模拟声音的强度与人耳感受的响度间的非线性关系,将输出提高 1/3 次方,进行强度–响度转换

$$\Theta(\Omega_i) = \Gamma(\Omega_i)^{1/3} \tag{2.106}$$

5. 计算倒谱系数:

经过傅里叶逆变换后,用德宾算法计算 12 阶全极点模型,求出 16 阶倒谱系数,最后的结果即为 PLP 特征参数。

在介绍 LPC 时,我们讨论过 LPC 谱对 LPC 阶数的选取很敏感。PLP 一个显著的优点是其对阶数选取的敏感度远低于 LPC。

2.5.4 语音信息处理系统的前端增强

实际生活环境中存在各种声音,如音乐声、餐具的碰撞声、嘈杂的人声以及回声等。这种复杂的声学影响通常称为"鸡尾酒会效应"。人类可以比较轻松自如地在复杂的声学环境中倾听自己感兴趣的声音,但计算机系统尚未很好地克服复杂环境的感知挑战。面对这个科学难题,人们正在融合神经学和心理学获得的神经认知机制与机理,将其应用到语音技术开发中。

1. 基于双耳机制的麦克风阵列降噪技术

本章 2.2.4 小节介绍了基于双耳机制的声源定位方法。假设目标声音位于听者的正前方,所有其他噪声源来自各个不同的方向,此声源定位方法不是聚焦于每一个具体噪声源,而是将所有噪声源作为一个虚拟噪声源,并将它分割为若干个频带,分别估算各个频域成分的到来时间差,然后进行声源定位。当声源定位之后,就可以对某个特定声源进行增强、抑制或识别等操作。到目前为止,人们基于这个原理已经开发了多种多样的

应用技术,这里主要介绍其中之一——基于双耳机制的麦克风阵列降噪技术[21]。

假设麦克风阵列是等间距一字排列的三个麦克风,依次命名为左(l),中(c),右(r),通过式(2.48)可以估算出各个频域成分 $N_k(\tilde{\omega})$ 的到来时间差 $\delta_k(k=1,2,\cdots,K)$,并对式(2.44)两边除以 $\sin^2\tilde{\omega}\delta_k$ 可以求出虚拟噪声源 $N_k(\tilde{\omega})$。当 $\tilde{\omega}\delta_k\approx n\pi$ 时,没法精确地进行估算,这时可以用其他麦克风的配对进行估算。我们设置两个阈值 ε_1 和 ε_2,对各个频带按如下三类进行处理:

$$\hat{N}_k(\tilde{\omega})=\begin{cases} G_{lr}(\tilde{\omega})/\sin^2\tilde{\omega}\delta_k, & \sin^2\tilde{\omega}\delta_k>\varepsilon_1 \\[2mm] G_{cr}(\tilde{\omega})/\sin^2\tilde{\omega}\dfrac{\delta_k}{2}, & \sin^2\tilde{\omega}\delta_k\leqslant\varepsilon_1 \text{ 且}\sin^2\tilde{\omega}\dfrac{\delta_k}{2}>\varepsilon_2 \\[2mm] G_{lr}(\tilde{\omega})/\varepsilon_2^2, & \sin^2\tilde{\omega}\dfrac{\delta_k}{2}\leqslant\varepsilon_2 \end{cases} \tag{2.107}$$

整体噪声的频谱为

$$\hat{N}(\tilde{\omega})=\sum_{k=1}^{K}\hat{N}_k(\tilde{\omega}), \quad \omega_{k-1}\leqslant|\tilde{\omega}|<\omega_k \tag{2.108}$$

为了得到原始语音信号,我们必须从观察的含噪语音信号中减去噪声。令中间麦克风收录的语音信号为 $c(t)$,其短时傅里叶变换为 $C(\omega)$,通过下式的非线性谱减法(non-linear spectral subtraction)可以得到原始语音的近似频谱:

$$|\hat{X}(\omega)|=\begin{cases} |C(\omega)|-\alpha\cdot|\hat{N}(\omega)|, & |C(\omega)|\geqslant\alpha\cdot|\hat{N}(\omega)| \\[2mm] \beta\cdot|\hat{N}(\omega)|, & \text{其他} \end{cases} \tag{2.109}$$

其中,α 和 β 是比例系数,$|\hat{X}(\omega)|$ 的傅里叶逆变换即是降噪后的原始语音信号。

我们分别使用计算机模拟环境和实际环境的噪声语音进行实验。在模拟环境中,目标语音信号来自前方,其他说话人的语音分别是从左 $30°$,右 $45°$ 和左 $67°$ 到来,将它们在计算机上混合。图 2-22(a) 显示了模拟声音降噪前后的语谱图。相对于原始语音,添加了噪声的语谱中可以清晰地看到混入了其他说话人的语谱,在降噪后的语谱图中可以看到混入语谱被清除,原始语音基本恢复。

我们使用式(2.110)LPC-SED[43]方法进行评估:

$$\text{LPC-SED}=\sqrt{\frac{1}{W}\sum_{i=1}^{W}\left[X_x(i)-X_c(i)\right]^2} \tag{2.110}$$

其中,$X_c(i)$ 和 $X_x(i)$ 是原语音和加噪语音的 LPC 对数频谱包络,W 为 6 kHz。LPC 分析在以下条件下进行:采样频率为 12 kHz,汉明窗长和帧移分别为 21.3 ms 和 5.3 ms,LPC 的阶数为 16,预加重为 0.98。LPC-SED 在数学上等于倒谱距离,并且可以衡量将降噪方法用作自动语音识别(automatic speech recognition,ASR)前端的可行性。评估结果,对于加噪语音波 LPC-SED 为 10.14 dB,对于降噪后的语音波为 7.82 dB。这减少了约 2.3 dB。LPC-SED 降低 2.3 dB 将导致自动语音识别错误减少约 50%。

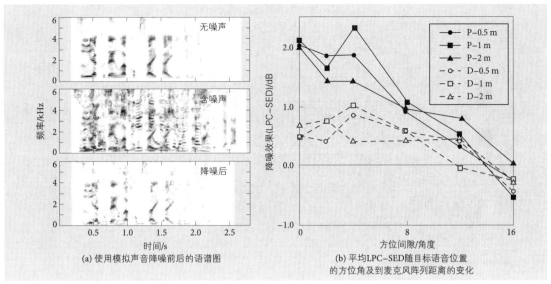

(a) 使用模拟声音降噪前后的语谱图

(b) 平均LPC-SED随目标语音位置
的方位角及到麦克风阵列距离的变化

图 2-22 基于双耳机制的麦克风阵列降噪结果[21]

实际噪声环境的实验条件为,在隔音室(混响时间低于 500 Hz 约 50 ms,高于 500 Hz 约 300 ms)内由三个扬声器呈现真实语音。语音来自正面 0°、2°、4°、8°、12° 或 16°,距离中央麦克风 0.5 m、1 m 或 2 m。两种噪声分别来自中央麦克风 2 m 处的向右 30° 和向左 45°。这两种噪声分别是手机的铃声(间歇性窄带噪声)和喷雾剂的注入噪声(稳定的宽带噪声)。图 2-22 (b) 显示了每个目标位置的平均 LPC-SED,其中参考 LPC 对数频谱是来自正前方、距中央麦克风 0.5 m 的无噪声语音。"P-Xm"是指基于双耳机制获得的降噪效果,"D-Xm"是指通过传统的三通道延迟和求和方法[42]获得的降噪效果。当语音波从正面 0° 发出时,基于双耳机制的方法将 LPC-SED 降低了约 2 dB,而 DAS 仅将其降低了 0.5 dB。此外,当方位间隙为最大 8° 时,甚至当目标声源在麦克风附近时,也发现双耳机制的方法优于 DAS。

2. 语音前端处理的前沿技术

从 20 世纪 80 年代开始,研究者从工程的角度开发了多种多样的基于麦克风阵列的语音处理算法。按基本思路区分有基于固定波束形成的方法[42]、基于自适应波束形成的方法[43]、基于后置滤波的方法[44]、基于近场波束形成的方法[45]和基于子空间的方法[46]等。特别是,由于近年来机器学习方法的长足进步(本书后几章将进行详述),基于盲源分离的方法发展迅猛。所谓"盲源",指的是源信号本身的波形、源信号的数目、信号源的位置等关于源信号的先验知识,以及观测点的位置、混合环境的信息等关于混合环境的先验知识未知,需要仅从观测信号中进行分离。

在类似于"鸡尾酒会"的声学环境中,由于各个源信号事先无法得知,需要使用盲源分离技术将目标语音分离出来。纳跃跃等人介绍了基于盲源分离的理论框架和语音前端增强的前沿技术[47]。如图 2-23 所示,在语音交互场景中,除了目标说话人的

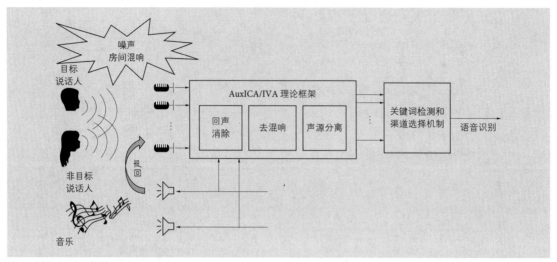

图2-23 基于盲源分离理论框架的语音增强前端

语音外,通常还存在非目标说话人的语音、外界噪声干扰、设备回声、房间混响等多种不利声学因素的影响。为了提高目标语音的信噪比以提高语音识别率,语音前端处理一般采取图回声消除、去混响和声源分离三种主要技术,针对不同的问题,采用不同的方法,图中各模块之间是级联的关系。

在回声消除模块,人们运用最小均方误差准则,比如归一化最小均方(normalized least mean squares,NLMS)来优化麦克风信号与回声估计间的均方误差。在去混响模块,运用最小均方误差准则最小化麦克风信号与自身延时之间的加权预测误差(weighted prediction error,WPE)。在声源分离模块主要有两个解决思路,一个是通过求解带限制条件的凸优化问题使输出能量最小化;另一个是通过梯度下降法或快速不动点迭代等方法使输出信号间的独立性最大化。在此,各个模块的理论原则和出发点各不相同,目标函数也不一样,迭代过程相互独立。

阿里巴巴AI团队根据AuxICA/IVA的理论[48],提出了基于盲源分离的前端信号处理的统一框架,统筹解决回声消除、去混响、声源分离问题。他们将互信息(KL散度)作为目标函数,使用基于辅助函数的优化方法。目标函数和优化方法统一,代码框架统一。在极端场景中(大回声、强干扰、回声噪声同时存在)性能显著提升。与此同时,其他研究团队也提出了语音前端增强的统一框架,但是在设置整体的目标函数和迭代方法上有所不同,效果也各有千秋。在此,不再一一介绍。

2.6 小结

本章首先从语音产生与感知系统的数学模型出发,介绍基于奈奎斯特采样理论对模拟信号进行数字化的原理以及离散系统和离散时间信号的处理方法。在其基础上进一步介绍对奈奎斯特采样理论有所发展的压缩采样理论,并通过语音信号处理给出示例。本章用了较大的篇幅介绍语音听觉机理研究及其模型,并讨论了一些实际应用。随后介绍了几个典型的时域语音信号处理方式,并从频率特性对其原理进行解释。接着介绍了基于语音产生机理和基于语音感知机理的信号处理方法。这些方法在过去较小规模的语音识别、语音合成和语音编码的系统中发挥了巨大的作用。在今天基于机器学习、大数据驱动的语音处理过程中,仍然发挥着不可或缺的作用。特别是在复杂真实声学环境中,这些基础的信号处理方法作为系统的前端处理,在语音编码和语音增强处理以及语音识别中已经获得了非常好的效果。本章的最后,介绍了作为语音系统前端增强的语音信号处理的前沿技术。

到目前为止,相对于语音系统的前端处理,语音信号处理技术在系统的后端处理并未模拟人的识别机制。可喜的是,近年来人们基于深度神经网络框架,积极借鉴人类认知过程的注意力机制和知识学习机理等模型,积极开发高效的后端处理技术。

本章知识点小结

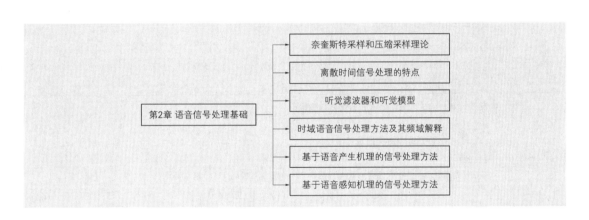

2.7 语音信号处理实验

在 MATLAB 中执行 demo4SpeechSignalProcessing 程序,完成下述实验:

1. 平均能量(实验一)

2. 过零率(实验二)

3. LPC 阶数的影响(实验三)

4. 自相关函数(实验四)

5. 倒谱分析(实验五)

6. 线性预测编码 LPC、线谱对 LSP 及倒谱分析分发的比较(实验六)

7. 采样定理(实验七)

推荐读物

Rabiner, L. and Shafer, R. (1978). Digital processing of speech signals. New York, Prentice Hall.

Rabiner, L. and Juang, B. (1993). Fundamentals of speech recognition. New York, Prentice Hall.

习题 2

1. 试证明时域抽样定理。

2. 设序列 $x(n)$ 的傅里叶变换为 $X(e^{j\omega})$，求下列序列的傅里叶变换。

(1) $x^*(n)$；

(2) $\text{Re}[x(n)]$；

(3) $g(n) = \begin{cases} x(n/2), & n \text{ 为偶数} \\ 0, & n \text{ 为奇数} \end{cases}$

(4) $x(2n)$；

3. 一个因果稳定系统的传递函数为

$$H(z) = \frac{G}{1 - \sum_{i=1}^{p} a_i z^{-i}} \tag{B.1}$$

试证明其脉冲冲激响应函数为

$$h(n) = \begin{cases} G, & n = 0 \\ \sum_{i=1}^{p} a_i h(n-i), & n > 0 \\ 0, & n < 0 \end{cases} \tag{B.2}$$

4. 设 $X(z)$ 是 $x(n)$ 的 z 变换,试求下列序列的 z 变换:

(1) $x(-n)$；

(2) $x^*(n)$ ($x(n)$ 的共轭序列记为 $x^*(n)$)；

(3) $n^2 x(n)$。

5. 在信号处理中,需要将一个序列 $x(n)$ 与窗函数 $W_N(n)$ 相乘,如窗函 $W_N(n)$ 是汉明窗:

$$W_N(n) = \frac{1}{2} \left\{ 1 + \cos \left[\frac{2\pi}{N} \left(n - \frac{N}{2} \right) \right] \right\} \tag{B.3}$$

如何用未加窗序列的 DFT,求加窗序列 $x(n)W_N(n)$ 的 DFT?

6. 试证明从傅里叶变换的功率谱可以求解自相关函数。

7. 一个线性系统其表达式如下:

$$x(n) = x(n-1) - 0.5x(n-2) + 0.3x(n-3) \tag{B.4}$$

(1) 求系统的反射系数 $k_i | i = 1, 2, 3 |$；

(2) 求其复倒谱系数 $c_i | i = 1, 2, 3 |$。

8. 阐述如何使用 FFT 计算线性系统

$$x(n) = \sum_{i=1}^{p} a_i x(n-i) \tag{B.5}$$

的频率特性。

9. 一个序列 $x(n)$ 的复倒谱是 $\hat{x}(n)$,下列复对数谱的傅里叶反变换为

$$\hat{X}(e^{j\omega}) = \log |X(e^{j\omega})| + j\arg |X(e^{j\omega})| \tag{B.6}$$

若对数模函数的傅里叶反变换定义为倒谱 $c(n)$,求证 $c(n)$ 是 $\hat{x}(n)$ 的偶部,即证明

$$c(n) = \frac{\hat{x}(n) + \hat{x}(-n)}{2} \tag{B.7}$$

10. 一个 4 阶全极点模型的表达式如下:

$$H(z) = \frac{1}{1 + 0.98z^{-1} + 1.92z^{-2} + 0.94z^{-3} + 0.94z^{-4}} \tag{B.8}$$

以 0~3 之间的随机数序列进行驱动,得到一个输出序列 $x(n)$。对 $x(n)$ 分别求 4 阶,8 阶和 16 阶 LPC 预测系数,并在频域上和真实频谱特性进行比较。

参考文献

[1] Rabiner,L.,Shafer,R.,Digital processing of speech signals. 1978,New York:Prentice Hall.

[2] Candès,E.J.,Romberg,J.K.,Tao,T.,Stable Signal Recovery from Incomplete and Inaccurate Measurements. Communications on Pure & Applied Mathematics,2006,59(8):1207−1223.

[3] Donoho,D.L.,Compressed sensing. IEEE Transactions on Information Theory,2006,52(4):1289−1306.

[4] Candès,E.J.,Tao,T.,Decoding by Linear Programming. IEEE Transactions on Information Theory,2005,51(12):4203−4215.

[5] Baraniuk,R.G.,Compressive Sensing [Lecture Notes]. IEEE Signal Processing Magazine,2007,24(4):118−121.

[6] Fletcher,H.,Auditory pattern. Rev.mod.phys,1940,12.

[7] Palmer,A.R.,Russell,I.J.,Phase-locking in the cochlear nerve of the guinea-pig and its relation to the receptor potential of inner hair-cells. Hearing Research,1986,24(1):1−15.

[8] Zwicker,E.,Analytical expressions for critical-band rate and critical bandwidth as a function of frequency. Journal of the Acoustical Society of America,1980,68(5):1523.

[9] Patterson,R.D.,Moore,B.C.J.,Auditory filters and excitation patterns as representations of frequency resolution. 1986.

[10] Glasberg,B.R.,Moore,B.C.J.,Derivation of auditory filter shapes from notched-noise data. Hearing Research,1990,47(1−2):103−138.

[11] Patterson,R.D.,Nimmo-Smith,I.,Off-frequency listening and auditory-filter asymmetry. Journal of the Acoustical Society of America,1980. 67(1):229−245.

[12] Patterson, R. D., Holdsworth, J., Nimmo-Smith, I., Rice, P., SVOS Final Report:The Auditory Filterbank. APU report 1987,2341.

[13] Irino,T.,Patterson,R.D.,A time-domain,level-dependent auditory filter:the gammachirp,. J. Acoust. Soc. Am.,1997,101:412−419.

[14] Irino,T.,Patterson,R.D.,A compressive gammachirp auditory filter for both physiological and psychophysical data. Journal of the Acoustical Society of America,2001,109(5 Pt 1):2008−2022.

[15] Seneff, S., A Joint Synchrony/Mean-Rate Model of Auditory Speech Processing. Readings in Speech Recognition,1988. 16(1):55−76.

[16] Kates,J.M.,A time-domain digital cochlear model. Signal Processing IEEE Transactions on,1991,39(12):2573−2592.

[17] Meddis,R.,O'Mard,L.P.,Lopez-Poveda,E.A.,A computational algorithm for computing nonlinear auditory frequency selectivity. Journal of the Acoustical Society of America,2001,109(6):2852.

[18] Lopez-Poveda, E. A., Meddis, R., A human nonlinear cochlear filterbank. Journal of the Acoustical Society of America, 2001. 110(6):3107.

[19] Patterson,R.D.,Nimmo-Smith,I.,Holdsworth,J.,Rice,P. An efficient auditory filterbank based on the gammatone function. in A meeting of the IOC Speech Group on Auditory Modelling at RSRE. 1987.

[20] Roman,N.,Wang,D.L.,Brown,G.J.,Speech segregation based on sound localization. J. Acoust. Soc. Ame.,2003. 114(4):2236−2252.

[21] Akagi, M., T, K. Noise reduction using a small-scale microphone array in multi noise source environment. in ICASSP2002. 2002. Orlando.

[22] Aarabi,P.,The Fusion of Distributed Microphone Arrays for Sound Localization. EURASIP Journal on Applied Signal Processing,2003. 4:338−347.

[23] Brandstein,M.,Silverman,H.,A robust method for speech signal time-delay estimation in reverberant rooms,in ICASSP. 1997:Munich,Germany. 375−378.

[24] Viemeister, Neal, F., Temporal modulation transfer functions based upon modulation thresholds. Journal of the Acoustical Society of America,1979. 66(5):1364.

[25] Kimhuoch,P.,荒井隆行,金寺登,△吉井順子,変調スペクトルによる雑音下における自動音声区間検出:音声周波数帯域及び変調周波数帯域の検討. 日本音響学会講演論文集 2009 年 9 月.

［26］Takamichi,S.,Toda,T.,Black,A.,Sakti,S.,Neubig,G.,et al.,Post-Filters to Modify the Modulation Spectrum for Statistical Parametric Speech Synthesis. IEEE/ACM Transactions on Audio Speech & Language Processing,2016:1.

［27］Ahmadi,S.,Ahadi,S.,Cranen,B.,Boves,L.,Sparse coding of the modulation spectrum for noise-robust automatic speech recognition. 2014.

［28］Dau,T.,Kollmeier,B.,Kohlrausch,A.,Modeling auditory processing of amplitude modulation. I. Detection and masking with narrow-band carriers. Journal of the Acoustical Society of America,1997,102(1):2892-2905.

［29］Mcdermott,J.H.,Schemitsch,M.,Simoncelli,E.P.,Summary statistics in auditory perception. Nature Neuroscience,2013,16(4):493-498.

［30］Bogert,B.P.,Healy,M.J.R.,Tukey,J.W.,The quefrency analysis of time series for echoes:cepstrum,pseudo-autocovariance,cross-cepstrum,and saphe cracking,in Proceedings of the Symposium on Time Series Analysis,M. Rosenblatt,Editor. 1963,Wiley:New York. 209-243.

［31］Gray,M.,R.,A Survey of Linear Predictive Coding:Part I of Linear Predictive Coding and the Internet Protocol. Foundations & Trends ® in Signal Processing,2009,3(3):153-202.

［32］Lobo,A.P.,Ainsworth,W.A. Evaluation of a glottal ARMA model of speech production. in IEEE International Conference on Acoustics,Speech,& Signal Processing,Icassp. 1992.

［33］Miwa,K.,Unoki,M.,Robust method for estimating F0 of complex tone based on pitch perception of amplitude modulated signal,in INTERSPEECH 2017. 2311-2315.

［34］Serra,X.,A system for sound analysis/transformation/synthesis based on a deterministic plus stochastic decomposition. 1989.

［35］Kawahara,H.,Masuda-Kasuse,I.,Cheveigne:,A. d.,Restructuring speech representations using a pitch-adaptive time-frequency smoothing and an instantaneous-frequency-based F0 extraction:Possible role of a reptitive structure in sounds Speech Communication,1999. 27:187-207.

［36］Kawahara,H.,Morise,M.,Takahashi,T.,Nisimura,R.,Irino,T.,et al.,TANDEM-STRAIGHT:A TEMPORALLY STABLE POWER SPECTRAL REPRESENTATION FOR PERIODIC SIGNALS AND APPLICATIONS TO INTERFERENCE-FREE SPECTRUM,F0,AND APERIODICITY ESTIMATION,in ICASSP. 2008:Caesars Palace,Las Vegas,NV,USA.

［37］Banno,H.,Hata,H.,Morise,M.,Takahashi,T.,Irino,T.,et al.,Implementation of realtime STRAIGHT speech manipulation system:Report on its first implementation. Acoustic Science and Technology,2007:28.

［38］Kawahara,H. STRAIGHT-TEMPO:a universal tool to manipulate linguistic and paralinguistic speech information. in IEEE International Conference on Systems. 1997.

［39］Unser,M.,Sampling-50 years after Shannon. Proceedings of the IEEE,2000,88(4):569-587.

［40］Hermansky,Hynek,Perceptual linear predictive (PLP) analysis of speech. Journal of the Acoustical Society of America,1990,87(4):1738.

［41］Mizumachi,M.,Akagi,M. Noise reduction by paired-microphones using spectral subtraction. in IEEE International Conference on Acoustics. 1998.

［42］Flanagan,J.L.,Computer-steered microphone arrays for sound transduction in large rooms. Acoustical Society of America Journal,1985,78(S1):52.

［43］Griffiths,L.J.,Jim,C.W.,An alternative approach to linearly constrained adaptive beamforming. IEEE Trans Antennas & Propag,1982,30(1):27-34.

［44］Zelinski,R.,A microphone array with adaptive post-filtering for noise reduction in reverberant rooms,in ICASSP-88. 1988.

［45］王冬霞,殷福亮,基于近场波束形成的麦克风阵列语音增强方法. 电子与信息学报,2007,029(001):67-70.

［46］Asano,F.,Asoh,H.,Matsui,T.,Source separation using subspace method and spatial inverse filter. Technical Report of Ieice Ea,1999,99(155):1-7.

［47］纳跃跃,王子腾,刘章,李韵,田彪,等,ICASSP2020 基于盲源分离理论框架的语音增强前沿综述,语音对话与听觉前沿研讨会,CCF 语音对话与专业组,Editor. 2020.

［48］Ono,N.,Miyabe,S.,Auxiliary-Function-Based Independent Component Analysis for Super-Gaussian Sources. Proc Lva/ica,2010,6365:165-172.

第3章 语音识别原理与技术

【内容导读】语音识别是语音信息处理的重要研究方向和应用技术。基于模板匹配的语音识别技术是 20 世纪 70 年代的主流技术。20 世纪 80 年代以来,语音识别算法逐步从模板匹配算法发展到基于统计模型的算法。2010 年之前,GMM-HMM 是经典的语音识别声学模型。2010 年前后,深度学习算法在语音识别领域取得巨大成功,DNN-HMM 逐步替代了 GMM-HMM。2015 年前后,端到端模型受到越来越多的关注,已成为学术研究的主要方向,并开始逐步应用到产业界。除了声学模型外,本章也会介绍语音识别的另外两个主要组成部分:语言模型和解码算法。本章的最后将介绍基于 HTK、Kaldi、ESPNET 等工具的语音识别实践,便于读者搭建主流语音识别系统。

3

3.1 语音识别概述

3.1.1 简介

自动语音识别(automatic speech recognition, ASR)的目的是实现语音到文本的转换,也称为语音—文本转换(speech to text, STT)。语音识别是一门语言学、声学、统计学、计算机科学等多学科交叉的科学。近些年,随着数据量、算力和算法水平的提升,语音识别的性能取得了巨大飞跃,并得以大规模落地应用,越来越多的语音识别产品走进了人们的生活,如手机语音助手、智能音箱、智能语音客服、语音会议转写系统等。

根据识别对象的不同,语音识别可分为孤立词识别、关键词识别和连续语音识别三类。孤立词识别是识别出事先设定的孤立词,如语音操控手机时的"打开 **""关机"等。关键词识别是在连续语音中检测指定关键词是否出现以及在何处出现,如使用手机语音助手唤醒小米手机的"小爱同学"和华为手机的"小艺小艺"等。连续语音识别需要将连续语音转换成对应文本,一般情况下所说的"语音识别"就是指连续语音识别。根据是否连接网络,连续语音识别又可分为在线语音识别和离线语音识别。

根据词表大小、说话人限制、语音内容、说话方式和识别场景的不同,语音识别难度可作如下划分:从小词表、特定人、孤立词的识别到大词表、非特定人、连续语音的识别,从特定领域的标准口语识别到非特定领域的自然口语的识别,从简单场景(安静、近场)下的识别到复杂场景(多噪声、混响、远场)下的识别等。

当前语音识别技术已取得很大进步,但距全场景高准确率的最终语音识别目标还有一定的差距。尽管如此,我们对未来语音识别技术的发展仍充满信心。

3.1.2 发展历史

现代语音识别可以追溯到 1952 年,这一年贝尔实验室发布了可以识别一到十的

10 个英文单词的机器,标志着现代语音识别的开始。经过 70 年的发展,语音识别技术已从开始的性能极不稳定的孤立词识别,发展到现在的多数场景下表现稳定的大词表连续语音识别(large vocabulary continuous speech recognition,LVCSR)[1]。

早期语音识别主要集中在小词表和孤立词的识别。从 20 世纪 50 年代到 60 年代,孤立词识别主要使用基于语音学、语言学等规则的方法,包括元音部分的频谱特征、从带通滤波器组获得的频谱参数、声道的时变估计技术等特征和技术。从 20 世纪 70 年代到 80 年代前期,基于模板匹配的方法是该阶段比较成功的方法。该方法首先将孤立词提取出来的特征及对应文本作为模板保存起来,当识别语音时,通过相同的方法提取待识别语音的特征,并与已有的特征模板逐个进行比较,选取相似度最高的特征模板所对应的文本作为语音识别的输出。模板匹配的经典方法是动态时间规整(dynamic timing warping,DTW)算法。DTW 是一种非线性归整算法,能够较好地解决输入语音与模板语音之间发音长度不匹配的问题,在当时是一种很成功的模板匹配算法。但是 DTW 方法稳定性差,在语音信号变化小的情况下识别效果比较好,在复杂的说话人特性以及声学环境变化场景下,语音识别的性能就急剧下降,而且此方法难以进行通用场景的大词表连续语音识别。

20 世纪 80 年代,基于统计模型的方法逐渐替代基于模板匹配的方法成为语音识别的主流方法。在神经网络模型兴起之前,基于统计模型的典型方法是高斯混合模型(gaussian mixture model,GMM)和隐马尔可夫模型(hidden markov model,HMM)组成的 GMM-HMM 声学模型[2]。该模型中每个建模单元使用 HMM 的 3~5 个状态来表示,根据语音的短时平稳特性,认为每个状态保持稳定,同时每个状态都有自己的观测概率,由 GMM 输出,状态与状态之间有转移概率,实验时一般保持固定,这样音频特征序列到音素序列的转换就被建模成概率问题。由于 GMM-HMM 模型可以使用大量语音数据来进行训练,从而能得到更好的参数,这使得模型的稳定性和识别准确率得到大幅度提升。

2006 年 Hinton 提出了深度置信网络[3],激起了学术界对深度神经网络(deep neural network,DNN)的研究,并于 2009 年提出 DNN-HMM 模型,通过使用 DNN 来代替 GMM 输出 HMM 各个状态的观测概率,在 TIMIT 数据集上达到当时最新技术水平(state-of-the-art,SOTA)。2011 年微软研究院的研究者以上下文相关(context dependent,CD)的三音子为建模单元,提出 CD-DNN-HMM 声学模型,首次将 DNN 应用于 LVCSR 任务,识别错误率相比于 GMM-HMM 下降 20% 左右[4]。此后卷积神经网络(convolutional neural network,CNN)、递归神经网络(recurrent neural network,RNN)[5]及其变体长短期记忆(long short-term memory,LSTM)网络[6]和门控循环单元(gated recurrent unit,GRU)[7]与隐马尔可夫模型组成了 NN-HMM 模型。借助于神经网络强大的学习能力,语音识别稳定性和准确率达到新的高度。

基于 HMM 的语音识别被称为传统语音识别(其框架如图 3-1 所示),主要由声学模型、发音模型和语言模型组成,这些模型及其解码算法将在 3.2 节至 3.4 节介绍,其中各个模块分开优化,很难达到全局最优。2006 年 Alex Graves 等提出连接时序分类(connectionist temporal classification, CTC)算法,并于 2014 年将其引入语音识别领域[8],接在神经网络模型的最后,解决了长的音频特征序列和短的单词序列的对齐问题。由于它可以直接将音频特征转换成文本,因而被称作端到端语音识别。相比于传统语音识别,端到端语音识别(其框架如图 3-2 所示)还原了语音识别序列到序列的本质,将声学模型、发音模型和语言模型联合优化,极大地简化了语音识别流程。此后各种端到端模型层出不穷[9],并极大地推动了语音识别的发展。虽然当前传统语音识别模型仍活跃于工业界,但随着端到端模型的深入研究,其识别性能得以进一步提升,端到端语音识别会逐步替代传统语音识别。我们将在第 8 章详细介绍端到端语音识别模型。

3.1.3 基于模板匹配的语音识别

基于模板匹配的语音识别,具体为训练时保存发音模板和对应内容到模板库,识别时再将所要识别的语音和模板库的发音模板逐一计算相似度,选择相似度最高的发音模板所对应的内容为识别结果。在计算相似度时,由于不同人有不同的语速,同一个词中不同音素发音速度不同,即使同一人在不同时刻对相同内容的发音也有所不同。尽管同一内容的发音整体相似,但时间上也不是完全对应,如果使得同一时刻上的点相互对应,如图 3-3(a) 所示,相似度结果会比实际差很多。动态时间规整(DTW)算法可以很好地计算两段不同长度时间序列的相似度,如图 3-3(b) 所示,DTW 可以使每个点尽可能找到和它最相似的点,这种情况下一个点可以对应多个点,同时多个点也可以对应一个点,这样计算相似度会比直接计算得到更准确的结果,同时也更为合理。下面详细介绍 DTW 算法。

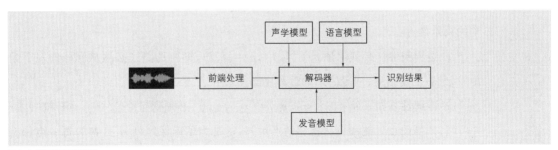

图 3-1 传统语音识别框架

图 3-2 端到端语音识别框架

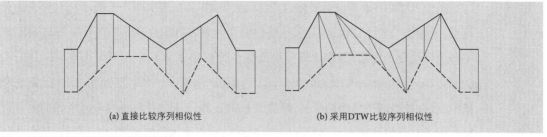

图3-3 直接比较与采用 DTW 算法比较序列相似性

首先有两个序列 $A = \{a_1, a_2, \cdots, a_m\}$ 和 $B = \{b_1, b_2, \cdots, b_n\}$（以语音为例，$a_i$ 和 b_j 分别指第 i 帧和第 j 帧的特征向量），构造一个 $m \times n$ 的矩阵 $\mathbf{D}$，矩阵中的元素 $D(i, j)$ 表示 a_i 和 b_j 两点对齐计算的距离（距离越小相似度越大），一般采用欧氏距离，即 $D(i, j) = \sqrt{(a_i - b_j)^2}$，其中 $1 \leq i \leq I, 1 \leq j \leq J$。可以将矩阵看成一个网格，如图 3-4 所示，DTW 的目的就是找到通过这个网格中若干格点的路径，路径通过的格点就是两个序列对齐的点，所有对齐的点计算距离的和称为规整路径距离，这条路径被称作规整路径。

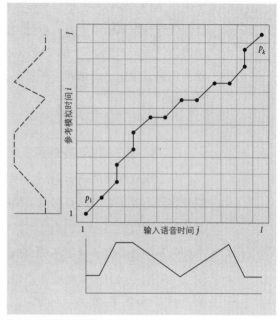

图3-4 规整路径网格示例

我们用 P 来表示该路径，具体形式为 $P = p_1, p_2, \cdots, p_k$，其中 $\max(I, J) \leq K \leq I + J$，$p_k = (i, j)$ 表示路径经过坐标为 (i, j) 的格点，其中 $1 \leq k \leq K$。这条路径需要满足如下几个约束条件：

① **边界条件**。必须保证 $p_1 = (1, 1)$，$p_k = (I, J)$，即所选路径必须从网格的左下角出发，到右上角结束，两段序列的首和尾必须对齐。

② **连续性**。如果 $p_k = (x_k, y_k)$，$p_{k+1} = (x_{k+1}, y_{k+1})$，必须保证 $(x_{k+1} - x_k) \leq 1$ 和 $(y_{k+1} - y_k) \leq 1$，即当前点只能和自己相邻的点对齐，这是为了确保序列 A 和 B 的每一点都有与之对齐的点。

③ **单调性**。如果 $p_k = (x_k, y_k)$，$p_{k+1} = (x_{k+1}, y_{k+1})$，必须保证 $(x_{k+1} - x_k) \geq 0$ 和 $(y_{k+1} - y_k) \geq 0$，即保证路径随着时间单调向前进行。

④ **最大规整量限制**。为了避免出现极端情况，需对规整路径所处区域进行限制，

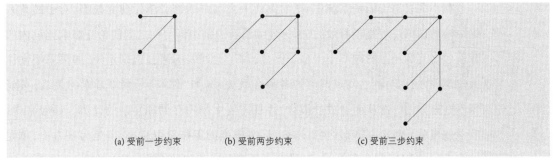

(a) 受前一步约束　　　　　(b) 受前两步约束　　　　　(c) 受前三步约束

图 3-5　三种典型的局部路径约束

如规整路径必须位于某个平行四边形内。因此需要对局部路径进行约束。图 3-5 展示了三种典型的局部路径约束。

最终所求的路径必须为满足以上 4 个约束条件后的最短路径。这里定义最小累计距离函数 $R(i,j)$，表示到匹配点 (i,j) 为止的所有可能路径中的最佳路径的累计匹配距离。以图 3-4 的区域约束和图 3-5(a) 的局部路径约束为例 DTW 的算法归纳如下：

（1）初始条件：$R(1,1)=D(1,1)W(2)$

（2）递推：对于当前路径的累加距离，采用如下递推公式，

$$R(i,j)=\min\begin{cases}R(i-1,j)+D(i,j)W(1)\\R(i-1,j-1)+D(i,j)W(2)\\R(i,j-1)+D(i,j)W(3)\end{cases} \tag{3.1}$$

式 (3.1) 中，对于图 3-5(a) 的局部路径约束一般取距离加权值为 $W(1)=W(3)=1$，$W(2)=2$。

（3）最佳路径的匹配距离：最终 $\dfrac{R(I,J)}{I+J}$ 为两个序列的匹配距离。

3.2　声学模型

声学模型是语音识别系统的重要组成部分，用于语音信号与声学单元之间的建模，可以计算声学特征与特征模板之间的相似度。

在介绍声学模型之前，先简要介绍一下声学模型的基本建模单元以及如何选择建模单元。声学模型的建模单元是描述语音的基本单位。建模单元的选择是声学模型建模中最基本问题，在实际应用中需要根据不同的需求选择不同的建模单元。在汉语的连续语音识别中，可选择的建模单元包括词、字、音节、半音节、声韵母和音素等。而在英语的连续语音识别中，可选的建模单元包括词、音素、元辅音等。声学建模单元的选择一般基于语音学知识，也可以基于数据驱动。使用数据驱动方式确定的基元，可能在语音学上没有什么明确的意义，但可以达到很好的性能。

在小词表语音识别系统中,把词作为一个基本的语音单元建立模型,对于简化系统结构和训练过程是很有效的,因为连续语音识别中词与词之间的相互影响比词内的音素或音节的相互影响要小得多。但是,对于大词表的语音识别系统,如果采用词作为建模单元,词与词之间及词内的各种音联关系(如"你好"一词中音素的关系)可能得不到充分的训练从而造成过拟合,并且需要大量的存储和复杂的计算。一般来说,声学建模单元越小,其数量也就越少,训练模型的工作量也越小;但是另一方面,单元越小,对上下文的敏感性就越大,越容易受到前后相邻的影响而产生变异。

由于发音时产生的音与其上下文有密切关系,因此在声学建模中一般考虑上下文相关信息,这样声学建模单元就会变成上下文相关的单元。在基于隐马尔可夫的声学模型建模中,为考虑其上下文相关的信息,通常将一个建模单元分为三个,分别表示一个单元的"前—中—后"状态,如"三音素"是将一个上下文相关的音素表示为三个不同的状态。例如,三个单音素/t/、/iy/、/n/可表示为三音素/t-iy+n/,即由三个单音素组成,它与单音素/iy/类似,不同的是三音素/t-iy+n/考虑了单音素/iy/的上下文,其中/t/是/iy/的上文,/n/是/iy/的下文。

下面将详细介绍基于隐马尔可夫的声学模型以及基于深度学习的声学模型。

3.2.1 隐马尔可夫模型的基本原理与算法

1. 马尔可夫链

马尔可夫链(markov chain)[10]是一种离散状态的马尔可夫序列,也是一般性的马尔可夫序列,为状态空间中从一个状态转换到另一个状态的随机过程。该过程要求具备"无记忆"的性质,即下一状态的概率分布只能由当前状态决定,与在时间序列中它前面的事件无关。该性质也被称为马尔可夫性。除此之外,其状态空间还具有离散性和有限性[11]:$q_t \in \{s_j, j=1,2,\cdots,N\}$。其中每一个离散值都与状态空间集合中的一个状态 s_j 相关,j 为索引。由于 s_j 与 j 一一对应,本书同等使用这两者。

具体地,一个一阶马尔可夫链 $Q=q_1,q_2,\cdots,q_T$ 满足如下关系

$$P(q_t=s_j \,|\, q_{t-1}=s_i, q_{t-2}=s_k, \cdots) = P(q_t=s_j \,|\, q_{t-1}=s_i), \quad t=1,2,\cdots,T \qquad (3.2)$$

它可被转移概率完全表示,定义为

$$P(q_t=s_j \,|\, q_{t-1}=s_i) = a_{ij}(t), \quad i,j=1,2,\cdots,N \qquad (3.3)$$

$a_{ij}(t)$ 表示在 t 时刻从状态 i 转移到状态 j 的概率。如果这些转移概率与时间 t 无关,则得到齐次马尔可夫链。

马尔可夫链的转移概率通常能方便地表示为矩阵形式:

$$\boldsymbol{A} = [a_{ij}], \quad 其中, a_{ij} \geq 0, \forall i,j; \sum_{j=1}^{N} a_{ij}=1, \forall i \qquad (3.4)$$

$\boldsymbol{A}$ 称为马尔可夫链的状态转移矩阵。

给定马尔可夫链的转移概率，即 t 时间在状态 j 的输出概率 $p_j(t)=P[q_t=s_j]$，则根据下式可计算得到其 $t+1$ 时间在状态 i 的输出概率，该计算是递归的。

$$p_i(t+1)=\sum_{j=1}^{N}a_{ji}p_j(t),\quad \forall i \tag{3.5}$$

如果一个马尔可夫链在状态转移矩阵 $\boldsymbol{A}$ 的作用下渐进收敛（达到平稳状态）：$\lim_{t\to\infty}p_i(t)\to\pi(q_i)$，其中，$\pi(q_i)$ 表示在状态转移矩阵 $\boldsymbol{A}$ 的作用下离散值 q_t 从初始状态转移到状态 i 的概率。我们称 $p(s_i)$ 为马尔可夫链的一个稳态分布。对于有稳态分布的马尔可夫链来说，它的转移概率必须满足：

$$\overline{\pi}(s_i)=\sum_{j=1}^{N}a_{ji}\overline{\pi}(s_j),\quad \forall i \tag{3.6}$$

$\overline{\pi}(s_i)$ 表示有稳态分布的马尔可夫链从初始状态转移到状态 i 的概率。

2. 隐马尔可夫模型

前文讨论的马尔可夫链可以看作一段能够生成可观测输出的序列。因为它输出的结果和每一个状态是一一对应的，即给定一个状态对应唯一一种观测结果或事件，没有任何随机性。所以，它又称为可观测的马尔可夫序列。这种没有任何随机性的缺陷，导致其在描述现实世界中的信息时过于局限。

隐马尔可夫作为马尔可夫链的一种扩展，在每个状态中引入了随机性。在马尔可夫模型中，由于其每一个确定的观测值或事件都有唯一一个状态与之对应，因此状态对于观察者来说是直接可见的，状态的转换概率便是模型全部的参数。而在隐马尔可夫模型中是用一个观测值的概率分布与每一个状态对应（如图 3-6 所示），而不是一个确定的观测值或事件，这就在马尔可夫序列的状态中引入了随机性，使其状态并不能被直接观测。要注意的是，各个状态的观测值不能没有任何重合，需要一个状态对应多个观测值，否则在某个固定范围内的观测值总能找到唯一一个状态与之对应，这不符合隐马尔可夫模型状态不可观测的特点。

当隐马尔可夫序列被用来描述现实世界的信息时，比如用于拟合这种信息的统计模型，则称为隐马尔可夫模型（HMM）。自 20 世纪 80 年代以来，HMM 被应用于语音识别并取得重大成功。此后 HMM 也被成功应用到语音处理领域的其他方向，如语音合成、语音增强等。HMM 可以描述语音信号中不平稳但有规律的空间变量，将其应用于语音声学模型，可以分段处理短时平稳的语音特征，并学习拟合到全局语音特征。

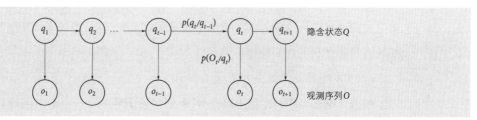

图 3-6　隐马尔可夫模型图

下面将详细介绍 HMM 的定义以及一些基本算法,这些算法主要应用于语音声学模型的训练和预测中。

1)隐马尔可夫模型的定义

隐马尔可夫模型[12]是马尔可夫链的一种,其状态不能直接观察到,但能通过观测向量序列观察到,每一个观测向量都是通过某些概率密度分布与每一个状态对应,每一个观测向量是由一个具有相应概率密度分布的状态序列产生。所以,隐马尔可夫模型是一个双重随机过程。

2)隐马尔可夫模型表示

HMM 可以用以下参数来描述,包括状态集合、观测值集合和 3 个概率矩阵。

① 状态集合: $s = \{s_j, j = 1, 2, \cdots, N\}$ N 为状态数目。

这些状态之间满足马尔可夫性质,是马尔可夫模型中实际所隐含的状态。这些状态不可被直接观测得到。

② 可观测值集合 $V = \{v_1, v_2, \cdots, v_K\}$。 K 为每个状态对应的可能的观测值数目。

在模型中与隐含状态相关联,可通过直接观测而得到。时刻 t 观测到的观测值为 $o_t, o_t \in \{v_1, v_2, \cdots, v_k\}$。

③ 初始状态概率矩阵 $\boldsymbol{\pi} = [\pi_1, \pi_2, \cdots, \pi_N]$。表示隐含状态在初始时刻 $t = 1$ 时的概率矩阵,其中 $\pi_1 = P(q_1 = i)$。

④ 隐含状态转移概率矩阵 $\boldsymbol{A} = [a_{ij}], 1 \leq i, j \leq N$。该矩阵描述了 HMM 中各个状态之间的转移概率, $a_{ij}(t)$ 表示在 $t-1$ 时刻状态为 s_i 且在 t 时刻状态为 q_j 的概率(其定义同马尔可夫链的状态转移矩阵)。

⑤ 观测值概率矩阵 $\boldsymbol{B} = [b_j(k)], 1 \leq j \leq N, 1 \leq k \leq K$。该矩阵表示在 t 时刻、隐含状态是 q_j 的条件下,观测值为 v_i 的概率。

具体地,若观测概率分布为 $P(o_t | s_j), i = 1, 2, \cdots, N$,且 o_t 是离散的,表示在状态 s_j 下观测到的概率分布,每个状态对应的概率分布用来表述观测序列 $\boldsymbol{O} = \{o_1, o_2, \cdots, o_K\}$ 的概率:

$$b_j(o_t) = P(o_t = v_k | q_t = j), \quad k = 1, 2, \cdots, K, j = 1, 2, \cdots, N \tag{3.7}$$

若观察概率密度是连续的,那么概率密度函数中的参数 Λ_j 就可以表示 HMM 中 s_j 状态的特性。

有了这些参数之后,一般地,可以用 $\lambda = (\boldsymbol{A}, \boldsymbol{B}, \boldsymbol{\pi})$ 三元组来简洁地表示一个隐马尔可夫模型。隐马尔可夫模型相比于标准马尔可夫模型,增加了可观测状态集合和这些状态与隐含状态之间的概率关系。

3)基本问题及其解决方法

前面介绍了 HMM 的定义和表示,下面讨论 HMM 的三个基本问题模型概率计算问题、解码问题、参数估计问题及其解决方法[13-14]。

（1）模型概率计算问题及算法

① 问题描述

给定观测序列 $O = \{o_1, o_2, \cdots, o_T\}$ 和模型参数 $\lambda = (A, B, \pi)$，怎样有效计算某一观测序列的概率 $P(O|\lambda)$，进而可对该 HMM 做出相关评估？例如，已有一些模型参数各异的 HMM，给定观测序列 $O = \{o_1, o_2, \cdots, o_T\}$，我们想知道哪个 HMM 最可能生成该观测序列。通常采用向前、向后算法分别计算每个 HMM 产生给定观测序列 O 的概率，然后从中选出最优的 HMM。

② 直接计算法[13]

为了解决评估问题，即给定观测序列 O 和模型参数 λ，计算某一观测序列的概率 $P(O|\lambda)$。最直接且最容易想到的方法就是直接计算法。具体算法如下：

由已知条件可计算，状态序列 $Q = \{q_1, q_2, \cdots, q_T\}$ 的概率是

$$P(Q|\lambda) = \pi_{q_1} a_{q_1 q_2} a_{q_2 q_3} \cdots a_{q_{T-1} q_T} \tag{3.8}$$

对固定的状态序列 $Q = \{q_1, q_2, \cdots, q_T\}$，观测序列 $O = \{o_1, o_2, \cdots, o_T\}$ 的概率是

$$P(O|Q, \lambda) = b_{q_1}(o_1) b_{q_2}(o_2) \cdots b_{q_T}(o_T) \tag{3.9}$$

则 O 和 Q 同时出现的联合概率为

$$P(O, Q|\lambda) = P(O|Q, \lambda) P(Q|\lambda) = \pi_{q_1} b_{q_1}(o_1) a_{q_1 q_2} b_{q_2}(o_2) a_{q_2 q_3} \cdots a_{q_{T-1} q_T} b_{q_T}(o_T) \tag{3.10}$$

对所有可能的状态序列 Q 求和，得到观测序列 O 的概率

$$P(O|\lambda) = \sum_{\forall Q} P(O|Q, \lambda) P(Q|\lambda) = \sum_{q_1, q_2, \cdots, q_T} \pi_{q_1} b_{q_1}(o_1) a_{q_1 q_2} b_{q_2}(o_2) a_{q_2 q_3} \cdots a_{q_{T-1} q_T} b_{q_T}(o_T) \tag{3.11}$$

这种方法简单，但计算的时间复杂度为 $O(TN^T)$，当时间序列过长时，所需要的计算时间是巨大的，几乎是不可计算的。因此提出了向前算法来简化计算。

③ 向前算法（forward algorithm）[11]

如图 3-7 所示，给定隐马尔可夫模型参数 $\lambda = (A, B, \pi)$，定义到时刻 t 部分观测序列为 $o_1, o_2, \cdots, o_t$，且状态为 s_i（为方便表示，在后面的算法中状态 s_i 简记为 i）的向前概率为

$$\alpha_t(i) = P(o_1, o_2, \cdots, o_t, q_t = i | \lambda) \tag{3.12}$$

首先，设置前向概率的初值

$$\begin{aligned}
\alpha_1(i) &= P(o_1, q_1 = i | \lambda) \\
&= P(q_1 = i) P(o_1 | q_1 = i, \lambda) \\
&= \pi_j b_i(o_1), \\
&\quad i = 1, 2, \cdots, N
\end{aligned} \tag{3.13}$$

然后，由初值递推出每时间步的前向概率，对 $t = 2, 3, \cdots, T, j = 1, 2, \cdots, N$

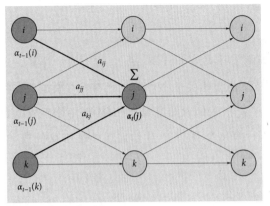

图3-7 向前概率计算示意图

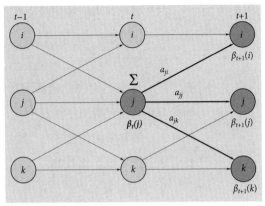

图3-8 向后概率计算示意图

$$\alpha_t(j) = P(q_t = j, o_t \mid \lambda)$$

$$= \sum_{i=1}^{N} P(q_{t-1} = i, q_t = j, o_{t-1}, o_t \mid \lambda)$$

$$= \sum_{i=1}^{N} P(q_{t-1} = i, o_{t-1} \mid \lambda) P(q_t = j, o_t \mid \lambda)$$

$$= \sum_{i=1}^{N} P(q_t = j, o_t \mid \lambda) \alpha_{t-1}(j) \tag{3.14}$$

$$= \sum_{i=1}^{N} P(o_t \mid q_t = j, q_{t-1} = i, \lambda) P(q_t = j \mid q_{t-1} = i, \lambda) \alpha_{t-1}(j)$$

$$= \Big[\sum_{i=1}^{N} \alpha_{t-1}(i) a_{ij} \Big] b_j(o_{t+1}), j = 1, 2, \cdots, N$$

最后，计算某一观测序列的概率

$$P(\boldsymbol{O} \mid \lambda) = \sum_{i=1}^{N} P(o_1, o_2, \cdots, o_T, q_t = i \mid \lambda) = \sum_{i=1}^{N} \alpha_T(i) \tag{3.15}$$

这种算法的时间复杂度是 $O(TN^2)$，相比于直接计算法，直接引用了前一时刻的计算结果，避免重复计算，使计算效率大大提高。

④ 向后算法（backward algorithm）

向后算法与向前算法相反，如图3-8所示，给定隐马尔可夫模型参数 $\lambda = (\boldsymbol{A}, \boldsymbol{B}, \boldsymbol{\pi})$，定义从时刻 $t+1$ 开始，时刻 T 为止的部分观测序列为 $o_{t+1}, o_{t+2}, \cdots, o_T$，且状态为 i 的后向概率为

$$\beta_t(i) = P(o_{t+1}, o_{t+2}, \cdots, o_T \mid q_t = i, \lambda) \tag{3.16}$$

首先，设置后向概率的初值

$$\beta_T(i) = 1, \quad i = 1, 2, \cdots, N \tag{3.17}$$

对 $t = T-1, T-2, \cdots, 1,$

$$\beta_t(i) = P(o_{t+1}, o_{t+2}, \cdots, o_T \mid q_t = i, \lambda) = \frac{P(o_{t+1}, o_{t+2}, \cdots, o_T, q_t = i, \lambda)}{P(q_t = i)}$$

$$= \frac{\sum_{j=1}^{N} P(o_{t+1}, o_{t+2}, \cdots, o_T \mid q_t = i, q_{t+1} = j, \lambda) P(q_t = i, q_{t+1} = j, \lambda)}{P(q_t = i)}$$

$$= \sum_{j=1}^{N} P(o_{t+1}, o_{t+2}, \cdots, o_T \mid q_{t+1} = j, \lambda) \frac{P(q_t = i, q_{t+1} = j, \lambda)}{P(q_t = i, \lambda)} \tag{3.18}$$

$$= \sum_{j=1}^{N} P(o_{t+1}, o_{t+2}, \cdots, o_T \mid q_{t+1} = j, \lambda) a_{ij}$$

$$= \sum_{j=1}^{N} P(o_{t+2}, o_{t+3}, \cdots, o_T \mid q_{t+2} = j, \lambda) P(o_{t+1} \mid q_{t+1} = j, \lambda) a_{ij}$$

$$= \sum_{j=1}^{N} \beta_{t+1}(j) b_j(o_{t+1}) a_{ij}$$

最后,计算某一观测序列的概率

$$P(\boldsymbol{O} \mid \lambda) = \sum_{i=1}^{N} \pi_i b_i(o_1) \beta_1(i) \tag{3.19}$$

（2）模型解码问题及算法

① 问题描述

给定观测序列 $\boldsymbol{O} = \{o_1, o_2, \cdots, o_T\}$ 和模型参数 $\lambda = (\boldsymbol{A}, \boldsymbol{B}, \boldsymbol{\pi})$,怎样寻找某种意义上最优的隐状态序列 $\boldsymbol{Q}^* = \{q_1^*, q_2^*, \cdots, q_T^*\}$,即使得 $P(\boldsymbol{O}, \boldsymbol{Q}^* \mid \lambda)$ 取得最大值。在这类问题中,我们感兴趣的是隐马尔可夫模型中的隐含状态,这些状态不能直接观测但却更具有价值,通常利用 Viterbi 算法来寻找。

② Viterbi 算法[14]

HMM 通过 Viterbi(维特比)算法解决解码问题。Viterbi 算法是一个特殊但应用很广的动态规划算法。动态规划是一种分而治之地解决复杂问题的方法,它通过将复杂问题分解成一些更简单的问题来实现目标。利用动态规划,可以解决无负权环图中的最短路径问题。在 HMM 中,一条路径对应一个状态序列。最优路径具有以下特性:如果最优路径在时刻 t 通过结点 q_t^*,那么这一路径从结点 q_t^* 到终点 q_T^* 的部分路径,必须是从 q_t^* 到 q_T^* 的所有可能的部分路径里最优的。Viterbi 算法根据这一特性,将全局的最优状态序列动态分解成到每个时间段上的最优路径。

具体过程如下:

首先,引入两个相关的变量 δ 和 ψ。

如图 3-9 所示,定义在 t 时刻状态为 i 的所有单个路径 $(q_1, q_2, \cdots, q_t)$ 中概率最大值为

$$\delta_t(i) = \max_{q_1, q_2, \cdots, q_t} P(q_t = i, q_1, q_2, \cdots, q_{t-1}, o_1, o_2, \cdots, o_t \mid \lambda), \quad i = 1, 2, \cdots, N \tag{3.20}$$

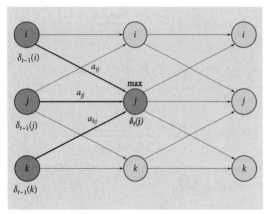

图 3-9 $\delta_t(i)$ 计算示意图

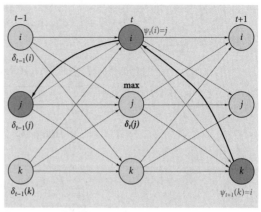

图 3-10 $\psi_t(i)$ 计算示意图

计算 $\delta_t(i)$ 的递推公式为：

对于 $t=2,\cdots,T-1$

$$\delta_t(j)=\max_{q_1,q_2,\cdots,q_i}P(q_t=j,q_1,q_2,\cdots,q_{t-1},o_1,o_2,\cdots,o_t\mid\lambda)$$
$$=\max_{1\leq i\leq N}\left[\delta_{t-1}(i)a_{ij}\right]b_j(o_t) \tag{3.21}$$

根据递推公式可计算出 $\delta_T(i)$，即为所求的最优状态序列的概率。下面介绍如何找出最优状态路径。

如图 3-10 所示，定义在 t 时刻的状态为 j 的所有单个路径 $(q_1,q_2,\cdots,q_t)$ 中概率最大的路径的第 $t-1$ 个结点为

$$\psi_t(j)=\arg\max_{1\leq i\leq N}\left[\delta_{t-1}(i)a_{ij}\right],\quad j=1,2,\cdots,N \tag{3.22}$$

有了两个变量关于概率和路径的变量，可以根据已知的模型参数 $\lambda=(A,B,\pi)$ 和观测序列 $O=\{o_1,o_2,\cdots,o_T\}$，计算出最优路径 $Q^*=\{q_1^*,q_2^*,\cdots,q_T^*\}$。

首先，初始化两个变量：

$$\delta_1(i)=\pi_i b_i(o_1),\quad i=1,2,\cdots,N \tag{3.23}$$

$$\psi_1(i)=0,\quad i=1,2,\cdots,N \tag{3.24}$$

对 $t=2,3,\cdots,T$

$$\delta_t(j)=\max_{1\leq i\leq N}\left[\delta_{t-1}(i)a_{ij}\right]b_j(o_t),\quad j=1,2,\cdots,N \tag{3.25}$$

$$\psi_t(j)=\arg\max_{1\leq i\leq N}\left[\delta_{t-1}(i)a_{ij}\right],\quad j=1,2,\cdots,N \tag{3.26}$$

最大概率和最优路径的最后一个结点为

$$P^*=\max_{1\leq i\leq N}\delta_T(i) \tag{3.27}$$

$$q_T^*=\arg\max_{1\leq i\leq N}\left[\delta_T(i)\right] \tag{3.28}$$

最优路径回溯。对 $t=T-1,T-2,\cdots,1$，

$$q_t^*=\psi_{t+1}(q_{t+1}^*) \tag{3.29}$$

求得最优路径 $Q^*=\{q_1^*,q_2^*,\cdots,q_T^*\}$。

（3）模型参数估计问题及算法

① 问题描述

HMM 的模型参数 $\lambda = (A, B, \pi)$ 未知，如何调整这些参数，以使观测序列 $O = \{o_1, o_2, \cdots, o_T\}$ 的概率 $P(O \mid \lambda)$ 尽可能地大？通常使用 Baum-Welch 算法解决。

在语音识别的隐马尔可夫模型中，每个建模单元（单词/音素/字等）生成一个对应的 HMM，每个观测序列由一个建模单元的语音构成，每个建模单元一般由多个状态相关，这些状态在识别中是不可被直接观测到的。在模型训练过程中，通过迭代调整模型参数，使得模型最好地解释（例如已知观测序列的概率最大）学习过程。建模单元的识别是通过评估选出最有可能产生观测序列所代表的读音的 HMM 而实现（评估问题）。通过 Viterbi 算法寻找在给定观测序列的情况下最后可能的隐含状态序列，为识别提供信息（解码问题）。

② Baum-Welch 算法[15]

在 HMM 中，用 Baum-Welch 算法来学习参数，也就是最大期望算法（EM algorithm）的一个特例。EM 算法是一种通用的解决最大化似然估计的迭代算法。每次迭代分为两步，E 步估计状态占用概率，M 步基于估计的状态占用概率重新估计模型参数 $\lambda = (A, B, \pi)$。

在语音声学模型中，HMM 通常用混合高斯模型（Gaussian mixture model, GMM）来描述观测概率。也就是观测概率 $o_i \sim N(\mu \in \mathbb{R}^D, \sum \in \mathbb{R}^{D \times D})$，$i = 1, 2, \cdots, T$。这里以 GMM-HMM 模型为例来介绍 Baum-Welch 算法，有关 GMM 将在 3.2.2 小节中详细介绍。

给定模型 $\lambda = (A, B, \pi)$ 和观测序列 $O = \{o_1, o_2, \cdots, o_T\}$，定义在 t 时刻处于状态 i 的概率，即为状态占用概率

$$\gamma_t(i) = P(q_t = i \mid O, \lambda) = \frac{\alpha_t(i) \beta_t(i)}{\sum_{i=1}^{N} \alpha_T(i)} \tag{3.30}$$

在 t 时刻处于状态 i 且在 $t+1$ 时刻处于状态 j 的概率为

$$\begin{aligned} \xi_t(i, j) &= P(q_t = i, q_{t+1} = j \mid O, \lambda) \\ &= \frac{P(q_t = i, q_{t+1} = j, O \mid \lambda)}{P(O \mid \lambda)} \\ &= \frac{\alpha_t(i) a_{ij} b_j(o_{t+1}) \beta_{t+1}(j)}{\sum_{i=1}^{N} \alpha_T(i)} \end{aligned} \tag{3.31}$$

且有 $\gamma_t(i) = \sum_{k=1}^{N} \xi_t(i, k)$。在 E 步计算出这两个概率，在 M 步更新以下参数：

$$\hat{\mu}_{jk} = \frac{\sum_{t=1}^{T} \xi_t(j, k) o^t}{\sum_{t=1}^{T} \xi_t(j, k)} \tag{3.32}$$

$$\hat{\sum}_{jk} = \frac{\sum_{t=1}^{T} \xi_t(j,k)(o_t - \hat{\boldsymbol{\mu}}_{jk})(o_t - \hat{\boldsymbol{\mu}}_{jk})^{\mathrm{T}}}{\sum_{t=1}^{T} \xi_t(j,k)} \tag{3.33}$$

$$\hat{c}_{jk} = \frac{\sum_{t=1}^{T} \xi_t(j,k)}{\sum_{t=1}^{T} \sum_{k} \xi_t(j,k)} \tag{3.34}$$

$$\hat{a}_{ij} = \frac{\sum_{t=1}^{T-1} \xi_t(i,j)}{\sum_{t=1}^{T-1} \sum_{k=1}^{N} \xi_t(i,k)} = \frac{\sum_{t=1}^{T-1} \xi_t(i,j)}{\sum_{t=1}^{T-1} \gamma_t(i)} \tag{3.35}$$

$$\hat{\pi}_i = \gamma_1(i) \tag{3.36}$$

一直重复 E 步和 M 步直至收敛。

3.2.2　基于 GMM-HMM 的声学模型

1. 单高斯模型

高斯分布即正态分布,是最常见概率分布模型,常用于刻画一些随机量的变化情况。由于正态分布函数反映了自然界中普遍存在的有关变化量的一种统计规律,且具有非常好的数学性质,所以被广泛应用于语音识别。

当样本数据 x 是一维数据时,高斯分布遵从概率密度函数(probability density function, PDF)[16]:

$$P(\boldsymbol{x} \mid \theta) = \frac{1}{\sqrt{2\pi\sigma^2}} \exp\left\{-\frac{(x-\mu)^2}{2\sigma^2}\right\} \tag{3.37}$$

其中,μ 为 x 的均值(期望),σ 为标准方差。

当样本数据 $\boldsymbol{x} = (x_1, x_2, \cdots, x_D)^{\mathrm{T}}$ 为多维数据时,遵从概率密度函数:

$$P(\boldsymbol{x} \mid \theta) = \frac{1}{(2\boldsymbol{\pi})^{D/2}(\boldsymbol{\Sigma})^{1/2}} \exp\left\{-\frac{1}{2}(\boldsymbol{x}-\boldsymbol{\mu})^{\mathrm{T}} \boldsymbol{\Sigma}^{-1}(\boldsymbol{x}-\boldsymbol{\mu})\right\} \tag{3.38}$$

其中,$\boldsymbol{\mu} = (\mu_1, \mu_2, \cdots, \mu_D)^{\mathrm{T}} = E(x)$,$\boldsymbol{\Sigma} = E[(\boldsymbol{x}-\bar{\boldsymbol{x}})(\boldsymbol{x}-\bar{\boldsymbol{x}})^{\mathrm{T}}]$ 分别为 x 的均值向量和协方差矩阵。

2. 高斯混合模型(GMM)

高斯混合模型[17]是用高斯分布概率密度函数精确地量化事物,将一个事物分解为若干个由高斯分布概率密度函数(正态分布曲线)组成的模型。GMM 可以看作是由 M 个单高斯模型组合而成的模型(如图 3-11 所示),这 M 个子模型是混合模型的隐变量(hidden variable)。一般来说,一个混合模型可以使用任何概率分布,这里使用

GMM 是因为高斯分布具备很好的数学性质以及良好的计算性能。

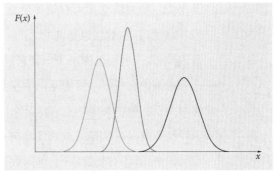

图 3-11 高斯混合模型

对于 M 个单高斯模型组成的混合模型，c_m 是观测数据属于第 m 个子模型的先验概率（混合权重），则 GMM 的概率分布为

$$P(\boldsymbol{x}\mid\theta)=\sum_{m=1}^{M}c_m N(\boldsymbol{x}\mid\boldsymbol{\mu}_m,\boldsymbol{\Sigma}_m)$$

（3.39）

$$N(x\mid\boldsymbol{\mu}_m,\boldsymbol{\Sigma}_m)=\frac{1}{(2\pi)^{D/2}(\boldsymbol{\Sigma}_m)^{1/2}}\exp\left\{-\frac{1}{2}(\boldsymbol{x}-\boldsymbol{\mu}_m)^{\mathrm{T}}\boldsymbol{\Sigma}_m^{-1}(\boldsymbol{x}-\boldsymbol{\mu}_m)\right\}\quad(3.40)$$

其中，$\sum\limits_{m=1}^{M}c_m=1$，$N(\boldsymbol{x}\mid\boldsymbol{\mu}_m,\boldsymbol{\Sigma}_m)$ 是第 m 个子模型的高斯分布密度函数。

在语音处理中，通常用连续的概率密度函数来描述连续的观测向量（$o_t\in\mathbb{R}^D$）的概率分布。混合高斯模型是其中应用最成功且最广泛的概率密度函数，若用 GMM 来表示 $\boldsymbol{o}_t$ 的概率分布

$$b_i(\boldsymbol{o}_t)=\sum_{m=1}^{M}\frac{c_{i,m}}{(2\pi)^{D/2}\mid\boldsymbol{\Sigma}_{i,m}\mid^{1/2}}\exp\left[-\frac{1}{2}(\boldsymbol{o}_t-\boldsymbol{\mu}_{i,m})^{\mathrm{T}}\boldsymbol{\Sigma}_{i,m}^{-1}(\boldsymbol{o}_t-\boldsymbol{\mu}_{i,m})\right]\quad(3.41)$$

其中，$c_{i,m}$ 是状态 i 时第 m 个高斯子模型的权重，$\boldsymbol{\mu}_{i,m}$ 和 $\boldsymbol{\Sigma}_{i,m}$ 为状态 i 时第 m 个高斯分布的均值向量和协方差矩阵。

3. 基于 GMM-HMM 模型的语音识别技术

在语音识别中，第一个被广泛使用的统计模型是基于混合高斯模型的隐马尔可夫模型，即 GMM-HMM 模型[15]。GMM-HMM 模型是一个统计模型，它描述了两个互相依赖的随机过程，一个是可观测的过程，另一个是隐藏的马尔可夫过程。一个 GMM-HMM 模型的参数集合由一个状态的先验概率向量、一个状态转移概率矩阵和一个状态相关的混合高斯模型参数组成。在语音建模中，GMM-HMM 模型中的一个状态通常与语音中的音素子段相关联。而每个状态都有一个概率密度分布，用 GMM 来描述。

基于单音素的 GMM-HMM 语音识别系统中，HMM 的一个状态对应一个音素。每个音素使用经典的三状态结构，如图 3-12 所示。

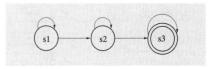

图 3-12 单音素的三状态结构

然而，单音素建模没有考虑协同发音效应。协同发音是 20 世纪 60 年代后逐渐发现的不同于传统语音学的新现象：在语流中音段并非是独立的、分离的声音，音段会对相邻的音段产生影响。协同发音的一个解决方法是使用三音素建模，考虑音素的上下文，表示为"l-c+r"，其中，c 表示中心单

元,l 为左相关信息,r 为右相关信息。假设共有 N 个音素,那么就需要 N^3 个三音素,当 N 增大时,参数量也是非常大的。因此,在语音建模中,需要使用决策树来进行三音素建模,这一过程也依赖于单音素建模后的对齐。

决策树在机器学习中是一个预测模型,它代表的是对象属性与对象值之间的一种映射关系。树中每个结点表示某个对象,每个分叉路径则代表某个可能的属性值,每个叶结点则对应从根结点到该叶结点所经历的路径所表示的对象的值。决策树仅有单一输出,若想有复数输出,可以建立多个彼此独立的决策树以处理不同的输出。语音建模中所使用的决策树是一个二叉树,每个非叶子结点上都会有个问题,叶子结点是绑定一个三音素的集合,绑定的粒度为状态,如将 A-B+C 和 A-B+D 的第一个状态绑在一起,第二、三个状态不一定绑在一起。图 3-13 是三音素决策树的一个例子,描述音素"-zh+"的三音素集合。如图 3-13 所示,首先判断音素左边是否为元音音素,若是,则搜索决策树左边分支;若不是,则搜索决策树右边分支。以此类推,直至搜索至叶子结点。

决策树的分裂依赖于问题集的设计。为了定义问题集,应先来确认问题集的划分特征,包含两大类,发音相似性和建模单元的上下文关系信息[17]。问题集的构建通常由语言学家完成。比较常见的问题集是将音素划分为爆破音、鼻音、摩擦音、流音、元音等。

建立问题集后,就可以构建决策树。考虑到在单音素的经典三状态结构中,第一个状态和最后一个状态分别为起始状态和结束状态,它们只是在模型中起辅助作用,因此真正起作用的是中间的状态。在构造决策树时,一般只考虑中间的状态。

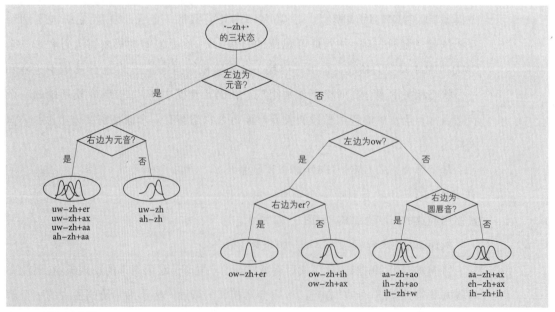

图 3-13 决策树示意图[24]

决策树是由自顶向下的顺序生成。构建决策树一般需要以下三步：

① 将所有状态放入根结点中，然后进行结点分裂。结点分裂依赖于评估函数。决策树的评估函数用来估计决策树的结点上的样本相似性。可以选择对数似然概率作为评估函数。

② 在每个结点进行分裂时，可以从问题集中选择一个问题，然后根据此问题把结点分成两个子结点，并且计算评估函数的增量。可以选择具有最大增量的问题，然后根据此问题把结点分裂为两部分。

③ 重复步骤②，直至所有问题评估函数的增量都低于某个阈值时，结点上的分裂过程停止。最终，同一个叶子结点中的状态将被共享捆绑到一起。

可以看出，阈值大小会影响最终共享的结果。阈值越大，最终每个叶子结点中的状态就越多，共享的程度就越高。这样最终模型的大小也就越小，但识别某些发音时越有可能混淆。

由以上介绍可以看出，决策树的生成依赖于单音素建模后的对齐。因此，在进行三音素建模训练时需要先进行单音素训练。

3.2.3　深度神经网络简介

从 2010 年开始，深度神经网络技术便在多种语音领域展开应用并取得了优异的成果。深度神经网络技术的一个显著优势是可以通过网络的结构来建模随机高维向量之间的内在关系。经典的做法是先基于深度信念网（deep belief net，DBN）做预训练，之后用反向传播（back propagation，BP）算法微调，通常这种网络被称为深度神经网络（deep neural network，DNN）。这里将通过对 DNN 的介绍来阐述神经网络的基本工作原理。

一个深度神经网络可以简单地定义为在输入层和输出层之间有多层隐含层（超过一层）的人工神经网络[18]。图 3-14 展示了一个具有两层隐含层的神经网络的基本结构。在每一个隐含层，每一个神经元将会对来自上一层的所有神经元的输出在经过乘法的线性变换之后进行求和，最后再经过一个非线性的激活函数之后将所得的值当作此神经元的输出传递给下一层。假如，选取 sigmod 函数 $g(\cdot)$ 作为激活函数，那么神经元的输出可以用如下公式表示：

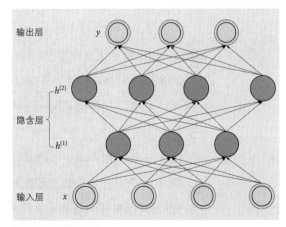

图 3-14　DNN 的基本结构

$$h_j^{(l)} = g\Big(b_j^{(l)} + \sum_i h_i^{(l-1)} w_{ij}^{(l)} \Big) \tag{3.42}$$

其中, $h_j^{(l)}$ 是第 l 个隐含层的第 j 个神经元的激活值, $h_i^{(0)} = x_i$ 表示输入特征的第 i 维, $b_j^{(l)}$ 则表示第 l 层的第 j 个神经元的偏置向量。同时, $w_{ij}^{(l)}$ 表示 $h_i^{(l-1)}$ 到 $h_j^{(l)}$ 之间的权重。激活函数的选取取决于所要解决的具体问题。针对分类任务,输出层通常采用 softmax 函数,如式(3.43)所示:

$$\tilde{y}_j = \frac{\exp(b_j^{(L+1)} + \sum_i h_i^{(L)} w_{ij}^{(L+1)})}{\sum_k \exp(b_k^{(L+1)} + \sum_i h_i^{(L)} w_{ik}^{(L+1)})} \tag{3.43}$$

其中, $\tilde{y}_j = h_j^{(L+1)}$ 可以理解为属于第 j 类的后验概率,而 L 则表示隐含层的个数。对于回归任务,输出层则会考虑采用线性函数,如式(3.44)所示:

$$\tilde{y}_j = b_j^{(L+1)} + \sum_i h_i^{(L)} w_{ij}^{(L+1)} \tag{3.44}$$

一个具有 L 个隐含层的神经网络包含参数 $\lambda = \{ b^{(1)}, W^{(1)}, \cdots, b^{(L+1)}, W^{(L+1)} \}$。这些参数可以通过最小化真实值和预测值之间的误差来进行优化,优化的过程需要用到误差反向传播算法[19]。例如,对于分类任务来说,一般选取真实分类和输出预测分类的后验概率的交叉熵作为损失函数,如式(3.45)所示:

$$L(W, b, y, \tilde{y}) = - \sum_j y_j \log(\tilde{y}_j) \tag{3.45}$$

其中, y_j 表示输入所对应类别为 j 的真实概率。对于分类任务来说,概率值通常是 0 或 1,1 表示属于这一类,0 表示不属于这一类。对于回归任务,误差函数可以用式(3.46)的均方误差来表示,

$$L(W, b, y, \tilde{y}) = \sum_j (\tilde{y}_j - y_j)^2 \tag{3.46}$$

其中, y_j 和 $\tilde{y}_j$ 分别表示第 j 维的预测值和真实值。此外,对于回归任务来说,DNN 也可以认为是一种给定 x 下关于 y 的条件概率模型,如式(3.47)所示:

$$p(y | x, \lambda) = N(y; \tilde{y}, I) \tag{3.47}$$

其中, I 是一个单位矩阵, λ 表示神经网络模型的参数, $\tilde{y}$ 依赖于输入值向量 x 和参数 λ。因此最小化 y 和 $\tilde{y}$ 之间均方根误差的过程,类似于对参数 λ 的最大似然估计。

DNN 是输入和输出之间高度复杂和非线性关系的强大模型。训练带有多个隐含层的 DNN 需要正向传播和反向传播。DNN 的正向传播算法比较简单,即利用若干个权重系数矩阵 $W^{(l)}$ 和偏置向量 $b^{(l)}$ 以及输入值向量 $x(= h^{(0)})$ 进行一系列线性运算和激活运算,从输入层开始,一层层地向前计算,一直到运算到输出层,得到输出结果为止。即,对一个具有 L 个隐含层的神经网络, l 从 1 到 L 层循环执行式(3.42)的运算,在 $L+1$ 的输出层根据问题类型执行式(3.43)、式(3.44)的运算。

为了优化 DNN 模型,必须把输出层的误差反向传递到最底层。为了方便且不失

一般性,在此将模型的均方差损失函数改写为下式:

$$L(\boldsymbol{W},\boldsymbol{b},\boldsymbol{x},y)=\frac{1}{2}\parallel g(\boldsymbol{W}^{(L+1)}h^{(L)}+\boldsymbol{b}^{(L+1)})-y\parallel_2^2$$

$$=\frac{1}{2}\parallel g(Z^{L+1})-y\parallel_2^2 \tag{3.48}$$

其中, $$Z^{L+1}=\boldsymbol{W}^{(L+1)}h^{(L)}+\boldsymbol{b}^{(L+1)}$$

通过对损失函数 L 分别求 $\boldsymbol{W}$ 和 $\boldsymbol{b}$ 的偏微分,可以得到 $\boldsymbol{W}$ 和 $\boldsymbol{b}$ 的梯度:

$$\frac{\partial L(\boldsymbol{W},\boldsymbol{b},\boldsymbol{x},y)}{\partial \boldsymbol{W}^{L+1}}=\frac{\partial L(\boldsymbol{W},\boldsymbol{b},\boldsymbol{x},y)}{\partial Z^{L+1}}\frac{\partial Z^{L+1}}{\partial \boldsymbol{W}^{L+1}}=\frac{\partial L(\boldsymbol{W},\boldsymbol{b},\boldsymbol{x},y)}{\partial h^{L+1}}\frac{\partial h^{L+1}}{\partial z^{L+1}}\frac{\partial Z^{L+1}}{\partial \boldsymbol{W}^{L+1}}$$

$$=(h^{L+1}-y)\odot g'(z^{L+1})(h^L)^{\mathrm{T}} \tag{3.49}$$

$$\frac{\partial L(\boldsymbol{W},\boldsymbol{b},\boldsymbol{x},y)}{\partial \boldsymbol{b}^{L+1}}=\frac{\partial L(\boldsymbol{W},\boldsymbol{b},\boldsymbol{x},y)}{\partial Z^{L+1}}\frac{\partial Z^{L+1}}{\partial \boldsymbol{b}^{L+1}}=\frac{\partial L(\boldsymbol{W},\boldsymbol{b},\boldsymbol{x},y)}{\partial h^{L+1}}\frac{\partial h^{L+1}}{\partial z^{L+1}}\frac{\partial Z^{L+1}}{\partial \boldsymbol{b}^{L+1}}$$

$$=(h^{L+1}-y)\odot g'(z^{L+1}) \tag{3.50}$$

其中, $\odot$ 代表 Hadamard 积,对于两个维度相同的向量 $\boldsymbol{A}=[a_1,a_2,\cdots,a_n]^{\mathrm{T}}$ 和 $\boldsymbol{B}=[b_1,b,\cdots,b_n]^{\mathrm{T}}$,则 $\boldsymbol{A}\odot\boldsymbol{B}=[a_1b_1,a_2b_2,\cdots,a_nb_n]^{\mathrm{T}}$。

我们注意到在求解输出层的 $\boldsymbol{W},\boldsymbol{b}$ 时,有一个公共的部分 $\dfrac{\partial L(\boldsymbol{W},\boldsymbol{b},\boldsymbol{x},y)}{\partial Z^{L+1}}$,因此可以把公共的部分,即对 Z^{L+1} 先算出来,记为

$$\delta^{L+1}=\frac{\partial L(\boldsymbol{W},\boldsymbol{b},\boldsymbol{x},y)}{\partial Z^{L+1}}=(h^{L+1}-y)\odot g'(z^{L+1}) \tag{3.51}$$

则

$$\delta^l=\frac{\partial L(\boldsymbol{W},\boldsymbol{b},\boldsymbol{x},y)}{\partial Z^l}=\frac{\partial L(\boldsymbol{W},\boldsymbol{b},\boldsymbol{x},y)}{\partial Z^{L+1}}\frac{\partial z^{l+1}}{\partial z^L}\frac{\partial z^{L+1}}{\partial z^{L-1}}\cdots\frac{\partial z^{l+1}}{\partial z^l}$$

$$=\frac{\partial L(\boldsymbol{W},\boldsymbol{b},\boldsymbol{x},y)}{\partial Z^{l+1}}\frac{\partial z^{l+1}}{\partial z^l}$$

$$=\delta^{l+1}\frac{\partial z^{l+1}}{\partial z^l},\quad l=L,L-1,\cdots,1 \tag{3.52}$$

根据式(3.52),可以很方便地计算出第 l 层的 $\boldsymbol{W}^l$ 和 $\boldsymbol{b}^l$ 的梯度:

$$g_{\boldsymbol{W}^l}=\frac{\partial L(\boldsymbol{W},\boldsymbol{b},\boldsymbol{x},y)}{\partial \boldsymbol{W}^l}=\frac{\partial L(\boldsymbol{W},\boldsymbol{b},\boldsymbol{x},y)}{\partial Z^l}\frac{\partial Z^l}{\partial \boldsymbol{W}^l}=\delta^l(h^{l-1})^{\mathrm{T}} \tag{3.53}$$

$$g_{\boldsymbol{b}^l}=\frac{\partial L(\boldsymbol{W},\boldsymbol{b},\boldsymbol{x},y)}{\partial \boldsymbol{b}^l}=\frac{\partial L(\boldsymbol{W},\boldsymbol{b},\boldsymbol{x},y)}{\partial Z^l}\frac{\partial Z^l}{\partial \boldsymbol{b}^l}=\delta^l \tag{3.54}$$

那么,在时间 t 梯度下降的更新可以用式(3.55)、式(3.56)来表示:

$$\boldsymbol{W}_t^l=\boldsymbol{W}_{t-1}^l-\eta_k g_{\boldsymbol{W}^l} \tag{3.55}$$

$$\boldsymbol{b}_t^l=\boldsymbol{b}_{t-1}^l-\eta_k g_{\boldsymbol{b}^l} \tag{3.56}$$

其中，η_k 被称为步长或学习率，$l = \{L, L-1, \cdots, 1\}$。

3.2.4 基于深度学习的声学模型

在 20 世纪 80 年代末，人们开始使用 HMM[20,21]来进行语音识别，该模型可以解决 GMM 不能直接为时序连续的语音信号建模的问题[22,23]。基于 GMM-HMM 的混合模型在大词表连续语音识别系统中被认为是一种非常有前景的技术。随着人工神经网络[20]的兴起，人们开始利用上下文无关的音素状态作为人工神经网络训练的标注信息，但只适用于小词表任务。后来，逐渐扩展到上下文相关的音素建模，并用于中大型词表的自动语音识别任务。一开始的人工神经网络多为浅层网络，随着深度学习的进一步发展，深度神经网络（DNN）逐渐用于声学模型的搭建，因而基于 DNN 的混合模型逐渐取代 GMM-HMM 成为主流声学模型。

在基于深度学习的语音识别中，最先出现的是混合声学模型，例如，基于深度神经网络的 DNN-HMM 声学模型，基于递归神经网络的 RNN-HMM 声学模型，以及基于卷积神经网络的 CNN-HMM 声学模型等。以上提及的声学模型均为深度学习在传统语音识别领域的应用。在 21 世纪 10 年代，基于深度学习的端到端模型逐渐崭露头角，其一开始就在机器翻译领域被广泛应用，随后扩展到语音识别领域开创了端到端语音识别的新时代。

1. 基于深度神经网络（DNN）的模型[17]

基于 DNN-HMM 的混合语音识别系统的结构如图 3-15 所示。其中，HMM 可用于描述语音信号的动态变化，以解决语音信号长度变化的问题。DNN 则用于估计观测特征的概率。首先给定声学的观测特征，然后用 DNN 的输出节点来估计 HMM 某个状态的后验概率。在解码过程中，可以运用高效的 Viterbi 算法。

对于一个语音识别模型，希望最大化 $P(S|X) = P(X|S)P(S)/P(X)$ 这个概率，其中 X 是输入的语音特征，S 则是识别出的文本，$P(S)$ 是语言模型，$P(X|S)$ 就是 DNN-HMM 要进行建模的声学模型。将生成模型 $P(X|S)$ 进行转化：

$$P(X|S) = \frac{P(S|X)}{P(S)}P(X) \approx \frac{P(S|X)}{P(S)} \tag{3.57}$$

其中，$P(X)$ 为先验概率，其数值不受声学模型和语言模型的影响，在计算过程中可以省略。因此，DNN 可以直接对判别模型 $P(S|X)$ 进行建模。但在 DNN 的训练过程中，标签是必不可少的，即要有输入帧与状态的对应。通常利用 (X, S) 来训练一个 GMM-HMM 模型，进行 Viterbi 解码后就可得到使得当前句子生成概率最大的状态序列，这样就解决了 X 的状态标注问题。

在 DNN-HMM 的训练中，首先对所有的训练数据 (X, S) 训练 GMM-HMM 模型，并根据 Viterbi 算法来为每个 X 标注其对应的最优状态序列，每一帧对应一个状态标注，

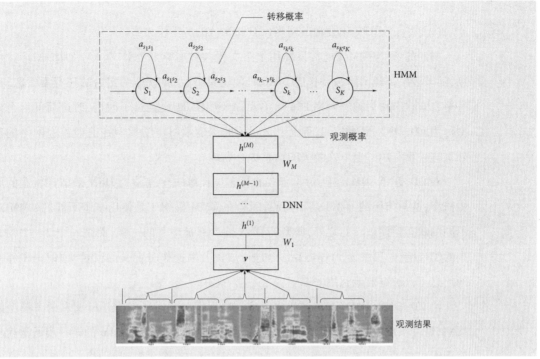

图 3-15 基于 DNN-HMM 的混合语音识别系统结构图[17]

设为 (x, state)。利用它对 DNN 模型进行训练,输入"当前帧"(可以包含左右的上下文关系),输出则是 HMM 中 N 个状态的分数,通常利用交叉熵来进行优化。接着利用训练好的 DNN 重新估计 HMM 的转移概率参数,同时对状态进行二次标注,再对 DNN 进行训练。如此往复,直至收敛。

通常,上下文相关的模型在一些任务中的表现会优于 GMM-HMM,但改善并不显著。为了大幅度地提升识别性能,可以做出以下几个改变:首先,将浅层神经网络替换为深度神经网络。其次,使用绑定后的三音素状态代替单音素状态作为神经网络的输出单元。这种模型被称为 CD-DNN-HMM 模型。

下面介绍几种常用的深度神经网络模型。

(1)基于前馈深度神经网络(FF-DNN)的声学模型[24]

前馈深度神经网络(feedforward deep neural network,FF-DNN)是典型的深度学习模型,其结构如图 3-16 所示。在 FF-DNN 内部,参数从输入层向输出层单向传播,不像递归神经网络的内部不会构成有向环。在 FF-DNN 中,信息总是朝着一个方向移动。在 FF-DNN 模型中,输入信息除当前帧外,还包含相邻的几帧的信息,通过连接操作将这几帧合并为新的当

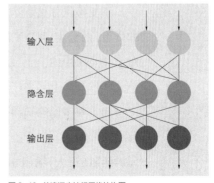

图 3-16 前馈深度神经网络结构图

前帧。

（2）基于上下文相关神经网络（CD-DNN）的声学模型[25]

早期的 ANN-HMM 通常只使用上下文无关的音素状态作为 ANN 训练的标注信息，随着浅层神经网络被替换成 DNN，且使用聚类后的状态（绑定后的三音素状态）代替单音素状态作为神经网络的输出单元，ANN-HMM 也经过了改进，改进后的混合模型称为 CD-DNN-HMM。基于上下文相关的深度学习声学模型在前馈神经网络的基础上进一步利用了上下文相关的信息进行训练。

在 CD-DNN-HMM 中，对于所有的状态仅训练一个完整的 DNN 来估计状态的后验概率，这与传统的 GMM 是不同的，因为在 GMM 框架下是使用多个不同的 GMM 对不同的状态建模。除此之外，典型的 DNN 输入不是单一的一帧，而是一个 $2w+1$ 帧大小的窗口特征，其中 w 为对语音信号进行加窗分帧操作时定义的窗长，这使得相邻帧的信息可以被有效地利用。

由 CD-DNN-HMM 最终解码出的字词序列需要同时考虑声学模型和语言模型的概率，通过权重系数 λ 平衡二者之间的关系。训练 CD-DNN-HMM 的第一步通常就是使用无监督的训练数据训练一个 GMM-HMM 系统，前文提到的 DNN 训练标注是由 GMM-HMM 系统采用 Viterbi 算法得到的，因此标注的质量会影响 DNN 系统的性能。一旦训练好 GMM-HMM 模型 hmm0，就可以创建一个从状态名到三音素的映射。然后利用 hmm0 采用 viterbi 算法生成一个状态层面的强制对齐，以生成从特征到三音素的映射对，为 DNN 提供标注好的训练数据。

（3）基于时延神经网络（TDNN）的声学模型[26]

作为卷积神经网络的前身，时延神经网络（time-delay neural network，TDNN）的研发是为了解决 HMM 无法适应语音信号中的动态时域变化的问题。TDNN 的两个明显的特征是动态适应时域特征变化和参数较少。区别于传统的深度神经网络中输入层与隐含层一一连接的特征，TDNN 中隐含层的特征不仅与当前时刻的输入有关，而且还与未来时刻的输入有关，其目的有两方面，即使用不变性对模式进行分类及在网络的每一层建模上下文。

不变移位分类意味着分类器在分类之前不需要显式分割，比如对于时间模式（例如语音）的分类，TDNN 因此不需要在对声音进行分类之前确定声音的起点和终点。对于 TDNN 中的上下文建模，每一层的每个神经单元不仅从下一层接收输入，而且从单元输出及其上下文接收输入。TDNN 的结构如图 3-17 所示。

与常规多层感知器不同，TDNN 中每一层的所有单元都从下一层输出的上下文窗口中获取输入。对于语音信号，每个单元都与下面单元的输出相连，且与这些相同单元的延时（过去）输出相连。

TDNN 在 1987 年左右开始用于解决语音识别问题，最初专注于不变式音素识别，

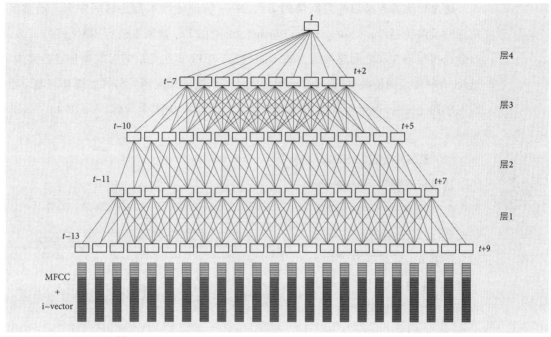

图 3-17 时延神经网络的结构图[26]

此类语音非常适合 TDNN,因为语音的长度很少一致,很难或不可能进行精确的分段。通过扫描过去和将来的声音,TDNN 能够以时移不变的方式为该声音的关键元素构建模型。大型语音 TDNN 可以通过预训练和组合较小的网络来模块化构建。

2. 基于递归神经网络（RNN）的模型[27]

神经网络在语音识别方面具有悠久的历史,通常与隐马尔可夫模型结合使用。深层前馈网络在声学建模方面的巨大进步引起了人们的关注。鉴于语音是一个动态过程,因此考虑将递归神经网络(RNN)作为声学模型。

给定输入序列 $\boldsymbol{x}=(x_1,x_2,\dots,x_T)$,标准递归神经网络计算隐藏向量序列 $\boldsymbol{h}=(h_1,h_2,\dots,h_T)$ 和输出向量序列 $\boldsymbol{y}=(y_1,y_2,\dots,y_T)$,从 $t=1$ 到 T 迭代以下等式:

$$h_t=H(W_{xh}x_t+W_{hh}h_{t-1}+b_h) \tag{3.58}$$

$$y_t=W_{hy}h_t+b_y \tag{3.59}$$

其中 $\boldsymbol{W}$ 项表示权重矩阵(例如 W_{xh} 是输入隐藏权重),$\boldsymbol{b}$ 项表示偏置向量(例如 b_h 是隐藏偏置),H 是隐含层函数。

在实际的语音识别任务中,深度递归神经网络效果通常更加优异。通过增加隐含层的个数,可以得到深度神经网络。具体的实现方式有以下几种:

① 在循环层之前加入多个普通的前馈层。

② 增加至多个循环层,并且结合当前隐含层上一时刻的结果计算当前时刻隐含层的输出。

③ 在循环层与输出层之间增加多个前馈层,使得输入向量先进行多层映射。

通过训练得到递归神经网络的参数,RNN 的训练样本都是时间序列。通常使用延时反向传播(back-propagation through time,BPTT)算法来进行 RNN 模型训练。与全连接网络在层之间递推的方式不同的是,BPTT 算法是沿着时间轴来进行递推。然而,在梯度反向传播时,递归神经网络面临着严重的梯度消失与梯度爆炸问题。当输入序列过长时,很难对梯度进行有效更新。为了解决这个问题,人们提出了新的模型。

(1)长短期记忆(LSTM)模型[28]

基于 RNN 模型,Schmidhuber 等人在 1997 年提出了长短期记忆模型,通过使用输入门、输出门来计算 **h**。后来研究者加入了遗忘门来更好地计算 **h**,因此现在的 LSTM 模型通常包含输入门、输出门和遗忘门三个门。

公式(3.58)中的 H 通常是 sigmoid 函数。LSTM 架构使用专门构建的记忆单元来存储信息,更擅长发现和利用远程上下文。图 3-18 所示为单个 LSTM 存储单元结构。H 则由以下复合函数实现:

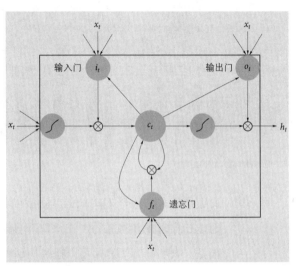

图 3-18 长短期记忆模型结构[27]

$$i_t = \sigma (W_{xi} x_t + W_{hi} h_{t-1} + W_{ci} c_i + b_i) \tag{3.60}$$

$$f_t = \sigma (W_{xf} x_t + W_{hf} h_{t-1} + W_{cf} c_{t-1} + b_f) \tag{3.61}$$

$$c_t = f_t c_{t-1} + i_t \tanh (W_{xc} x_t + W_{hc} h_{t-1} + b_c) \tag{3.62}$$

$$o_t = \sigma (W_{xo} x_t + W_{ho} h_{t-1} + W_{co} c_t + b_o) \tag{3.63}$$

$$h_t = o_t \tanh (c_t) \tag{3.64}$$

其中 σ 是 logistic sigmoid 函数,i、f、o 和 c 分别是输入门、遗忘门、输出门和记忆单元向量,它们的大小都与隐藏向量 **h** 相同。从记忆单元到门向量的权重矩阵是对角线的,因此每个门向量中的元素 m 仅接收来自记忆单元向量的元素 m 的输入。

(2)双向递归神经网络(BRNN)模型[27]

传统 RNN 的一个缺点是它们只能利用先前的上下文。在语音识别中,人们希望一次转录整段语音,于是人们想到利用未来的上下文,双向递归神经网络(Bidirectional RNN,BRNN)通过使用两个单独的隐含层在两个方向上处理数据来实现这一点,然后将它们前馈传播到相同的输出层。BRNN 的结构如图 3-19 所示,BRNN 通过从 $t=T$

到 1 迭代后向层,从 $t=1$ 到 T 迭代前向层,然后计算前向隐藏序列 $\vec{h}$,后向隐藏序列 $\overleftarrow{h}$ 和输出序列 y 更新输出层:

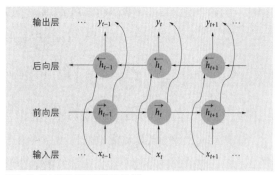

$$h_t = H(W_{hh}h_{t-1}+b_h) \tag{3.65}$$

$$h_t = H(W_{xh}x_t+W_{hh}h_{t-1}+b_h) \tag{3.66}$$

图 3-19　双向递归神经网络模型结构[27]

$$y_t = W_{hy}h_t+W_{hy}h_t+b_y \tag{3.67}$$

将 BRNN 与 LSTM 相结合得到双向 LSTM,它可以在两个输入方向访问长序上下文。

混合 HMM 神经网络系统取得成功的一个关键因素是使用了深度架构,它能逐步建立更高级别的声学特征表示。因此,可以通过将多个 RNN 隐含层堆叠在一起来创建深度 RNN,一层的输出序列构成下一层的输入序列。

3.3　语言模型

从词表中任意选择若干同音词所构成的序列不一定能构成自然语言中符合句法的句子。人类在识别和理解语句时充分利用了这种约束,在语音识别中利用语言模型来实现这种约束。语言模型是根据语言客观事实而进行的语言抽象数学建模,用以计算文字序列的概率,可以分为基于统计的语言模型和基于深度学习的神经语言模型。基于统计的语言模型是从大量的文本资料中统计出各个词的出现概率及其相互关联的条件概率,并将这些知识与声学模型匹配相结合进行结果判决,以减少由于声学模型不够合理而产生的错误识别(如 N-gram 模型)。基于深度学习的语言模型是通过训练网络来学习词表特征和单词序列的概率化表示。本节将详细介绍这两种语言模型。

3.3.1　基于 N-gram 的语言模型

1. N-gram 模型[13]

设词序列向量为 $W=\{w_1,w_2,\cdots,w_Q\}$,则其概率可以表示为

$$P(\boldsymbol{W}) = P(w_1, w_2, \cdots, w_Q)$$

$$= P(w_1)P(w_2 \mid w_1)P(w_3 \mid w_1 w_2) \cdots P(w_Q \mid w_1 w_2 \cdots w_{Q-1})$$

$$= \prod_{i=1}^{Q} P(w_i \mid w_1 w_2 \cdots w_{i-1})$$

$$= \prod_{i=1}^{Q} P(w_i \mid w_1^{i-1}) \tag{3.68}$$

然而,要可靠地估计出一种语言包含的所有词在所有长度序列下的条件概率几乎是不可能的事,因为其计算的复杂度太高,并且一些稀疏词的概率难以计算。因此,出现了简化模型——N 元语法(N-gram)模型。

假设对式(3.68)的条件概率只考虑与前 $N-1$ 个词相关,即为 N 元语法模型。

$$P(\boldsymbol{W}) = \prod_{i=1}^{Q} P(w_i \mid w_{i-N+1} \cdots w_{i-2} w_{i-1}) \tag{3.69}$$

在二元语法(bi-gram)模型中,假设词 w_i 出现的概率只与 w_{i-1} 有关,为了使 $P(w_i \mid w_{i-1})$ 在 $i = 1$ 时有意义,通常引入特殊标识<S>和</S>来表示整个句子的开始和结束。这样可以利用特殊标识将整个句子的概率调整为 1,在计算 $P(w_i \mid w_{i-1})$ 时可以简化为计算 $(w_{i-1} w_i)$ 在语料库中出现的次数占 (w_{i-1}) 在语料库中出现次数的比例,即

$$\hat{P}(w_{i-N+1} \cdots w_{i-2} w_{i-1}) = \frac{c(w_{i-N+1} w_{i-N+2} \cdots w_i)}{c(w_{i-N+1} w_{i-N+2} \cdots w_{i-1})} \tag{3.70}$$

其中,$c(\boldsymbol{W})$ 表示词序列在训练数据中出现的次数。

困惑度(perplexity,PPL)是一种用来衡量一个概率模型质量的信息论度量标准,是评价语言模型的一种指标。PPL 作为预测下一个词时的加权平均分支因子,值越低,说明模型越好。给定一个包含 N 个单词的语料库和一个语言模型,该语言模型的 PPL 为

$$PP(\boldsymbol{W}) = P(w_1, w_2, \cdots, w_Q)^{-\frac{1}{Q}}$$

$$= \sqrt[Q]{\frac{1}{P(w_1, w_2, \cdots, w_Q)}}$$

$$= \sqrt[Q]{\prod_{i=1}^{Q} \frac{1}{P(w_i \mid w_{1-N+1}^{i-1})}} \tag{3.71}$$

2. 平滑技术

由 N-gram 模型可知,即使在 N 较小的情况下,要统计的条件概率也是非常庞大的数字,因而常常会出现 $c(\boldsymbol{W}) = 0$ 或接近零的情况,这样得到的结果将不可靠,解决这种训练数据稀疏问题的方法是采用一些平滑技术。其基本思想是将模型中可见事件的概率值进行打折,并将该折扣值重新分布给不可见事件的元素序列,所以它可以保证模型中任何概率均不为零,且可以使模型参数概率分布趋向于更加均匀。因此,平滑方法由概率值打折的策略和折扣值的分布方法所决定。

（1）加法平滑技术

加法平滑技术是对所有（包括在模型出现或未出现的）事件的频率值加上一个固定的值来避免零概率事件。主要有以下两种技术。

① add-δ 平滑技术。即在 N-gram 模型中出现的每个事件的次数加上一个固定值

$$P_{\mathrm{add}}(w_{i-N+1}^{i-1}) = \frac{c(w_{i-N+1}w_{i-N+2}\cdots w_i) + \delta}{\sum_{w_i} c(w_{i-N+1}w_{i-N+2}\cdots w_{i-1}) + \delta|V|} \tag{3.72}$$

其中，$0 \leqslant \delta \leqslant 1$，$|V|$ 表示模型中的元素个数。当 $\delta = 1$ 时，该方法又称为"加一法"或"拉普拉斯平滑法"。这种平滑算法简单易懂且易实现，但一般来说性能较差。

② one-count 平滑技术。该技术用公式表示如下：

$$P_{\mathrm{one}}(w_{i-N+1}^{i-1}) = \frac{c(w_{i-N+1}^i) + \alpha P_{\mathrm{one}}(w_i|w_{i-N+2}^{i-1})}{\sum_{w_i} c(w_{i-N+1}^{i-1}) + \alpha} \tag{3.73}$$

其中，α 是常数。

（2）Good-Turing 估计

Good-Turing 估计对 N-gram 模型中出现 r 次的事件，假设它出现的次数为 r^*，即

$$r^* = (r+1)\frac{n_{r+1}}{n_r} \tag{3.74}$$

其中，n_r 表示在 N-gram 训练集中出现 r 次的事件个数，则 N-gram 模型中出现 r 次的事件的条件概率为

$$p_{\mathrm{GT}} = \frac{r^*}{N} \tag{3.75}$$

其中，N 为 N-gram 中所有 N 元对的总数，要注意的是

$$
\begin{aligned}
N &= \sum_{r=0}^{\infty} n_r r^* \\
&= \sum_{r=0}^{\infty} (r+1) n_{r+1} \\
&= \sum_{r=1}^{\infty} n_r r
\end{aligned}
\tag{3.76}
$$

也就是说，N 等于这个分布中最初的计数。这样，这个样本中所有事件的概率之和为

$$\sum_{r>0} n_r p_{\mathrm{GT}} = 1 - \frac{n_1}{N} < 1 \tag{3.77}$$

由于 Good-Turing 估计不包括低阶模型对高阶模型的插值，通常不能单独作为一个 N-gram 平滑算法，而是作为其他平滑算法的一个计算工具。

（3）Katz 平滑技术

Katz 平滑技术是当一个 N 元语法出现次数 $c(w_{i-N+1}^i)$ 足够大时，通过最大似然估计

得到的 $P_{ML}(w_{i-N+1}^i)$ 是一个可靠的统计估计,而当 $c(w_{i-N+1}^i)$ 不够大时,采用 Good-Turing 估计对其进行打折,并将折扣值赋给未出现的 N 元对,且补偿值与其低阶模型相关。当 $c(w_{i-N+1}^i)=0$ 时,按照低阶模型 $P(w_{i-N+2}^i)$ 比例来分配给未出现的 N 元对的概率,即一个词出现的次数更新为

$$c_{Katz}(w_{i-1}^i) = \begin{cases} d_r r, & r>0 \\ \alpha w_{i-1} P_{ML}(w_i), & r=0 \end{cases} \tag{3.78}$$

其中 $d_r r$ 为词串出现 r 次时平滑后的次数,d_r 为不大于 1 的参数,则 N 元语法打折后的次数为

$$c_{Katz}(w_{i-N+1}^i) = \begin{cases} d_r c(w_{i-N+1}^i), & c(w_{i-N+1}^i)>0 \\ \alpha w_{i-N+2}^i c_{Katz}(w_{i-N+2}^i), & c(w_{i-N+1}^i)=0 \end{cases} \tag{3.79}$$

经过 Katz 平滑后的概率值为

$$P_{Katz}(w_i \mid w_{i-N+1}^{i-1}) = \begin{cases} d_r P(w_i \mid w_{i-N+1}^{i-1}), & c(w_{i-N+1}^i)>0 \\ \alpha w_{i-N+1}^{i-1} P_{Katz}(w_i \mid w_{i-N+2}^{i-1}), & c(w_{i-N+1}^i)=0 \end{cases} \tag{3.80}$$

其中,αw_{i-N+1}^{i-1} 的取值应使事件分布的总数 $\sum_{w_i} c_{Katz}(w_{i-N+1}^i)$ 保持不变,即

$$\alpha(w_{i-N+1}^{i-1}) = \sum_{w_i} c_{Katz}(w_{i-N+1}^i) \tag{3.81}$$

其值为

$$\alpha(w_{i-N+1}^{i-1}) = \frac{1 - \sum_{w_i : c(w_{i-N+1}^i) > 0} P_{Katz}(w_i \mid w_{i-N+1}^{i-1})}{1 - \sum_{w_i : c(w_{i-N+1}^i) > 0} P_{Katz}(w_i \mid w_{i-N+2}^{i-1})} \tag{3.82}$$

在 d_r 的计算中,数目大的次数被认为是可靠的,因此不需要打折,只需对次数小的进行打折计算。出现次数 r 为经验值,实践证明,当 $r \leqslant 5$,折扣系数 $d_r = 1$ 时计算折扣是一个好的选择。从所有出现非 0 次的 N 元语法中打折出去的总次数,等于赋给出现 0 次的所有 N 元语法的总次数

$$\sum_{w_1^N : c(w_1^N) > 0} (P(w_1^N) - P_{Katz}(w_1^N)) = \sum_{0 < r \leqslant k} n_r(1 - d_r)\frac{r}{N} = \frac{n_1}{N} \tag{3.83}$$

同时要保证 d_r 得到的折扣值与 Good-Tuning 估计预测的折扣值成一定比例关系,这个约束对应于下式,其中 μ 为常数

$$1 - d_r = \mu\left(1 - \frac{r^*}{r}\right) \tag{3.84}$$

从式(3.83)和式(3.84)可获得唯一解

$$d_r = \frac{\dfrac{r^*}{r} - \dfrac{(k+1)n_{k+1}}{n_1}}{1 - \dfrac{(k+1)n_{k+1}}{n_1}}$$

$$= \frac{\dfrac{(r+1) n_{r+1}}{r \, n_r} - \dfrac{(k+1) n_{k+1}}{n_1}}{1 - \dfrac{(k+1) n_{k+1}}{n_1}} \tag{3.85}$$

由此可以计算出每一个次数为 r 平滑后的值。实验证明,Katz 平滑在二元语法模型中具有较大的优势。

（4）插值平滑技术

插值平滑技术直接利用模型中能提供的所有信息,通过归一化方法获得平滑后的概率值。此类平滑技术有线性插值平滑和非线性插值平滑两种。本书仅介绍线性插值平滑,非线性插值可根据兴趣作为课后扩展阅读。

线性插值平滑方法通常也称作 Jelinek-Mercer 平滑方法。它主要利用低阶模型对高阶 N-gram 模型进行线性插值。线性插值平滑公式为

$$P_{\text{interp}}(w_i \mid w_{i-N+1}^{i-1}) = \lambda_{i-N+1}^{i-1} P_{\text{ML}}(w_i \mid w_{i-N+1}^{i-1}) + (1 - \lambda_{i-N+1}^{i-1}) P_{\text{interp}}(w_i \mid w_{i-N+2}^{i-1}) \tag{3.86}$$

其中 λ_{i-N+1}^{i-1} 为插值系数。N-gram 模型可以递归地定义为由最大似然估计原则得到的 N-gram 模型和 $(N-1)$-gram 模型的线性插值。当递归到 1-gram 时,可以令其为最大似然估计模型,或为一个均匀分布模型 $P(w_i) = |V|^{-1}$。

对于插值系数 λ_{i-N+1}^{i-1} 的估计,一般可以用 Baum-Weltch 算法估计出来。其思想是:使用经过数据平滑的模型概率参数,计算一个测试集 T 的对数似然概率 $\log P(T)$。当 $\log P(T)$ 为极大值时,对应的 λ_{i-N+1}^{i-1} 为最优值。因此,令 $\dfrac{\partial \log P(T)}{\partial \lambda_{i-N+1}^{i-1}} = 0$,通过求解该方程可得 λ_{i-N+1}^{i-1} 的迭代计算公式:

$$\hat{\lambda}_{i-N+1}^{i-1} = \frac{1}{c(w_{i-N+i}^{i-1})} \times \sum_{w_i} c(w_{i-N+1}^{i-1}) \times$$
$$\frac{\lambda_{i-N+1}^{i-1} P_{\text{ML}}(w_i \mid w_{i-N+1}^{i-1})}{\lambda_{i-N+1}^{i-1} P_{\text{ML}}(w_i \mid w_{i-N+1}^{i-1}) + (1 - \lambda_{i-N+1}^{i-1}) P_{\text{interp}}(w_i \mid w_{i-N+2}^{i-1})} \tag{3.87}$$

其中,$c(w_i)$ 是 w_i 出现的次数,$\hat{\lambda}_{i-N+1}^{i-1}$ 是本次迭代新的插值系数。

由于此类平滑技术的计算极其复杂,因此也就衍生出了很多改进的平滑算法,如 Witten-Bell 平滑方法和 average-count 平滑方法。这两个平滑算法都是 Jelinek-Mercer 平滑方法的一个特例,与一般插值的不同在于 λ_{i-N+1}^{i-1} 的设置方式。

3.3.2　基于深度学习的语言模型

前面提到的基于 N-gram 的语言模型是传统方法,近年来,深度神经网络在分类等应用中具有很好的效果,人们开始研究基于神经网络的语言模型。2003 年 Bengio 等人提出了前馈神经网络（feed-forward neural network,FNN）[29] 语言模型,该模型在当时

具有较好的性能,吸引了大量学术界和工业界的研究人员。2010 年 Mikolov 等人将递归神经网络用于语言模型[30],使得语言模型的性能得到了较大的提升,接着基于长短期记忆[28]递归神经网络的语言模型进一步提升了模型的效果。RNN 语言模型(RNN language model,RNNLM)利用上下文预测下一个单词,但并不是上下文中的所有单词都对下一个单词的预测有效,注意力机制可以从上下文的单词中选择有用的单词特征,更好地利用历史信息。2014 年 Bahdanau 等人首次将注意力机制用于自然语言处理(natural language processing,NLP)任务[31],2016 年 Tran 和 Mei 等人证明了注意力机制可以提升 RNN 语言模型的性能。2018 年 OpenAI 提出了 GPT 模型(generative pre-training)[32],这是基于 transformer[33](完全基于自注意力机制)模型进行无监督训练得到的,在 NLP 多个任务中的效果都超越了之前的模型。本小节主要介绍 FNN 语言模型和 RNN 语言模型。

1. FNN 语言模型

图 3-20 所示为 FNN 语言模型的网络结构,其输入是一个词序列 $w_{t-n+1}, w_{t-n+2}, \cdots, w_{t-1}$,输出是预测的下一个词 w_i 的概率,所以标签是 w_i。该模型训练的目的是预测的概率分布接近 w_i 的真实分布。首先输入的词序列 w_{t-n+1},$w_{t-n+2}, \cdots, w_{t-1}$ 是以独热(one-hot)向量表示的,它的维度等于词表的大小,记为 $|V|$。查表的作用就是将输入的词序列中的每个词通过一个全连接网络(参数共享)映射成低维向量(假设为 m 维),然后将得到的低维向量拼接在一

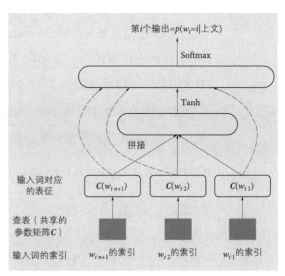

图 3-20 FNN 语言模型的网络结构
$f(i, w_{t-1}, \cdots, w_{t-n+1}) = g(i, C(w_{t-1}), \cdots, C(w_{t-n+1}))$,其中 g 是神经网络,$C(i)$ 是第 i 个单词的特征向量[29]

起,得到了 $(n-1) \times m$ 的向量,接着继续往前传播,遇到了激活函数为 tanh 的全连接网络(假设隐含层有 h 个单元),输出 h 维的向量 a,接着传播到最后的 softmax 层。注意 softmax 的输入包含了之前隐含层的输入和输出,并不是只有隐含层的输出,即 $P(w_i = i \mid \text{context}) = \text{softmax}(Wx + Ua + b) P(w_i = i \mid \text{context}) = \text{softmax}(Wx + Ua + b)$($W, U$ 是权重矩阵,b 是偏置向量)。损失函数是

$$L = \frac{1}{T} \sum_t \widehat{\log P}(w_t \mid w_{t-1}, \cdots, w_{t-n+1}) + R(\theta) \qquad (3.88)$$

其中 $R(\theta)$ 是正则化项,通过反向传播即可训练。

2. RNN 语言模型

RNN 是一类用于处理序列数据的神经网络,其结构示意图见图 3-21 所示,与 FNN 语言模型不同的是,隐含层向量 $\boldsymbol{S}_t$ 的值不仅与输入 X_t 有关,还与上一时刻的隐含层值 $\boldsymbol{S}_{t-1}$ 有关,可以用下述公式来描述 RNN:

$$O_t = g(\boldsymbol{V} \cdot \boldsymbol{S}_t) \tag{3.89}$$

$$S_t = f(\boldsymbol{U} \cdot X_t + \boldsymbol{W} \cdot \boldsymbol{S}_{t-1}) \tag{3.90}$$

其中,f,g 为激活函数,如 sigmoid 函数,$\boldsymbol{U},\boldsymbol{V},\boldsymbol{W}$ 是可学习参数,并且在每个时刻是共享的。

由于 RNN 能够处理时序任务,而语言模型也是一个时序任务,所以用 RNN 来建模语言模型是一个不错的选择,下面将介绍基于 RNN 的语言模型(见图 3-22)。

如图 3-22 所示,在第 t 步,RNN 语言模型可以写成如下形式:

$$x_t = \left[w_t^{\mathrm{T}} ; s_{t-1}^{\mathrm{T}} \right]^{\mathrm{T}} \tag{3.91}$$

$$s_t = f(\boldsymbol{U}x_t + \boldsymbol{b}) \tag{3.92}$$

$$y_t = g(\boldsymbol{V}s_t + \boldsymbol{d}) \tag{3.93}$$

其中 $\boldsymbol{U},\boldsymbol{V}$ 为权重矩阵,$\boldsymbol{b},\boldsymbol{d}$ 为偏置向量,f 为 sigmoid 函数,g 表示 softmax 函数,s_t 表示时间 t 的隐含层状态,w_t 表示第 t 时刻输入的单词,第 t 时刻的输入 x_t 由当前时刻输入的单词 w_t 和上一时刻的隐含层状态 s_{t-1} 拼接组成,通过 RNN 的正向传播,最终通过 softmax 得到下一时刻预测的单词的概率分布。RNN LM 可以通过基于时间的反向传播算法(BPTT)或截断式 BPTT 算法来训练。

由于在 RNN 的训练过程中可能会发生梯度消失或者梯度爆炸,LSTM 缓解了这个问题,Sundermeyer 等人[34]将 LSTM 引入 LM 中,并且提出了 LSTM-RNN LM。另外在 NLP 领域,一些形式相似的词往往具有相同或相似的含义,比如英文中动词的各种分词。Mikolov 等人尝试用字符进行建模[35],分别在 RNN LM 和 FFN LM 进行了探究。但是基于字符级别的模型性能较差,为了解决性能上的缺陷,Kim 等人提出了 CNN 与

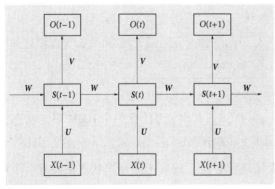

图 3-21 RNN 的基本结构

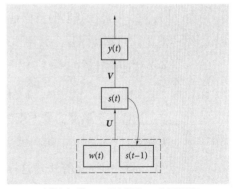

图 3-22 在第七步时的 RNN 语言模型($\boldsymbol{U},\boldsymbol{V}$ 为权重矩阵)

LSTM 相结合的模型,其中 CNN 用于提取字符特征然后输送给 LSTM,实验证明这是一种有效的方法。Hwang 和 Sung 等人[36]使用一个分层 RNN 的结构进一步缓解了字符级 RNN LM[37]问题。近年来,transformer 模型在语音识别、机器翻译等领域取得了不错的效果。出现了不少基于 transformer 模型的语言模型,如 BERT[38],GPT-2 等,这些模型借用超大规模的算力并使用大语料进行训练,模型的效果超越了传统的算法结果,为下游的一些任务提供了较好的预训练模型。

3.4 语音识别解码算法

3.4.1 基于 Viterbi 的解码算法

3.2.1 小节介绍了 HMM 的三个基本问题,其中 Viterbi 算法解决的是解码问题,即给定一组观察序列,找出其对应的最优 HMM 状态序列。Viterbi 算法本质上是一种动态规划算法,可以得到全局最优解。常见的基于 Viterbi 的解码算法有 token passing 算法[40]和 beam search 算法。本节将介绍这两种算法的简单实现。

一个语音识别的解码网络是这样构建的,首先将发音词典中的单词取出并联,然后用对应的音素将其替换,接着再将音素换成更小的粒度——HMM 状态,最后把状态网络的首尾根据音素上下文一致的原则进行连接,构成回环。这样,一个语音识别网络最终由多个 HMM 状态组成。对于一段 T 帧的语音,每个经过 T 个 HMM 发射状态的路径都是一个可能的预测结果。这样的每一条路径都有对应的概率值(一般会取 log,这样概率相乘就变成了相加),概率是由该条路径上每个独立的转移概率与发射状态的概率相加而成。HMM 状态之间的转移概率是由 HMM 的参数决定的,HMM 模型之间的转移概率是常数,HMM 结束状态的概率由语言模型决定。解码器的任务就是在这样的状态网络中找出概率最大的路径。

1. 令牌传递(token passing)算法[39]

定义 HMM 模型为 $\lambda = (A, B, \pi)$,隐藏状态为 $Q = \{q_1, q_2, \cdots, q_T\}$,观测状态为 $V = \{v_1, v_2, \cdots, v_K\}$,我们的目标是给定观测状态,求对应的隐状态,使得整体的误差最小。定义 $s_j(t)$ 是关于 $\{v_1, v_2, \cdots, v_t\}$ 与 $\{q_1, q_2, \cdots, q_j\}$ 的对齐的最大概率,那么可以按照如下的公式递归计算:

$$P_j(t) = \min_i \{s_i(t-1) + A_{ij}\} + B_j(v_t)$$

所以整个模型的最大概率 $P_{\max} = \min_j P_j(T)$,其中 j 为任意一个 HMM 终止状态,T 为观测状态的时间。解码算法用于解决上述问题。

token passing 算法是这样求解最优路径的:让 HMM 上的每个状态都拥有一个可以移动的 token,用于保存部分解码路径和当前的概率 $P_j(t)$。在时刻 0,token 被放置在每个可能的起始状态。在每个时间步,token 沿着转移路径传播,当遇到 HMM 的起始状态停止。当一个节点有多个出口时，这个 token 会被复制多份，然后并行搜索可能的路径。当 token 在沿着转移路径传播时，它的概率由上述公式计算得到，并且记录路径。同时在每个状态中比较所有 token，留下概率最高的 token，抛弃其他所有 token，这就是通过剪枝来加速解码。最终比较所有终止状态对应的 token，选择概率最大的 token，从而得到解码结果。具体算法如下：

初始化：

　　每个初始状态添加一个初始的 token，分数为 0，其他状态的分数为 -∞

算法：

　　For t : = 1 → T :

　　　　For 状态 i , do

　　　　　　复制若干数目 token，并将其传递至所有与该状态连接的其他状态中，按照上述公式进行更新 token 的分数；

　　　　End

　　　　丢弃原来的状态的 token

　　　　For 状态 i , do

　　　　　　在每个状态中，留下分数最高的 token，抛弃其他所有 token；

　　　　End

　　End

结束：

　　对于所有的终止状态，找出分数最高的 token，返回解码结果。

2. beam search 算法[41]

原始的 Viterbi 算法是在整个搜索空间上搜索的，可以得到全局最优解。但是当搜索空间很大时将存在很多条搜索路径，会很耗时，所以需要在 Viterbi 算法上应用剪枝算法，裁剪那些分数很低的路径来加速搜索，这就是 beam search 算法的基本思想。下面详细介绍该算法。

在 beam search 算法中有两个基本参数，$D(t;s_t;w)$ 和 $H(t;s_t;w)$。$D(t;s_t;w)$ 表示时刻 t 到达词 w 的状态 s_t 的最优路径得分，$H(t;s_t;w)$ 记录时刻 t 到达词 w 的状态 s_t 的回溯指针。考虑词内和词间两种跳转。

词内跳转满足以下规则：

$$D(t;s_t;w) = \min_{s_{t-1}}\{A_{ij} + B_j(v_t) + D(t-1;s_{t-1};w)\}$$

$$H(t;s_t;w) = H(t-1;b_{\min}(t;s_t;w);w)$$

其中，A 和 B 分别是 HMM 状态转移概率矩阵和发射概率矩阵，v_t 是 t 时刻的观测向量。$b_{\min}(t;s_t;w)$ 表示计算出 $D(t;s_t;w)$ 对应的 s_{t-1}。

词间跳转满足以下规则：

$$D(t;\eta;w)=\min_v(\log P(w\,|\,v)+D(t;F(v);v))$$

$$H(t;\eta;w)=<v_{\min},t>::H(t;F(v_{\min});v_{\min})$$

其中，$F(v)$ 表示词 v 的终止状态，η 表示伪起始状态；$P(w\,|\,v)$ 表示语言模型中的二元语法概率，$::$ 表示链接操作。此外，$v_{\min}=\mathrm{argmin}_v\log P(w\,|\,v)+D(t;F(v);v)$。

假设搜索宽度为 θ，那么当 t 时刻完成扩展后，计算 t 时刻最优路径得分，记为 Q，那么删除不满足以下条件的路径：

$$D(t;s_t;w)<Q-\theta$$

这样就可以通过调整 θ 的大小来平衡搜索速度和准确率。

beam search 算法流程如下。

初始化：

 $I(w)$ 表示词 w 的起始状态；

 对所有可能是句子开始的词做以下操作：

 $D(0;I(w);w)=0;H(0;I(w);w)=\mathrm{null}$

算法：

 For $t:=1\rightarrow T$

  对于所有活动节点：

   词内跳转更新 D 和 H，按照公式：

$$D(t;s_t;w)=\min_{s_{t-1}}\{A_{ij}+B_j(v_t)+D(t-1;s_{t-1};w)\}$$

$$H(t;s_t;w)=H(t-1;b_{\min}(t;s_t;w);w)$$

   对于所有活动词的终止状态执行词间转移更新，按照公式

$$D(t;\eta;w)=\min_v(\log P(w\,|\,v)+D(t;F(v);v))$$

$$H(t;\eta;w)=<v_{\min},t>::H(t;F(v_{\min});v_{\min})$$

   if $D(t;\eta;w)<D(t;I(w);w)$

   $D(t;I(w);w)=D(t;\eta;w);H(t;I(w);w)=H(t;\eta;w)$

   剪枝：找到最好的路径，按照设定的阈值删除得分低的路径

 End

结束：

 在时刻 T 选出所有可能终止状态中的最好路径，并且使用 $H(t;\eta;w)$ 回溯

3.4.2 基于加权有限状态转换机的解码算法

大词表连续语音识别（LVCSR）相比小词表语音识别而言有更多的困难，首先它拥有一个更大的词典，而且语音是连续的，很难确定单词的边界，另外较大的语言模型

使得解码的搜索空间更大,所以找到一个精确的结果是不现实的。Viterbi 算法适合小词表语音识别模型的解码,并且可以找到精确解,而对于 LVCSR 的解码则需要更复杂的算法,另外,LVCSR 的搜索空间很大,解码过程需要被剪枝,这样才能更快地找到近似解。本小节将介绍基于加权有限状态转换机(weight finite-state transducer,WFST)的解码算法,这是目前最常用的解码算法。

1. WFST 概览

一个 HMM 模型就是一个状态转换机(图 3-23),它表示一个音素对应的可能的 HMM 状态序列。发音词典也可以转换成一个状态转换机,图 3-24 说明了"data"是如何发音的,以及可能存在的发音情况。例如,音素/d/后面可以接/ey/或者/ae/,紧接着,第三个音素有 0.3 的概率是/t/,0.7 的概率是/dx/。此外,语言模型也可以变成一个状态转换机,图 3-25 是一个二元语法模型,即当前词出现的概率只由它前面的词决定,从图中可以知道"using data is better"出现的概率更高,即更可能是一个句子。

将这些状态转换机进行扩展,使之给定一个输入序列可以得到对应的输出序列,这就是 WFST。图 3-26 所示为发音词典的 WFST,输入/b//ih//l/序列,可以得到输出"bill <eps>",其中<eps>可以忽略。

基于 WFST 的解码有 4 种形式:HMM 转换机(H),上下文相关转换机(C),发音词典(L),语言模型(G)。HMM 转换机将 HMM 的状态映射到上下文相关的音素,上下文相关转换机将其转化成上下文无关的音素,这样我们才能把它们映射成单词。发音词典和语言模型转换机将音素转成单词,又将单词转换成通顺的句子,即最终的识别结果。在语音识别解码中,我们将这 4 种形式组成一个大的解码图($H \circ C \circ L \circ G$,即关于

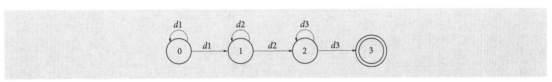

图 3-23 HMM 模型

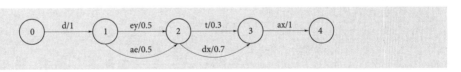

图 3-24 "data"的发音情况

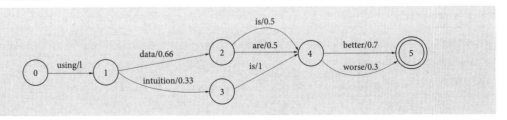

图 3-25 二元语法模型

H、C、L、G 的复合函数），然后在这个解码图上进行搜索，将 HMM 状态转换成最终的句子。理论上可以使用 Viterbi 算法进行搜索，但是由于这个图十分庞大，在实际中还会对这个图进行简化，以获得更快的解码速度。

对解码图的优化主要有确定化（det）、最小化（min）、权重推移（weight-pushing）等操作。

$$HCLG = \min(\det(H \circ \min(\det(C \circ \min(\det(L \circ G))))))$$

以 $\min(\det(L \circ G))$ 为例，如图 3-27 所示，输入"/b//ih//l//#0//f//l//eh//d//#0/"，可以得到输出"Bill fled"，输入"/jh//ih//m//#0//r//eh//d//#0/"可以得到输出"Jim read"。但是实际中的解码图比这个更大、更复杂，所以一般在使用 Viterbi 解码时会加上束剪枝（beam-pruning），即在搜索过程中，当某些路径的代价已经达到预定义的阈值就可以把这条路径丢弃掉，或者每次搜索后只留下同样数量的最佳路径，这样可以大大地降低搜索的时间，并且精度上的损失也在可接受范围内。

2. WFST 优化算法介绍

（1）有限状态自动机（finite state automaton，FSA）

有限状态自动机是定义状态机的模型，该状态机响应于某些输入而在状态之间进行转换。如图 3-28 所示，总共有 S1～S4 共 4 个状态，每条弧上的字符代表输入，例如，当前在 S1 状态，若接收了输入 c 则转移到了 S2 状态。

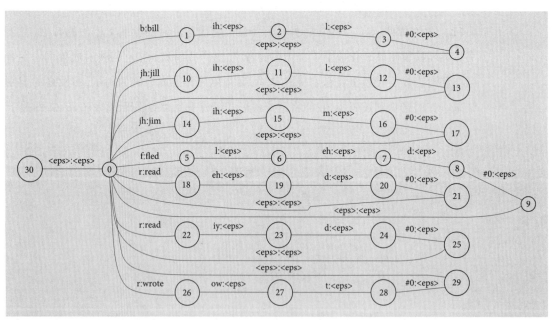

图 3-26 发音词典的 WFST

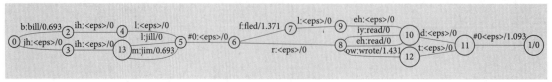

图 3-27 $\min(\det(L \circ G))$

（2）加权有限状态接收器（weighted finite state acceptor, WFSA）

有限状态接收器是一组可能无限的标签的有限表示，它将标签序列与初始状态和最终状态之间的路径匹配，如果找到了这样的路径则接收该标签序列，否则将被拒绝。再在每个弧上添加权重即为 WFSA，这样不仅可以判断某个输入是否能被接收，还能计算出其权重。例如在图 3-29 中，该 WFSA 将会接收输入序列"bcca"，而将拒绝"abc"。

（3）加权有限状态转换机（WFST）

有限状态转换机（FST）与有限状态自动机（FSA）的区别是它每条弧上不仅有输入，还有对应的输出。例如，图 3-30（a）是语言模型，其输入和输出是一样的，只是每条弧上都有权重，这样就可以计算某个输入的句子的概率。图 3-30（b）是发音词典，它将音素序列/d//ey//t//ax/映射成单词 data，若 WFST 接收了这个输入的音素序列，那么它就会把第一条弧上的单词 data 输出。

（4）组合（composition）

组合操作可以将不同的 WFST 合并成一个大的 WFST，这是构建整个解码图的第一步。在组合操作中，我们找出所有的弧组合，如果第一个 WFST 的某条路径的输出

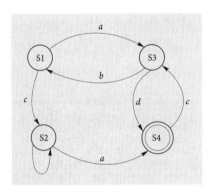

图 3-28 有限状态自动机（FSA）示意图

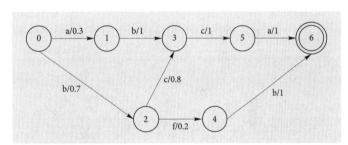

图 3-29 WFSA 示例

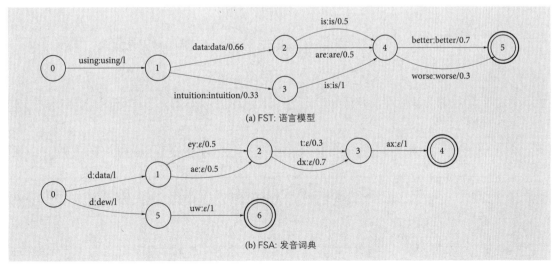

（a）FST: 语言模型

（b）FSA: 发音词典

图 3-30 FST 与 FSA 对比示例

和第二个 WFST 的输入匹配,那么就创建一个新的弧,将这两条路径进行合并,同时权重相加。例如,图 3-31 中第一个 WFST 中的输入为"bb"的路径,由于输出是"ab",在第二图中找不到可以匹配的路径,所以丢弃。

（5）确定化（determinization）

由于合并后的 WFST 比较大,所以为了提高搜索效率,要对 WFST 中的路径进行确定化:保证从每一个状态出发的弧中没有相同的输入,即从每一个状态出发,若给定一个输入,则走哪一条弧是唯一确定的。确定化操作如图 3-32 所示。这样可以降低解码的时间,但是并不是所有的 WFST 都可以确定化。

（6）权重推移（weight-pushing）

WFST 中的权重可以被推向初始或最终状态,在权重推移之后,权重可以重新靠近头部分配,这样可以使剪枝算法更加高效,因为可以更早地看见权重分配。权重推移如图 3-33 所示。

（7）最小化（minimization）

最小化的作用是减少 WFST 的状态,因为 WFST 中会存在一些冗余的节点,可以通过合并这些重复的节点以达到简化 WFST 的目的,提升解码速度。可以使用经典的最小化算法,如 Hopcroft 算法。图 3-34 是一个最小化的例子,其中（b）和（c）都是（a）最小化的可能结果,可以发现最小化的结果并不是唯一的,但是最小化的结果都具有相同的拓扑结构,只是路径上的权重分布不一样。

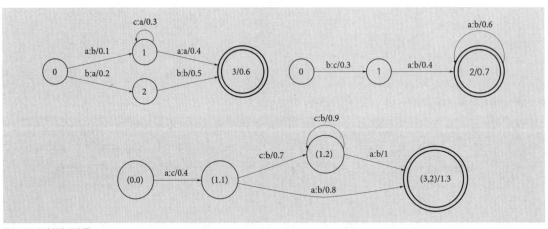

图 3-31 组合操作示意图

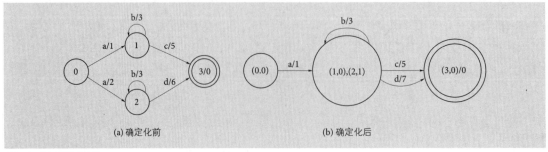

图 3-32 确定化操作示意图

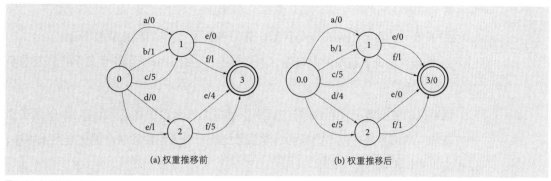

图 3-33　权重推移示意图

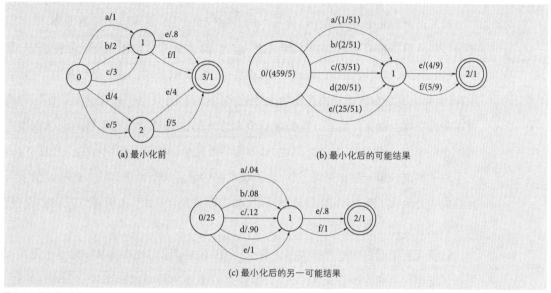

图 3-34　最小化示意图

3.5　语音识别技术的展望

语音识别技术发展至今已取得极大的进步，在安静环境下的识别率在 98% 以上，已应用于人类生活的各种场景，为人们的生活带来了巨大的便利。然而语音识别领域仍有许多问题亟待解决。本节简要介绍目前语音识别技术所面临的一些问题和挑战。

1. 复杂声学场景下的语音识别

当语音识别系统处于复杂声学场景下，由于训练声学模型的声学场景与真实复杂声学场景之间的差异过大，导致语音识别系统的性能大大降低。而现实世界中，声学场景千变万化，训练集不能完全覆盖所有声学场景，因此复杂声学场景下的语音识别一直是语音识别领域中极具挑战性的问题。

复杂场景下的语音识别主要有以下难点：

① 真实世界传感器需要获取声音，但是复杂场景下的声音是各种各样的，需要获

取有效的声音。

② 获取到的声音也不一定是目标任务的声音,可能是其他相似的声音。

③ 在远场场景下获取的声音面临着回声干扰、室内混响、多信号源干扰以及非平稳噪声等干扰。

面对这些复杂状况,当前最好的识别系统也无法获得很好的识别结果,因此需要研究新的声学信号处理技术或新的声学信号处理与语音识别的联合优化方案来解决,以提高语音识别的性能。

2. 低数据资源语音识别

低数据资源是指音频或有转录文本的音频较少,导致语音识别性能下降,该问题是当今语音识别研究领域的热点问题之一。目前全世界共使用 5 000 余种语言,其中,汉语、英语、印度语、俄语、西班牙语、德语、日语、法语、印度尼西亚语、葡萄牙语、孟加拉语、意大利语和阿拉伯语是使用人数较多的语言,而其他一些较少人数使用的语言在数据资源上就显得匮乏。这些数据资源匮乏的语言可能没有足够的训练数据来训练出一个好的语音识别系统,因此,低资源问题是小语种语音识别中的一个难点。

除了小语种语音的识别外,当一个表现良好的语音识别系统遇到一些特定的人群时性能也会大大下降,例如非母语学习者,构音障碍患者(由于疾病导致发音错误,使产生的语音可能扭曲、错误)等。

这些人群的语音数据由于说话人数少、发音不准等原因较难获取。为了让语音识别系统能够尽可能为所有人带来便利,低数据资源问题是必须解决的一个难点问题,也是一个非常具有研究价值的问题。目前,基于迁移学习、模型自适应等算法的低数据资源语音识别受到广泛的关注。

3. 多语言和跨语言语音识别

目前大多数语音识别系统都是针对一种语言的,如果对于每种语言都训练一个语音识别系统,所需要的成本太高,且需要大量的数据。因此,多语言和跨语言语音识别正是研究如何只使用一个语音识别系统来识别多种语言。多语言语音识别和跨语言语音识别的区别在于:多语言语音识别只能识别训练集中出现过的语言,而跨语言语音识别能识别出从未见过的语言。目前该研究所面临的问题是:

① 如何选择建模单元,如字符、子词等单元很难扩展的词表大的语言。

② 词表大导致的标签稀疏问题。

③ 构建发音字典需要每个语言中的专家知识,这将耗费很大的人力。

④ 有些语言很难获取。

目前多语言和跨语言语音识别的准确率离满足实际应用还有很大的距离,这些问题使得研究变得困难,需要新的技术、新的解决方案才能有新的进展。

4. 语种混杂语音识别

在日常交流中经常会遇到语种混杂的语音识别问题,例如在中文语境下夹杂英文单词,如"这里有 Wi-Fi 吗?"这在学术上被称为语种混杂(code-switch)。近年来,中英文混说的现象在我们的生活中越来越普遍,而目前中英文混合语音的识别率并不太高,因此,语种混杂语音成为当前语音识别技术面临的重要挑战之一。目前该研究需要解决的问题包括但不限于:

① 由于嵌入语(英文)受主体语(中文)影响形成的非母语口音现象严重。

② 不同语言音素构成之间的差异给混合声学建模带来巨大困难。

③ 带标注的混合语音训练数据极其稀缺。

最近,基于端到端的语音识别算法与技术逐步被应用到语种混杂场景的语音识别中。

5. 多口音语音识别

在日常生活中,一个地区的人在说另一个地区的语言时往往会容易保持自己习惯的发音方式,因此常出现不同的口音。以汉语为例,汉语中共有八大方言,即官话、吴语、湘语、赣语、客家语、闽南语、闽北语以及粤语,其中,官话是与标准普通话最为接近的一种方言,其他各种方言在声学发音以及语言学表现上都与标准普通话有着显著的差异。由于多数普通话使用者把普通话作为第二语言来掌握,他们的普通话发音不可避免地受到其方言母语发音的强烈影响,出现发音不准确、发音错误等现象,导致语音识别性能下降。目前多口音语音识别存在的问题大致有以下两点:

① 不同方言背景的说话人的发音具有差异性。

② 可用于训练语音识别系统的多口音的数据极其稀缺。

对于第一个问题,虽然不同方言口音之间存在着差异,但也存在着相似性,因此,研究如何改进声学模型以适应更多变化的口音是一种研究趋势。第二个问题也是当前语音识别的难点之一。

从上述介绍中可以看出,语音识别存在的问题有着一定的相似性,当我们解决了其中一个问题,其他的问题也会随之解开。近期,基于语言预训练的方法在以上的语音识别细分方向得到越来越多的关注。除了以上的技术难点,随着用户对语音中的个人隐私数据的关心,最近基于低计算资源的设备端、边缘端的语音识别研究也越来越受重视。我们相信,在未来语音识别技术将会有更大的突破,这些困难也将得到解决,而从中受益的不仅仅是我们这些普通人,更是那些无法从当今人工智能技术中得到便利或帮助的人们。

3.6　小结

本章首先从语音识别应用出发,介绍了语音识别的分类、语音识别的发展历史以及早期语音识别系统的实现方法。接下来分别从语音识别的三个重要模块进行介绍：声学模型、语言模型、解码算法。在声学模型模块介绍了基于传统统计学方法的声学建模以及基于深度学习的声学建模，并讨论了几种有潜力的声学模型。无论是统计学方法还是深度学习方法都在目前的语音识别系统的研究和应用中有着不可忽视的作用。在语言模型模块介绍了两种常用的模型。基于 N-gram 的语言模型和基于深度学习的语言模型，这些方法由于性能优良，在学术界及工业界都受到广泛的关注。在解码算法模块介绍了常用的语音识别解码算法：基于 Viterbi 的解码算法以及基于加权有限状态转换机的解码算法。这些算法在语音识别系统中发挥了巨大的作用。本章的最后，介绍了语音识别技术目前面临的一些问题和挑战。

语音识别技术虽已成功应用于人类日常生活中，其性能也得到广大用户的认可，但仍然存在许多挑战。研究者还在向让语音识别系统更快、更准地识别语音的目标努力。

本章知识点小结

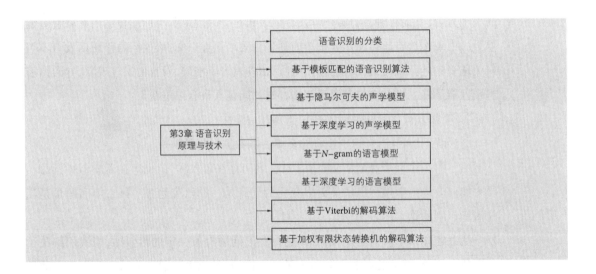

3.7 语音识别实践

前面介绍了语音识别的基础理论知识，本节将结合理论实现语音识别系统搭建。首先介绍可用于语音识别任务的免费开源的数据集，以供读者选择实验数据，然后介绍一些开源的语音识别工具，最后介绍如何利用公开数据集及语音处理工具搭建语音识别系统。

3.7.1 开源数据集

工欲善其事必先利其器。这里介绍一些免费开源的语音数据集(可从相应的官网获取),可用于一些基础实验。

1. 英文数据集

① LibriSpeech。该数据集是包含大约 1 000 小时英语语音的大型语料库。这些数据来自 LibriVox 项目的有声读物。它已被分割并正确对齐,该数据集在 kaldi 上有训练好的声学模型和语言模型,适合用于英文的语音识别模型预训练。

② Aurora-4。该数据集用于鲁棒语音识别的研究,为了比较不同前端在大词表任务中的识别性能而创建,共有采样率为 8 kHz 和 16 kHz 两种版本。

③ AMI。该数据集是一个包含 100 小时会议记录的多模式数据集。其中大约 2/3 的数据是通过一个场景引出的,该场景中参与者在一个设计团队中扮演不同的角色,在一天的时间里从零开始完成一个设计项目。数据集的其他部分由一系列各种领域中自然发生的会议组成。

④ TED-LIUM。该数据集包含约 118 个小时的英语 TED 演讲及其转录文本,音频的采样率为 16 kHz。

2. 中文数据集

① THCHS-30。该数据集是一个很经典的中文语音数据集,包含 1 万余条语音文件,大约 40 小时的中文语音数据,内容以文章诗句为主,全部为女声。它是由清华大学语音与语言技术中心出版的开放式中文语音数据库。

② AISHELL-1。该数据集包含的语音时长 178 小时,是希尔贝壳中文普通话语音数据库 AISHELL-ASR0009 的一部分,录音文本涉及智能家居、无人驾驶、工业生产等 11 个领域。录制过程在安静室内环境中同时使用 3 种不同设备完成:高保真麦克风、Android 系统手机和 iOS 系统手机。该数据集有 400 名来自中国不同口音区域的发言人参与录制,经过专业语音校对人员转写标注,并通过严格质量检验,数据库文本正确率在 95% 以上。

③ AISHELL-2。该数据集包含的语音时长为 1 000 小时,其中 718 小时来自 AISHELL-ASR0009-[ZH-CN],282 小时来自 AISHELL-ASR0010-[ZH-CN]。录音文本包含唤醒词、语音控制词,涉及智能家居、无人驾驶、工业生产等 12 个领域。录制设备与 AISHELL-1 相同,有 1 991 名来自中国不同口音区域的发言人参与录制,经过专业语音校对人员转写标注,并通过严格质量检验,数据库文本正确率在 96% 以上。

④ aidatatang_200zh。该数据集是由北京数据科技有限公司(数据堂)提供的开放式中文普通话电话语音库。语料库 200 小时,由 Android 系统手机(16 kHz,16 位)和 iOS 系统手机(16 kHz,16 位)录制。有来自中国不同口音区域的 600 名发言人参加录制。参与者的性别和年龄均匀分布。语料库的语言材料是音素均衡的口语句子。每

个句子的手动转录准确率大于98%。

⑤ MAGICDATA。该数据集是 Magic Data 技术有限公司的语料库,包含 755 小时的语音数据,主要是移动终端的录音数据。有来自中国不同口音区域的 1 080 名发言人参与录制。句子转录准确率高于98%。

3.7.2 语音识别工具

1. HTK

HTK(Hidden Markov Model Toolkit)是一个用 C 语言编写搭建的 HMM 工具包,主要用于进行基于 HMM 的语音处理,特别是语音识别。由剑桥大学工程系机器智能实验室开发维护。HTK1.0 版于 1989 年发布,开始只作为商业工具,需要购买或取得许可才能使用,2000 年 9 月 HTK 开源免费使用,其中包括 HTK 工具包和对应的工具书 HTKBook(需要在官网进行注册后才能下载)。HTK 最近一次更新在 2016 年,加入了神经网络模块,发布了 3.5 测试版。

2. Kaldi

Kaldi[42] 同 HTK 一样也是一个用来搭建 HMM 的工具包,其架构如图 3-35 所示,底层是线性代数库 BLAS、LAPACK 和构造加权有限状态机的 OpenFST 库,通过 C++编写矩阵运算、构造 GMM、线性变换搭建语言模型、决策树、HMM、基于 WFST 的解码器工具等,并采用 bash 和 python 脚本进行进一步封装,方便使用者进行调用。Kaldi 可用于语音识别、说话人识别、语种识别、手写识别、OCR、图像分类等,其中最主要的是语音识别。

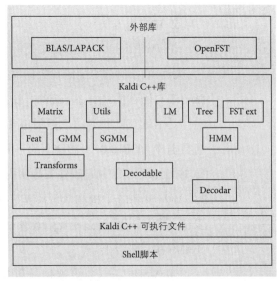

图 3-35 kaldi 结构简图[38]

Kaldi 是一个持续发展的开源项目,最初是在 Sourceforge 上托管,现已经完全迁移到 Github 上。相比于 HTK,Kaldi 更新更频繁,目前已更新至 5.5 版。

Kaldi 从开始研发就汲取其他语音识别工具的经验,相比于 HTK,Kaldi 有如下优点:采用 WFST 进行解码,具有广泛的线性代数支持能力;可扩展性强,采用最新的限制最少的 Apache 2.0 开源协议,具有完整且能达到 SOTA 的示例脚本,这些都大大降低了语音识别的技术门槛,同时吸引了大量国内外用户,极大地推动了语音技术的发展,现已成为主流的语音技术工具。目前包含语音库示例如 AIShell、WSJ、Switchboard、Librispeech、TED、HKUST、Voxforge 等,基于这些示例,开发者可模仿示例数据存放格式并快速搭建自己的语音识别系统。目前工业界基于 HMM 的语音识别系统基本都使用 Kaldi 来进行搭建。

针对 Kaldi 比较官方的文档资料有 Kaldi 文档和《Kaldi 语音识别实战》[42],可供读者深入学习参考。

3. ESPNET

ESPNET[43] 是一个使用 Chainer 和 Pytorch 作为深度学习引擎的端到端语音工具包,在运行时可以选择其中之一。ESPNET 可用来进行端到端语音识别和语音合成,其主要特点如下:可以使用 CTC、Attention 或混合 CTC/Attention 来进行端到端语音识别;编码器采用 CNN+BLSTM、金字塔状 BLSTM 或 Transformer Encoder,注意力机制可采用点乘注意力机制、位置感知注意力机制或多头注意力机制;可加入 RNNLM 或 LSTMLM 作为语言模型;数据处理、特征提取、保存格式和 recipes 借鉴 Kaldi 的风格,并且在日语和中文语音识别上可以实现 SOTA,在英文语音识别也可以取得不错的表现。ESPNET 同样也是由 Github 进行托管。

3.7.3 搭建语音识别系统

下面介绍如何使用 Kaldi 工具搭建语音识别系统。本实验以 AIShell-1 数据集为例,依赖于 Linux 环境。

1. Kaldi 工具安装

运行环境:CentOS7、Ubuntu16.4、macOS 10.13 等。

需安装的软件:apt-get、Subversion、automake、autoconf、libtool、g + +、zlib、libatal、wget 等。

Kaldi 依赖包:

① OpenFST:一个构造、合并、优化和搜索 WFST 的库,它是 Kaldi 工具最重要的一个依赖包。

② ATLAS:一个 C++编写的线性代数库,许多矩阵运算都依赖于此包。

③ IRSTLM:一个统计语言模型的工具包。

④ sph2pipe:宾夕法尼亚大学语言数据联盟(linguistic data consortium,LDC)开发的一款处理 SPHERE_formatted 数字音频文件的软件,它可以将 LDC 的 sph 格式文件转换成其他格式。

⑤ SCTK(speech recognition scoring toolkit):是美国国家标准与技术协会(NIST)发布的一套工具集,NIST 评分工具包。

⑥ SRILM:由 SRI International 发布的一套工具集,主要用于创建和使用统计语言

模型。

实验中涉及的 Kaldi 工具的依赖环境需要读者自行安装配置,下面是在运行环境搭建成功后,安装编译 Kaldi 工具的步骤。

① 在 Kaldi 官网用 git clone 命令将 kaldi 项目下载至本地:

~ $ git clone https://github.com/kaldi-asr/kaldi

② 进入 kaldi 目录下的 tools 目录,编译 tools 目录:

~/kaldi/tools$ cd kaldi/tools

进入 extras,运行脚本 check_dependencies.sh 来检查各种依赖是否安装:

~/kaldi/tools/extras$ ./check_dependencies.sh

运行该命令后如出现任何提示表明某些库未安装,都应按照提示解决,直到运行 check_dependencies.sh 后出现"./check_dependencies.sh:all OK."提示为止。

回到 tools 目录,进行编译:

~/kaldi/tools/extras$ cd../

~/kaldi/tools$ make

如果是在虚拟机上,建议使用 make 而非 make-j4 命令,否则很容易因内存不够导致编译失败,之后在 src 目录下的编译也一样。

make 完成后可能会提示 irstlm 未安装,可先忽略该提示,先继续完成整个 Kaldi 的安装。

③ 进入 Kaldi 根目录下的 src 目录,编译 src 目录:

~/kaldi/tools$ cd../src

运行 configure 且不添加参数"--shared":

~/kaldi/src$ ./configure

务必仔细阅读运行 configure 后显示的提示,它可能和上文所示的内容有所区别,其中提醒有哪些东西没安装好并给出了指导,遵循那些指导完成相关依赖的安装,直到运行 configure 后出现提示的最后显示"SUCCESS To compile:……",此时才能进行后面的步骤,否则长时间的 make 后会报错。

编译 Kaldi 的源码:

~/kaldi/src$ make depend

~/kaldi/src$ make

make 的时间较长,大约 30~60 分钟,如果编译过程中未出现红色的 error 且最后出现"Done",则表明编译成功。

以上是 kaldi 工具安装的过程,安装成功后可以利用该工具开始语音识别的相关实践。

2. 实践语音识别系统

下面介绍如何利用 Kaldi 工具实践语音识别系统。在 Kaldi 工具中的 egs 文件夹

中,有许多语音处理相关的实验例子,例如,

- babel:IARPA Babel program 语料库来自巴比塔项目,主要是对低资源语言的语音识别和关键词检索例子,包括普什图语,波斯语,土耳其语,越南语等。
- sre08:说话人识别。
- aurora4:研究鲁棒的语音识别项目,包括说话人分离,音乐分离,噪声分离。
- hkust:香港大学的普通话语音识别。
- callhome_egyptian:阿拉伯语语音识别。
- chime_wsj0:chime 挑战项目数据,这个挑战是对电话、会议、远距离麦克风数据进行识别。
- fisher_english:英语的双声道语音。
- gale_arabic:全球自动语言开发计划中的阿拉伯语。
- gp:global phone 项目,全球电话语音,共有 19 种不同的语言,每种包含 15～20 小时的语音。
- lre:包括说话人识别,语种识别。
- wsj:华尔街日报语料库,是英文的语音。
- swbd:Switchboard 语料库
- tidigits:通过成年男性、成年女性、儿童所说的不同的数字串语音进行的识别训练。
- voxforge:开源语音收集项目。
- timit:不同性别、不同口音的美国英语发音和词汇标注。
- tedlium:TED 演讲的英语语音数据。
- yesno:只有 yes、no 两个词的语音识别,是命令词语音识别任务。

这些例子包含了语音处理的多种不同的任务,如语音识别、说话人识别、带噪语音识别等。本节以 AISHELL 数据集训练中文语音识别为例,具体例子可以参照目录 kaldi/egs/aishell/s5 下的 run.sh 脚本。Kaldi 将构建语音识别模型的数据准备、特征提取、声学模型训练、语言模型训练、解码、测试都集成到了一个脚本中,下面将拆解这些步骤,分别介绍如何一步一步地搭建语音识别系统。

① 下载并解压 AISHELL178 小时语料库,其中包括音频、对应的转录文本和词典:

local/download_and_untar.sh $data $data_url data_aishell ‖ exit 1;

local/download_and_untar.sh $data $data_url resource_aishell ‖ exit 1;

② 准备词典:

local/aishell_prepare_dict.sh $data/resource_aishell ‖ exit 1;

运行该脚本会生成一个文件夹 data/local/dict,文件夹中包含如下文件。

- lexicon.txt:文件格式为<word> <phone1> <phone2>的词典,若其中有一个词有不同发音,则会在不同行中出现多次。

- extra_questions.txt:包含那些自动产生的问题集之外的一些问题,一个问题就是一组音素。第一行 sil 是"静音"音素,它被作为发音字典中可选的静音词的表示,即不会出现在某个词中,而是单独成词。

- nonsilence_phones.txt:所有非静音音素都包含在该文件中。注意,nonsilence_phones.txt 中的某些行可能出现一行中有多个音素。这些是同一元音的与重音相关的不同表示。

- optional_silence.txt:文件中只含有一个音素 sil,该音素可在需要时出现在词之间。

- silence_phones.txt:包含所有的"静音"音素,在 AIShell 的例子中为一个 sil 音素。

③ 准备数据。分成 test、dev、train 集:

local/aishell_data_prep.sh $data/data_aishell/wav $data/data_aishell/transcript || exit 1;

在本例中以数据集推荐的训练集、测试集、验证集来划分。注意,在划分自己的数据集时,要根据说话人来划分句子,训练集、测试集、验证集的说话人不要重复。

④ 词典、语言文件准备,生成对应的数据关系:

Phone Sets, questions, L compilation

utils/prepare_lang.sh --position-dependent-phones false data/local/dict \

    "<SPOKEN_NOISE>" data/local/lang data/lang || exit 1;

其中,数据关系保存在 data 文件夹里,文件解释如下:

- spk2utt 包含说话人编号和说话人的语音编号信息,格式为"<speaker-id> <utterance-id>"。

- text 包含语音和语音编号之间的关系,格式为"<utterance-id> <text>"。

- utt2spk 语音编号和说话人编号之间的关系与 spk2utt 相反,格式为"<utterance-id> <speaker-id>"

- wav.scp 包含了原始语音的路径信息等,格式为"<utterance-id> <wavpath>"

注意,上述所有文件都需要按照说话人编号进行排序。

⑤ 提取 MFCC 特征:

Now make MFCC plus pitch features.

mfccdir should be some place with a largish disk where you

want to store MFCC features.

mfccdir=mfcc

for x in train dev test;do

  steps/make_mfcc_pitch.sh --cmd "$train_cmd" --nj 10 data/$x exp/make_mfcc/$x $mfccdir ||

  exit 1;

```
        steps/compute_cmvn_stats.sh data/$x exp/make_mfcc/$x $mfccdir || exit 1;
        utils/fix_data_dir.sh data/$x || exit 1;
    done
```

提取 MFCC 特征的过程分为两步：先通过 steps/make_mfcc.sh 提取 MFCC 特征，再通过 steps/compute_cmvn_stats.sh 计算倒谱均值和方差归一化。提取过程完成后生成两个文件夹：mfcc 和 exp/make_mfcc，其中 mfcc 中主要保存提取的特征，主要是.ark 和.scp 文件（.scp 文件中的内容是语音段和特征对应，真正的特征保存在.ark 文件中）；exp/make_mfcc 中保存了日志，即.log 文件。

在 steps/make_mfcc.sh 里用到的最主要的命令是 compute-mfcc-feats 和 copy-feats，是在 src 里编译好的。

用下面的命令可以查看提出的 MFCC 特征：

```
copy-feats ark:mfcc/raw_mfcc_train.1.ark ark,t:-
```

另外，若要检查特征的维度，可以用 feats-to-dim 命令查看：

```
feats-to-dim scp:<.scp 文件的路径> -
```

⑥ 有了特征，就可以开始训练声学模型了，首先用以下命令进行单音素训练：

```
steps/train_mono.sh --cmd "$train_cmd" --nj 10 \
    data/train data/lang exp/mono || exit 1;
```

之后会在 exp 文件夹下产生一个 mono 目录，其中以.mdl 结尾的文件保存了模型的参数。使用下面的命令可以查看模型的内容：

```
gmm-copy --binary=false exp/mono/0.mdl - | less
```

有关上下文的信息可以查看 tree 文件：

```
copy-tree --binary=false exp/mono/tree - | less
```

⑦ 构建单音素解码图：

```
# Monophone decoding
utils/mkgraph.sh data/lang_test exp/mono exp/mono/graph || exit 1;
```

mkgraph.sh 主要生成 HCLG.fst 和 words.txt 这两个重要的文件，其中 HCLG.fst 保存了完整的 fst，而 words.txt 是词典，它将词的 id 号映射到对应的字符上。后续识别主要利用了三个文件：final.mdl、HCLG.fst 和 words.txt。

⑧ 下面分别针对开发集和测试集进行解码：

```
steps/decode.sh --cmd "$decode_cmd" --config conf/decode.config --nj 10 \
    exp/mono/graph data/dev exp/mono/decode_dev
steps/decode.sh --cmd "$decode_cmd" --config conf/decode.config --nj 10 \
    exp/mono/graph data/test exp/mono/decode_test
```

解码的日志将保存在 exp/mono/decode_dev/log 和 exp/mono/decode_test/log 中。

⑨ Viterbi 对齐：

```
# Get alignments from monophone system.
steps/align_si.sh --cmd "$train_cmd" --nj 10 \
  data/train data/lang exp/mono exp/mono_ali || exit 1;
```

⑩ 三音素模型训练、解码、对齐：

```
# train tri2 [delta+delta-deltas]
steps/train_deltas.sh --cmd "$train_cmd" \
2500 20000 data/train data/lang exp/tri1_ali exp/tri2 || exit 1;


# decode tri2
utils/mkgraph.sh data/lang_test exp/tri2 exp/tri2/graph
steps/decode.sh --cmd "$decode_cmd" --config conf/decode.config --nj 10 \
  exp/tri2/graph data/dev exp/tri2/decode_dev
steps/decode.sh --cmd "$decode_cmd" --config conf/decode.config --nj 10 \
  exp/tri2/graph data/test exp/tri2/decode_test
```

接下来就和训练单音素一样，进行其他模型的训练解码，生成声学模型和语言模型，保存在 exp 文件夹中。

训练结束后，可以输入下面的命令来查看结果：

```
# getting results(see RESULTS file)
for x in exp/*/decode_test;do [-d $x] && grep W
```

习题 3

1. 举例说明隐马尔可夫模型的三个基本算法。

2. 如何选择声学模型建模单元？

3. HMM 的三个基本问题是什么？解决方法是什么？

4. 单音素建模的缺点是什么？应如何改善？

5. 决策树在机器学习中是一个预测模型，它代表对象属性与对象值之间的一种映射关系。请说明语音建模中构建决策树的步骤。

6. 什么是语言模型？它的作用是什么？

7. 什么是平滑技术？列举三种常用的平滑技术并阐述其优缺点。

8. 基于深度学习的语言模型和传统的语言模型的不同是什么？相比于传统的语言模型，基于深度学习的语言模型的优势在哪里？

9. 什么是语音识别解码算法？Viterbi 解码算法的工作原理是什么？

10. FSA、WFSA、WFST 分别是什么，阐述它们各自的特点，举例说明它们各自适合在什么样的场景下使用。

11. 神经网络为什么需要激活函数？激活函数需要满足什么数学条件？

参考文献

［1］ L.Rabiner and B.Juang, "Fundamentals of speech recognition," in Prentice Hall signal processing series,1993.

［2］ D.Povey,L.Burget,M.Agarwal,P.Akyazi,K.Feng,A.Ghoshal,O.Glembek,N.Goel,M.Karafi at,A.Rastrow,R.Rose,P.Schwarz, and S.Thomas, "The subspace Gaussian mixture model - A structured model for speech recognition," Computer Speech and Language,vol.25,pp.404−439,2011.

［3］ G.E.Hinton,S.Osindero,and Y.Teh, "A Fast Learning Algorithm for Deep Belief Nets," Neural Computation,vol.18,pp.1527− 1554,2006.

［4］ G.Dahl,D.Yu,l.Deng,and A.Acero, "Context-Dependent Pre-Trained Deep Neural Networks for Large-Vocabulary Speech Recognition," Audio,Speech,and Language Processing,IEEE Transactions on,vol.20,pp.30−42,02/01,2012.

［5］ W.Zaremba,I.Sutskever,and O.Vinyals, "Recurrent Neural Network Regularization," ArXiv,vol.abs/1409.2329,2014.

［6］ S.Hochreiter,and J.Schmidhuber, "Long Short-Term Memory," Neural Computation,vol.9,pp.1735−1780,1997.

［7］ J.Chung,Ç.Gülçehre,K.Cho,and Y.Bengio, "Empirical Evaluation of Gated Recurrent Neural Networks on Sequence Modeling," ArXiv,vol.abs/1412.3555,2014.

［8］ A.Graves,S.Fernández,F.Gomez,and J.Schmidhuber,Connectionist temporal classification：Labelling unsegmented sequence data with recurrent neural 'networks,2006.

［9］ A.Graves, "Sequence Transduction with Recurrent Neural Networks," ArXiv,vol.abs/1211.3711,2012.

［10］ A.A.Markov. "Rasprostranenie zakona bol'shih chisel na velichiny,zavisyaschie drug ot druga". Izvestiya Fiziko-matematicheskogo obschestva pri Kazanskom universitete,2-ya seriya,tom 15,pp. 135−156,1906.

［11］ 李航.统计学习方法[M].清华大学出版社,2012.

［12］ Lawrence R.Rabiner,A Tutorial on Hidden Markov Models and Selected Applications in Speech Recognition.Proceedings of the IEEE,77(2),p.257−286,February 1989.

［13］ 韩纪庆,张磊,郑铁然.语音信号处理(第3版)[M]∥清华大学出版社,2019.

［14］ Lawrence R.Rabiner.A tutorial on hidden Markov models and selected applications in speech recognition.Readings in speech recognition. Morgan Kaufmann Publishers Inc.,San Francisco,CA,USA,267−296,1990.

［15］ Welch L R.Hidden Markov Models and the Baum-Welch Algorithm[J].IEEE Information Theory Society Newsletter,2003,53 (2):194−211.

［16］ Chowdhury A,Koval D.Fundamentals of Probability and Statistics[J].power distribution system reliability practical methods & applications.

［17］ 俞栋,邓力,俞凯,等.解析深度学习:语音识别实践[M]电子工业出版社,2016.

［18］ Hinton,G.,Deng,L.,Yu,D.,Dahl,G.E.,Mohamed,A.R.,et al.,Deep neural networks for acoustic modeling in speech recognition:The shared views of four research groups. 2012.29(6):p.82−97.

［19］ Rumelhart,D.E.,Hinton,G.E.,Williams,R.J.,Learning representations by back-propagating errors. 1986.323(6088):p. 533−536.

［20］ 韩力群,康芊.《人工神经网络理论、设计及应用》——神经细胞、神经网络和神经系统[J].北京工商大学学报:自然科学版,2005,23(1):52−52.

［21］ Chengalvarayan R,Deng L.HMM-based speech recognition using state-dependent,discriminatively derived transforms on melwarped DFT features[J].IEEE Transactions on Speech and Audio Processing,1997,5(3):243−256.

［22］ 杨宁.基于多GPU并行框架的DNN语音识别研究[J].微电子学与计算机,2015(6):6-10.

［23］Canevari C,Badino L,Fadiga L,et al.Cross-corpus and cross-linguistic evaluation of a speaker-dependent DNN-HMM ASR system using EMA data［C］∥Workshop on Speech Production for Automatic Speech Recognition.2013.

［24］Din G M U,Marnerides A K.Short term power load forecasting using Deep Neural Networks［C］∥2017 International Conference on Computing,Networking and Communications(ICNC).IEEE,2017.

［25］Li J,Yu D,Huang J T,et al.Improving wideband speech recognition using mixed-bandwidth training data in CD-DNN-HMM ［C］∥Spoken Language Technology Workshop.IEEE,2012.

［26］Hosung Park,Donghyun Lee,Minkyu Lim,Yoseb Kang,Juneseok Oh and Ji-Hwan Kim,A Fast-Converged Acoustic Modeling for Korean Speech Recognition:A Preliminary Study on Time Delay Neural Network.https:∥arxiv.org/.

［27］Graves A,Mohamed A,Hinton G.Speech recognition with deep recurrent neural networks［C］∥2013 IEEE international conference on acoustics,speech and signal processing. IEEE,2013:6645-6649.

［28］Hochreiter S,Schmidhuber J.Long Short-Term Memory［J］. Neural Computation,1997,9(8):1735-1780.

［29］Bengio Y,Ducharme R,Vincent P,et al. "A Neural Probabilistic Language Model［J］. Journal of Machine Learning Research, vol.3,no.6,2003,pp.1137-1155

［30］Mikolov T,Martin K,Burget L,et al.Recurrent neural network based language model［C］∥Interspeech,Conference of the International Speech Communication Association,Makuhari,Chiba,Japan,September.DBLP,2015.

［31］Bahdanau D, Cho K, Bengio Y. Neural Machine Translation by Jointly Learning to Align and Translate［J］. Computer ence,2014.

［32］Radford A,Narasimhan K,Salimans T,et al.Improving language understanding by generative pre-training［J］.2018.

［33］Vaswani,A.,Shazeer,N.,Parmar,N.,et al. I.Attention Is All You Need.［C］In Advances in Neural Information Processing System,2017.

［34］Sundermeyer M,Ralf Schlüter,Ney H.LSTM Neural Networks for Language Modeling［C］∥Interspeech.2012.

［35］Mikolov T,Sutskever I,Deoras A,et al.Subword language modeling with neural networks［J］,2012,8:67.

［36］Hwang K,Sung W.Character-level incremental speech recognition with recurrent neural networks［C］∥2016 IEEE International Conference on Acoustics,Speech and Signal Processing(ICASSP).IEEE,2016:5335-5339.

［37］Young S J,Russell N H,Thornton J H S.Token passing:a simple conceptual model for connected speech recognition systems ［M］.Cambridge:Cambridge University Engineering Department,1989.Si Y,Wang L,Dang J,et al.A Hierarchical Model for Dialog Act Recognition Considering Acoustic and Lexical Context Information［C］∥ICASSP 2020-2020 IEEE International Conference on Acoustics,Speech and Signal Processing(ICASSP).IEEE,2020:7994-7998.

［38］Devlin J,Chang M W,Lee K,et al.Bert:Pre-training of deep bidirectionaltransformers for language understanding［J］.arXiv preprint arXiv:1810.04805,2018.

［39］Mohri,Mehryar,et al.Speech Recognition with Weighted Finite-State Transducers.2008,pp.559-584.

［40］D.Povey,A.Ghoshal,G.Boulianne,L.Burget,O.Glembek,N.Goel,M.Hannemann,P.Motlíček,Y.Qian,P.Schwarz,J.Silovský, G.Stemmer,and K.Veselý, "The Kaldi speech recognition toolkit," IEEE 2011 Workshop on Automatic.

［41］陈果果、都家宇、那兴宇、张俊博,Kaldi 语音识别实战,2020.

［42］S.Watanabe T.Hori,S.karita,et al., "ESPNET:End-to-End Speech Processing Toolkit," ArXiv,vol.abs/1804.00015,2018.

第4章 语音合成原理与技术

【内容导读】长期以来,让机器像人一样能说会道是人类的梦想。从 von Kempelen1791 年发明第一台机械式语音合成器[1]以来,研究人员始终在追逐着这个梦想。从机械式语音合成器、电子式语音合成器[2],到基于计算机的语音合成系统,语音合成技术从机械模仿人的发音机制,历经语音波形拼接、基于统计方法的管线式语音合成,发展到今天基于深度学习的端到端语音合成。目前,已有多种语言的商用高质量语音合成器面市。可以说,让机器像人一样说话的梦想已经接近现实,但是让机器像人一样根据情景用语音表达丰富的情感,进而表达交互意图,仍然是一个比较遥远的目标。科技工作者正在不懈地为实现此目标而努力。本章在回顾语音合成技术发展的同时,重点阐述语音合成的原理以及从文本进行语音合成的主要前沿技术。

4

4.1 语音合成方法的回顾

人类通过巧妙地控制发音器官的运动将其意图以语音波的形式表达出来。长期以来,学者们一直试图通过研究语音生成揭开其中的奥秘,同时也在追溯语音生成研究的起源。根据 Judsen 和 Weaver 的研究,有关语音生成研究最早的记载可以追溯到我国战国至秦汉时期成书的医学典籍《黄帝内经》,而实验语音学开始于 18 世纪初期。那时,人们通过喉咙的吹奏实验建立喉头模型,揭示了元音和声道共鸣的关系。到1791 年,von Kempelen 发明了第一台机械式语音合成器。该语音合成器由对应于人类肺部及发声机制和声道的各个部分组成,并且模仿了人类语音产生过程。

1939 年 Dudley 发明了世界上第一台电子语音合成器[2],该合成器由键盘实现对声道共振特性的控制,由按钮实现对辅音的控制,用踏板控制浊音和清音的产生,演奏者可以通过操作相应的控制部件来合成连续的语音。20 世纪 40 年代计算机的问世使得语音合成技术研究进一步活跃起来。20 世纪 50 年代后期第一个基于计算机的语音合成系统发布,1968 年第一个文本语音转换系统原型化[3]。早期的研究主要集中在人类语音生成机制的再现上,真正采用数字信号处理技术进行语音合成技术研究是在线性预测编码(LPC)发明之后。前已提及,LPC 最初是由 Atal 和 Itakura 几乎同时提出的,但是 Atal 主要侧重于语音生成的机制,而 Itakura 则主要对语音信号进行统计分析。实际上,语音分析和合成技术也一直是从强调人的语音机制和强调语音信号的统计特性两个侧面展开的。

总体而言,语音合成技术伴随人们对人类发音机理认知和对语音物理特性理解的不断加深而发展,未来语音合成技术的发展也会如此。在此,我们将在比较人类语音生成过程与语音合成方法的同时,回顾语音合成技术的发展历程。

4.1.1 基于语音产生机理的语音合成方法

人类的发音过程是基于说话人意图控制发音器官的运动形成声道共鸣腔,与此同时施加适当的声源驱动此共鸣腔,将其意图以语音波的形式表达出来,而语音合成是由机器(或计算机)人工生成的人类语音。从这种意义上讲,语音合成技术是研究如何再现人类发音过程或发音结果的问题。

人类语音生成过程中的主要功能块如图4-1所示。在正常对话的情况下,说话人根据自己的意图进行语言规划,基此构建运动指令控制发音运动,以形成声道形状,同时调节发声器官以产生声源,声源波被声道形状调制并作为语音波输出。从根本的层面讲,语音是有语言调制的语音波信号。同样,阅读时,文本信息通过视觉进入大脑,人们在理解文本含义的同时,进行上述发音处理。

基于语音产生机理的语音合成技术是通过人讲话时形成的声道形状调制声源波来实现语音合成。早期语音合成技术的着眼点是

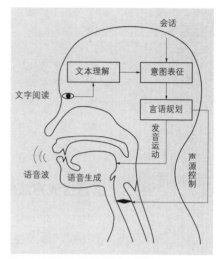

图4-1 人类语音生成过程中的主要功能块

如何通过电子电路或计算机再现声道形状的特征,通过数个(通常为30~40个)级联短声管来近似声道形状,并且每个短管的谐振特性都由电容器、电感和电阻等基本元件来再现。声道的调制特性(即共振特性)是通过级联的电子电路或联立差分方程来实现的。该方法被称为等价电路模型(传输线模型)。有学者提出了混合时频调制式语音合成器[4],构造了声道形状的码本,并利用时间和空间约束来求解语音运动的动态特征,获得声道形状序列,使用等价电路模型合成连续语音。

随着计算机功能的改善,从20世纪60年代后半期开始,研究人员开始考虑语音合成过程中声道形状的形成过程。人们关注唇、下腭、舌头及声带等发音器官的运动和形态,估算和控制发音器官的生理运动参数,进行语音合成[5]。这类模型对于研究发音机理很有用,但是很难合成连续语音。

Maeda基于发音运动分析结果提出了一个语音合成器模型,称为"MAEDA模型"。MAEDA模型是基于统计分析的发音模型和时域语音合成方法相结合的产物。Maeda利用X射线记录了一位法国女性说话人的发音过程,通过因子分析方法分析了发音器官舌头、嘴唇、下颌和软腭的运动,构建了计算模型。合成语音时,从输入的短语计算得到参数,进而驱动语音器官形成声道形状,然后通过等价电路模型生成语音。这种模型在20世纪90年代中期被广泛用于欧洲的语音合成和语音分析领域。

基于语音生成机理的语音合成方法由于规则烦琐、受建模限制或参数调整过于复

杂等原因,很难合成出高质量、实用的语音,已逐渐淡出了语音合成领域。但这类语音合成器仍然在基础机理研究方面发挥着重要的作用。

4.1.2　基于参数分析的语音合成方法

基于规则驱动的参数分析的语音合成,是通过分析计算提取出语音的各种参数来压缩存储量,然后由人工控制这些参数用于语音合成。这类方法虽然已经不再是语音合成技术的主流,但它们作为文语转换语音合成技术的前驱,还是值得在此重温一下。

我们知道,人们通过控制唇、舌以及下腭等发音器官的运动构成时变的声道形状,发音器官参数合成法是基于声道截面积函数对声道进行参数建模,进而计算声波。第 2 章曾介绍过倒频谱分析、线性预测编码等信号处理方法,基于这些算法,Holmes 在 1973 年提出了并联共振峰合成器,Klatt 在 1980 年构建了串/并联共振峰合成器[6],这两个合成器都可以通过精心调整参数合成出非常自然的语音。这类语音合成系统使用的是共振峰的频率参数,其结构是声源—滤波器模型。基于 Klatt 的串/并联共振峰合成器(MITalk),美国 DEC 公司开发了当时最具代表性的语音合成器 DECTalk。该系统可以通过标准接口和计算机联网或单独接到电话网上提供各种语音信息服务,它的发音清晰,可产生 7 种不同音色的声音供用户选择。

由于语音生成机理过程的复杂性和理论计算与物理模拟的差别,合成语音的质量暂时还不理想。声道模型参数语音合成是模拟人类口腔的声道特性并基于声道谐振特性来合成语音的。但是多年的研究与实践表明,由于准确提取共振峰参数比较困难,虽然利用共振峰合成器可以得到许多逼真的合成语音,但是整体合成语音的音质难以达到文语转换系统的实用要求。

4.1.3　文语转换语音合成方法

在基于参数分析的语音合成方法之后,由数据驱动将文本转换为连续朗读语音的方法成为语音合成的主流技术。通常将文本(或句子)转换为语音的系统称为文本—语音转换(text to speech,TTS)系统,简称文语转换系统。在语音合成领域,文语转换语音合成方法确立为语音合成主流技术之前,经过了长时间的基础研究。

最早的文语转换系统由 Umeda 等人于 1968 年开发[3]。1979 年,Klatt 等人开发了一个英语文语转换语音合成系统,在改进后于 1981 年发布为 Klattalk System[6]。值得一提的是,该系统是基于参数分析的语音合成方法构建的,而不是数据驱动。MITalk 是在该系统的基础上进一步发展出来的,成为后来文语转换语音合成系统的雏形。随着语音合成技术的实际使用,各种商用语音合成系统的开发变得流行。第一个商用语音合成系统是 Kurzwel 阅读机。20 世纪 80 年代在超过 3 000 个单词的市售系统中,有 Speech Plus Prose - 2000(1982),Digital Equipment DECTalk(1983),Infovox(1983)和

Conversant System(1987),其中最典型的语音合成系统是美国 DEC 公司的 DECTalk(1987)。

20 世纪 80 年代后期,语音波形拼接逐渐成为语音合成的主流方法。语音波拼接合成法的基本思想是,先从自然语音的词或句子中抽取语音基元并按一定规律组成语料库,合成语音时根据合成文本的要求,从语料库中查找合适的基元,通过拼接、韵律修饰,最终得到合成的语音。当初的方法为预先从语音语料库中提取并存储诸如 CV 和 VCV(C:辅音,V:元音)之类的固定单元的音素片段(素片),并且仅将这些素片用于语音合成。与此相对应,Sagisaka 等人于 1988 年提出了一种使用不定长度语音合成单元作为新型语音合成框架的方法[7]。该方法从大约 5 000 个单词的语音语料库中提取不定长的波形素片,并巧妙地将其用于语音合成。它开启了基于语料库的语音合成的先河。为了提高声音质量,Iwahashi 等人提出了基于动态规划的声学评估标准,从语料库中所有可能的波形素片中选择最佳素片序列。日本 ATR 研究所在集成前期研究成果的基础上开发了语音合成系统 v-Talk。

另一方面,由于文语转换语音合成系统的输入是汉字、数字甚至字符混用的文本,为了合成通顺的语音,不仅需要提取语音的特征参数,还需要提取语言信息。因此,人们也针对如何基于输入文本提取和生成语言信息的问题进行了大量的研究。从语言信息处理角度考察文语转换语音合成系统从文本输入到合成语音输出的处理过程,主要包括文本处理、韵律处理、控制参数生成和语音信号生成等处理阶段(如图 4-2 所示)。

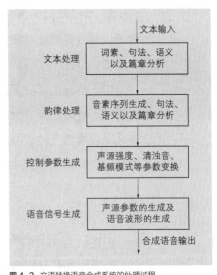

图 4-2 文语转换语音合成系统的处理过程

在文本处理阶段,通过词素音位的分析将文本切分成单词,在输出词性信息的同时,通过句法/语义/篇章分析来输出句法和语篇信息等语言信息。句法信息体现句法边界的深度和单词的重要性。

在韵律处理阶段,根据词法分析的结果访问语音词典,将文本转换为音素序列(符号串)的同时,估算出单词、韵律单词的重音类型。接下来,通过使用关于句法/话语信息与基频模式之间的关系规则,生成韵律特征直接对应的韵律符号串。另外,在处理异常音之后,将音素符号串转换为直接对应于实际发音的语音符号串。

在控制参数生成阶段中,对于单音和韵律符号串生成声道传递特性参数、声源强度和清浊音以及基频时间模式。在语音信号生成阶段,基于基频和声源强度、清浊音信息产生声源波形,用此声源来驱动基于声道传递特性参数的合成滤波器以合成语音波形。

为了减少语音拼接的噪声，提高合成语音的自然度，研究者提出了基音同步叠加（pitch synchronous overlap and add，PSOLA）合成技术[24]。PSOLA 着眼于对基频、时长、音强等语音信号超音段特征的控制，既能保持所发音的主要音段特征，又能在拼接时灵活调整其超音段特征。如图 4-3 所示，PSOLA 方法的主要步骤是根据在控制参数生成阶段计算的基频时间模式，对被拼接单元的韵律特征进行调整，使合成波形

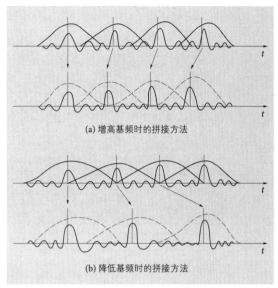

(a) 增高基频时的拼接方法

(b) 降低基频时的拼接方法

图 4-3　PSOLA 方法示意图

保持原始语音单元的主要音段特征，从而获得很高的可懂度和自然度。在对拼接单元的韵律特征进行调整时，它以基音周期的完整性作为保证波形及频谱平滑连续的基本前提。有别于传统概念上只是将不同的语音单元进行简单拼接的波形编辑合成，PSOLA 使用语音学规则从大量语音库中选择最合适的语音单元来用于拼接。为了进一步改善自然度，人们在 PSOLA 方法的基础上又提出了基音同步的 Sinusoidal 等模型。

但是，PSOLA 方法也有其缺点。首先，PSOLA 方法是一种基音同步的语音分析/合成技术，首先需要准确的基音周期以及起始点的判定。基音周期或其起始点的判定误差将会影响 PSOLA 方法的效果。其次，PSOLA 方法是一种简单的波形映射拼接合成，这种拼接是否能够保持平稳过渡以及它对频域参数有何影响等问题并没有得到解决，因此，在合成时会产生不理想的结果。

综上所述，文语转换语音合成技术相关要素可以粗略地分为两部分：根据给定的文本分析韵律信息的生成和语音波形的生成。图 4-4 所示为文语转换语音合成过程与人类朗读过程的对比，可以看到这两个过程很相似，但是各个功能块的内容还是存在相当大的差异。例如，基于语言模型进行文本分析环节，它和人类基于知识的文本理解过程相对应，但当前的文本分析仅限于使用语言规则或字符串的统计出现率进行处理，很少用到知识。在韵律生成环节，人类朗读过程通常在理解故事背景、角色个性和发声情感之后，给出准确的韵律边界、重音和停顿等，而文语转换语音合成系统的韵律参数的生成则无法考虑此类高层语境的约束。在语音生成环节，人类的声源和声道是相互作用的，而文语转换语音合成系统的声源和滤波器则是相互独立的。目前，基

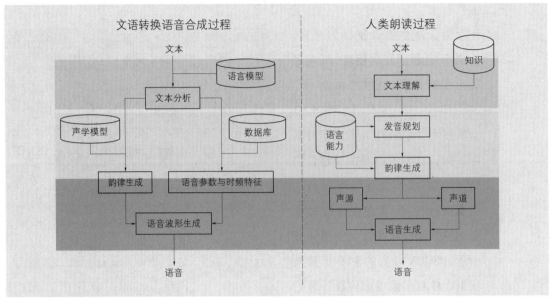

图4-4 文语转换语音合成过程与人类朗读过程对比

于深度学习、大数据驱动的语音合成方式,在朗读语音的文语转换中音质和自然度已接近人的水平。研究者正在聚焦解决情感语音合成和不同会话风格的语音合成的问题。

4.2 语音合成的原理

语音的本质是经过语言调制的声学信号,它可以分解为调制波(语言信息)和载波(声学信号)。前面已介绍了文语转换语音合成系统的目标是将输入文本转换成自然的语音,在语言处理方面包含分句、分词、文本归一等环节,在声学处理方面包含韵律参数估计、声学参数估计和语音波形生成等环节。语音合成的原理就是通过语音波形学习人的发音参数并进行建模,进而基于习得的模型和参数根据给定文本重构语音波形。语音合成从系统构建到语音重现是一个"解码、信息匹配、编码的过程",其关键技术环节涉及参数学习、模型训练、文本分析和声音重构。在解码和编码过程中始终以实现文本信息、韵律信息和声学信息之间的最佳匹配为核心。本节分别从文本分析、韵律分析和统计参数语音合成的原理等方面进行阐述。

4.2.1 文本分析

根据文语转换语音合成系统的处理过程,系统首先需要对输入文本进行分析,提取语音合成所需的语言信息。对于中文合成系统而言,需要对文本在句子层面进行切分,然后提取出短语、词组和音素等文本特征。中文一般以汉语普通话的声韵母为语音合成基元,对输入的汉语文本,借助语法词典、语法规则库的指导,通过文本归一化、语法分析、韵律预测分析、字音转换,依次获得输入文本的语句信息、词信息、韵律结构信息和每个汉字的声韵母,从而获得输入普通话文本的语音合成基元(声韵母)信息以及每个语音合成基元的上下文相关信息,最终生成语音合成后端所需的单音素标注和上下文相关的标注。

1. 自动分词

文本分析主要包含词法分析和句法分析。对汉语文本来说,自动分词是第一步,也是重要的一步。相比于英文分词,汉语分词要复杂很多。汉语句子中的词没有严格的词边界,它由多个独立的汉字组成,并且字与字之间没有任何分隔标记符。因此,对输入文本进行自动分词是文本分析中一个重要环节。中文分词就是将连续的汉字序列按照一定的规范重新组合成词序列的过程。此外,汉字的开放性使得中文分词难有一个统一的构词标准,由此造成中文分词的歧义繁多。汉语自动分词的基本方法可分为三类:形式分词方法,语法分词方法和语义分词方法。在文语转换语音合成系统中一般采用形式分词方法,辅以一些其他分词规则,使之满足一般系统中对分词精度的要求。

词法分析的流程一般如下:

① 查词典,重叠词处理。

② 数词、时间词、前后缀处理。

③ 粗切分(采用基于词的一元语法,保留多个结果)。

④ 未登录词识别(采用基于角色标注的隐马尔可夫模型,识别中国人名、中国地名、译名、其他专名)。

⑤ 细切分(采用基于词的二元语法或三元语法,利用概率上下文无关文法计算未定义词概率,输出多个结果)。

⑥ 词性标注(采用隐马尔可夫模型,输出一个或多个结果)。

在中文分词中,如果一个待切分语句存在多个分词结果,则该语句存在切分歧义,称为切分歧义句。比如"羽毛球/拍卖/光了"和"羽毛球拍/卖/光了",这种情况只能结合上下文才能消除切分歧义。由中文分词的歧义类型可见,彻底消除切分歧义非常难,部分汉字串的切分歧义可以通过修改和扩充词库来逐步消解。同时,还可以利用词频、词长以及词的上下文关系进一步进行歧义消解。

未登录词指的是没有收录到分词系统词典中的词。对于汉语而言,词组的构造没有固定不变的标准,随着人们言语表达需要的变化,新的词组接连不断地出现在语料中,比如人名、地名以及各类专业术语,如今还有普遍流行的网络新词。有人以《人民日报》作为中文语料对各主要类型未登录词所占比例进行了统计,其结果显示,未登录词在总词数中所占比例为 6.27%,中文分词错误中超过 60% 来源于新词。

由此可见,如何有效地消除切分歧义和解决未登录词识别问题是提高中文分词的正确率关键。针对这两类问题,近年来研究者从基于词典、基于统计以及基于语义理解等方面对中文分词算法进行了划分。基于词典的分词算法以提高时间和空间效率为目标,通过改进词典结构来提高分词效率。双字哈希结构是目前查词性能较好的词典机制,但对于歧义消除和未登录词识别的贡献仍有限。基于统计的分词算法通过改进统计语言概率模型,在一定程度上可消除中文分词的歧义,较好地识别出未登录词。条件随机场模型(conditional random fields,CRF)综合了隐马尔可夫模型和最大熵模型的特征,是目前基于统计的分词算法的主流训练模型。随着神经网络的研究应用,基于语义理解的分词算法对歧义消除和未登录词识别表现出较好的性能,未来中文分词算法将更多地围绕上下文语义展开研究,运用深度学习技术进一步提升中文分词的正确率。

2. 文本归一化

面向语音合成的文本分析中最重要的问题是文本归一化问题。普通话文本中除了正常的汉字之外,还会经常出现简略词、日期、公式、号码等文本信息,这时就需要通过文本归一化对这些文本块进行处理,否则合成出的语音就会出现语法错误、语义不完整等情况,从而导致语音合成效果的降低。语音合成时,需要进行文本归一化的情况如下。

① 专有名词的读音和具有特殊读音的姓氏字。在汉语中,姓氏字也可以看成表示姓氏的词,所以也是一种非标准词,在语音合成时要区别姓氏字的特殊读音。例如,"曾国藩"和"曾经"中的"曾"字,前者是姓氏字,读作 zēng,后者是标准词中的一个语素,读作 céng。

② 数字。汉语中的数字也是很重要的非标准词。对于汉语文本中的数字串,应区分其进位制,按汉语习惯"亿、万、千、百、十"的单位应读出。例如,"小明体重是 128 斤"中的"128"应规范为"一百二十八",而"G128 次列车"中的"128"应规范为"幺二八"。

③ 年代、时间、电话号码、百分比、分数和小数。要区分汉语文本中年代、时间、电话号码和特殊数字表示的顺序式读法和进位制读法以及某些特殊读法,并要处理全角的数字符号。例如,日期有多种写法"2014-10-01""2014/10/01""2014 年 10 月 1号",其读法都应带有年月日。

④ 符号与单位。对符号和单位,有中文法定计量单位的应给出相应的拼音形式,并按照汉语普通话读音,读音应遵照我国 1984 年颁发的《国务院关于在我国统一实行法定计量单位的命令》(国发〔1984〕28 号)有关规定。

⑤ 以字母开头的词语。以字母开头的词语有的是借词,有的是外语缩略语,其中字母按相应读音,汉字按汉语普通话读音。例如,"α 粒子"应读为(alfa lìzǐ),"B 超"

应读为(B chāo)等。

⑥ 汉语文本的同形异义字(多音字)处理。在语音合成中,要根据上下文条件确定每个字的读音,把文本中的文字转换为正确的读音,以拼音或语音合成的符号输出。字音转换中的难点是多音字读音的确定,一种比较经典的方法是基于规则的多音字自动注音方法确定多音字的读音,其过程如图 4-5 所示。

首先,在字典的指导下,对句中文字进行分类,如果该字只有一个读音,则转换为标准拼音;如果该字有两个或两个以上读音,则参照相邻单元词性、词长等特征信息确定读音。

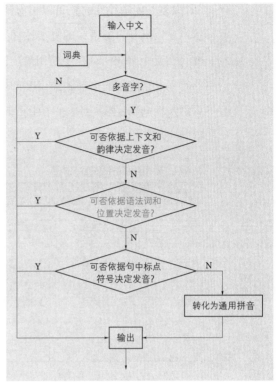

图 4-5 基于规则的多音字自动注音方法

在算法层面,文本归一化就是考虑上述情况,通过对上下文的语境分析,把输入文本中非标准文本、多音字等转化为标准的文字序列。

3. 句法分析

词法分析的作用是在输入句子中划分出词,而句法分析的作用是分析组成该句子的所有单词之间的关系。厘清词之间的关系对后续语音合成需要的韵律参数生成至关重要。句法分析的输入是词的序列(可能含词性等信息),输出是句子的句法结构。下面简单介绍相关的句法理论和句法分析方法。

(1)句法理论

这里介绍几种有代表性的句法分析理论。

① 形式语法理论[8]。该理论由乔姆斯基提出,第一次严格地描述了形式语法、语言和自动机之间的关系,在数学、计算机科学和语言学之间建立了一道沟通的桥梁。形式语法理论的核心就是"普遍语法"的思想即人类各种语言之间的共性(原则)是主要的,语言之间的个性(参数)是次要的,称之为"原则+参数"的语言学理论。在该语法层次体系中,定义了如表 4-1 所示的 4 种类型的形式语法,统称为短语结构语法(phrase structure grammer,PSG)。一个 PSG 是一个四元组 $\{V,N,S,P\}$,其中 V 是终结符的集合(字母表),N 是非终结符的集合,$S \in N$ 是开始符号,P 是重写产生式规则集。

在表4-1中,正则语法(3型)的形式最严格,生成的语言最简单,分析起来也最容易(时间复杂度是线性的),可以用有限状态自动机进行分析。上下文无关语法(2型)虽然不足以刻画自然语言的复杂性,但由于其形式简单且分析效率高(多项式时间复杂度),实际上是句法分析中使用最广泛的一种语言形式。上下文敏感语法(1型)分析的时间复杂度是非多项式的(NP问题),而短语结构语法(0型)的分析甚至不是一个可判定性问题(实际上是一个半可判定问题),所以这两种语法形式在实际中都无法得到应用。

表4-1 乔姆斯基的语法层次体系

类型	语法	自动机	改写规则($W_1 \rightarrow W_2$)
0型	短语结构语法	图灵机	W_1=任意字符串,至少包含一个非终结符 W_2=任意字符串
1型	上下文敏感语法	有界图灵机	W_1=至少有一个非终结符的字符串 W_2=至少和W_1一样长的字符串
2型	上下文无关语法	非确定性下推自动机	W_1=一个非终结符 W_2=任意字符串
3型	正则语法	有限状态自动机	W_1=一个非终结符 W_2=tA或t(t=终结符 A=非终结符)

② 依存语法(dependency grammar)。该理论由法国语言学家 L.Tesniere 于 1959 年提出,又称为从属关系语法。与短语结构语法最大的不同在于,依存语法的句法结构表示形式不是一棵句法层次结构的句法树,而是一棵依存树,依存树上的所有结点都是句子中的词,没有非终结符结点。Robinson 提出了依存语法的 4 条公理:

a. 一个句子只有一个成分是独立的。

b. 句子中的其他成分直接从属于某一成分。

c. 任何一个成分都不能从属于两个或两个以上的成分。

d. 如果成分 A 直接从属于成分 B,而成分 C 在句子中位于成分 A 和 B 之间,那么成分 C 或者从属于 A,或者从属于 B,或者从属于 A 和 B 之间的某一成分。

这 4 条公理比较准确地界定了一个依存树所要满足的条件,普遍被依存语法研究者所接受[8]。

③ 范畴语法(categorial grammar)。该理论的特点在于把句法分析过程变成了一种类似于分数乘法中进行的"约分"运算[8]。在范畴语法中没有规则,只有几条简单的原则,规定范畴之间如何进行"约分",所有的语法信息都表现在词典中。范畴语法在现在的形式语义学理论中有很重要的作用。

此外,典型的句法理论还有链语法(link grammar),针对中文句法的特点提出的概念层次网络(hierarchical network of concepts,HNC)理论等。

（2）句法分析方法

句法分析是自然语言处理的一个最基本的问题,不仅要做短语结构分析,如句子主要短语组成分析、句子形式分析及短语成分联系分析等,还须做相关的语义联系分析。句法分析方法大致可以分为三类:基于规则的方法、基于统计的方法以及融合语言知识的数据驱动方法。

① 基于规则的方法。早期的句法分析方法主要采用基于规则的方法,以语言学理论为基础,强调语言学家对语言现象的认识,采用无歧义的规则形式描述或解释歧义行为或歧义特性。该方法主要有以下几种具有代表性的方法:转换语法和形式化理论、扩充转移网络(augmented transition networks)法、中心语驱动的短语结构语法(head driven phrase structure grammar,HPSG)、词汇功能语法(lexical functional grammar,LFG)等。这种方法的问题是无法从众多的歧义结构中给出合理的选择,规则繁杂,而且规则间的冲突难以调和。

② 基于统计的方法。该方法需要完成两个任务:一是消解语法歧义,二是从模型输出的所有句法树中选出概率意义上最准确的结果。其基本思想是:使用语料库作为唯一的信息源,从语料中获得所需的知识,放弃人工干预,减少对语言学家的依赖;语言知识在统计意义上被解释,所有参数都是通过统计处理从语料库中自动获得。

③ 融合语言知识的数据驱动方法。汉语的句法分析过程是一个语法知识、语义知识共用的过程。如何在语料中表示句子中蕴涵的复杂知识,以及使用统计学习的方法获取这些复杂的不同层次的知识,并把它应用于汉语句法分析将是一个热点问题。近年来,引入构词法知识的句法分析也引起了学者的关注。

4.2.2　韵律分析

从语音信号角度看,韵律是由音高、音长、音强等声学物理属性承载的超音段信息;从功能角度看,韵律编码了多种类型的言语意图。作为句法和语音学的结合,韵律受到声调类型、词汇项在语义或句法上的关联性、组合的节奏性、话语的延续性等因素的影响。作为一种语言学手段,韵律表现信息焦点、对话的延续性、言语行为的种类指向,以及说话人的态度和情绪状态。语音中的韵律在听感上表现为句子的节奏、轻重、快慢等,在声学特征中通过基频、时长、能量等特征的变化来实现。

在汉语以及其他声调语言中,声调是比较特殊的一种语言韵律信息。汉语既有声调,也有语调。汉语声调的承载单位为音节(即单字),时程与该音节元音音段同步,一般将声调作为超音段特征处理。音节的声调和句子的语调关系可以比作小波浪叠加在大波浪上面[12],而实际结果是两种波浪的代数和。韵律反映了这种层级结构。有学者将韵律结构自上而下分为 6 层:语句、语调短语、音系短语、韵律词、音步和音节。在韵律标注中被广泛使用的 ToBI(tones and break indices)标注系统中,韵律结构则被分为三层:语调短语、中间短语和词。ToBI 不标注词内的韵律结构,所以没有使用音节这一层级。近年来,篇章级别的韵律得到越来越多的关注。有研究人员将韵律结构自上而下分为语篇、韵律句组、呼吸组、韵律短语、韵律词、音节等层级。

1. 韵律结构预测

早期的韵律结构预测方法大多是基于规则的方法,其思路是从语言学、句法分析入手总结经验知识,并将其整理成规则,以映射韵律层级的生成。基于规则的方法其优点是简单,而且得到的模型较为直观。但该方法也有很多局限性,随着统计机器学习的发展,越来越多的学者开始转向研究基于统计的韵律结构预测方法。

基于统计的韵律结构预测方法的主要思想就是提取与韵律结构有关的语言学特征,然后用规则学习算法自动归纳预测规则。此类机器学习方法就是根据词法等信息特征,将韵律预测转化为一个分类问题。其代表性方法有决策树模型、隐马尔可夫模型、最大熵模型、条件随机场模型等。这些统计机器学习方法在基于统计的语音合成系统的韵律预测领域曾得到广泛的应用。

目前较为常见的方法是采用深度模型来进行韵律短语预测。早期基于循环神经网络对韵律短语进行预测的方法并没有考虑语义特征,研究人员在基于递归神经网络的韵律层级预测模型并加入词向量(word2vec)作为语义特征[13],其结果较传统的机器学习方法有一定的提升,同时显示词向量特征可以较好地适应递归神经网络模型。如果将深度学习和传统模型进行融合,可以较好地描述韵律层级的多样性。

2. 语调分析与控制

语调的音高模式由三种因素构成,即声调、声调在连贯的言语中的相互影响(称为中性语调)和表达说话人的情绪或态度的音高运动(称为表情语调或口气语调)。

在语音合成的语料库中,ToBI 标注体系用于标注包括语调在内的多种韵律现象。它将标注分解为声调层以及停顿指数层等不同的层,用于描述不同的韵律现象。人们在会话中会根据表达需求选用不同的语调模式,从而使语言更富有表现力,如较高的语调可以用于应答、较低的语调可以用于求证等。在统计语音合成中,语调调型隐含于基频模型,句子的基频曲线根据当前音节的拼音、声调与上下文环境,由语料库中的基频统计模型得到,其语调可以认为是语料库中语调的平均。

4.2.3 统计参数语音合成的原理

语音合成是再现人类发音过程的最终结果。尽管语音合成系统的实现方式千变万化,但人类发音过程的几个关键性能(声源特性,声道特性和协同发音的特性)必须保证。本书前两章用声源—滤波器模型来近似人的发音功能和机理,解释了声源特性和声道特性。然而,声道的时变滤波器是由发音器官的运动和变形实现的,这里有一个无法忽视的问题是协同发音的影响。协同发音给语音带来的影响有发音运动物理层上的延续性影响和发音规划的前瞻性影响。延续性协同发音的起因是,发音器官有运动惯性,它不可能瞬时移动到下一个位置,另外发音器官(比如舌头)目标形状的实现也受当前形态的影响。前瞻性协同发音的起因是,人在做发音规划时会考虑如何以最省力的路径实现一个发音目标形状,下个发音目标会影响当前发音的目标。人们在朗读时,不仅是注视当前要发音的字,而是再往前多看几个字把它们进行组合才能流畅朗读。这就是考虑了前瞻性影响。统计参数的语音合成的参数训练和合成过程都充分考虑了声源、声道和协同发音的影响。

基于语料库的语音合成方法直接依赖于收录的语音波形数据,并且是通过连接诸如音素和音节的语音单元来合成语音。即使使用依赖语境的语音单元或使用多个选择的音素单元,在语音单元的拼接部分中还是会出现不连续性,因此有必要引入一些启发式连接规则。在要求说话人的性格、发声方式等多样性的情况下,难以通过规则进行控制。如果所有语境都考虑,则需要记录的数据会变得无法想象的庞大。为了解决这些问题,研发人员[18]自 20 世纪 90 年代中期以来一直开发基于隐马尔可夫模型(HMM)的统计语音合成方法。2006 年由我国科大讯飞公司实现的基于 HMM 的语音合成质量首次超过了基于语料库的语音合成质量。

基于 HMM 的语音合成方法,来源于语音生成的声源—滤波器的概念,即从语音数据库中学习用于语音合成的参数,随后利用这些参数进行语音合成。图 4-6 给出了基于 HMM 的语音合成系统的训练与合成过程框图。其中,在参数训练单元中,对语音数据库的语音材料执行倒谱分析和韵律分析,提取语音信息、声源信息和韵律信息,并使用这些信息作为特征向量来学习音素 HMM。在语音合成单元中,基于要合成的文本根据音素序列连接上述音素 HMM,并且创建与输入文本相对应的一个句子 HMM。此外,生成包括韵律信息的梅尔倒谱序列,从而使可能性最大化。最后,语音信息和声源信息使用梅尔对数谱近似(Mel logarithm spectral approximation,MLSA)滤波器合成语音。下面简要描述基于 HMM 的语音合成方法的技术特征。

1. 参数训练部分

在 HMM 训练前,首先要对一些建模参数进行配置,包括建模单元的尺度、模型拓扑结构、状态数目等,这些参数配置是否合理,将会对模型训练以及合成效果产生非常大的影响。在配置好建模参数后,还需要进行数据准备,一般训练数据包括声学数据以及标注数据。其中声学数据包括谱和基频,它们可以通过分析数据得到。标注数据主要包括音段切分和韵律特征。语音合成的数据标注远比语音识别的数据标注复杂,它要求更多的语言知识。一般采用的方式都是人工标注,但是其中的切分信息并不是很重要,自动切分的结果基本上就可以满足要求,而对于韵律标注,则需

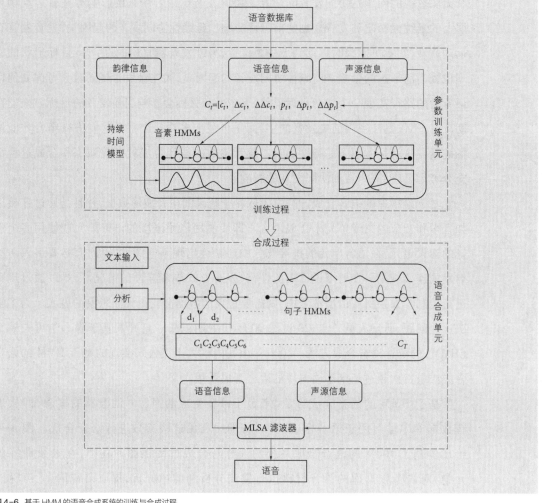

图 4-6 基于 HMM 的语音合成系统的训练与合成过程

要人工进行。

  一般用于 HMM 语音合成系统的语音学习单元为音素（单音）或音素组（代表性的有三连音素）。对于基于 HMM 的语音合成方法，Tokuda 等人[19]通过对发音信息（频谱）、声源信息（基频 F0）和状态持续时间同时建模的方法，提出了参数学习方法。如图 4-6 所示，在语音数据库中进行语音分析时，提取与时刻 t 语音信息相对应的梅尔倒谱（c_t）、梅尔倒谱的一阶差分（Δc_t）和二阶差分（$\Delta \Delta c_t$）；提取同一时刻与声源信息相对应的浊音/清音判断，浊音情况下声源参数 p_t 为基频 F0 的对数值，即 $p_t = \log F0$，以及它的一阶差分（Δp_t）和二阶差分（$\Delta \Delta p_t$）。梅尔倒谱的阶数通常在 15 阶左右，并且参数（$C_t = [c_t, \Delta c_t, \Delta \Delta c_t, p_t, \Delta p_t, \Delta \Delta p_t]$）声源信息使用 3 个标量。在基于 HMM 的语音合成方法中，语音的时间结构由正态分布近似，计算每个 HMM 状态持续时间的概率分布。通常，帧的窗口长度设置为约 25 ms，帧移设置为 5 ms。

  为了进一步提高合成语音的自然性，模型训练前还有一个重要的工作就是对上下文属性集和用于决策树聚类的上下文属性问题集进行设计,即根据先验知识来选择一些对声学参数谱、基频和时长有一定影响的上下文属性并设计相应的问题集,如前后调、前后声韵母等。上下文属性集及其相应的问题集的设计对学习合成语音参数至关重要。需要注意的是,这部分工作与语种或发音风格相关。在此,对频谱、F0 和持续时间有影响的上下文,可以考虑成例如声调、词性、当前/先行/后续的音素等各种上下文的组合。虽然考虑到多样化的上下文可以得到具有更高准确性的模型,但因此可能导致每个模型的学习数据显著减少,反而使得模型参数估计的准确性降低。换句话说,当考虑的上下文变化太多时,会发生数据稀疏的问题。为了解决这个问题,研究人员[20]提出了一种将基于决策树的上下文聚类应用于上下文相关的频谱、F0 和持续时间模型的方法。一旦构建了决策树,即使在训练数据中没有出现的上下文组合,也可以根据对应的聚类唯一确定。由于频谱、F0 和持续时间受影响的上下文类型上有所不同,建议分别单独进行聚类。

图 4-7 显示了上述基于 HMM 的文语转换系统训练流程。这里需要说明的是方差下限估计环节。它的目的是在后面的上下文相关模型训练中避免模型的方差过低,由于上下文属性可能的组合数远远大于训练数据的数目,某些上下文相关模型对应的训练数据只有一到两个,使得模型方差接近于零。为了避免方差过于接近于零,我们需要预先设定一个方差下限。由于采用谱参数和基频参数以及相应的差分系数来进行建模,所以对不同的参数需要设定不同的方差下限。对此,根据所有数据的统计属性来自动计算各阶参数对应的方差下限。

为了减少参数生成时的计算量,在 HMM 中使用三状态或五状态从左到右的模型,每种状态的输出分布为单个对角协方差高斯分布。首先,根据音素标签通过

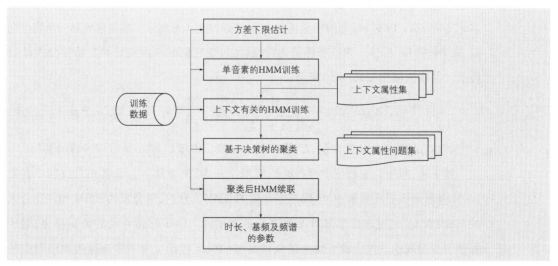

图 4-7 基于 HMM 的文语转换系统训练流程

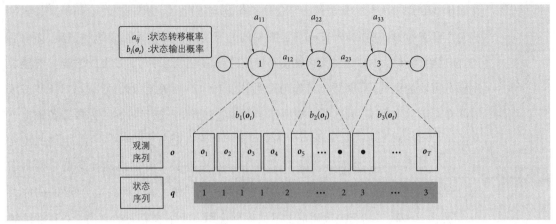

图4-8 三状态从左到右的 HMM 示例

Baum-Welch 算法学习单音素 HMM。图4-8 给出了三状态从左到右的 HMM 示例。此示例模型将一个音素分为 3 个状态,分别用来模拟音素的开始、持续和结束区间。在声音序列中将声音进行分帧,每帧对应一个状态。每个音素可能持续一定的时间,所以图4-8 中的 q 有重复的 1,2,3 表示每个状态的持续时间。通过这样的训练,可以得到一系列由一

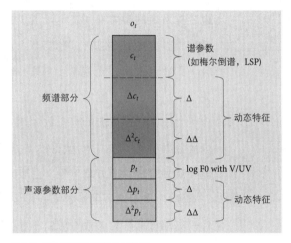

图4-9 时刻 t 模型的观测状态 o_t 的成分

组初始状态概率 $\{\pi_i\}_{i=1}^N$ 表示的 N 状态的 HMM λ ,$\{a_{ij}\}_{i,j=1}^N$ 是状态转移概率,$\{b_i(\cdot)\}_{i=1}^N$ 是状态输出概率。在此示例中 $N=3$。为了简便起见,假设 $\{b_i(\cdot)\}_{i=1}^N$ 是一个多元高斯分布。时刻 t 模型的观测状态 o_t 的成分如图4-9 所示。观测序列是一个高维向量,除了包括 log F0(p_t)、MFCC 等静态特征,还包括它们的一阶差分和二阶差分等动态特征。其观测模型如式(4.1)所示。

$$b_i(o_t) = \mathcal{N}(o_t; \boldsymbol{\mu}_i, \boldsymbol{\Sigma}_i) = \frac{1}{\sqrt{(2\pi)^2|\boldsymbol{\Sigma}_i|}} \exp\left\{-\frac{1}{2}(o_t - \boldsymbol{\mu}_i)^{\mathrm{T}}\boldsymbol{\Sigma}_i(o_t - \boldsymbol{\mu}_i)\right\} \quad (4.1)$$

其中,$\boldsymbol{\mu}_i$ 是一个 d 维向量,$\boldsymbol{\Sigma}_i$ 是一个 $d \times d$ 的协方差矩阵,d 是声学参数的维数。

接下来,对于训练数据中存在的所有三连音素,将与其中心音素相对应的单音素 HMM 复制到该三连音素中,生成三连音素的 HMM。然后,单音素的 HMM 和三连音素的 HMM 配对,通过连接学习对参数进行重新估计。由于三连音素的类型很多,对于那些很少出现的三连音素可能无法获得足够的训练数据。为了弥补这类训练数据的不足并减少系统持有的数据总量,对于具有相同中心音素的三连音素的 HMM,将每个

模型中位置相同状态的集合进行聚类,并共享属于同一聚类的状态的输出分布。对于共享此输出分布的三连音素 HMM,通过连接学习再次重新估算参数。最后对训练数据进行维特比(Viterbi)分割,分别获得单音素 HMM 和三连音素 HMM 的状态持续时间分布,并使用单个高斯分布进行建模。但是,和共享输出分布相独立,状态持续时间分布具有各自的状态。

由于 HMM 是一个生成模型,因此基于 HMM 的语音合成的基本概念非常简单。设基于一组序列长度为 N 的声学参数 $\boldsymbol{O} = [O_1^{\mathrm{T}}, O_2^{\mathrm{T}}, \cdots, O_T^{\mathrm{T}}]^{\mathrm{T}}$ 和对应的语言信息(例如音素标签)W 训练 HMM。而 $\boldsymbol{o} = [o_1^{\mathrm{T}}, o_2^{\mathrm{T}}, \cdots, o_{T'}^{\mathrm{T}}]^{\mathrm{T}}$ 和 w 分别是语音合成时希望生成的声学参数和对应的语言信息。这里,^{T} 表示转置运算,$_T$ 和 $_{T'}$ 分别表示状态数。基此,HMM 的训练和来自 HMM 的合成可以简化如下:

$$\text{训练}:\lambda_{\max} = \arg \max_{\lambda} p(\boldsymbol{O} \mid \lambda, W) \tag{4.2}$$

$$p(\boldsymbol{O} \mid \lambda, W) = \sum_{\forall q} \pi_{q_0} \prod_{t=1}^{T} a_{q_{t-1}q_t} b_{q_t}(O_t) \tag{4.3}$$

$$\text{合成}:o_{\max} = \arg \max_{o} p(\boldsymbol{o} \mid \lambda_{\max}, w) \tag{4.4}$$

其中,$\boldsymbol{q} = \{q_1, q_2, \cdots, q_T\}$ 是一个状态序列。

2. 基于文本语境的协同发音考量

如前所述,协同发音既有延续性影响又有前瞻性影响。从统计参数语音合成的观点来看,要考虑延续性协同发音的影响就需要考虑先行音素的影响。与此相反,要考虑前瞻性协同发音的影响就需要考虑后续音素的影响。前后的范围需要考虑多宽,实际上取决于发音器官的动态特性。比如,在音素序列没有爆破辅音的情况下,软腭的运动比较慢,鼻音的影响最大可以涉及前后各 4 个音素。如果前后音素考虑太多,就会造成训练数据稀疏。现在一般的语音合成系统只考虑前后各两个音素。除上下文的音素之外,文本特征方面还需要考虑句子长度、音素个数、句中位置、词组长度、词组位置、前后是否断句、情感如何、有没有特殊的转调规则、如何停顿等因素。表 4-2 显示了基于上述考量形成的合成语音参数,包括合成语音参数的标注、语音学含义及其详细说明。

表 4-2　合成语音参数的标注、语音学含义及其说明

标注	含义	说明
4062911 5165142	发音起止时间	当前音素时长的起点和终点,单位为 10^{-7} s
sil^k-a3+er3=p@ a@	基元信息	p1:前前基元 p2:前一基元 p3:当前基元 p4:后一基元 p5:后后基元 p6:当前音节的元音
/A:xx-3^3@	声调信息	a1|前一音节/字的声调 a2|当前音节/字的声调 a3|后一音节/字的声调

标注	含义	说明
/B:0+8@1^3^1+9#1-9-	音节位置信息	b1|当前音节/字到语句开始字的距离
		b2|当前音节/字到语句结束字的距离
		b3|当前音节/字在词中的位置（正序）
		b4|当前音节/字在词中的位置（倒序）
		b5|当前音节/字在韵律词中的位置（正序）
		b6|当前音节/字在韵律词中的位置（倒序）
		b7|当前音节/字在韵律短语中的位置（正序）
		b8|当前音节/字在韵律短语中的位置（倒序）
/C:xx_n^v#xx+3+1&	词性和音节数目	c1|前一个词的词性
		c2|当前词的词性
		c3|后一个词的词性
		c4|前一个词的音节数目
		c5|当前词中的音节数目
		c6|后一个词的音节数目
/D:xx=9! xx@1-1&	韵律词信息	d1|前一个韵律词的音节数目
		d2|当前韵律词的音节数目
		d3|后一个韵律词的音节数目
		d4|当前韵律词在韵律短语的位置（正序）
		d5|当前韵律词在韵律短语的位置（倒序）
/E:xx|9-xx@xx#1&xx!1-1#	韵律短语信息	e1|前一韵律短语的音节数目
		e2|当前韵律短语的音节数目
		e3|后一韵律短语的音节数目
		e4|前一韵律短语的韵律词个数
		e5|当前韵律短语的韵律词个数
		e6|后一韵律短语的韵律词个数
		e7|当前韵律短语在语句中的位置（正序）
		e8|当前韵律短语在语句中的位置（倒序）
/F:xx^9=5_1-1!	语句信息	f1|语句的语调类型
		f2|语句的音节数目
		f3|语句的词数目
		f4|语句的韵律词数目
		f5|语句的韵律短语数目

在我们使用的系统中，参数组包括8组参数。参数①是当前音素时长的起点和终点。参数②是在音素层次上考虑协同发音的，它用了两个先行音素考虑延续性协同发音的影响；用了两个后续音素考虑前瞻性协同发音的影响。参数③是在音节层次上描述当前音节的声调及其前后音节的声调。参数②和参数③分别考虑发音运动的协同发音和发声过程的协同发音(即调性变化)。

为了更形象地理解后面几个参数在语言、语音及物理上的意义，这里再次以Fujisaki模型为参照进行介绍[14]。汉语声调和语调的关系可以形象地比喻为大波浪与小波浪的叠加。也就是说，一个句调单元的基频曲线一定能拆解成全局句调成分(受呼吸等物理要素约束)、局部强调成分的短语(受韵律等约束)以及声调(韵律和语义等约束)的成分,这些成分(短语指令和声调指令)的位置和语境直接与语音的自然度相关。参数④-⑧的功能基本可以由 Fujisaki 模型进行解释。参数④记录当前音节的位置信息:包括在句子里的前向和后向位置,在当前单词中的前向和后向位置,在当前韵律词中前向和后向位置,以及在当前韵律短语中的前向和后向位置。合成参数是以音素为单元生成的,由于语言中每个词、每个音节含有的音素个数不尽相同,从全局进行语言规划有必要找到当前时刻该音素相关的词及其音节的对应关系,因此参数⑤分别记录当前词的位置及前后词的位置,以及当前词和前后词的音节数。参数⑥描述韵律词信息,分别记录当前韵律词中的音节数及其前后的音节个数,以及该韵律词在韵律短语中的前向和后向位置。参数⑦描述韵律短语信息,分别记录当前韵律短语中的音节数及其前后的音节个数,以及该韵律短语中韵律词的个数及其前后韵律词的个数。参数⑧描述句子级别的信息,包括该句的语调、音节数、单词数、韵律词数和韵律短语数。

图 4-10 显示了从输入文本"巴格达巴格达"转换成的部分合成语音参数序列。序列中每个音素用一组参数表示。在图 4-10 中用方框标出了一组参数,其当前音素为/e/。参数①是当前音素的起点和终点(540~660 ms)。参数②是在音素层次上考虑协同发音的,它用了两个先行音素考虑延续性协同发音的影响;用了两个后续音素考虑前瞻性协同发音的影响。在此序列中可以看到,随着当前音素的向后推移,考虑协同发音的上下文也随之变化。参数③是在音节层次上描述当前音节的声调及其前后音节的声调。参数②和参数③分别考虑发音运动的协同发音和发声过程的协同发音(即调性变化)。同样,可以依据表 4-2 的说明获得其他参数的物理意义。

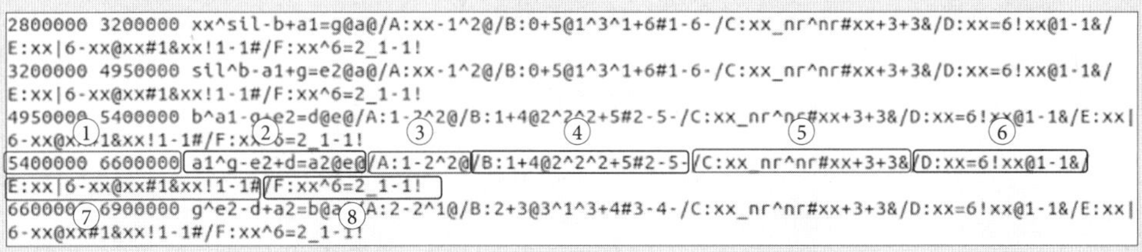

图 4-10 从输入文本"巴格达巴格达"转换成的部分合成语音参数序列

统计语音合成的参数可能因系统规模和应用场景不同有所增减,但其基本格式已经基本定型。这些参数也被基于深度神经网络的语音合成方法所采用。从实现过程上看,统计参数语音合成方法和人的发音机理相差甚远。但从基本原理和关键技术要素来看,它忠实地再现了人类语音生成的基本特性,即声源特性、声道特性和协同发音的特性。特别是协同发音特性的再现,从超音段的大局实现了人类言语规划的过程,对提升合成语音的自然度有重大的贡献。

3. 语音合成部分

图 4-6 显示了基于 HMM 的语音合成方法的合成过程。合成时,首先,对将要进行文本转换的字符串进行分词,根据上下文进行句法分析、文本归一化,形成含有上下

文信息的标注文件。然后通过决策树来对这些上下文标注文本信息进行预测,生成一个含有上下文信息的 HMM。接下来,通过相关的语音参数生成算法来将生成的 HMM 模型转换成合成所需要的语音参数(如频谱参数模型、基频参数模型以及时长模型),这个过程其实就是根据给定的 HMM 来确定最大概率的输出序列。根据状态持续时间分布确定每个状态的持续时间,基于输出概率最大的条件生成包括声道信息和声源信息的合成参数,然后通过 MSLA 滤波器生成语音波形。

(1)合成语音的参数生成

在统计参数语音合成过程中,最重要的一点是合成语音的参数生成。Tokuda 等人提出了一种基于似然最大化准则的参数生成算法。该算法实现了诸如使初始子状态序列尽可能接近最优子状态序列的决策方法、初始子状态序列相对应的语音参数序列的计算以及最优状态序列搜索的高速化等目标。使用该算法的前提是,状态序列在生成语音参数时是已知的,或者是通过最大似然规则可以获得的。实际上,状态序列几乎是未知的。为了解决这个问题,Tokuda 等人[18]通过引入一个新的参数变量和一个可以使变量接近目标参数的辅助函数来改进参数生成算法。该改进算法能够在状态或混合状态序列未知的情况下生成语音合成参数。我们通过使用该参数生成算法,并根据 HMM 学习的静态/动态特征的统计信息可以生成连续过渡的频谱序列,最终合成流畅且高度自然的语音。

如果训练好一组 HMM,根据给定文本就可以生成语音合成用的语音参数。参数生成算法的基本思想描述如下。给定一组训练好的 HMM 和要合成的文本,将最可能的语音参数矢量序列确定为

$$
\begin{aligned}
\boldsymbol{o}_{\max} &= \arg\max_{\boldsymbol{o}} p(\boldsymbol{o} \mid \lambda_{\max}, w) \\
&= \arg\max_{\boldsymbol{o}} \sum_{\forall q} p(\boldsymbol{o}, q \mid \lambda_{\max}, w) \\
&\approx \arg\max_{\boldsymbol{o}, q} p(\boldsymbol{o}, q \mid \lambda_{\max}, w) \\
&= \arg\max_{\boldsymbol{o}, q} p(\boldsymbol{o} \mid q, \lambda_{\max}) p(q \mid \lambda_{\max}, w)
\end{aligned} \tag{4.5}
$$

如果定义

$$
q_{\max} = \arg\max_{q} p(q \mid \lambda_{\max}, w) \tag{4.6}
$$

即可以用下式近似:

$$
\begin{aligned}
\boldsymbol{o}_{\max} &\approx \arg\max_{\boldsymbol{o}} p(\boldsymbol{o} \mid q_{\max}, \lambda_{\max}) \\
&= \arg\max_{\boldsymbol{o}} \prod_{t=1}^{T'} \mathcal{N}(\boldsymbol{o}_t; \boldsymbol{\mu}_{q_{\max,t}}, \boldsymbol{\Sigma}_{q_{\max,t}})
\end{aligned} \tag{4.7}
$$

式(4.6)的最大化问题可以通过状态持续时间概率分布轻松解决。式(4.7)的最大化问题是在给定的预定状态序列 $q_{\max}$ 条件下相对于 $\boldsymbol{o}$ 的最大化 $p(\boldsymbol{o} \mid q, \lambda)$。

(2)合并动态特征约束

从式(4.1)可以看出,如果 $o_t = \boldsymbol{\mu}_t, t = 1, 2, \cdots, T', p(\boldsymbol{o} \mid q_{\max}, \lambda)$ 将达到最大化,即语

音参数矢量序列等于平均矢量的序列。由于 HMM 中假设的状态输出概率的条件独立性,因此平均矢量序列会形成渐进式序列。要使从自然语音中提取的语音参数平滑变化是不现实的。人们可以感知到由渐进式语音参数序列重新合成的语音波形在状态边界处的不连续性。

为了避免这个问题,语音参数生成算法引入静态和动态特征之间的关系作为最大化问题的约束。我们使用动态特征(参数的一阶和二阶时间差分)作为观察向量的一部分,它是一种简单但功能强大的在 HMM 框架中捕获时间依赖性的机制。假设语音参数向量 $\boldsymbol{o}_t$ 由静态特征 c_t 及其动态特征 Δc_t 组成

$$\boldsymbol{o}_t = [\, c_t, \Delta c_t \,]^{\mathrm{T}} \tag{4.8}$$

为了简便起见,这里忽略二阶差分项 $\Delta\Delta c_t$。动态特征作为回归系数一般由相邻的静态特征计算,即

$$\Delta c_t = \sum_{\tau=-L}^{L} w(\tau) c_{t+\tau} \tag{4.9}$$

其中, $\{w(\tau)\}_{\tau=-L}^{L}$ 是计算动态特征的窗系数。L 一般取值为 $1\sim4$。最简单的情况就是一阶差分,即 $\Delta c_t = c_t - c_{t-1}$。这里,采用一阶差分进行说明。如果把观察向量 $\boldsymbol{o} = [\, o_1^{\mathrm{T}}, o_2^{\mathrm{T}}, \cdots, o_T^{\mathrm{T}} \,]^{\mathrm{T}}$ 和静态特征向量 $\boldsymbol{c} = [\, c_1, c_2, \cdots, c_{T'} \,]^{\mathrm{T}}$ 的关系用矩阵表示,可得到下式:

$$
\begin{array}{ccc}
\boldsymbol{o} & \boldsymbol{W} & \boldsymbol{c}
\end{array}
$$

$$
\begin{bmatrix}
\vdots \\ \hline
c_{t-1} \\ \hline
\Delta c_{t-1} \\ \hline
c_t \\ \hline
\Delta c_t \\ \hline
c_{t+1} \\ \hline
\Delta c_{t+1} \\ \hline
\vdots
\end{bmatrix}
=
\begin{bmatrix}
\cdots & \vdots & \vdots & \vdots & \vdots & \cdots \\
\cdots & 0 & 1 & 0 & & \cdots \\
\cdots & -1 & 1 & 0 & & \cdots \\
\cdots & 0 & 0 & 1 & 0 & \cdots \\
\cdots & 0 & -1 & 1 & 0 & \cdots \\
\cdots & & 0 & 0 & 1 & \cdots \\
\cdots & & 0 & -1 & 1 & \cdots \\
\cdots & \vdots & \vdots & \vdots & \vdots & \cdots
\end{bmatrix}
\begin{bmatrix}
\vdots \\ \hline
c_{t-2} \\ \hline
c_{t-1} \\ \hline
c_t \\ \hline
c_{t+1} \\ \hline
\vdots
\end{bmatrix}
\tag{4.10}
$$

利用上述这种确定性关系,可以把相对于 $\boldsymbol{o}$ 的输出概率最大化转化为相对于 $\boldsymbol{c}$ 的输出概率最大化,即

$$c_{\max} = \arg\max_{c} \mathcal{N}(\boldsymbol{W}c; \boldsymbol{\mu}_{q_{\max}}, \boldsymbol{\Sigma}_{q_{\max}}) \tag{4.11}$$

对(4.11)取对数,然后对 $\boldsymbol{c}$ 求偏导数,让其导数等于 0,可以得出确定最可能的静态特征向量序列的一组线性方程:

$$\boldsymbol{W}^{\mathrm{T}} \sum_{q}^{-1} \boldsymbol{W}c = \boldsymbol{W}^{\mathrm{T}} \sum_{q}^{-1} \boldsymbol{\mu}_q \tag{4.12}$$

其中,

$$\boldsymbol{\mu}_q = [\, \boldsymbol{\mu}_{q_1}^{\mathrm{T}}, \boldsymbol{\mu}_{q_2}^{\mathrm{T}}, \cdots, \boldsymbol{\mu}_{q_T}^{\mathrm{T}} \,]^{\mathrm{T}} \tag{4.13}$$

$$\boldsymbol{\Sigma}_q = \mathrm{diag}\left[\sum_{q_1}, \sum_{q_2}, \cdots, \sum_{q_{T'}}\right] \tag{4.14}$$

这一组线性方程可以由 Cholesky 分解算法高效地计算。

上面只是单个音素的模型,在句子中通常的做法是将每个词对应的音素模型从左到右连接起来构造 HMM 网络。图 4-11 显示了由/a/和/i/的音素级 HMM 组成的句子级 HMM 的统计信息和生成的语音参数示例[19]。图中每条垂直虚线(竖向)代表状态输出。由于协方差矩阵假定为对角线,因此每个状态都有其平均值和方差:每个水平虚线和阴影区域分别表示状态平均值和状态的标准偏差。三条曲线是生成语音参数中第 0 阶梅氏倒谱系数 $c(0)$ 及其动态特征 $\Delta c(0)$ 和 $\Delta\Delta c(0)$ 的轨迹,是通过最大化其输出概率来确定的。其结果显示,该轨迹从静态和动态特征两个方面都接近实际统计数值。

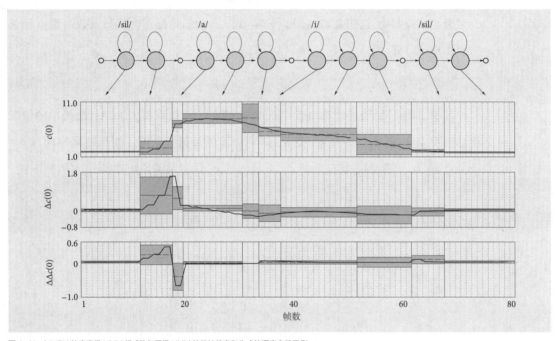

图 4-11 由/a/和/i/的音素级 HMM 组成的句子级 HMM 的统计信息和生成的语音参数示例
虚线和阴影分别显示了每种状态下高斯概率分布函数的平均值和标准偏差

4.3 语音合成的主流技术

基于隐马尔可夫模型(HMM)和基于混合高斯模型是两种最具有代表性的统计参数语音合成模型。模型将上下文特征建模为声学特征序列,并最终生成语音模型。然而,这些统计参数语音合成模型不能很好地建模上下文特征和声学特征序列之间的非线性关系。近年来,基于神经网络的建模方法在机器学习的各个领域都表现出优于传统模型的能力,如图像识别、计算机视觉、自然语音处理、自动语音识别、图像生成、图像风格转换等领域。在统计参数语音合成领域,深度学习也取得了迅速发展,在语音合成系统中的声学模型、声学表征、后滤波、波形建模等方面均取得显著提升,逐渐成为现阶段的主流语音合成方法。

4.3.1　基于深度神经网络的语音合成

语音合成的核心任务是构建一个能够描述连续声学特征的条件或联合概率分布的声学模型,而神经网络则能很好地应对这一任务。大量的深度神经网络结构,例如,深度神经网络(DNN),受限玻尔兹曼机(RBM),深度置信神经网络(DBN)和循环神经网络(RNN)都在建模文本和声学特征方面取得了很好的效果。本小节以较为经典的 DNN 和 RNN 为例,阐述神经网络在语音合成领域中的应用。同后文介绍的端到端语音合成模型不同,基于传统的深度神经网络模型仍需要首先从原始文本中提取文本特征,然后利用文本特征预测不同的声学参数,最后再经过声码器得到最终的语音。因此,这种流水线式的语音合成方法,又被称为管道式(pipeline)语音合成。

1. 基于 DNN 的语音合成

深度学习的实质,是通过构建具有很多隐含层的机器学习模型和大数据训练来学习更有用的特征,免去人工选取特征的过程,从而最终提升分类或者预测准确率的手段,尤其适合语音、图像等特征不明显的应用领域。在语音合成方面,DNN 可以对输

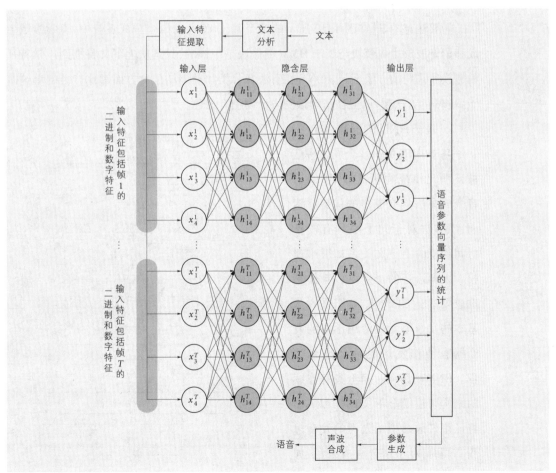

图 4-12　基于 DNN 的语音合成的基本结构和流程[21]

入文本与相应的声学参数之间的关系建模。DNN 的应用解决了传统方法(HMM)中上下文建模效率低、上下文空间和输入空间分开聚类而导致的训练数据分裂、过拟合和音质受损的问题。

图 4-12 展示了基于 DNN 的语音合成的基本结构和流程。待合成语音的文本经过前端的处理将会转化为输入特征序列 $\{x_n^t\}$，x_n^t 表示第 t 帧音频所对应的第 n 个输入特征。输入的特征包括一些关于上下文问题的二值答案(如用 0 或 1 表示当前的音节是否为"a"),或数值型的答案(如当前的音节时长是多少),这一部分和传统统计参数语音合成方法所需要做的文本上下文特征提取相同。

输入特征将会通过 DNN 经过正向传播映射为输出特征 $\{y_m^t\}$，y_m^t 代表第 t 帧语音的第 m 维特征。这些输出的特征通常包括一些谱参数、激励参数及其相关动态特征。利用从训练数据中提取的上下文特征和声学特征的成对数据对 DNN 进行训练,可以不断地更新模型中的参数。与基于 HMM 的语音合成方法类似,可以将 DNN 的输出作为声学特征的均值向量,而协方差矩阵可以从训练数据中计算得到。利用语音参数生成算法[18]便可从 DNN 的输出计算中得到较为平滑的声学特征参数。最终,利用得到的声学参数便可生成语音波形。

需要注意的是,在图 4-12 所示的整个基于 DNN 的语音合成系统中,声学参数生成和语音波形生成模块与基于 HMM 的做法是一样的,只是从上下文特征到声学特征的建模所采用的方法不同。DNN 在清浊音分类和准周期预测方面都比传统的单纯基于 HMM 的方法要好,但在基频预测方面则稍有逊色。

2. 基于 RNN 的语音合成

基于 DNN 的语音合成方法已被证明比传统的基于 HMM 的语音合成方法具有更多的优势。然而,该方法对于句子中具有较长时间跨度的上下文关系却很难建模。人类语音的产生可以看作是选取要表达的单词,将其分解为基本的发音单元并使用不同的发音器官协作发声的一个连续过程。RNN 利用在时间上具有连续的结构来建模上下文特征和声学特征很好地模拟了人类的发音过程。同时,对于语音合成来说,如果输入的是完整的一个句子,那

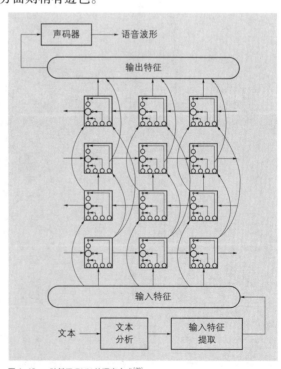

图 4-13 一种基于 RNN 的语音合成[22]

么可以从正(句首到句尾)和反(句尾到句首)两个方向来考虑文本的上下文特征。

一种基于 RNN 的语音合成方法如图 4-13 所示,其中 RNN 采用的是深度的双向长短期记忆(LSTM)网络,网络的输入输出与基于 DNN 的语音合成方法的输入输出一样。输入特征和输出特征通过一个训练好的 HMM 模型进行了强制对齐。如果数据没有经过强制对齐,那么网络仍然可以通过结合连接时序分类(CTC)等方法对输入输出进行建模。网络的训练过程和基于 DNN 的语音合成的网络训练过程类似。

这种双向循环神经网络结构从两个不同方向充分考虑了文本的上下文依赖和音频相邻帧之间声学特征的相关性。但采用这种方法即便是只想预测某一帧的声学特征,也需要输入全部文本并得到全部声学特征,这使得语音合成的实时率受到了限制。如果可以流式地合成,即一帧一帧地合成语音,这样听者不会长时间等待,体验会更好。

基于这种考虑,谷歌提出了单向的基于 LSTM 网络的语音合成系统[23],如图 4-14 所示。

图中包含文本上下文特征提取,时长和声学特征预测,还有声码器,这几部分都是流式执行的。语音合成的具体流程可以用如图 4-15 所示的简单过程描述。

其中 N 表示输入文本所包含的音素个数,Λ_d 和 Λ_a 分别表示用来预测时长和声学特征的 LSTM 模型,x^i 和 $\hat{d}^i$ 分别表示第 i 个音素所对应的上下文特征和时长,$x_\tau^{(i)}$ 和 $\hat{y}_\tau^i$ 则分别表示第 i 个音节中所包含的第 τ 帧的帧级别的上下文特征和声学特征。需要注意的是其中的文本分析模块(text analysis)并不是流式处理的,但是这一部分并不会占用太多时间,因此对整体性能影响较小。

4.3.2 端到端语音合成

随着深度学习技术的发展和并行计算能力的提升,许多复杂的机器学习任务受益于强有力的计算模型而变得简单,并开始涌现出许多端到端的建模方法,如端到端语音识别(end-to-end speech recognition)和神经机器翻译(neural machine translation,NMT)。端到端建模能化繁为简,将一个系统的多个步骤融入一个可学习的模型之中,简化了过多的人为假设,降低了系统构建的难度。对于中文语音合成任务来说,统计参数语音合成首先对韵律建模,得到韵律的层级结构,然后通过时长模型得到每个音素状态的时长,再结合时长信息得到帧级别的语言学韵律标签,然后通过声学模型预测声学参数,最后送入声码器合成语音。可以看出整个系统流程十分复杂,不仅如此,每个阶段都需要一定的专家知识以及一定程度的数据标注,这使得构建系统不仅复杂而且代价高。

一个理想的端到端语音合成模型应具有直接读取文本作为输入并直接输出语音波形的能力,而不使用任何中间表示,以减少人为假设及多阶段建模带来的性能损失。当前所指的端到端语音合成模型从功能实现上大致可以分为两种,即前端端到端模型和后端端到端模型。前端端到端模型是将单独的韵律节奏预测模型、时长模型和声学

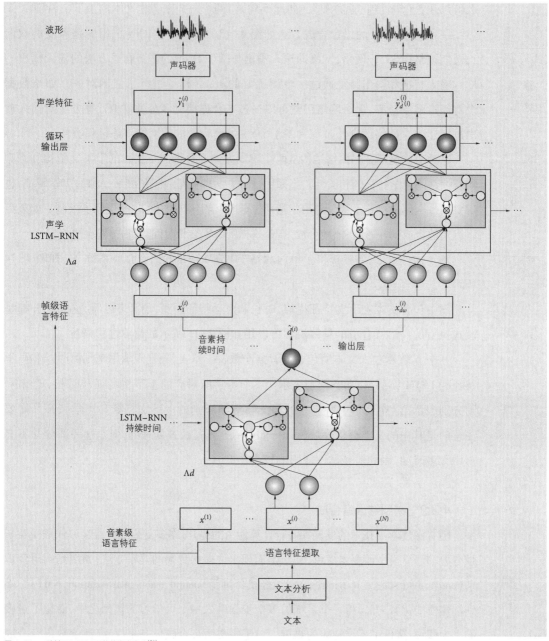

波形

声码器

声学特征 $\hat{y}_1^{(i)}$

循环
输出层

声学
LSTM–RNN

Λa

帧级语
言特征 $x_1^{(i)}$ $x_{d\omega}^{(i)}$

音素持
续时间 $\hat{d}^{(i)}$ 输出层

LSTM–RNN
持续时间

Λd

音素级
语言特征 $x^{(1)}$ $x^{(i)}$ $x^{(N)}$

语言特征提取

文本分析

文本

图4-14 一种基于 LSTM 网络的语音合成[24]

模型统一集成到同一个模型之中,直接读取上下文无关符号预测特定声学参数。本书将其称为端到端声学模型。而后端端到端模型则是通过读取声学特征作为输入,直接输出语音波形。因此,该模型也被称为神经声码器(neural vocoder)。

Tacotron2 是被广泛应用的端到端语音合成模型[24],该模型融合了前端端到端(Tacotron)和后端端到端(WaveNet)[25],虽然不能完整地从随机初始化进行端到端训练,但其可媲美自然语音的合成质量将端到端语音合成的研究推上了新高度。因此,本小节将以 Tacotron2 及其相关工作为例来讲解端到端声学模型和端到端声码器模型,并阐述目前研究的难点和热点。

1. 端到端声学模型

（1）Tacotron2

Tacotron2 采用基于注意力机制的编码器—解码器架构,其中编码器模块和带注意力机制的解码器模块构成了端到端声学模型。其结构

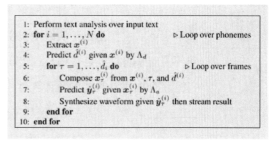

图 4-15　语音合成的具体流程

如图 4-16 所示,编码器读入的序列是文本序列(如字符序列或音素序列),并将其编码,得到输入序列的隐含层表示,然后带注意力机制的解码器利用该隐含层表示,输出对应的声学特征(梅尔谱参数)序列。

1）编码器

使用高效的编码器可以提取更具表达力的高层级表示,从而有助于模型泛化。在 Tacotron2 中,编码器将输入序列 $X = [x_1, x_2, \cdots, x_T]$ 映射成序列 $H = [h_1, h_2, \cdots, h_T]$,每一个输入分量 x_i 就是一个字符,序列 H 被称作"编码器隐藏状态"(encoder hidden state)。注意:编码器的输入输出序列都拥有相同的长度,h_i 至相邻分量 h_j 拥有的信息等价于 x_i 至 x_j 所拥有的信息。在 Tacotron2 中,x_i 首先通过嵌入层(embedding layer)将独热(one-hot)编码表示的字符序列或音素序列转换成连续实值表示的向量。

Tacotron2 的编码器是一个三层卷积层后跟一个双向 LSTM 层形成的模块,在

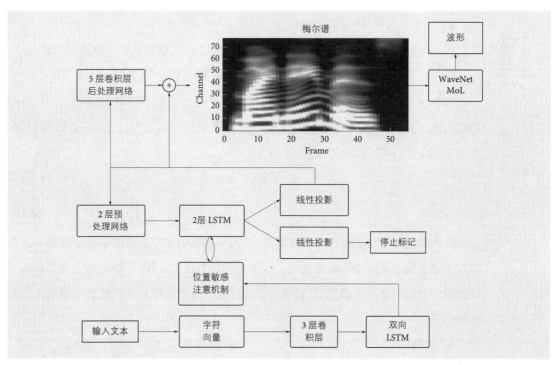

图 4-16　Tacotron2 中端到端声学模型的基本结构[24]

Tacotron2 中卷积层赋予神经网络类似于 *N*-gram 感知上下文的能力。这里使用卷积层获取上下文主要是由于实践中 RNN 很难捕获长时依赖,并且卷积层的使用使得模型对不发音字符更具有鲁棒性(如'know' 中的'k')。

整个编码器的结构及计算过程可以用公式(4.15)(4.16)表示:

$$f_e = \text{ReLU}(F_3 * \text{ReLU}(F_2 * \text{ReLU}(F_1 * \overline{E}(x)))) \tag{4.15}$$

$$H = \text{EncoderRecurrrency}(f_e) \tag{4.16}$$

其中,F_1,F_2,F_3 为三个卷积核,ReLU 为每一个卷积层上的非线性激活,$\overline{E}$ 表示对字符序列 X 做嵌入,EncoderRecurrency 表示双向 LSTM。

2)注意力机制

在 Tacotron2 中,在每一个解码器时间步上都进行注意力计算。为此,首先将解码器每一个时刻的隐状态 h_t 和编码器的每一个隐状态 $\overline{h_s}$ 进行比较,以式(4.17)生成注意力权重,也称为对齐,

$$\alpha_{ts} = \frac{\exp(\text{score}(h_t, \overline{h_s}))}{\sum_{s'=1}^{S} \exp(\text{score}(h_t, \overline{h_{s'}}))} \tag{4.17}$$

其中,score 函数常被称作"能量",不同的 score 函数决定了不同类型的注意力机制。

然后,基于注意力权重计算上下文向量 c_t,它表示所有编码器隐状态的加权平均,如式(4.18)所示:

$$c_t = \sum_s \alpha_{ts} \overline{h_s} \tag{4.18}$$

最终,上下文向量将会作为解码器的每一个时刻的输入。

在 Tacotron2 中采用的是位置敏感的注意力机制[26],通过式(4.19)进行计算:

$$e_{ij} = \text{score}(s_i, c\alpha_{i-1}, h_j) = v_a^{\mathrm{T}} \tanh(W s_i + V h_j + U f_{i,j} + b) \tag{4.19}$$

其中,v_a、W、V、U 和 b 都为待训练的参数,s_i 为当前解码器的状态而非上一步解码器隐状态,偏置值 b 被初始化为 0,位置特征 f_i 使用累加注意力权重 $c\alpha_i$ 卷积得到,如下公式(4.20)(4.21)所示:

$$f_i = F * c\alpha_{i-1} \tag{4.20}$$

$$c\alpha_i = \sum_{j=1}^{i-1} \alpha_j \tag{4.21}$$

之所以使用加法累加而非乘法累计,是因为权重中较小的值或零值会使得在累乘过程中这些信息不断变小甚至丢失。而累积注意力权重,可以使得注意力网络权重了解已经学习到的注意力信息,使得模型能在序列中持续进行并且避免重复预测未预料到的语音。

3)解码器

Tacotron2 使用的是一个带注意力机制的解码器。该解码器具有自回归性质,在每

个时刻,都会利用前一时刻的预测结果来预测当前时刻的状态。具体而言,前一时刻的解码输出首先经过包含两层全连接层的预处理网络,然后预处理网络的输出与上下文向量进行拼接送到两层堆叠的 LSTM 当中,LSTM 的输出与上下文向量进行拼接送到线性投影层(linear projection layer)来预测当前时刻的输出(即梅尔谱参数)以及停止解码(stop token)的信息,最后,预测得到的梅尔谱参数经过一个具有五层 CNN 的后处理网络来预测梅尔谱残差,并叠加到卷积前的梅尔谱上,以提高整体的预测效果。其中,后处理网络每层由 512 个 5×1 的卷积核和一个批标准化处理组成。除了最后一层卷积,每层的批标准化处理都后接一 tanh 激活函数。

（2）注意力机制的稳定性问题

Tacotron2 模型使用基于位置敏感的注意力机制来实现输入文本特征序列与输出声学特征序列之间的对齐。此时的注意力权值基于查询和键值进行计算,没有任何对于单调性的约束,这样可能导致合成语音时会出现重复发音、漏读、错误发音、无法结束等由于对齐错误带来的稳定性问题。尤其当合成训练集领域外文本或长文本时,这种稳定性问题更为凸显。稳定性问题制约了序列到序列语音合成方法的实际应用,较多的研究工作围绕序列到序列语音合成中的注意力机制展开。

谷歌团队研究了完全基于位置(location-based)的注意力机制,提出了两种位置相关(location-relative)的注意力方法用于改善合成长句时的不稳定问题。

① 基于高斯混合模型(GMM)的位置相关注意力方法。该方法对传统的基于 GMM 的注意力机制[27]进行了参数表示方面的改进,并对高斯均值和标准差做了初始值设定,让模型收敛地更快更有效。传统的高斯注意力机制是完全基于位置的,对于编码器的隐状态所对应的注意力权重 α_i,都是从一个由 K 个高斯分布组成的混合高斯分布采样得到的,具体的计算如公式(4.22)所示。

$$\alpha_{i,j} = \sum_{k=1}^{K} \frac{w_{i,k}}{Z_{i,k}} \exp\left(-\frac{(j-\mu_{i,k})^2}{2(\sigma_{i,k})^2}\right) \tag{4.22}$$

$$u_i = u_{i-1} + \Delta_i \tag{4.23}$$

其中 w_i, Z_i 以及 Δ_i 都是从相关的编码器隐状态计算得到的,如公式(4.24)所示。

$$(\hat{w}_i, \hat{\Delta}_i, \hat{\sigma}_i) = V\tanh(Ws_i + b) \tag{4.24}$$

② 基于能量的动态卷积注意力(dynamic convolution attention,DCA)方法。该方法去除了位置敏感的注意力机制中基于内容的部分(即使用查询和键值的部分),除了静态卷积核外,还另外增加了动态卷积核处理前一解码时刻的注意力权值的部分,并增加了因果卷积计算偏置项以保证随着时间推移逐步关注更靠后的位置,实现了完全位置相关的注意力计算。在实际实现中,DCA 方法使用了贝塔二项式分布(式 4.25)建模在不同时刻关注不同的编码器位置。DCA 方法相对于 GMM 的优势在于,一方面 DCA 采用基于能量的注意力机制,注意力权值默认是归一化的,训练更加稳定;另一

方面 DCA 的感受野有限,可以防止出现注意力回退以及连续向前看的问题。

$$p(k) = \binom{n}{k} \frac{B(k+\alpha, n-k+\beta)}{B(\alpha, \beta)} \tag{4.25}$$

合成语音中的字符错误率可以用来衡量合成器的稳定性。以此为标准,改进的 GMM 方法和 DCA 方法可以取得显著优于 Tacotron 和 Tacotron2 的合成语音稳定性,特别是在合成长句的情况下这种改进尤为明显。

此外,在序列到序列的语音合成模型中,当使用音素序列作为输入表征时,输入文本特征与输出声学特征之间的对齐关系具有严格单调的特性。因此,考虑对齐单调性的注意力机制也成为改善序列到序列语音合成稳定性的一条有效途径。

(3) FastSpeech

Tacotron 系列基于 RNN 结构的端到端语音合成模型仍然存在一定的局限性,具体为:

① 在模型训练及推断的过程中并行计算能力受限,耗时较长。

② 对序列长距离关系的建模能力较弱。

针对这些问题,研究人员[29]提出了基于非自回归合成策略的模型 FastSpeech,它的优势有:

① 解决已有自回归模型推断过程当中速度慢的问题。

② 去除合成过程中的注意力机制,使得合成更加稳定。

③ 使得合成语音时长可控。图 4-17 为 FastSpeech 模型的整体结构,主要包含如下几部分:

① **前馈 Transformer 架构**。如图 4-17(a)所示,FastSpeech 采用一种新型的前馈 Transformer 架构,该架构摒弃传统的编码器—注意力—解码器机制,其主要模块采用 Transformer 的自注意力机制以及一维卷积网络(见图 4-17(b))。前馈 Transformer 堆叠多个前馈结构(feed-forward transformer, FFT)块,用于音素到梅尔谱变换,音素侧和梅尔谱侧各有 N 个 FFT 块。特别注意的是,中间有一个长度调节器用来调节音素序列和梅尔谱序列之间的长度差异。

② **长度调节器**。如图 4-17(c)所示,由于音素序列的长度通常小于其梅尔谱序列的长度,即每个音素对应于若干梅尔谱序列,每个音素对齐的梅尔谱序列的长度相当于音素持续时间。根据各个音素的持续时间,长度调节器将音素序列匹配到梅尔谱序列的长度。可以等比例地延长或缩短音素的持续时间,用以控制语速。此外,还可以通过调整句子中空格字符的持续时间来控制单词之间的停顿,从而调整声音的节奏。

③ **音素持续时间预测器**。音素持续时间预测对长度调节器来说非常重要。如图 4-17(d)所示,音素持续时间预测器包括一个两层的一维卷积网络,并叠加一个线性层输出标量用以预测音素的持续时间。这个模块堆叠在音素侧的 FFT 块之上,使用均

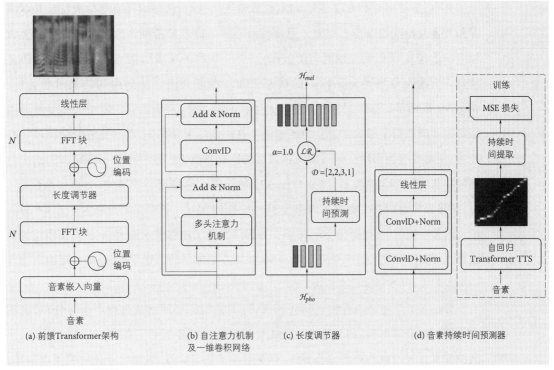

图 4-17　FastSpeech 的整体结构

方误差作为损失函数,与 FastSpeech 模型协同训练。音素持续时间的真实标签信息是从一个额外的基于自回归的 Transformer TTS 模型中抽取,是由编码器—解码器之间的注意力对齐信息得到的。

此外,近年来基于序列到序列模型的文本标准化、字音转换等前端文本分析方法也相继被提出。如何在序列到序列建模框架下实现完整的前端文本分析、声学特征预测与波形重构的融合,构建真正意义的端到端语音合成系统,是值得关注的研究方向。

2. 端到端声码器模型

最初的端到端语音合成研究是通过使用 Griffin-Lim 算法来迭代地估计相位信息,从而将线性谱转换为音频波形。然而,由于输入线性谱中微小的噪声或偏差都会导致 Griffin-Lim 算法出现明显的相位估计偏差,从而降低了生成音频的质量。为了生成更高质量的音频,Tacotron2 使用 WaveNet 声码器直接将梅尔谱序列转换成对应的音频波。

（1）WaveNet

WaveNet 是一种深度生成模型。它能够直接在语音波形层面进行建模,并且对于波形的生成过程不做任何假设。因此其生成的语音波形质量大大优于传统的声码器。当 WaveNet 用作声码器时,对于给定的外部输入 y,WaveNet 需要对条件分布 $P(z|y)$ 进行建模,

$$P(z|y) = \prod_{t=1}^{T} p(z_t|z_1, \cdots, z_{t-1}, y) \tag{4.26}$$

178

其中,条件序列 y 可以是文本信息、发音人信息等,从而指导模型生成特定文本内容和发音人特征的语音。本文采用解码器输出的梅尔谱特征作为条件输入指导生成相应的语音波形,z_i 为当前时刻的波形点,每一个因子项表示用当前时刻以前的历史信息作为输入预测当前采样点的概率分布。考虑到语音波形序列的长时相关性,WaveNet 采用了扩张因果卷积来获得足够大的感受野,避免因卷积需要大幅度增加网络规模才能获得足够大的感受野的缺陷。在扩张因果卷积中,卷积滤波器会跳过一些连接,使得滤波器作用在超过滤波器宽度的序列长度上。这样等价于将原来的滤波器补零扩张为一个大滤波器,但是对输入序列处理效率更高。特别地,当扩张系数为 1 时,扩张因果卷积就是标准的因果卷积。图 4-18 展示了扩张系数分别为 1、2、4、8 时的扩张因果卷积层(感受野为 16),堆叠扩张因果卷积层能够快速增大感受野,使用较少的层数就可以得到较大的感受野。WaveNet 采用逐层加倍的扩张系数,达到一定值后组成一个卷积块,再重复这些卷积块。例如,不同层的扩张系数可以是 $1,2,4,\cdots,512$。

WaveNet 没有对语音做任何先验假设,而是用神经网络从数据中学习分布,它不直接预测语音样本值,而是通过一个采样过程来生成语音。它的语音质量非常好,比之前所有基于参数的声码器都要好,但是它生成语音太慢,需要几百亿次的浮点运算,主要原因是为了获得足够大的感受野而将卷积层做得太深太复杂。这些都造成了合成阶段的模型运算复杂度高,限制了相关方法在源受限的硬件平台上的应用。因此,更加轻量、高效的序列到序列合成模型(尤其是声码器模型)也是值得关注的研究方向之一。

(2)轻量级声码器

DeepMind 和 Google Brain 提出的 WaveRNN 用 RNN 建模提升效率,并且 RNN 的权重采用稀疏矩阵进一步降低运算量,尽管如此,WaveRNN 相对于单纯的基于数字信号处理方法的声码器而言其复杂度大约还要高两个数量级。

语音生成系统是经典的声源—滤波器模型,神经网络声码器需要对声源和滤波器两部分同时建模,很难也很浪费。LPCNet 是以 WaveRNN 为基础显式地加入了(线性

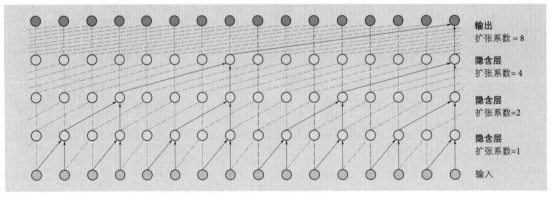

图 4-18 扩张系数分别为 1、2、4、8 时的扩张因果卷积层

预测编码)(LPC)滤波器模块来降低神经网络部分的复杂度。LPCNet 将信号处理的知识和神经网络相结合,有效地减少了神经网络的复杂度。WaveRNN 需要为整个采样值建模,LPCNet 的思路是如果将这些采样值分解成线性和非线性两部分:线性部分通过基于 LPC 的线性预测给出,神经网络仅需建模变化相对较小的非线性残余部分。这使得任务更简单,更少的神经元便可以胜任。

LPCNet 的整体框架如图 4-19 所示,这里忽略了 PCM 到 μ-law 的编码转换。因为特征提取以帧(10 ms,160 采样点)为单位进行,而语音生成是以样点为单位进行,所以 LPCNet 网络可以分解为两个子网络:帧率网络(frame rate network)和采样率网络(sample rate network),外加一个计算 LPC 的模块。网络的核心设计在采样率网络部分,帧率网络主要为采样率网络提供一个条件向量的输入。该条件向量一帧计算一次,而且在帧内保持不变。LPC 计算模块从输入特征中计算线性预测系数,它也是一帧计算一次,并且在帧内保持不变。

LPC 是 20 世纪 70 年代提出的成熟方法,它是用由若干相邻历史时刻的样本预测现在的采样值,本书在第 2 章已详细讨论过。这里不再赘述。

除 LPCNet 之外,基于流的 WaveGlow[30] 可以在每一次前传中生成许多样本。虽然这一方法具有并行优势,但却需要消耗巨大的计算量。有研究人员[31] 提出了一种轻

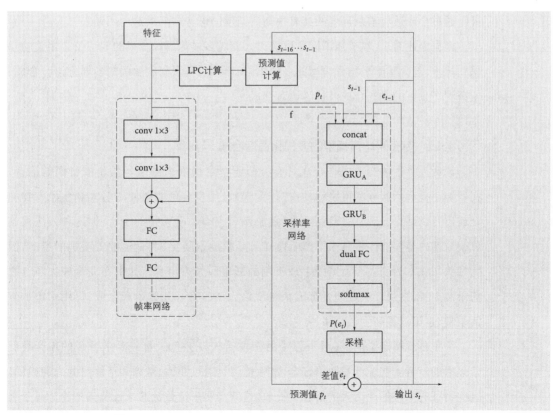

图 4-19 LPCNet 的整体框架图[80]

量级的基于流的声码器 SqueezeWave 用于边缘设备的语音合成。通过重新设计 WaveGlow 的架构,重整音频张量、采用深度可分离卷积以及相关优化,使其计算量降为 WaveGlow 的 1/214~1/61,可在笔记本端或手机上实现语音合成。

4.4 多样化语音合成

早期的语音合成方法研究优先关注合成语音的可懂度、自然度与稳定性。随着深度神经网络算法在语音合成领域的应用,朗读风格的语音合成已经可以和人类的朗读语音相媲美。由于对聊天机器人、看护机器人等的实际需求,人们已不满足单调的朗读风格,除了无情感朗读外,还希望合成表达喜悦、悲伤和愤怒等情绪的语音。因此,高表现力的语音方法也逐渐受到研究者的关注。要实现高表现力的语音合成,就需要着重考虑语调、重读、情感、风格、语义等信息对于语音韵律特性的影响。另外,实际生活中人们希望听到某个名人、某个亲人的声音,或让别人听到自己以前的声音。作为娱乐,人们希望听到某些怪兽或人物的夸张语音。这样,语音合成器给定的单一说话人的语音也没法满足音质多样化的要求。此外,人们也开始考虑只有通过语音合成才能实现的增值方案,其中之一是合成"抗噪声的语音"。在道路噪音、工厂警告声音和户外广播的环境下,汽车导航系统和车载广播的清晰度通常由于噪声的影响而恶化,可以通过合成适应嘈杂环境的具有很高清晰度的语音来解决这个问题。

根据上述需求,本节从不同角度探讨人们对多样化语音合成的期待及其相关的知识和技术,包含基于平均音模型的多样化语音合成、基于深度学习的多样化语音合成、低资源场景下的语音合成及抗噪语音合成。

4.4.1 基于平均音模型的多样化语音合成

说话人个性语音合成是合成具有类似于特定说话人的语音质量或音调的语音。在智能手机会话服务和网络活动中,作为娱乐,用户有可能想使用名人和动漫人物的合成语音讲话。当然,用户可以直接播放该名人或动漫人物的录音,但这种方法很难更改说话内容。有些特殊人群,如 ALS(肌萎缩侧索硬化)和食道癌等疾病的患者,因为喉头切除术后失去声音或因生理机制的衰退而失去声音。如果在完全失去声音之前录制声音,则可以通过声音合成来再现该人的声音。此类语音合成,可用于增加生活乐趣,也可以提高生活质量。

为了再现特定说话人(以下称为目标说话人)的特征,首先要求合成的声音类似于该人的声音。在统计参数语音合成中,语音是通过频谱、基频和持续时间来建模的。这些特征应从目标说话人的语音中提取,这就需要一定数量的录音及其标注。对于名人和配音演员,由于日程和成本的原因很难获取长时间的录音。对于因疾病而失去声音的人,尤其是 ALS 的患者,因体力受限,同样很难获取长时间的录音。为了解决上述问题,人们在参数统计语音合成中提出了平均音模型和说话人个性语音合成[33]。

1. 平均音模型

平均音模型(average voice model,AVM)是从多个说话人的语音数据中训练得到共同的声学模型。从平均音模型合成的语音是训练中使用的多个说话人的平均值,具有他们的平均特征,被称为平均声音。在训练阶段,在每个分析帧中提取倒谱系数和基频作为多说话人语音数据库的静态特征。然后,从静态特征计算一阶差分和二阶差分的动态特征。频谱和基频参数逐帧组合成一个观测向量,并且使用观测向量训练独立于说话人的音素模型,形成平均音模型。为了模拟频谱、音高和持续时间的变化,需要考虑语音和语言环境因素,例如音素确认和重音相关因素。频谱和音高由 HMM 建模,频谱和音高部分的输出分布分别是连续概率分布和多空间概率分布。然后,将基于决策树的上下文聚类技术分别应用于上下文依赖音素 HMM 的频谱和音高部分。最后,通过多维高斯分布对状态持续时间进行建模。平均音模型的训练过程如图4-20所示。

首先,针对各说话者分别训练没有上下文聚类的上下文相关模型。然后,从说话者相关模型中构造决策树,称为共享决策树。所有与说话者相关的模型都使用共享决策树进行聚类。通过在树的每个节点处组合所有说话者的高斯概率分布函数,获得平均音模型的高斯概率分布函数。图4-20的右侧显示了共享决策树的细节。令 S_0 为共享决策树的根节点,$U(S_1, S_2, \cdots, S_M)$ 为叶节点集 $\{S_1, S_2, \cdots, S_M\}$ 的模型。说话者 i 每个节点 S_m 的高斯概率分布函数为 $\mathcal{N}_{im}$,其高斯概率分布函数集合定义为

$$\lambda_i(S_1, S_2, \cdots, S_M) = \{\mathcal{N}_{i1}, \mathcal{N}_{i2}, \cdots, \mathcal{N}_{iM}\} \tag{4.27}$$

训练数据的 λ_i 的对数似然值由式(4.28)给出,而 λ_i 的描述长度由式(4.29)给出。

$$L(\lambda_i) = -\frac{1}{2} \sum_{m=1}^{M} \Gamma_{im}(K + K\log(2\pi) + \log|\Sigma_{im}|) \tag{4.28}$$

$$D(\lambda_i) = \frac{1}{2} \sum_{m=1}^{M} \Gamma_{im}(K + K\log(2\pi) + \log|\Sigma_{im}|) + cKM\log G_i + C \tag{4.29}$$

其中,Γ_{im} 是说话人 i 在节点 S_m 的高斯概率分布函数的状态占有数,K 为数据向量的维度,$G_i = \sum_{m=1}^{M} \Gamma_{im}$,$C$ 是选择模型所需的代码长度,此处令其为常数。c 是用于调整模型尺寸的权重,叶节点的数量增加时,加权因子 c 减小,反之亦然。现在,将模型 U 的描述长度定义为

$$\hat{D}(U) = \sum_{i=1}^{I} D(\lambda_i) \tag{4.30}$$

其中,I 是说话人总数。将问题集 q 施加于 S_m 可能分裂出新的叶节点,令 U' 为 U 分裂后的叶节点集合模型,$\delta_m(q)$ 为模型长度的变化,

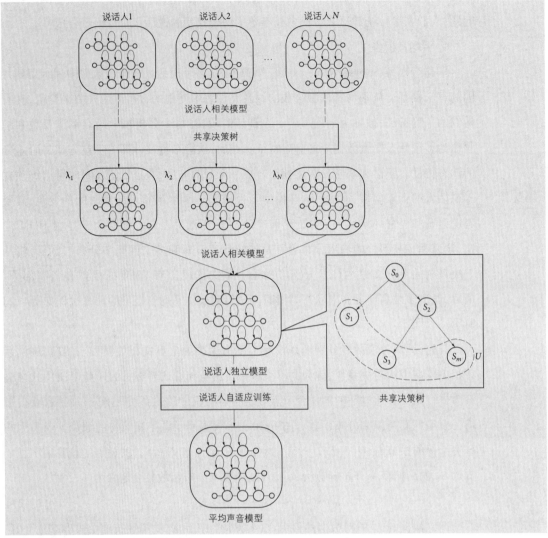

图 4-20 平均音模型的训练过程及共享决策树的示意图

$$\delta_m(q) = \hat{D}(U') - \hat{D}(U) \tag{4.31}$$

对所有说话人在叶集合 U 上按上述公式进行反复迭代,最终得到适用于所有说话人的共享决策树[33]。共享决策树的节点 S_m 的高斯概率分布函数的均值向量 $\boldsymbol{\mu}_m$ 和协方差矩阵 $\boldsymbol{\Sigma}_m$ 分别为

$$\boldsymbol{\mu}_m = \frac{\sum_{i=1}^{l} \Gamma_{im} \boldsymbol{\mu}_{im}}{\sum_{i=1}^{l} \Gamma_{im}} \tag{4.32}$$

$$\boldsymbol{\Sigma}_m = \frac{\sum_{i=1}^{l} \Gamma_{im}(\boldsymbol{\Sigma}_{im} + \boldsymbol{\mu}_{im}\boldsymbol{\mu}_{im}^{\mathrm{T}})}{\sum_{i=1}^{l} \Gamma_{im}} - \boldsymbol{\mu}_{im}\boldsymbol{\mu}_{im}^{\mathrm{T}} \tag{4.33}$$

其中，$\boldsymbol{\mu}_{im}$ 是说话人 i 在节点 S_m 的高斯概率分布函数的均值向量。

平均音模型被广泛应用于说话人个性语音合成、说话风格合成、情感语音合成等领域。图 4-21 显示了基于平均音模型的语音合成流程[34]。该系统由训练部分、自适应部分和语音合成部分等内容组成。其应用在后续章节详述。

在使用说话人自适应训练中，我们使用基于最大似然线性回归（maximum likelihood linear regression，MLLR）的说话人自适应方法，说话人 i 状态 m 的自适应均值向量 $\hat{\boldsymbol{\mu}}_m$ 为

$$\hat{\boldsymbol{\mu}}_m = \boldsymbol{W}_i \boldsymbol{\xi}_m = \boldsymbol{A}_i \boldsymbol{\mu}_m + \boldsymbol{b}_i \tag{4.34}$$

其中，$\boldsymbol{\xi}_m = \left[\, 1\,, \boldsymbol{\mu}_m^{\mathrm{T}}\,\right]^{\mathrm{T}}$、$\boldsymbol{W}_i = \left[\, \boldsymbol{b}_i\,, \boldsymbol{A}_i\,\right]$ 是均值向量的回归矩阵。

基于平均音模型的语音合成流程引入了隐半马尔可夫模型（hidden semi-markov model，HSMM）。HSMM 是 HMM 的扩展，它允许每个状态具有一个可变的时长。HSMM 与 HMM 最重要的区别在于 HSMM 每个状态产生一系列观测值，而 HMM 每个状态仅产生一个观测值，因此，HSMM 可用以建模时间上的不确定性，解决状态及其时长同时建模的问题。

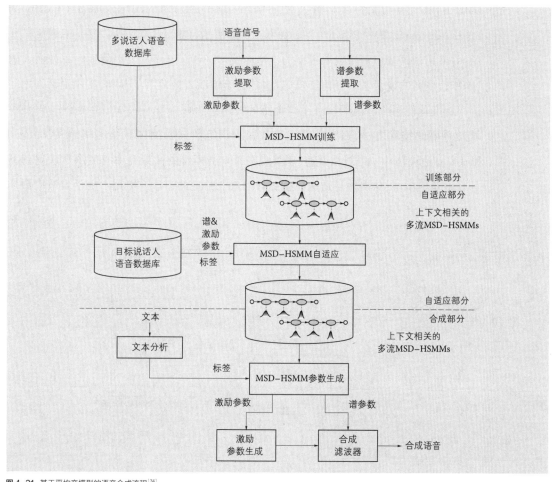

图 4-21 基于平均音模型的语音合成流程[34]

平均音模型是从多个说话人的语音数据中学到的声学模型。实际上,说话人按照实际数量要求需要几个到十几个不等,不会像语音识别那样需要成千上万人的声音。尽管平均音模型不依赖于特定说话人的语音特性,但它不仅具有频谱信息,而且还具有韵律信息,具有很强的"声音"特性。平均音模型不仅可以用作描述说话人的自适应初始模型(预知识),而且适用于说话人和风格的同时自适应、说话人增强、风格控制、风格转换、多语种语音合成。另外,相似的模型包括本征语音模型和多元回归模型。所有这些模型都与平均音模型一样,通过学习多数说话人特征或风格训练,假定平均音模型具有平均特征且不具有特定说话人的个性和风格,在这个模型假想说话人和风格空间,通过控制特征向量和风格向量来改变说话人特征和风格。

2. 说话人个性语音合成

说话人个性语音合成的方法之一是基于平均音模型使用目标说话人的少量录音数据进行说话人适应,并构建目标说话人的声学模型。说话人适应是依据目标说话人的录音数据将平均音模型转换为目标说话人的声学模型。传统的统计语音合成使用的典型方法是约束最大似然线性回归(constrained maximum likelihood linear regression,CMLLR)和约束结构最大后验线性回归(constrained structural maximum a posteriorly linear regression,CSMAPLR)[35,36]。如图 4-22 所示,CMLLR 方法从"平均音模型"开始,并使用从语音识别中提取模型的自适应技术,例如 MLLR[36],以使独立于说话人的 HMM 适应新的说话者。平均音模型是"独立于说话人规范"的 HMM,其中说话人之间的声音变化使用所谓说话者自适应训练的技术进行归一化[34]。MLLR 是语音识别领域最重要的技术之一,因为它可以有效减少训练数据和测试数据之间的声学失配。MLLR 自适应估计一组线性变换,以将现有平均音模型的高斯概率密度函数映射到新的自适应模型中,从而使自适应模型更好地近似给定的自适应数据。由于自适应数据

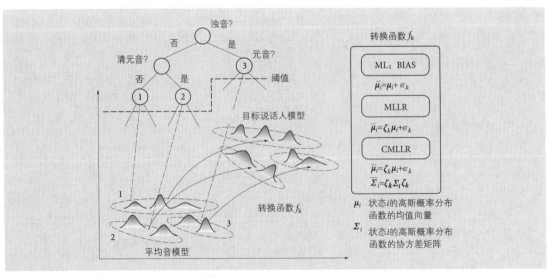

图 4-22　使用约束最大似然线性回归(CMLLR)的语言识别[35]

的数量有限,因此通常使用回归树基于声学相似性对高斯分量进行聚类并共享相同的 MLLR 变换[35]。在图 4-22 中共有三个回归树(清元音,浊音,元音),其共享相同的转换函数。

在语音合成的说话人自适应中,输出和持续时间概率分布函数的均值向量和协方差矩阵都应适应目标说话人,因为协方差也是影响合成语音特性的重要因素。在基于 HMM 的 CMLLR 自适应算法中,状态输出概率分布函数的均值向量和协方差矩阵使用相同的矩阵同时进行转换。相类似,基于 HSMM 的 CMLLR 自适应算法可以如下所示方式同时转换状态输出的均值向量和协方差矩阵,以及持续时间概率分布函数。

$$b_i(o) = \mathcal{N}(o; \zeta' \mu_i - \epsilon', \zeta' \Sigma_i \zeta'^{\mathrm{T}}) \tag{4.35}$$

$$p_i(d) = \mathcal{N}(d; \chi' m_i - v', \chi' \sigma^2 \chi'^{\mathrm{T}}) \tag{4.36}$$

其中,矩阵 $\zeta' \in \mathbf{R}^{L \times L}$ 用于转换状态输出概率分布函数的均值向量和协方差矩阵,使用向量 χ' 转换状态持续时间概率分布函数的均值向量和协方差矩阵。$\epsilon' \in \mathbf{R}^L$ 和 v' 是变换的偏差项。这些模型变换实际上等效于状态 i 的特征向量 o 和持续时间 d 的如下仿射变换:

$$
\begin{aligned}
b_i(o) &= \mathcal{N}(o; \zeta' \mu_i - \epsilon', \zeta' \Sigma_i \zeta'^{\mathrm{T}}) \\
&= |\zeta| \mathcal{N}(\zeta o + \epsilon; \mu_i, \Sigma_i) \\
&= |\zeta| \mathcal{N}(W\xi; \mu_i, \Sigma_i)
\end{aligned} \tag{4.37}
$$

$$
\begin{aligned}
p_i(d) &= \mathcal{N}(d; \chi' m_i - v', \chi' \sigma^2 \chi'^{\mathrm{T}}) \\
&= |\chi| \mathcal{N}(\chi d + v; m_i, \sigma^2) \\
&= |\chi| \mathcal{N}(X\phi; m_i, \sigma^2)
\end{aligned} \tag{4.38}
$$

其中,

$\zeta = \zeta'^{-1}, \epsilon = \zeta'^{-1} \epsilon', \chi = \chi'^{-1}, v = \chi'^{-1} v', \xi = [o^{\mathrm{T}}, 1], W = [d, 1]^{\mathrm{T}}$。$W = [\zeta, \epsilon] \in \mathbf{R}^{L \times (L+1)}$ 和 $X = [\chi, v] \in \mathbf{R}^{1 \times 2}$ 是状态输出和持续时间的线性转换矩阵。

我们估计一组变换 $\Lambda = (W, X)$,以最大化长度 T 的自适应数据 O 的可能性:

$$\tilde{\Lambda} = (\tilde{W}, \tilde{X}) = \arg \max_{\Lambda} P(O | \lambda, \Lambda) \tag{4.39}$$

其中,λ 是 HSMM 的参数集。基于 W 和 X 的第 l 行向量 w_l 的 EM 算法的重新估计公式如下:

$$\tilde{w}_l = (\alpha p_l + y_l) G_l^{-1} \tag{4.40}$$

$$\tilde{X} = (\beta q + z) K^{-1} \tag{4.41}$$

其中,$p_l = [0 \ c_l^{\mathrm{T}}]^{\mathrm{T}}$ 和 $q = [0 \ 1]^{\mathrm{T}}$。注意,c_l 是 W 的第 l 行辅助因子向量,$y_l \in \mathbf{R}^{L \times L}$,$G_l \in \mathbf{R}^{(L+1) \times (L+1)}$,$z \in \mathbf{R}^2$,$K \in \mathbf{R}^{2 \times 2}$。

$$y_t = \sum_{r=1}^{R_b} \sum_{t=1}^{T} \sum_{d=1}^{t} \gamma_t^d(r) \frac{1}{\boldsymbol{\Sigma}_r(l)} \mu_r(l) \sum_{s=t+d+1}^{t} \boldsymbol{\xi}_s^{\mathrm{T}} \qquad (4.42)$$

$$G_l = \sum_{r=1}^{R_b} \sum_{t=1}^{T} \sum_{d=1}^{t} \gamma_t^d(r) \frac{1}{\boldsymbol{\Sigma}_r(l)} \mu_r(l) \sum_{s=t+d+1}^{t} \boldsymbol{\xi}_s \boldsymbol{\xi}_s^{\mathrm{T}} \qquad (4.43)$$

$$z = \sum_{r=1}^{R_p} \sum_{t=1}^{T} \sum_{d=1}^{t} \gamma_t^d(r) \frac{1}{\sigma_r^2} \boldsymbol{m}_r \boldsymbol{\phi}_d^{\mathrm{T}} \qquad (4.44)$$

$$K = \sum_{r=1}^{R_p} \sum_{t=1}^{T} \sum_{d=1}^{t} \gamma_t^d(r) \frac{1}{\sigma_r^2} \boldsymbol{\phi}_d \boldsymbol{\phi}_d^{\mathrm{T}} \qquad (4.45)$$

其中,$\boldsymbol{\Sigma}_r(l)$ 是对角协方差矩阵 $\boldsymbol{\Sigma}_r$ 的第 l 个对角元素,$\mu_r(l)$ 是均值向量第 l 个元素。注意,$\boldsymbol{W}$ 绑定在 R_b 的分布,$\boldsymbol{X}$ 绑定在 R_p 的分布。α 和 β 是满足以下二次方程式的标量值:

$$\alpha^2 \boldsymbol{p}_l \boldsymbol{G}_l^{-1} \boldsymbol{p}_l^{\mathrm{T}} + \alpha \boldsymbol{p}_l \boldsymbol{G}_l^{-1} \boldsymbol{y}_l^{\mathrm{T}} - \sum_{r=1}^{R_b} \sum_{t=1}^{T} \sum_{d=1}^{t} \gamma_t^d(r) = 0 \qquad (4.46)$$

$$\beta^2 \boldsymbol{q} \boldsymbol{K}_l^{-1} \boldsymbol{q}^{\mathrm{T}} + \beta \boldsymbol{q} \boldsymbol{K}_l^{-1} \boldsymbol{z}^{\mathrm{T}} - \sum_{r=1}^{R_p} \sum_{t=1}^{T} \sum_{d=1}^{t} \gamma_t^d(r) = 0 \qquad (4.47)$$

由于辅因子 $\boldsymbol{c}_l$ 会影响 $\tilde{\boldsymbol{W}}$ 的所有行向量,因此使用迭代方法[38]进行更新 $\tilde{\boldsymbol{W}}$。另一方面,式(4.41)中的估计具有封闭形式的解。尽管我们只使用全局变换来解释该算法,这个解释也可以直接扩展到估计多个变换并进行分段线性回归。为了对模型中的分布进行分组并在每个组中绑定转换,可以使用如图 4-22 所示决策树进行上下文聚类。

因为基频 F0 的范围和持续时间是合成语音的重要因素,该算法将对韵律信息的自适应产生影响。如果目标说话人通过调制节奏等特征改变讲话风格,其 F0 和持续时间的变化范围将比平均音模型更大,那么就必须调节平均音模型的方差去模仿该风格。梅尔倒谱在此类自适应中可能提供方便。另一个问题是,在使用对角协方差矩阵的系统中,每个声学特征都是独立优化的,因此合成语音有时会产生人工的痕迹。可以通过使用能够反映帧内相关性的全协方差建模技术来解决此问题。CMLLR 自适应算法的另一个优点就是可以在参数生成算法中将平均音模型的高斯分布的对角协方差矩阵有效地转换为完整矩阵。也有使用半联合协方差进行的完全协方差建模,但其对考虑全局方差的参数生成算法还是有影响。从式(4.35)中可以看出,可以使用 CMLLR变换代替半协方差来对整个协方差建模。

这里重点介绍了 CMLLR 自适应算法。除了 CMLLR 自适应算法之外,在同样的算法框架下,人们还提出了结构最大后验线性回归(structural maximum a posteriori linear regression,SMAPLR)和约束结构最大后验线性回归(constrained SMAPLR)以给出更具有鲁棒性的标准[35]。图 4-23 和图 4-24 分别给出这些算法对说话人自适应结果的客观评估和主观评估。

这种自适应允许使用比以前少得多的训练数据来构建目标语音的文本到语音合成器。图 4-23 显示了随着训练数据的增加,合成语音和目标说话人语音的梅尔倒谱的平均距离与对数基频的均方差都在减少。在算法中使用了完全协方差矩阵的情况下,系统性能有所提高。图 4-24 显示了在使用目标说话人 50 句话进行自适应后,SMAPLR 和 CSMAPLR 可以获得较高的主观评分。这些算法有一个共同的假设,即目标说话人模型将由平均音模型的分段线性回归表示。因此,无法实现说话人之间声学参数非线性映射的特性。后面介绍的基于深度学习的说话人自适应方法将进一步解决声学特性非线性映射的问题。

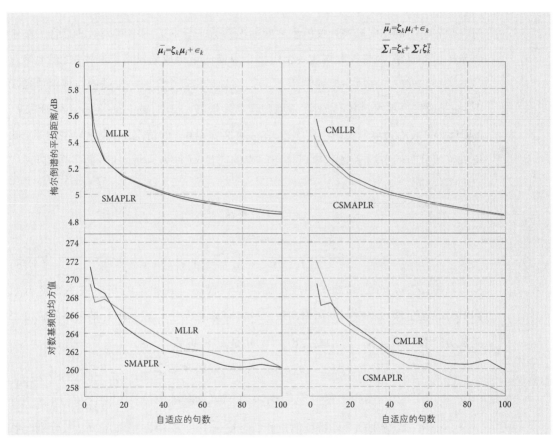

图 4-23 线性回归算法中评估标准的客观评估

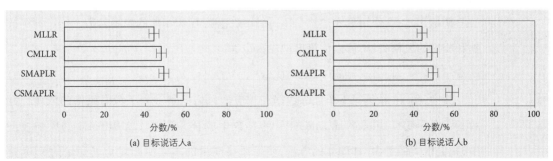

图 4-24 基于不同线性回归算法的说话人自适应模型生成的合成语音和目标说话人的相似性的主观评估

注:使用了目标说话人 50 句话进行自适应

3. 说话风格多样化

与前面所述的说话人个性多样化相同,说话风格也有多样化的需求。但是,与说话人的情况不同的是,情感表达和发声风格不仅在语音交流的类型上,而且在表达的程度上都起着重要的作用。因此,在风格语音合成中,不仅需要简单地再现训练数据中出现的风格,而且还需要灵活、直观地控制风格。

风格多样化的方法包括风格适应、风格插值、风格控制和风格转换。通过使用基于平均音模型的平均说话风格,可以控制特定说话人的风格向量来改变合成语音的风格。即使以相同的风格,说话人的态度及其程度也不总是一成不变,诸如"有点兴奋""有点夸张"的中间表达被用于实现各种语音会话中。在传统的统计语音合成中是通过在预先学习的不同风格相关模型之间插值参数来合成表示中间风格的语音。基于风格插值的思路,风格控制构建一个由多个风格向量组成的风格空间,并直观地修改风格类型和程度。在风格控制中,不是针对多种风格逐个学习声学模型和规则单独学习,而是通过多重回归 HMM 或多重回归隐半马尔可夫模型(multiple regression HSMM,MRHSMM)表示为单个模型。具体地,在多重回归 HMM 的情况下,假设模型的第 i 状态的输出分布的平均参数 $\boldsymbol{\mu}_i$ 由风格空间中的向量 $\boldsymbol{v}$(称为风格向量)的多重回归(式4.48)来表示,

$$\boldsymbol{\mu}_i = H_{b_i}\boldsymbol{\xi}$$
$$m_i = H_{p_i}\boldsymbol{\xi}$$
$$\boldsymbol{\xi} = [1, s_1, s_2, \cdots, s_L]^\mathrm{T} = [1, s^\mathrm{T}]^\mathrm{T} \tag{4.48}$$

其中,$\boldsymbol{\mu}_i$,m_i 分别是状态 i 与状态输出和状态时长相关的高斯概率密度函数(PDF),s 是低维风格空间的风格向量。风格向量的成分 s_k 表示语音某风格的强度,L 是成分个数。$H_{b_i} \in \mathbf{R}^{M \times (L+1)}$,$H_{p_i} \in \mathbf{R}^{1 \times (L+1)}$,$M$ 是 $\boldsymbol{\mu}_i$ 的维数。

$$b_i(\boldsymbol{o}) = \mathcal{N}(\boldsymbol{o}; \boldsymbol{\mu}_i, \boldsymbol{\Sigma}_i) = \mathcal{N}(\boldsymbol{o}; H_b\boldsymbol{\xi}, \boldsymbol{\Sigma}_i)$$
$$p_i(d) = \mathcal{N}(d; m_i, \sigma_i^2) = \mathcal{N}(d; H_p\boldsymbol{\xi}, \sigma_i^2) \tag{4.49}$$

其中,$\boldsymbol{o}$、$\boldsymbol{\Sigma}_i$ 分别是声学特征向量和状态输出 PDF 的协方差矩阵;d、σ_i^2 分别是状态时长和时长 PDF 的方差。

初始化之后,使用最大似然(ML)估计来完善 MRHSMM 的模型参数。给定训练数据和相应的风格矢量,可以估算模型参数集 λ^*:

$$\lambda^* = \arg\max_\lambda P(\boldsymbol{O}_1, \boldsymbol{O}_2, \cdots, \boldsymbol{O}_K | s_1, s_2, \cdots, s_K, \lambda) \tag{4.50}$$

其中,$\boldsymbol{O}_k$ 和 s_k 是第 k 个训练数据和相应的风格向量。为了考虑风格的依赖性并将基于全局变量(global variable,GV)的参数生成合并到基于 MRHSMM 的风格控制中,我们以类似于 MRHSMM 的方法,使用风格向量的多元回归对全局变量的 PDF 建模,称其为回归 GV(MRGV)模型。假设 GV 的 PDF 的均值向量由风格向量 $\boldsymbol{v}$ 的多元

回归表示为

$$\boldsymbol{\mu}_v = \boldsymbol{H}_v \boldsymbol{\xi} \tag{4.51}$$

其中,$\boldsymbol{H}_v$ 是回归矩阵,而 $\boldsymbol{\xi}$ 由式(4.48)给出。在模型训练中,使用 ML 标准通过最大化对数似然来估计回归矩阵

$$
\begin{aligned}
\mathcal{L} &= \sum_{k=1}^{K} \log P(\boldsymbol{v}^{(k)} \mid \boldsymbol{\lambda}_v) \\
&= \sum_{k=1}^{K} \left(-\frac{1}{2} (\boldsymbol{v}^{(k)} - \boldsymbol{H}_v \boldsymbol{\xi}^{(k)})^{\mathrm{T}} \sum_{v}^{-1} (\boldsymbol{v}^{(k)} - \boldsymbol{H}_v \boldsymbol{\xi}^{(k)}) + \mathrm{Const.} \right)
\end{aligned}
\tag{4.52}
$$

其中,$\boldsymbol{v}^{(k)}$ 是第 k 个训练数据的 GV,K 是训练语音的总数。通过将 $\mathcal{L}$ 对于 $\boldsymbol{H}_v$ 进行微分并令结果等于零,得到回归矩阵的 ML 估计为

$$\boldsymbol{H}_v = \left(\sum_{k=1}^{K} \boldsymbol{v}^{(k)} \boldsymbol{\xi}^{(k)} \right) \left(\sum_{k=1}^{K} \boldsymbol{\xi}^{(k)} \boldsymbol{\xi}^{(k)} \right)^{-1} \tag{4.53}$$

图 4-25 所示为基于 MRHSMM 风格控制的语音合成框图[38]。首先将给定的文本转换为上下文相关的标签序列,包括语音和韵律上下文。然后根据标签将音素 MRH-SMM 连接起来,从而创建句子 MRHSMM。对于句子 MRHSMM 的各个状态,可以设置风格向量的期望值,并根据式(4.48)给出的回归矩阵和风格向量来计算状态输出和状态持续时间 PDF 的平均参数。这里,仅将风格向量的常量值赋予句子 MRHSMM 的每个状态,这意味着合成语音的主观风格强度在发声范围内保持不变。除了 HSMM 的平均参数外,上下文相关的 GV 的 PDF 从给定的风格向量和 GV 的 PDF 的回归矩阵计

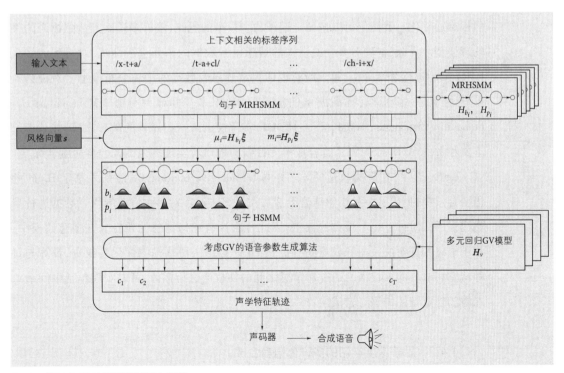

图 4-25　基于 MRHSMM 风格控制的语音合成框图

算得出。最后,通过考虑 GV 的语音参数生成算法生成声学特征轨迹。可以期望通过乘以大于 1.0 的风格向量的值来强调目标风格的强度,并可以通过乘以小于 1.0 的值来减弱风格强度。

前述在说话者自适应中为了减少学习数据量所提出的方法在风格控制中仍然有效,其中包括在最大似然线性回归的框架下多重回归模型本身转换方法以及基于平均音模型的说话人和风格同时适应的方法等。实验证明,如果每种风格存在几分钟的语音,通过风格自适应,在一定程度上保持自然度的同时可以实现控制目标说话者的风格。

在此类方法中,预先收录多个说话人的朗读语音和目标风格的语音,然后通过朗读语音来学习平均音模型,再通过风格适应框架找到从平均语音到目标风格语音的线性转换。一般认为,以这种方式获得的变换矩阵不依赖于特定说话人,具有普适性的风格变换。将此转换矩阵应用于目标说话人的朗读语音模型,以实现说话风格的转换。该方法的转换效果可以通过在转换矩阵的计算中引入说话人归一化学习的框架进一步提升。

4. 情感语音合成

当通过合成语音准确传输信息时,情感语音合成必不可少。在情感语音合成的研究中,长期以来采用通过基于规则改变朗读语音的韵律特征来研究使合成语音表达多样化的方法。例如,与不包含情感的语音相比,悲伤的语音通常 F0 趋于降低,而且语速减慢。这种将变换规则应用于朗读的语音的方法,可以获得接近预期情感的结果,但很难通用化。我们仍可以按照上述平均音模型的思路,获得多说话人情感语音的平均音模型。为此,首先对多个说话人的情感语音数据的基元进行训练,对得到的多个 HMM 模型进行统计分析,得到所有说话人情感语音数据的平均分布模型。对说话人差异进行归一化操作,提高模型的准确度,利用多空间概率分布 HMM(multi-space probability distribution HMM,MSD-HSMM)实现汉语清音和元音的基频建模,并基于上下文相关的 MSD-HSMM 语音合成单元,结合 CMLLR 实现多说话人的自适应训练。

Latorre 等[39]把聚类自适应学习(cluster adaptive training,CAT)引入基于 HMM 的语音合成中,提出了一种情感语音合成方法。该方法在对多种情感的语音数据进行聚类建模的同时计算每个聚类的权重,以此合成具有任何情感的语音。在情感建模中,基于语音数据对决策树和权重同时优化,并针对每个情感标签优化其权重,计算与每种情感相对应的加权值。通过对情感之间的加权值进行插值,可以实现包括中间情感在内的任意情感的语音合成。

4.4.2 基于深度学习的多样化语音合成

4.4.1 小节介绍了基于平均音模型的多样化语音合成方法。这些算法有一个共同的假设,即目标说话人模型将由平均音模型的分段线性回归表示。因此,无法实现说话人之间声学参数非线性映射的特性。近年来,深度神经网络(DNN)在语音识别领域的应用使得语音识别和合成技术取得突飞猛进的发展,传统的线性建模和线性变换的方法逐渐被基于 DNN 的非线性方法取代。本小节重点介绍基于深度学习的多样化语音合成方法。

1. 基于 DNN 的说话人自适应

多说话人文语转换系统是语音合成研究中的一项长期任务。在传统的基于 HMM 的文语转换系统合成中,使用多说话人的数据训练平均音模型,然后将其应用于不同的目标说话人。随着深度神经网络技术的发展,DNN 扩展到包括语音自适应领域在内的众多领域,并提出了很多优秀的自适应方法。这些算法也被应用到说话人自适应语音合成中[40]。

(1) 基于 DNN 的平均音模型语音合成

基于 DNN 的平均音模型的训练,本质上是训练所有说话人的共享隐含层。其基本思路是在基于 DNN 的文语转换系统合成中,DNN 的隐含层可被视为语言特征的深度表示,输出层可被视为声学空间的表示,再将变换后的声学特征转换为语音参数。DNN 的深层体系结构可以通过大量的数据训练,紧凑地表示高度复杂的非线性变换。这样,使用通用 DNN 建模多说话人文语转换系统的方法,其中不同的说话人之间共享相同的隐含层,而输出层由和每个独立说话人相关的节点组成,如图 4-26 所示。虽然 DNN 共享隐含层的原理和使用方法与平均音模型有差异,但反映多个说话人共同特性方面是相同的。因此,我们将 DNN 的共享隐含层类比喻为"平均音模型",用虚线框表示。

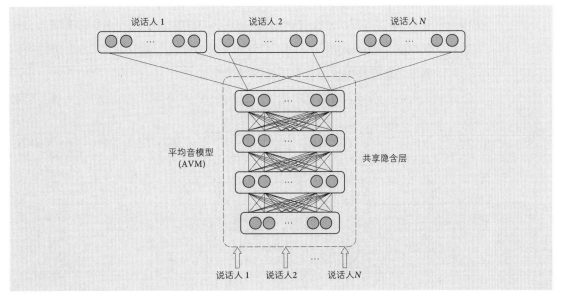

图 4-26 基于 DNN 共享隐含层的"平均音模型"

图 4-26 显示了多说话人 DNN 的体系结构,其中所有训练语料库中的说话者之间共享隐含层,它等效为所有说话者共享的全局语言特征转换。相反,每个说话者都有自己的输出层,即所谓的回归层,可以对自己的特定声学空间进行建模。对每个说话人来说,系统将从文本转换得到相同的输入语言特征匹配到相同的输出声学特征系统。即训练 DNN 模型时,输入为标注的语言、韵律信息,输出为如上所述的梅尔倒谱系数(MFCC)、非周期成分、基频和浊音/清音等声学特征。由于体系结构的变化,训练算法也有一些差异,但是仍然基于常规的反向传播算法。对于多说话人 DNN 来说,同时训练所有说话人至关重要,这意味着每个小批量处理应在随机梯度下降过程中打乱所有说话人的数据。由于每个回归层只能用于其相应的说话者,因此一个训练样本的误差信号只能反向传播到特定的回归层和共享的隐含层。通过仅采用特定的回归层和共享的隐含层,子模型可以用于合成已在多说话人 DNN 中训练的任何说话人的语音。如果在 DNN 模型中引入结构化正则化,该系统可以将其视为多任务学习的实例。通过针对多个说话人的数据进行联合优化,每个说话人的合成语音有望从其他说话人的数据中受益。最终,DNN 模型在不同的说话人之间共享隐含层的基础上建模其语言参数,进行时长与声学特征建模,训练出具有多个说话人共性的时长与声学特征的平均音模型。

Fan 等[22]基于多说话人 DNN 框架进行说话人自适应,取得了非常好的效果。他们使用两个男性说话人相同语料、两男两女相同语料和不同语料的三个条件训练平均音模型,并基此进行说话人自适应,对合成语音在对数谱失真(logarithm spectral distortion,LSD)、清音/浊音判断和 F0 均方根误差(root mean square error,RMSE)进行评价。其结果,不论是哪种条件这三个指标都有较大幅度的改善。图 4-27 显示了自适应数据量与合成语音 LSD 和 F0 均方根误差之间的关系。可以看到,当训练数据量大于 50 句时,合成语音 LSD 和 F0 均方根误差就趋于稳定。它说明,只用说话人几分钟的数据进行自适应就可以取得相当不错的结果。和基于统计模型的结果相比,LSD 减少了 0.8 dB 左右。

(2)基于特征迁移的说话人自适应语音合成

说话人自适应语音合成的语料通常只有几个人,如果使用更多的说话人特征势必

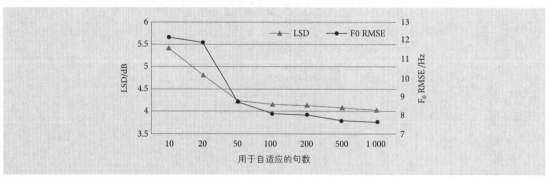

图 4-27 自适应数据量与合成语音 LSD 和 F0 均方根误差的关系

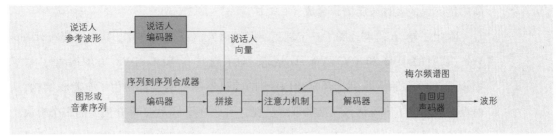

图 4-28 基于特征迁移的说话人自适应语音合成框架

带来更多误差。在说话人识别及验证研究中可能会使用成千上万的说话人个性语音特征,能否将这些特征有效地用于说话人自适应的语音合成备受人们的关注。研究人员在这方面做过有趣的尝试[41]。图 4-28 显示了研究人员提出的基于特征迁移的说话人自适应的语音合成框架。该系统由三个经过独立训练的子系统组成(图中用不同灰度的阴影标出):说话人编码器网络、基于 Tacotron 2 的序列到序列合成网络和基于 WaveNet 的自回归声码器网络。

① 说话人编码器网络。说话人编码器用于根据目标说话人的参考语音信号调节合成网络。其关键是要捕获不同说话者特征的表示形式,以及要有仅使用相对短(小于 2 s 的语音数据)的自适应信号来识别这些特征的能力,而与语音信号的内容和背景噪声无关。为此,我们需要使用一个高度可扩展且准确的神经网络框架,用于说话人确认。优化广义的端到端说话者验证损失训练网络,从而使来自同一说话者的话语编码具有高余弦相似度,而来自不同说话者的话语编码在嵌入空间中相距较远。尽管没有直接优化网络来学习捕获与合成相关的说话人特征的表示,但对说话人确认任务的训练间接地完成了说话人的自适应。

② 基于序列到序列合成网络。在此利用 Tacotron 2 体系结构扩展循环序列到序列,以支持多说话人。如图 4-28 所示,目标说话人的编码向量与合成器的编码器输出拼接,简单地将编码传递到注意力层,使之收敛于不同的说话人。实验发现,输入时将文本映射到一个音素序列,将会使收敛速度更快并能改善稀有单词和专有名词的发音。使用预训练的说话人编码器在转移学习配置中训练网络,以从目标音频中提取说话人信息,即说话人参考信号与训练期间的目标语音相同。目标频谱图特征是从步移 12.5 ms 窗长 50 ms 的语音段中计算,并经过 80 通道的梅尔滤波器组,然后进行对数动态范围压缩。

③ 声码器网络。使用逐样本的自回归 WaveNet 作为声码器是一个比较好的选择,它将合成网络发来的梅尔频谱图转换为时域波形。

实验证明,该模型框架能够将由经过区别训练的说话人编码器学习到的说话人特性知识转移到多说话人 TTS 任务,并且能够合成在训练过程中没出现过的说话人的自然语音。通过大量说话人数据的训练,说话人编码器可以获得很好的泛化性能,实现高质量的说话人自适应语音合成。

除此之外,人们也开展了基于端到端多说话人语音合成研究。其中主要有,Deep-Voice 系列的 DV2 和 DV3、VoiceLoop 系列的 VL1 和 VL2。DV2 初步探索了基于 Tacotron 的多说话人端到端合成,而 DV3 的编码器和解码器都使用了全卷积结构,从而极大地加速了多说话人模型的训练过程。但是 DV2 和 DV3 都在模型的多个模块中使用了场景特定的嵌入式表示来保证多说话人模型能够收敛,设计较为复杂,且最终合成语音的平均意见得分(mean opinion score, MOS)只有 3.7 左右。VoiceLoop 系列是另一种简单但是高效的多说话人模型,该系列模型使用了一种新颖的移动缓冲来实现循环机制,因此设计上更简单。另外,VL1 只需要更新说话人嵌入向量即可拟合新说话人,VL2 甚至可以使用极少量无标注数据且无须训练来拟合新说话人。但由于合成音质受限,整体 MOS 仍然不够理想。

2. 基于端到端的多风格语音合成

随着端到端技术的发展,基于端到端的多风格语音合成也越来越多。目前比较流行的多数是基于 Tacotron 和 Tacotron2 进行的相关研究。基于这两种模型的研究,一般是通过添加风格嵌入向量作为额外的输入条件来展开的。其中,有研究人员[42]提出了一种带有韵律编码器的 Tacotron2 框架,该编码器能够将变长音频的风格压缩到一个固定大小的向量,称此向量为韵律嵌入向量。该嵌入向量能够捕捉独立于语音信息和说话人特有特征,比如风格、重音、语调、语速等,合成语音的 MOS 已接近于 4.0。另外,该方法不需要详细的风格标签,从而做到无监督的风格控制和迁移。在此基础上其他研究者增加了一个注意力机制[43],使得它能够将任意语音片段的韵律编码向量表达为基础嵌入固定集合的线性组合,这种嵌入被称为全局风格标码(global style token, GST)。在模型推理阶段,该方法可以选择或调整线性组合的权重,从而使 Tacotron2 可以合成不同说话风格的语音,且不需要参考语音片段。因此,GST 能创造出风格更加多样化的语音。

上述两项研究工作都是从音频中提取风格嵌入向量,而另一种研究[44]则从文本中预测风格编码向量,并把它作为多风格端到端语音合成模型的额外输入对风格信息进行建模。这些研究工作也被直接拓展到多说话人端到端语音合成建模中。

(1)全局风格标记模型

为了合成逼真人类的语音,TTS 必须学会如何模拟韵律。在某种意义上讲,比较流行的 GST 模型试图在较大的粒度上提取话语风格参数,其目的是为提高给定上下文的说话风格的建模能力。虽然风格很难准确定义,但它包含丰富的信息,例如意图和情感,并影响说话人的语调和流畅度。

图 4-29 显示了 GST 参数抽取的训练过程。在训练过程中,参考编码器将变长度语音信号的韵律压缩为固定长度的向量,称为参考嵌入向量(reference embedding)。

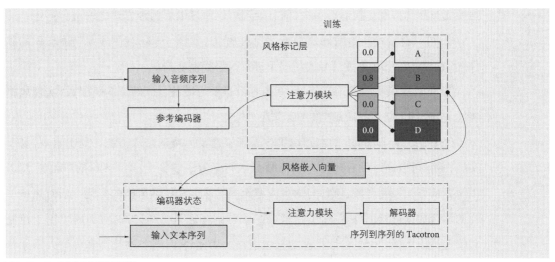

图 4-29 GST 参数抽取的训练过程[43]

训练用的参考信号是真实的语音。

　　参考嵌入向量传递到风格标记层,作为查询向量用于注意力模块。此处,注意力模块学习参考嵌入向量与一组随机初始化的嵌入中的每个标记之间的相似性。这组 GST 在所有训练序列中共享。

　　注意力模块输出一组组合权重,这些组合权重表示每个风格标记对参考嵌入向量的贡献。将 GST 的加权总和(称为风格嵌入向量)传递到 Tacotron,以便在每个时间步进行调节。

　　风格标记层由 Tacotron 解码器的重建损失驱动,与模型的其余部分进行联合训练。在此过程中,GST 不需要任何显性的风格和韵律标签。

　　图 4-30 显示了 GST 的推理过程。GST 体系结构的设计理念是在推理模式下进行

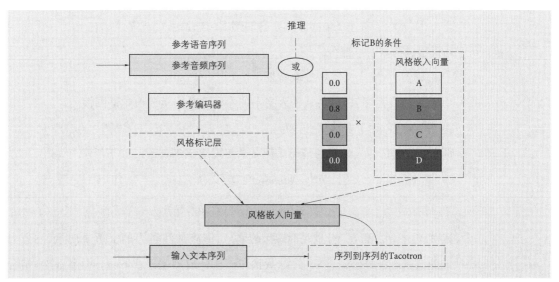

图 4-30 GST 的推理过程

强大而灵活的控制。在此模型中,信息处理可以通过以下两种方式之一进行:

① 可以直接将文本编码器设置为某些标记,如图 4-30 右侧所示"标记 B 的条件"。它允许在没有参考信号的情况下进行风格控制和操纵。

② 可以提供不同的语音信号(其内容没必要与准备合成的文本匹配)以实现风格转换。如图 4-30 左侧所示"参考音频序列"。

GST 是基于 Tacotron 的端到端 TTS 系统中建模风格的强大方法。GST 直观、易于实施,并且可以通过没有显性标签的数据进行学习。它们生成可解释的"标签"用于以新颖的方式控制合成,例如与文本内容无关的速度和说话风格的变化。当对风格多样的语音数据进行训练时,GST 模型会产生可解释的风格编码,这些编码可用于控制和传递话语风格。GST 可以挖掘数据中潜在的变化规律,将各种噪声和说话人因素分解为单独的风格标记。GST 模型对噪声的比例不敏感,但是当噪声增加时,需要增加 GST 标记数目。用 GST 进行 TTS 对数据的要求没有那么严格,并且不需要非常精确的切分以及进行语音识别。GST 可以自动生成风格注释,减去人工环节。因此 GST 在端到端多风格语音合成领域被广泛使用。但 GST 仍然有许多改进的地方,比如改善 GST 的学习,以及使用 GST 权重作为从文本进行预测的目标等。

(2) 情感语音合成

情感语音合成一直都是语音合成领域的一个重要课题,基于深度学习的情感语音合成方法也从多个不同侧面展开。其中,面向端到端的情感语音合成[42]提出了一种从自然语音中提取韵律编码向量,并通过韵律迁移实现表现力语音合成的方法。半监督的端到端情感语音合成方法[45]可以在只有少量训练数据有情感标签的情况下,实现有效的情感语音合成。此外还有基于 GST 的 Tacotron2 框架的情感语音合成方法[47]、端到端的情感语音合成方法[46]等。

图 4-31 显示了基于 Tacotron 体系的端到端情感语音合成器[46]。它作为一个序列到序列模型包括以下三部分。

① 编码器:从输入文本中提取特征。

② 基于注意力的解码器:从输入文本的参数部分中生成梅尔谱图帧。

③ 后处理器:用于合成语音波形。

研究人员通过注入学习的情感编码 e 来实现情感 Tacotron,如下所示:

$$h_t^{\text{att}} = \text{AttentionRNN}(x_t, h_{t-1}^{\text{att}}, e)$$
$$h_t^{\text{dec}} = \text{DecoderRNN}(c_t, h_{t-1}^{\text{dec}}, e) \tag{4.54}$$

其中,x_t,c_t,h_{t-1}^{att} 和 h_{t-1}^{dec} 分别是时刻 t 的输入,即施加注意力的上下文向量、注意力 RNN 的隐藏状态和解码器 RNN 的隐藏状态。该合成器基于 Tacotron 模型框架,结合情感标签,可以实现合成具有指定情感的语音。研究人员在实验中用到 6 种情感标

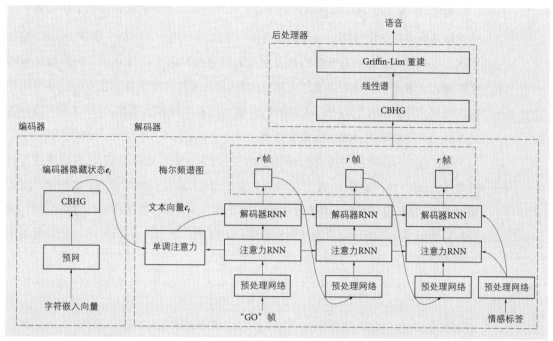

图 4-31　情感端到端语音合成器[46]

签,包括中立、生气、害怕、高兴、悲伤和惊讶。通过一个预处理网络(pre-net)结构对情感标签进行编码,然后再引入解码网络。

　　该模型三部分中最核心的部分是基于注意力的情感解码网络。它是由 RNN 堆栈与原始 Tacotron 中基于内容的 tanh 注意机制构成的。解码器使用预处理网络、一层注意力 RNN 以及两层残差连接解码器 RNN 来预测每一步梅尔谱图的 r 帧。对于每个小批量,解码器都从一个全为零的“GO”帧开始,随后,每一步将前一个时间帧作为预处理网络的输入。对于情感标签,通过与预处理网络输出级联并添加一层的投影来将 one-hot 标签向量的投影注入注意力 RNN 中,以使其与注意力 RNN 输入的大小相匹配。在解码器 RNN 的第一层执行相同的注入操作,以将情感特征添加到生成的频谱图中。

　　在原始的 Tacotron 中,解码器通过馈送前一步的真实信息来预测此刻的输出并进行训练。但是,在测试阶段是没有真实信息的。因此,每一步生成的输出都包含一些噪声。其结果是,误差迅速累积并扰乱了所产生的语音波形,尤其是对于长时的语音输出。所谓的曝光偏差问题会导致不连续性并丢失注意力对齐,这将引起解码器时间步和编码器状态之间的混乱。

　　该端对端情感语音合成器是在改进的 Tacotron 基础上构建的。它将字符序列和所需情感作为输入并生成相应的情感语音信号。实验发现,所生成语音的质量与注意力对准的清晰度和清洁度高度相关。该合成器通过单调注意力和半强制训练提高注意力的一致性,从而提升生成语音的质量。

图 4-32 为基于 GST 的情感语音合成系统[47]，在此将不同情感视为不同风格。该情感语音合成系统由情感相关风格编码的体系结构和用于 TTS 任务的 Tacotron2 框架组成。该架构从给定的参考情感语音中提取风格编码向量。Tacotron2 编码器根据给定的输入文本序列生成对应的语言特征向量，然后将这些向量连接起来组成联合风格语言序列，并将其通过 Tacotron2 解码器以预测梅尔频谱图。最后，WaveNet 声码器通过预测的梅尔频谱图合成情感语音波形。

GST-Tacotron 可以使用情感编码向量的平均权重来合成情感语音，以此来进行情感语音合成[48]。其步骤为，首先在训练过程中，从预定义的情感类别（如幸福，悲伤，愤怒和中立）获得一系列编码向量。假设属于同一情感类别的编码向量位置相近，源自相同情感类别的编码向量则倾向于形成一个聚类。基于这一假设，将每个聚类的中心点作为该情感的平均编码向量[49]。

图 4-33 显示了将 t 分布的情感编码向量嵌入 t-SNE 图，把 40 维风格编码向量的

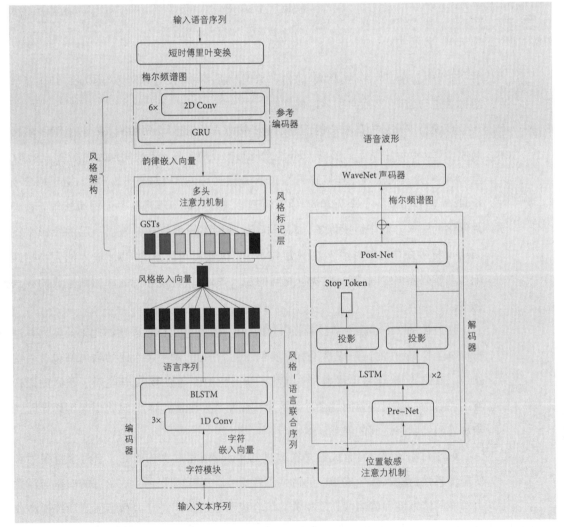

图 4-32 基于 GST 的情感语音合成系统

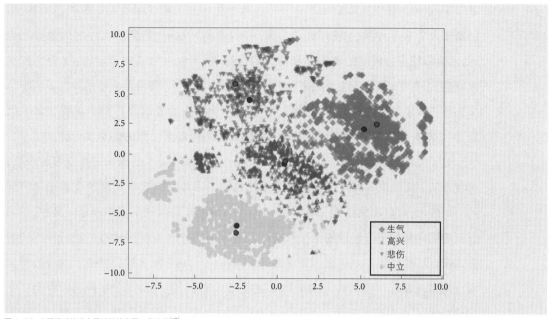

图 4-33　不同情感编码向量的权值向量二维表示[48]

权值向量降至二维表示,编码向量根据其情感标签形成簇。如果采用有效的插值算法,可以一定程度上灵活地控制情感表达的强度,例如从弱情感逐渐到强情感。

目前的问题是,情感向量空间并非线性变化,在内插情感强度逐渐增强的情况下,听辨的结果不是渐变,有时会有上下波动。因此,需要进一步厘清情感向量空间的分布,研究相应的插值方法,以确保由插值得到的情感参数与其合成语音感知上的一致性。

4.4.3　低资源场景下的语音合成

虽然基于神经网络端到端的文语合成技术在近年来发展迅速,受到了学术界和工业界的广泛关注。然而,数据和计算资源往往制约着文语转换系统在实际场景中的广泛应用,如何构建低资源场景下的文语转换系统仍是一个难题。前面介绍的轻量级模型 LPCNet 及其他模型主要是在解决低计算资源问题,本小节主要介绍低数据资源场景下的语音合成。

1. 低数据资源场景的语音合成

对于端到端语音合成系统的训练语料,模型需要几十个小时单一说话者的高质量数据来保证合成语音的质量。然而这种高质量的数据通常会使用专业设备来进行录音,所以成本也相对较为昂贵。相对于高质量的成对数据(文本,音频),不成对的数据更容易获得。因此,利用这些成本较低,便于获得的数据来进一步提升系统对于语言本身的处理能力和泛化能力,是一种较为有效的手段。

这里介绍一种利用不成对的数据来解决低数据资源语音合成的方法[50],该方法基于 Tacotron2 模型。Tacotron2 采用的是基于注意力机制的编码器—解码器架构,编码器读入文本序列(如字符序列或音素序列)并将其编码,得到输入序列的隐含层表示,然后带注意力机制的解码器利用该隐含层表示,输出对应的声学特征(梅尔谱参数)序列。其中,编码器主要用来学习文本的隐含层表示,解码器主要用来学习声学特征表示。如果只有较少的训练数据,文本和声学特征的表示并不能学习得很好。因此,该方法分别利用文本和音频来丰富编码器和解码器学习到的文本表示。

对于大量的文本语料,可以利用 Word2vec 等模型对文本的语义进行学习和表示,这在自然语言处理领域中已经是较为成熟的技术手段。对于从大量的文本中学习到的单词表示,可以用来扩充 Tacotron2 中所学习到的字符级别的文本表示。其中,单词级别的词向量和字符级别的字符向量可以通过硬对齐和基于注意力机制两种不同的方式进行拼接,如图 4-34 所示。硬对齐是指每一个字符表示都会拼接上其所处单词对应的单词表示,例如,单词"H e l l o"包含 5 个不同的字符,每个字符后面都会加上单词"Hello"所对应的表示。基于注意力机制的方法是指每个字符与哪个单词进行拼接不进行事先假设,而是利用网络自动学习权重的分配。通过将字符表示与从大规模文本中学习到的单词表示进行拼接,可以使 Tacotron2 中的文本表示学习得更好。

同理,可以使用大量不带文本标注的音频来对解码器进行进一步的学习。首先固定 Tacotron2 中的编码器和注意力机制网络模块的权重,而每次经过注意力加权后的文本表示可以固定为零向量。采用大量音频数据对 Tacotron2 中的解码器模块进行训练,可以使得解码器学习到更加完美的声学特征表示。

利用大量的不成对数据,该方法只使用 24 分钟的成对数据便可合成高质量的音

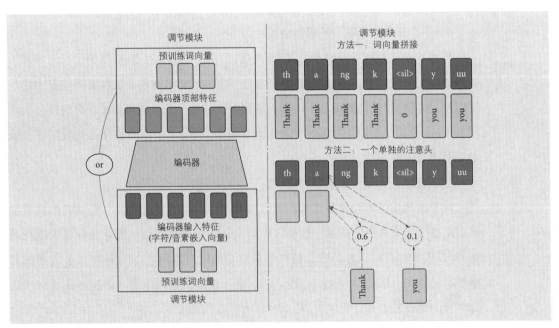

图 4-34 词向量与字符向量的两种不同拼接方式[50]

频。对于不成对数据的使用,可以将语音识别和文语转换系统相结合,主要思想为:首先给定一个无标注的语音,通过语音识别生成对应的文本,再把生成的文本和原始语音组成一个训练数据对来训练文语转换系统。同理,可以利用无标签的文本,通过文语转换系统合成语音,再通过语音和原始文本组成配对数据训练语音识别。这样进行不断迭代可以从初始状态逐渐提升文语转换系统或语音识别,以实现理想的性能。

基于此思想,微软公司提出了 LightTTS 和 LRSpeech,利用了文语转换系统和语音识别任务之间的对偶特性,只使用几百条成对文本和语音便可合成高质量的音频。

2. 多语言语音合成

国际化形成了多语言的交叉使用,这给语音合成提出了巨大的挑战。因为大部分研究人员很难获取同一个人多种语言的训练语料,因此研究使用单语言语料来训练多语言模型,使语音合成系统可以同时合成多种语言成为热点。多语言语音合成可以简单分为两种,即混读语音合成和跨语种语音合成。前者主要目的是合成包含混读的句子,即同一个句子中包含两种以上语言,例如句子“她真是一个 beautiful girl。”而跨语种语音合成则需要在保持原语种音色的前提下合成目标语种的音频。通常认为混读语音合成是多语言语音合成中一种相对简单的问题,在端到端语音合成中通常用同一个模型来同时解决这两类问题。

(1) 文本表示

对于混读语音合成来说,由于同一个句子中出现了不同的语言,要想保留语言之间的上下文信息,使切换更自然,就需要对多语言的文本输入格式进行统一。一种最直接的方式是采用同一套字符集来表示不同的语言,例如,可以采用国际音标(IPA)来表示不同的语言。一些研究就采用了 IPA 方式来进行混读合成,然而这种文本表示的一个缺陷是不同语言的不同音节可能会映射到 IPA 中的一个相同音节,这种映射可能会导致最终合成的语音在对应音节产生错误。

还有一种方式是直接将不同的语言用不同的字符集表示,最终将不同的字符集合并为一个整体的字符集。例如,研究人员[51]使用了中文的偏旁部首和日语的片假名来对中日两种不同的语言进行表示,这种做法虽然不会造成多对一的问题,但是会使得字符集十分庞大,不利于模型的学习。

此外,谷歌公司提出了一种采用字节的表示,将不同语言的字符直接转化为 UTF-8 编码,而 UTF-8 采用二进制进行表示,既不会面临多对一的问题,也不会构造出一个特别庞大的字符集。实验也表明这种表示在混读语音合成上表现良好。

然而,随着端到端语音合成技术的迅猛发展,将字符直接输入端到端模型也可以学习到不错的文本表示。因此,对于文本表示的研究逐渐减少,如何用一个模型使用少量数据实现多语种语音合成成为目前研究的热点。

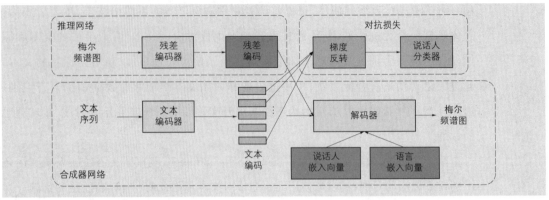

图 4-35 谷歌公司的端到端多语言合成系统[52]

（2）基于端到端的多语言合成

通常情况下，单语言的语料相对容易获得。但是，如果要录制同一个说话人说不同语种的语料则成本十分昂贵。利用单语种语料来进行多语种语音合成的前提是将说话人信息和语言信息进行解耦，为此谷歌公司在 Tacotron2 的基础上提出了一种端到端多语言合成模型[52]，如图 4-35 所示。

该模型主要包含以下三部分：

① **推理网络**。这部分使用变分自编码 VAE 来学习音频的隐含变量，如韵律，噪音等，该模块为非监督学习。

② **对抗损失**。这部分主要在训练时使用，其主要功能是把语言信息和固定的说话人进行解耦。

③ **合成器网络**。这部分采用 Tacotron2 模块，其功能是把语言特征转成声学特征。

此外，图中的文本表示考虑了多种文本表示。实验证明，在此模型下仅使用单语语料便可实现中文、英文和西班牙语三种语音的多语音合成。

除了考虑将语言和说话人进行解耦之外，也有一些研究者利用迁移学习（transfer learning）、知识共享（knowledge sharing）等方法来学习不同语言之间共性的知识，从而使得多语言合成更加自然。

一种基于元学习（meta-learning）的多语言合成模型的主要结构如图 4-36 所示[53]。该系统将 Tacotron2 的编码器部分的双向 LSTM 去掉，全部使用卷积层，而且每种语言拥有单独的编码器部分。该系统添加了参数生成器部分，把音素相应的语言类型信息进行处理然后拼接到编码器的每一层。编码器的输出输入到解码器和说话人分类器部分。这里说话人分类器的作用主要是用来对语言和说话人进行解耦。

需要注意的是，在此模型中，不同的语言共享同一个编码器结构，但是不同的语言会通过参数生成器来生产不同的编码器参数。

实验表明，此模型在 10 种不同语言下都可以合成高质量的音频，而且合成音频中

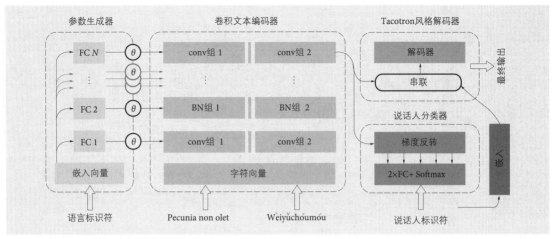

图 4-36 一种基于元学习的多语言合成模型

所包含的一些错误(错字、错词等)也比其他模型少了很多。

4.4.4 抗噪语音合成

语音合成的使用场景并不总是在安静的环境中。在嘈杂的环境中广播语音时(例如火车站广播、工厂警告声和户外广播等),语音将会难以听辨,清晰度和可懂度都降低了很多。为了在噪音环境中顺畅地进行语音交流,人们在噪声环境与安静环境中采取了不同的发音策略,这种现象称为隆巴德效应(Lombard effect)。在低频能量的背景噪声中,人们将语音的基频、共振峰和频谱移向更高的频率。在鸡尾酒会环境中,说话人的语音频谱(声道形状)会发生相应变化,基频和声强会增加,元音与辅音持续时间的比率也会发生变化。为了适应噪声环境而修改的语音称为隆巴德语音。实验证明,在嘈杂环境中,隆巴德语音比普通语音具有更高的清晰度[55]。

为了录制这类隆巴德语音,一般让说话人一边听耳机里的噪音,一边进行发音以此来构建语音合成系统,但是长期暴露于噪声下可能会导致被试者的健康问题。实际上,通常以少量隆巴德语音作为自适应数据,通过同一说话者的朗读语音模型,利用情感语音合成的方式来构建隆巴德语音模型。仿效隆巴德语音,通过环境噪声自适应改变语音的特性合成噪声环境中具有高清晰度和可懂度的语音,将有广泛的应用前景。

研究人员进行了大量研究来验证隆巴德语音比安静条件下的会话语音更清晰。有研究让 10 名被试者在安静环境以及两种具有不同频谱特性的噪声条件下进行互动游戏时进行语音录制。两种噪声分别为宽带(broadband,BB)噪声和鸡尾酒会(cocktail party,CKTL)噪声,两者的声压级均在 86 dB。图 4-37 显示了男女说话人在 BB 噪声和 CKTL 噪声中语音频谱能量分布的改变。在 0~1 kHz 频带内,女性声音在不同条件下没有多大差异,两种类型噪声下的男性声音比安静环境下的能量略低。不论男女,两种噪声环境下的语音频谱在 1~4 kHz 频带中均得到显著增强。在高于 4 kHz 的高频

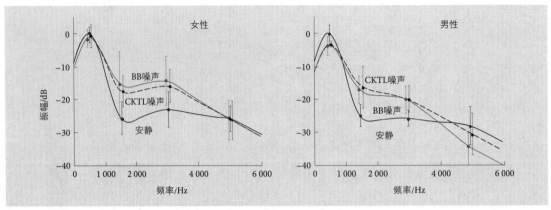

图 4-37 男性和女性说话人在 BB 噪声和 CKTL 噪声中的语音频谱能量分布[54]

段,男性语音频谱能量在两种噪声环境下反而下降。

图 4-38 给出了在安静和 CKTL 噪声条件下女性说话人的元音频谱包络。它显示了在 1~4 kHz 区域中隆巴德语音不是能量的均匀增强,而是对语音共振峰的特定增强。对于元音[i],在说话人和实验条件下观察到共振峰聚类的两种不同策略:F2-F3 和 F4-F5 的两个聚类及 F2-F3-F4 的一个聚类。Stowe 等的研究也表明,隆巴德效应对语音至关重要的是频率(共振峰)敏感,而不是对环境中任何竞争声音的普遍

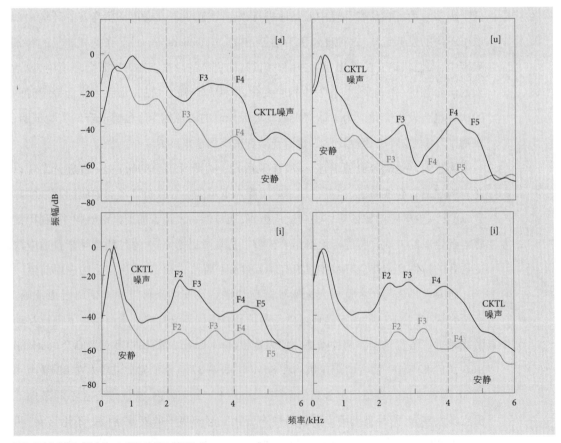

图 4-38 在安静和嘈杂条件下女性说话人的元音频谱包络

反应[54]。

在隆巴德效应中,说话人修改基频(F0)和第一共振峰的频率以及增强相关共振峰的能量,以避免语音被噪声的能量掩蔽。此外,增强在 3 kHz 左右语音频谱的能量,涉及与语音共振峰相关的最大听觉敏感度区域。同样,语音修改会对清晰度的不同方面(听觉感受、音素识别、话语解析)产生多种影响。无论噪声类型如何,都可以通过增强语音的频率和幅度调制以及增强 2~4 kHz 频带内的语音能量来改善语音听觉检测和辨识。

4.5　小结

机械式语音合成器到电子式语音合成器的发展过程,是与人们对人类发音机理的认识提高和科技发展相同步的。统计语音合成的出现和发展是科技工作者长期努力的成果,是对语音信号处理从原理、方法和建模研究的结晶,也是后续语音合成方法发展的基础。因此,本章比较全面地介绍了统计语音合成原理的文本分析、韵律分析、统计参数语音合成的原理等内容。本章重点介绍了目前基于深度学习的主流语音合成方法,包括基于深度神经网络的语音合成方法和端到端语音合成方法,还比较详细地介绍了基于平均音模型和深度学习的多样化语音合成方法、低资源场景下的语音合成以及抗噪语音合成。这些技术和方法是语音合成真正走进人类生活之前的"最后一公里"。目前,基于深度学习的端到端语音合成方法,人工参与少、合成质量高,展示了很大的发展前景。但是要突破这"最后一公里"的瓶颈,还需要进一步贯通理解语音信号处理的基本理论,在基本原理和方法上有所突破。受语言大模型的启发,基于神经编码器语言模型的语言合成系统、文本引导的生成式语音大模型在语音合成/语音生成任务取得良好效果,是值得重点关注的研究方向。

本章知识点小结

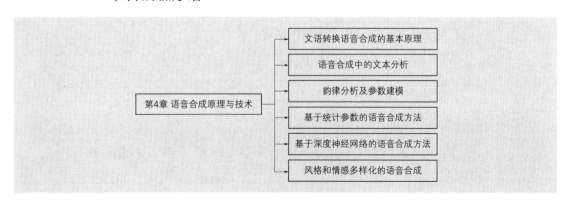

4.6 语音合成实践

本实验以端到端的语音合成为重点,依靠当前流行的语音合成系统和框架,对语音合成中的重点模块进行剖析,搭建完整的语音合成系统,实现自然流畅并具有丰富表现力的语音合成。

本实验的参考代码及音频等请见本书配套的课程网站。

4.6.1 实验设计

一个完整的端到端语音合成系统如图4-39所示。

该系统主要包含前端分析、声学模型和声码器三个模块。其中文本的前端分析模块主要实现文本分词、韵律停顿预测、多音字预测、文本归一化等功能;经过前端处理后的文本将会进入声学模型模块,建立文本和声学特征之间的关系,常用的声学特征有基频、梅尔谱等;声码器模块则用于将声学特征转换为最终的语音波。

本实验将重点围绕端到端语音合成的各个环节,重点实现中文文本的归一化、基于Tacotron2声学模型的构建、声学模型与声码器的结合,并在此基础上实现多说话人或情感语音合成。

4.6.2 实验内容

1. 中文文本归一化的实现

面向语音合成的文本分析中最重要的问题是文本归一化。普通话文本中除了正常的汉字之外,还会经常出现简略词、日期、公式、号码等文本信息,这就需要通过文本归一化对这些文本块进行处理,否则合成出的语音就会出现语法错误、语义不完整等问题,从而降低了语音合成效果。

本次实验要求学生完成如表4-3所示的全部或部分类型的文本归一化:

2. 基于Tacotron2的声学模型构建

基于Tacotron2的模型构建、训练以及测试的具体过程如下。

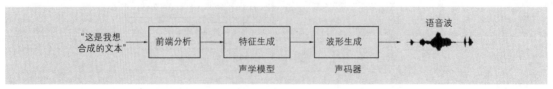

图4-39 端到端语音合成系统

表4-3 中文文本归一化

类型	原始文本	处理后文本
单位	这块黄金重达 324.75 克	这块黄金重达三百二十四点七五克
日期	她出生于 86 年 8 月 18 日，她弟弟出生于 1995 年 3 月 1 日	她出生于八六年八月十八日，她弟弟出生于一九九五年三月一日
数字	电影中梁朝伟扮演的陈永仁的编号 27149	电影中梁朝伟扮演的陈永仁的编号二七一四九
分数	现场有 7/12 的观众投出了赞成票	现场有十二分之七的观众投出了赞成票
钱	随便来几个价格 12 块 5,34.5 元,20.1 万	随便来几个价格十二块五 三十四点五元 二十点一万
百分数	明天有 62% 的概率降雨	明天有百分之六十二的概率降雨
电话	这是固话 0421-33441122 这是手机+8618544139121	这是固话零四二一三三四四一一二二 这是手机八六一八五四四一三九一二一

（1）环境准备

Tacotron2 模型的构建依赖 Python3 环境，建议通过 Anaconda 来建立虚拟环境，并使用"pip3 install-r requirements.txt"来安装 Tacotron2 的相关依赖包。

（2）数据准备

数据可以选取只包含美式英语的 LJ-Speech，或者是同时包含美式英语和英式英语的 M-AILABS。如果训练中文数据则通常考虑标贝数据集。

以 LJ-Speech 数据集为例，数据包含 wavs 和 metadata.csv 两部分，其中 wavs 存放所有的音频文件，metadata.csv 示例如图 4-40 所示。

图 4-40 中每行包含三部分内容，用竖线"│"进行分割，第一部分为对应音频的名称，第二部分为对应文本的原始内容，第三部分为经过归一化之后的文本。

（3）数据预处理

数据预处理可以通过以下命令来实现：

cd Tacotron- 2

python preprocees.py

默认处理的是 Tacotron-2 文件夹下的 LJ-Speech 数据。此外还可以通过--dataset 等参数来指定要预处理的数据集，例如以下命令：

python preprocess.py --dataset='M- AILABS' --language='en_US' --voice='female' --reader=

```
1  LJ001-0001|Printing, in the only sense with which we are at present concerned, differs from most if not from all the arts
   and crafts represented in the Exhibition|Printing, in the only sense with which we are at present concerned, differs from
   most if not from all the arts and crafts represented in the Exhibition
2  LJ001-0002|in being comparatively modern.|in being comparatively modern.
3  LJ001-0003|For although the Chinese took impressions from wood blocks engraved in relief for centuries before the
   woodcutters of the Netherlands, by a similar process|For although the Chinese took impressions from wood blocks engraved in
   relief for centuries before the woodcutters of the Netherlands, by a similar process
4  LJ001-0004|produced the block books, which were the immediate predecessors of the true printed book,|produced the block
   books, which were the immediate predecessors of the true printed book,
5  LJ001-0005|the invention of movable metal letters in the middle of the fifteenth century may justly be considered as the
   invention of the art of printing.|the invention of movable metal letters in the middle of the fifteenth century may justly
   be considered as the invention of the art of printing.
6  LJ001-0006|And it is worth mention in passing that, as an example of fine typography,|And it is worth mention in passing
   that, as an example of fine typography,
```

图4-40 metadata.csv 示例

'mary_ann' --merge_books=False --book='northandsouth'

经过预处理之后将会形成 training_data 文件夹,其中包括以数组形式存放的音频文件夹 audio,以及存放线性谱特征的文件夹 linear,同时还包含存放梅尔谱的文件夹 mels。一些与预处理相关的参数如表 4-4 所示。

表 4-4　预处理相关部分参数

参数	作用及意义
num_mels	梅尔谱的维度,默认为 80
num_freq	线性谱的维度,默认为 1 025
clip_mels_length	是否删掉特别长的音频,默认为 True
sample_rate	采样率
win_size	帧长
hop_size	帧移
trim_silence	是否去除前后的静音段,默认为 True
signal_normalization	是否对梅尔谱进行归一化,默认为 True
preemphasize	是否进行预加重,默认为 True
fmin	最小的频率范围,根据不同的说话人和性别来调整

以上参数可以根据具体的数据和实际需求进行调整。

（4）模型训练

模型训练可以通过以下脚本来启动:

python train.py --model='Tacotron'

同时,还可以通过其他参数来设置模型训练的最大步数,以及每隔多少步模型保存和测试一次。启动模型训练后,模型就会加载 training_data 中的训练数据来进行训练。与模型训练和结构相关的一些关键参数如表 4-5 所示。

表 4-5　与模型训练和结构相关的一些关键参数

参数	作用及意义
outputs_per_step	模型的 decoder 一次预测几帧,默认为 1
encoder_lstm_units	模型的 encoder 中 LSTM 所包含的神经元个数,默认为 256
decoder_lstm_units	模型的 decoder 中 LSTM 所包含的神经元个数,默认为 1 024
predict_linear	是否预测线性谱,默认为 True
tacotron_batch_size	batch_size 的大小,默认为 32

在实际的训练过程中,可以根据具体需求来改变上述参数或其他参数的值。例如将 decoder_lstm_units 的值改小,在牺牲一定音质的前提下,可以显著地提高模型训练和合成的速度。

此外,需要注意的是对于不同的语言来说模型的字符集是不同的,例如对于英文来说,字符集常设计为:

'ABCDEFGHIJKLMNOPQRSTUVWXYZabcdefghijklmnopqrstuvwxyz! \' \"( ) , -.:;? '

对于中文来说,则需要考虑在其中加入数字来表示声调,加入"#"来表示停顿:

'ABCDEFGHIJKLMNOPQRSTUVWXYZabcdefghijklmnopqrstuvwxyz! \' \"( ),-.:;? $ * #%@0123456789 '

（5）模型测试

训练所保存的模型将会存放在 logs-tacotron 文件夹下,模型测试可以通过以下脚本来实现:

```
python synthesize.py --model Tacotron --text_list test.txt --GTA False --mode eval
```

其中测试的文本存放在 test.txt 中,以文本"ke3 yan2 #1 ke3 tian2 #3,ke3 #1 qing1 xiu4 #1 ke3 #1 ying4 han4 #1 de5 #1 yuan2 hong2 #3(可盐可甜,可清秀可硬汉的袁宏)"为例,得到的梅尔谱如图 4-41 所示(其中横坐标表示时间,纵坐标表示频率,颜色表示能量的大小)。

3. 声学模型与声码器的对接

上面实现的声学模型部分仅仅实现了通过文本来预测梅尔谱。对于端到端语音合成来说,声码器是不可或缺的一部分,这里以目前较为流行的 LPCNet[128] 例,实现 Tacotron2 声学模型与 LPCNet 声码器的对接。

对接的关键和难点在于特征的统一。Tacotron2 的训练采用的是 80 维的梅尔谱,但是原始的 LPCNet 并不是以梅尔谱作为输入,而是以 18 维的巴克倒谱系数和 2 维的音调参数共 20 维特征作为输入。因此考虑将 Tacotron2 的输出改为 LPCNet 所使用的 20 维特征。具体过程如下。

（1）环境及数据准备

环境及数据的准备与 Tacotron2 类似,对于 LPCNet 需要额外安装 keras 等 Python 包。

（2）数据预处理

首先利用 Tacotron2 对数据集进行预处理,以标贝数据集为例,脚本如下(此时 num_mels = 20)。

```
preprocess.py --base_dir../dataset --dataset biaobei
```

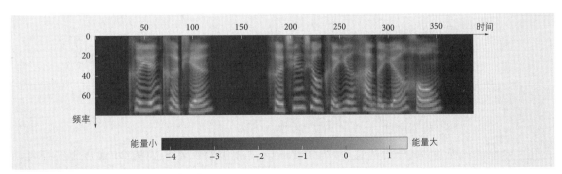

图 4-41　基于 Tacotron2 模型的测试文本生成的梅尔谱

同样会得到 training_data 文件夹，用来作为 Tacotron2 的训练数据。

其次生成 LPCNet 预处理所需要的.s16 文件，即将包含头文件的 wav 格式音频变为 16 kHz 的不含头文件的 PCM 格式音频，采用脚本如下。

```
mkdir -p ../dataset/biaobei/pcms
for i in ../dataset/biaobei/wavs/* .wav
do sox $ i -r 16000 -c 1 -t sw ->../dataset/biaobei/pcms/audio- $ ( basename " $ i" | cut -d.-f1 ).s16
done
```

然后对 LPCNet 进行编译，并从 PCM 格式文件中生成 20 维特征，脚本如下：

```
cd ../LPCNet
make clean && make dump_data taco=1
cd -
mkdir -p ../dataset/biaobei/f32
for i in ../dataset/biaobei/pcms/* .s16
do
../LPCNet/dump_data -test $ i ../dataset/biaobei/f32/ $ ( basename " $ i" | cut -d.-f1 ).npy
Done
```

最后也是最关键的一步，就是用 20 维特征替换 training_data 文件中的 audio 的所有数据。此外，通过以下脚本对 PCM 文件进行合并，得到训练 LPCNet 的特征（features.f32）和输出（data.u8），脚本：

```
for i in ../dataset/biaobei/pcms/* .s16
do
  cat " $ i" >> final.pcm
  echo $ i
done
echo "Final.pcm created..."
make clean && make dump_data
./dump_data -train final.pcm features.f32 data.u8
```

至此，已得到用来训练 Tacotron2 和 LPCNet 的数据。

（3）模型训练

Tacotron2 的模型训练启动前面已有介绍，LPCNet 训练的启动脚本如下：

```
cd LPCNet
python ./src/train_lpcnet.py features.f32 data.u8
```

（4）模型测试

模型测试分为两部分：先用 Tacotron2 模型将文本转换为 20 维声学特征再用 LPCNet 模型将 20 维特征转化为最终音频。

Tacotron2 模型生成 20 维声学特征的脚本如下：

```
echo "Text to Speech Started..."
cd Tacotron-2
rm -rf * .f32
python synthesize.py --model='Tacotron' --mode='eval' --hparams='tacotron_num_gpus=1'--
text_list='text.txt
```

加载 LPCNet 模型：

```
echo "Synthesizing Audio from Features..."
cd LPCNet
python./src/dump_lpcnet.py lpcnet20_384_10_G16_82.h5
mv nnet_data.* ./src/
make clean && make test_lpcnet taco=1
```

利用 LPCNet 模型将 Tacotron2 生成的 20 维特征转化为音频：

```
echo "Feature to PCM Conversion Started..."
mkdir -p output
for i in./Tacotron-2/* .f32
do
time./LPCNet/test_lpcnet $ i./output/ $ ( basename " $ i" | cut -d.-f1 ).s16
done
```

最终，还是以文本"ke3 yan2 #1 ke3 tian2 #3,ke3 #1 qing1 xiu4 #1 ke3 #1 ying4 han4 #1 de5 #1 yuan2 hong2 #3.（可盐可甜,可清秀可硬汉的袁宏）"为例,得到的音频请见课程网站。

4. 情感语音合成

随着端到端技术的发展,基于端到端的多风格语音合成应用也越来越广泛。目前比较流行的多是基于 Tacotron、Tacotron2 进行的相关研究。基于这两种模型的研究一般是通过添加风格嵌入（style embedding）向量作为额外的输入条件来展开的,即全局风格标码（GST）。

（1）环境准备

GST 需要的环境基本与 Tacotron2 一致,建议通过 Anaconda 来建立虚拟环境,并使用"pip3 install-r requirements.txt"来安装相关依赖包。

（2）数据准备

对情感语音合成来说,情感语音数据的质量是相当重要的一部分。由于相关情感语音库开源的数量很少,因此推荐使用 Emo-DB 情感语音库。这里同样建议尽量将数据库改成 wavs 和 metadata.csv 两部分,防止后面改动时接口出现问题。当然,如果比

```
def main():
    print('initializing preprocessing..')
    parser = argparse.ArgumentParser()
    parser.add_argument('--base_dir', default='')
    parser.add_argument('--hparams', default='',
                        help='Hyperparameter overrides as a comma-separated list of name=value pairs')
    parser.add_argument('--dataset', default='thchs30')
    parser.add_argument('--language', default='en_US')
    parser.add_argument('--voice', default='female')
    parser.add_argument('--reader', default='mary_ann')
    parser.add_argument('--merge_books', default='False')
    parser.add_argument('--book', default='northandsouth')
    parser.add_argument('--output', default='training_data')
    parser.add_argument('--n_jobs', type=int, default=cpu_count())
    args = parser.parse_args()
```

图 4-42 预处理相关代码

较熟悉 data.pickle 则用原有形式也是可以的,但需要改动较多内容。

（3）数据预处理

预处理部分通过 python preprocess.py 文件来启动,可以通过修改图 4-42 所示代码的一些设定来达到其他目的。

经过预处理之后会形成 training_data 文件夹,其中包括以数组形式存放的音频文件夹 audio 以及存放线性谱特征的文件夹 linear,同时还包含存放梅尔谱的文件夹 mels。

（4）模型训练

模型训练的过程大体与 Tacotron2 的训练部分类似,也是通过以下脚本来启动:

python train.py。

每 5 000 个步骤将创建一个检查点,并将其存储在 logs-Tacotron 文件夹下。不同的是为了合成不同情感的语音,可以在 reference audio 文件夹中放入希望得到的情感的参考音频。参考音频一般也是由数据库中选出。

需要注意的是,GST 模块的启用需要在 hparams.py 中进行设定,由于语音合成所需的时间较长,因此有条件的情况下请务必注意图 4-43 所示的模型训练显卡设置。

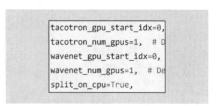

```
tacotron_gpu_start_idx=0,
tacotron_num_gpus=1,  # D
wavenet_gpu_start_idx=0,
wavenet_num_gpus=1,  # De
split_on_cpu=True,
```

图 4-43 模型训练显卡设置

该设置有助于防止实验者忘记启用 GPU。超参中很多的设置需要通过合成结果等操作来具体调试,因此每个值在什么情况下最好,很多时候不能一概而论。建议有针对性地进行调试。

（5）模型测试

训练所保存的模型将会存放在 logs-tacotron 文件夹下,模型测试可以通过以下脚

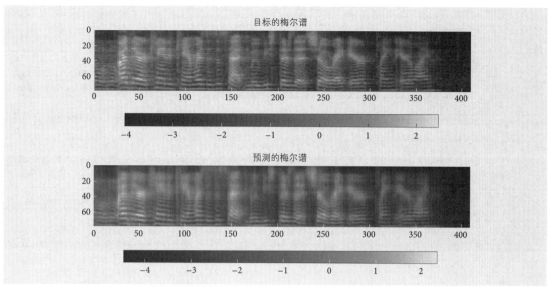

图 4-44　基于 Tacotron2 模型生成的某种情感语音的梅尔谱

本来实现:

python synthesize.py

其中测试的文本存放在文件 test. txt 中。以文本 "I never allow what can't be changed to annoy me." 为例,得到的梅尔谱如图 4-44 所示。其中合成的 sad 和 anger 的情感见本书配套课程网站。

习题 4

1. 从人类发音机理和语音信号处理两方面简述文语转换系统的工作原理。

2. 简述句法分析的理论与方法。

3. 简述决策树的生成过程。

4. 假设一维正态分布为

$$f(x,\mu,\sigma^2) = \frac{1}{\sqrt{2\pi}\sigma}\exp\left[-\frac{1}{2\sigma^2}(x-\mu)^2\right] \tag{D.1}$$

观测到的样本序列为 $\{x_1,x_2,\cdots,x_n\}$,证明其最佳估计为通常的平均值(μ)及方差(σ^2)。

5. 简述统计语音合成中是如何考虑协同发音的。

6. 比较端到端语音合成与管道式语音合成的优劣。

7. 简述在 LPCNet 中 LPC 自相关系数的计算过程。

8. 列举常用的针对神经网络的模型优化方法及其在端到端语音合成中的应用。

9. 在 Tacotron2 模型的训练中为什么采用 GTA 方式? 为什么需要用模型生成的梅尔谱作为训练数据来训练声码器。

10. 在中文语音合成中,从最原始的文本序列到网络可以接受的输入序列,需要哪些基本的前端处理流程?

参考文献

[1] Dudley,H.,Tarnoczy,T.H.,The speaking machine of Wolfgang von Kempelen.J.Acoust.Soc.Ame.,1950.**22**(1):p.151-166.

[2] Dudley,H.,Remaking Speech.Journal of the Acoustical Society of America,1939.**11**(2):p.169.

[3] Teranishi,R.,Umeda,N.,Use of pronouncing dictionary in speech synthesis experiments,in Rep.6th Int.Congr.Acoust.1968:Tokyo,Japan.p.155-158.

[4] Schroeter,J.,Sondhi,M.,A hybrid time-frequency domain articulatory speech synthesizer.IEEE Tans.ASSP,1987.**37**:p.955-967.

[5] Dang,J.,Honda,K.Speech production of vowel sequences using a physiological articulatory model.in ICSLP98.1998.Sidney.

[6] Klatt,D.,Review of Text-to-Speech Conversion for English.J.Acoust.Soc.Ame.,1987.82(3):p.737-793.

[7] Sagisaka,Y.,Speech synthesis by rule using an optimal selection of non-uniform synthesis units,in ICASSP.1988:New York,USA.p.679-682.

[8] 刘群,汉语词法分析和句法分析技术综述[C].,in 第一届学生计算语言学研讨会(SWCL2002)专题讲座.2002.

[9] Petrov,Barrett,Thibaux,Klein,Learning Accurate,Compact,and Interpretable Tree Annotation.,2006.

[10] 何亮,戴新宇,周俊生,陈家骏,中心词驱动的汉语统计句法分析模型的改进.中文信息学报,2008.**22**(4):p.3-9.

[11] 车万翔,张梅山,刘挺,基于主动学习的中文依存句法分析.中文信息学报,2012.**26**(2).

[12] 赵元任,汉语的字调跟语调.赵元任语言学论文集,2002:p.734-749.

[13] 丁星光,李雅,赖玮,陶建华.基于深度学习的韵律结构预测.in 全国人机语音通讯学术会议.2015.

[14] Fujisaki,H.,Information,Prosody,and Modeling-with Emphasis on Tonal Features of Speech,2004.

[15] Shih,C.,Declination in Mandarin.1998.

[16] 黄贤军,高路,杨玉芳,汉语语调音高下倾的实验研究.声学学报,2009(2):p.158-166.

[17] 王永鑫,贾珈,张雨辰,蔡莲红,基于 HMM 语音合成的语调控制.清华大学学报(自然科学版),2013.**053**(6):p.781-786.

[18] Tokuda,K.,Yoshimura,T.,Masuko,T.,Kobayashi,T.,Kitamura,T.,Speech parameter generation algorithms for HMM-based speech synthesis,in ICASSP.2000.p.1315-1318.

[19] Tokuda,K.,Nankaku,Y.,Toda,T.,Zen,H.,Yamagishi,J.,et al.,Speech Synthesis Based on Hidden Markov Models.Proceedings of the IEEE,2013.**101**(5).

[20] 吉村貴克,徳田恵一,益子貴史,小林隆夫,北村正,HMMに基づく音声合成におけるスペクトル・ピッチ・継続長の同時モデル化.電子情報通信学会論文誌 D-II,2000.**J83-D-II**(11):p.2099-2107.

[21] Ze,H.,Senior,A.,Schuster,M.Statistical parametric speech synthesis using deep neural networks.in 2013 ieee international conference on acoustics,speech and signal processing.2013:IEEE.

[22] Fan,Y.,Qian Y.,Soong F.K.,et al. Multi-speaker modeling and speaker adaptation for DNN-based TTS synthesis,in 2015 IEEE International Conference on Acoustics,Speech and Signal Processing(ICASSP).2015.IEEE.

[23] Zen,H.,Sak,H.Unidirectional long short-term memory recurrent neural network with recurrent output layer for low-latency speech synthesis.in 2015 IEEE International Conference on Acoustics,Speech and Signal Processing(ICASSP).2015:IEEE.

[24] Shen,J.,Pang,R.,Weiss,R.J.,Schuster,M.,Jaitly,N.,et al.Natural tts synthesis by conditioning wavenet on mel spectrogram predictions.in 2018 IEEE International Conference on Acoustics,Speech and Signal Processing(ICASSP).2018:IEEE.

[25] Oord,A.V.D.,Dieleman,S.,Zen,H.,Simonyan,K.,Vinyals,O.,et al.,Wavenet:A generative model for raw audio.2016.

[26] Battenberg,E.,Skerry-Ryan,R.,Mariooryad,S.,Stanton,D.,Kao,D.,et al.Location-relative attention mechanisms for robust

long-form speech synthesis.in ICASSP 2020-2020 IEEE International Conference on Acoustics,Speech and Signal Processing(ICASSP).2020:IEEE.

[27] Zhang,J.-X.,Ling,Z.-H.,Dai,L.-R.Forward attention in sequence-to-sequence acoustic modeling for speech synthesis.in 2018 IEEE International Conference on Acoustics,Speech and Signal Processing(ICASSP).2018:IEEE.

[28] He,M.,Deng,Y.,He,L.,Robust sequence-to-sequence acoustic modeling with stepwise monotonic attention for neural TTS.2019.

[29] Ren,Y.,Ruan,Y.,Tan,X.,Qin,T.,Zhao,S.,et al.Fastspeech:Fast,robust and controllable text to speech.in Advances in Neural Information Processing Systems.2019.

[30] Prenger,R.,Valle,R.,Catanzaro,B.Waveglow:A flow-based generative network for speech synthesis.in ICASSP 2019-2019 IEEE International Conference on Acoustics,Speech and Signal Processing(ICASSP).2019:IEEE.

[31] Zhai,B.,Gao,T.,Xue,F.,Rothchild,D.,Wu,B.,et al.,SqueezeWave:Extremely Lightweight Vocoders for On-device Speech Synthesis.2020.

[32] Tamura,M.,Masuko,T.,Tokuda,K.,Kobayashi,T.,Text-to-speech synthesis with arbitrary speaker's voice from average voice,in Proc.EUROSPEECH.2001.p.345-348.

[33] Yamagishi,J.,Tamura,M.,Masuko,T.,Tokuda,K.,Kobayashi,T.,A Training Method of Average Voice Model for HMM-based Speech Synthesis.Ice Trans Fundamentals A,2003.**86**.

[34] Yamagishi,J.,Kobayashi,T.,Nakano,Y.,Ogata,K.,Isogai,J.,Analysis of Speaker Adaptation Algorithms for HMM-Based Speech Synthesis and a Constrained SMAPLR Adaptation Algorithm.IEEE Transactions on Audio Speech & Language Processing,2009.**17**(1):p.66-83.

[35] Digalakis,V.V.,Rtischev,D.,Speaker adaptation using constrained estimation of Gaussian mixtures.IEEE Transactions on Speech & Audio Processing,1995.**3**(5):p.357-366.

[36] Leggetter,C.,Woodland,P.,Maximum likelihood linear regression for speaker adaptation of continuous density hidden Markov models.Computer Speech & Language,1995.**9**(2):p.171-185.

[37] Masuko,T.,Tokuda,K.,Kobayashi,T.,Imai,S.Speech synthesis using HMMs with dynamic features.in Acoustics,Speech,& Signal Processing,on Conference,IEEE International Conference.1996.

[38] Nose,T.,Kobayashi,T.,An intuitive style control technique in HMM-based expressive speech synthesis using subjective style intensity and multiple-regression global variance model.Speech Communication,2013.**55**(2):p.347-357.

[39] Latorre,J.,Wan,V.,Gales,M.J.F.,Chen,L.,Chin,K.K.,et al.,Speech Factorization for HMM-TTS Based on Cluster Adaptive Training in INTERSPEECH2012.2012:Portland,USA..p.971-974.

[40] Yang,S.,Wu,Z.,Xie,L.On the training of DNN-based average voice model for speech synthesis.in 2016 Asia-Pacific Signal and Information Processing Association Annual Summit and Conference(APSIPA).2016:IEEE.

[41] Jia,Y.,Zhang,Y.,Weiss,R.,Wang,Q.,Shen,J.,et al.Transfer learning from speaker verification to multispeaker text-to-speech synthesis.in Advances in neural information processing systems.2018.

[42] Skerry-Ryan,R.,Battenberg,E.,Xiao,Y.,Wang,Y.,Stanton,D.,et al.,Towards End-to-End Prosody Transfer for Expressive Speech Synthesis with Tacotron.2018.

[43] Wang,Y.,Stanton,D.,Zhang,Y.,Skerry-Ryan,R.,Battenberg,E.,et al.,Style tokens:Unsupervised style modeling,control and transfer in end-to-end speech synthesis.2018.

[44] Stanton,D.,Wang,Y.,Skerry-Ryan,R.Predicting expressive speaking style from text in end-to-end speech synthesis.in 2018 IEEE Spoken Language Technology Workshop(SLT).2018:IEEE.

[45] Wu,P.F.,Ling,Z.H.,Liu,L.J.,Jiang,Y.,Wu,H.C.,et al.,End-to-End Emotional Speech Synthesis Using Style Tokens and

Semi-Supervised Training.arXiv e-prints,2019.

[46] Lee,Y.,Rabiee,A.,Lee,S.Y.,Emotional End-to-End Neural Speech Synthesizer.2017.

[47] Kwon,O.,Jang,I.,Ahn,C.,Kang,H.-G.Emotional speech synthesis based on style embedded Tacotron2 framework.in 2019 34th International Technical Conference on Circuits/Systems,Computers and Communications(ITC-CSCC).2019:IEEE.

[48] Um,S.-Y.,Oh,S.,Byun,K.,Jang,I.,Ahn,C.,et al.Emotional Speech Synthesis with Rich and Granularized Control.in ICASSP 2020-2020 IEEE International Conference on Acoustics,Speech and Signal Processing(ICASSP).2020:IEEE.

[49] Kwon,O.,Song,E.,Kim,J.-M.,Kang,H.-G.,Effective parameter estimation methods for an excitnet model in generative text-to-speech systems.2019.

[50] Chung Y A,Wang Y,Hsu W N,et al.Semi-supervised training for improving data efficiency in end-to-end speech synthesis[C]//ICASSP 2019-2019 IEEE International Conference on Acoustics,Speech and Signal Processing(ICASSP).IEEE,2019:6940-6944.

[51] Li,S.,Lu,X.,Ding,C.,Shen,P.,Kawahara,T.:Investigating Radical-based End-to-End Speech Recognition Systems for Chinese Dialects and Japanese. In:20th International Speech Communication Association(INTERSPEECH),pp. 2200 - 2204.ISCA,Graz(2019)

[52] Zhang,Yu,et al. "Learning to Speak Fluently in a Foreign Language:Multilingual Speech Synthesis and Cross-Language Voice Cloning. Proc.Interspeech 2019(2019):2080-2084.

[53] Nekvinda,Tomáš,and Ondřej Dušek. One Model,Many Languages:Meta-Learning for Multilingual Text-to-Speech. Proc.Interspeech 2020(2020):2972-2976.

[54] Garnier,M.,Henrich,N.,Speaking in noise:How does the Lombard effect improve acoustic contrasts between speech and ambient noise? Computer Speech & Language,2014.**28**(2):p.580-597.

[55] Stowe,L.M.,Golob,E.J.,Evidence that the Lombard effect is frequency-specific in humans.Journal of the Acoustical Society of America,2013.**134**(1):p.640-647.

第5章　语音增强原理与技术

【内容导读】语音增强旨在去除环境干扰音以增强语音信号的质量。按照参与录音的麦克风数量,可以分为单通道语音增强和基于麦克风阵列的语音增强。近年来,随着深度学习在语音领域的广泛应用,语音增强的方法也逐渐由信号处理方法转向神经网络方法。本章在系统回顾语音增强技术发展的同时,重点分析了基于深度学习的语音增强方法和基于麦克风阵列的语音增强方法,并对其未来发展进行展望。在本章结尾提供语音增强的实验样例。

5.1　语音增强概述

在现实语音交互场景中,目标语音信号并不是单独存在的,往往伴随着环境噪声的干扰,例如图 5-1 中所示的背景噪声、混响等干扰。这些环境噪声干扰使得目标语音信号严重受损,进而影响语音应用的正常交互和使用。因此,语音增强技术作为语音信号处理领域的核心问题,对语音识别、说话人识别、语音对话等一系列重要任务都具有非常重要的研究意义和应用价值[1]。尤其在近些年,随着智能设备和便携式计算设备的爆炸式发展,语音已成为人类接入智能计算设备和平台的重要入口之一。基于此,面对日常生活中典型和常见的复杂语音环境,如何设计一个有效且易用的语音增强系统将是语音交互研究的重中之重。

本节将语音增强分为两种,一种是提升带噪信号的人耳听觉感受,另一种则更偏向于为自动语音分类任务提供更好的特征。本节介绍的语音增强为第一种,即提升带噪信号的人耳听觉感受。

语音增强的目标是通过去除环境噪声干扰来提升受损语音的质量以及可懂度。可懂度也称为语言可懂度(speech intelligibility),指的是听者能听懂通过一定传声系统传递的语音信号的百分率。语音质量和可懂度都是语音信号的诸多特性之一,二者

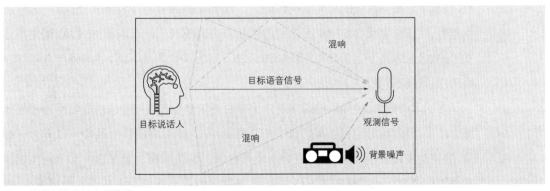

图5-1　单说话人的现实复杂声学场景

并不等同[2]。因此,语音增强的具体目标往往与具体语音应用有关,不同的语音产品侧重的目标不太一样。例如,在空对地通信等过程中,驾驶舱中极大的噪声会对飞行员的说话声形成严重的干扰,此时就需要语音增强技术来预处理语音,提升地面接收端接收语音的语音质量和可懂度。这种类似军用的通信设备和系统,通常对于语音可懂度的要求要高于语音质量的要求。再如,在电话会议或视频会议系统中,往往一个终端的噪声会被传送到其他所有的接收终端上,如果此时这个终端所在的房间存在严重的混响,会议效果将变得非常差。另外,对于那些需要助听设备或人工耳蜗设备辅助的听障人士来说,环境噪声干扰过大将会使交流非常困难,而语音增强算法可以将带噪语音信号在被放大之前进行预处理,从而在一定程度上抑制噪声。这两个例子就对语音质量提出比可懂度更高的要求。

在理想情况下,我们希望语音增强技术既能提升语音质量,又能提升语音可懂度。然而在实际应用产品中,语音增强技术在减少环境噪声的同时,也会引入语音的失真,进而损伤了语音的可懂度,因此大多数语音增强算法只是提升了语音的质量[3]。由此可知,语音增强技术的关键挑战是如何设计一个高效易用的算法,在不引入明显信号失真的前提下,对环境噪声干扰进行有效抑制。

语音增强技术的具体解决方案与很多因素密切相关,包括具体的应用场景、噪声源或干扰源的特性、噪声与干净目标语音之间的关系、麦克风的数量等。首先来了解下噪声源的特性和区别。噪声源可以是平稳的,即不随时间而改变,例如空调、风扇、冰箱等背景噪声;它也可以是非平稳的,例如在餐馆里的背景噪声,包含多个说话人的声音并夹杂着各种设备的噪声。这种餐馆里的噪声时域和频域特性会随着说话人之间交谈内容的改变而随时改变。显而易见,处理非平稳噪声的语音增强技术难度远远超过处理平稳噪声的语音增强技术。同时,噪声源对于干净的目标信号源而言,噪声可以是加性噪声,也可以是卷积噪声,例如在密闭房间中产生的混响就是典型的卷积噪声。这种房间混响的噪声不同于加性噪声简单的线形叠加,它往往取决于房间本身的声学特性,包括房间的体积大小和吸声量强度。体积大且吸声量弱的房间混响时间长,体积小且吸声量强的房间混响时间短。混响时间通常用 T60 来描述,即声源停止发声后,声压级别减少 60 dB 所需要的时间即为混响时间。混响时间过短,则使声音发干、枯燥无味且不亲切自然;混响时间过长,则使声音含混不清,这都将严重损坏原始干净语音的质量。

在学术研究上,房间混响通常是由干净的语音信号和房间冲击响应信号通过卷积操作产生,因此称为卷积噪声。如图 5-2 所示,房间冲击响应信号通常可以分为三部分,分别是直接路径响应、早期混响和晚期混响。早期混响一般是 30~50 ms,晚期混响是 100~1 000 ms。有关学术研究表明,早期混响成分有助于提高语音的可懂度,因而诸多语音增强技术致力于对晚期混响的抑制和消除[4]。

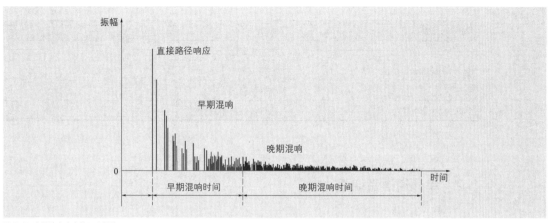

图 5-2　房间冲击响应的三个部分

麦克风的数量也和语音增强的效果紧密相关。根据麦克风的数量,语音增强技术可以分为单通道语音增强技术和多通道语音增强技术。多通道语音增强技术相比于单通道语音增强技术,不仅拥有时域和频域的语音信息,还能获取麦克风阵列和目标声源之间的空间信息。一般来说,麦克风的数量越多,越容易抑制噪声,从而最后语音增强的效果会越好。因而,在实际语音交互产品中,通过麦克风阵列来实现多通道语音增强越来越普遍,比如在智能机器人和智能音箱上的应用。本章也将分为单通道语音增强和基于麦克风阵列的(多通道)语音增强技术进行详细阐述。

衡量语音增强算法的性能,往往是通过对增强后语音的语音质量和可懂度的评价来总体判断。语音质量的评价包含主观听音测试和客观音质测量。主观评价是通过一组试听者比较原始语音和处理后的语音,并按照预先设置好的等级来对音质进行评分。客观评价则是对原始语音和处理后的语音信号进行统计对比,量化的数值通常能反映两者之间的相似度,从而体现音质的差别。可懂度是非主观的,通过试听者试听语音材料,让他们辨识所听到的单词,然后计算辨识正确的单词或者音素的数量就可以得到可懂度。由于主观评价需要邀请试听者试听来评价,比较费时费力,因而近几年的研究中使用客观指标来评估语音质量和可懂度的越来越多。表 5-1 为常用语音质量和可懂度的评价指标。

表 5-1　常用语音质量和可懂度的评价指标

提出者/组织	指标
ITU-T(2001)	感知语音质量评估[5]
Taal 等人(2011)	短时客观可懂度[6]
Loizou(2007)	信噪比
	对数似然比
	倒谱距离

提出者/组织	指标
BSS Eval(Vincent 等人 2006)	信号失真比[7]
	信号干扰比[7]
	信号伪影比[7]
Falk 等人(2010)	语音混响调制能量比[8]

5.2 单通道语音增强

单通道语音增强通常分为基于传统信号处理的语音增强方法和基于深度学习的语音增强方法。本节将会介绍几种典型的基于传统信号处理的语音增强方法和基于深度学习的语音增强方法。

5.2.1 基于传统信号处理的语音增强方法

先前的研究中针对抑制加性噪声提出了很多算法,例如谱减法、维纳滤波器、卡尔曼滤波器等。这些算法对于含噪语音的加性噪声能够很好地抑制,本小节主要介绍两种常用的语音增强算法:谱减法和维纳滤波器。

1. 谱减法

谱减法是一种用于降低语音中加性噪声频谱效应的噪声抑制方法[9]。描述这种算法变化的论文比任何其他算法的都多。它基于一个简单的原则:假设噪声是加性的,可以通过从有噪声的语音频谱中减去加性噪声的噪声频谱估计来得到干净信号频谱的估计。当信号不存在时,可以估计和更新噪声谱。假设噪声是平稳的或缓慢变化的,并且噪声谱在更新周期之间没有显著变化。增强信号是通过计算估计信号频谱的反离散傅里叶变换得到的。该算法计算简单,因为它只涉及一个正傅里叶变换和一个反傅里叶变换。

对含噪语音进行简单的减法处理是有风险的,如果减去的内容过多,可能会导致部分语音信息的损失,而如果减去的内容过少,语音中仍然会存在残留的干扰噪声。因此减法过程需要谨慎地进行,避免造成语音失真。为了缓解谱减法过程中的语音失真,研究人员提出了很多改进方法。本章介绍谱减法的基本算法。

在现实声学场景中,由于噪声和混响的存在,麦克风拾取到的语音信号如下:

$$y(n) = x(n) * h(n) + v(n) \tag{5.1}$$

公式(5.1)中,$x(n)$ 是干净语音信号,$h(n)$ 和 $v(n)$ 分别为房间脉冲响应(room impulse response,RIR)和加性噪声。在封闭空间中,语音信号经墙壁等物体的多次反射后被麦克风反复拾取到,从而导致混响的出现。除了混响,加性噪声(背景噪声)也会被麦克风拾取到,比如机车鸣笛、风扇转动发出的声音等。混响和加性噪声都会对语音信号带来很大的影响,这里只考虑加性噪声。因此我们将语音信号以公式(5.2)所示的数学模型表示:

$$y(n) = x(n) + v(n) \tag{5.2}$$

对两边进行离散傅里叶变换得到

$$Y(\omega) = X(\omega) + V(\omega) \tag{5.3}$$

可以用极坐标形式表达 $Y(\omega)$ 如下:

$$Y(\omega) = |Y(\omega)| e^{j\theta_y(\omega)} \tag{5.4}$$

其中 $|Y(\omega)|$ 是幅度谱, $\theta_y(\omega)$ 是含噪语音的相位。

噪声频谱 $V(\omega)$ 也可以由幅度谱和相位来表示:

$$V(\omega) = |V(\omega)| e^{j\theta_v(\omega)}$$

噪声的幅度谱 $|V(\omega)|$ 未知,但可以使用其非语音活动期间(如在静音或语音停顿期间)的平均值计算得到估计值 $|\hat{V}(\omega)|$ 。同样,噪声的相位谱 $\theta_v(\omega)$ 可以用含噪语音的相位谱 $\theta_y(\omega)$ 来进行粗略表示。这是由于在一定程度上,相位不会严重影响语音质量。对式(5.4)进行这些替换后,可以得到干净信号频谱的估计:

$$\hat{X}(\omega) = \left[|Y(\omega)| - |\hat{V}(\omega)| \right] e^{j\theta_y(\omega)} \tag{5.5}$$

式中 V 为非语音活动时噪声谱幅的估计。此后用符号 $\wedge$ 表示估计谱。增强语音信号可以通过简单的傅里叶反变换 $\hat{X}(\omega)$ 来获得。

公式(5.5)总结了谱减法的基本原理。通过快速傅里叶变换(FFT)计算含噪语音的幅度谱,并从非语音部分来估计噪声的幅度谱。从含噪语音幅度谱中减去噪声幅度谱,最后对差分谱进行傅里叶反变换(使用带噪相位)来产生增强的语音信号。图 5-3 为谱减法的简易计算流程图。从含噪语音的能量谱减去噪声语音的能量谱估计值可能产生负的能量谱值。为了避免这一现象,以及对能量谱或者振幅谱进行一般化操作,广义谱减法的公式如下所示:

$$|\hat{X}(\omega)|^{2n} = \max\left(|Y(\omega)|^{2n} - \alpha \cdot |\overline{V}(\omega)|^{2n}, \beta \cdot |Y(\omega)|^{2n} \right) \tag{5.6}$$

其中 α 代表噪声过估计因子,是依赖于信噪比并按照先验知识进行定义的; β 代表频谱下限系数,用于防止产生负的频谱结果; n 代表任意指数参数,当 n 的取值为 1 时表示对能量谱进行操作,取值为 0.5 时表示对幅度谱进行操作。

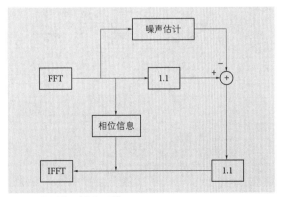

图 5-3 谱减法简易计算流程图[9]

2. 维纳滤波器

谱减法很大程度上是基于直觉和启发式的原则,更具体地说,这些算法利用了噪声是加性的这一假设,人们可以通过简单地从有噪声的语音频谱中减去加性噪声频谱来获得干净语音信号的频谱估计。增强信号的频谱并不是最佳的去噪方法。现在我们把注意力转向基于维纳滤波器的语音增强方法[9],它通过优化数学上可处理的误差准则和均方误差来获得增强信号。

考虑到图 5-4 中给出的统计滤波问题,输入信号经过一个线性时不变系统产生一个输出信号 $y(n)$。我们需要设计一个系统,使其输出信号尽可能得到所需信号 $d(n)$。这可以通过计算估计误差 $e(n)$ 来实现,并使其尽可能小。使估计误差最小化的最优滤波器称为维纳滤波器,它以数学家诺

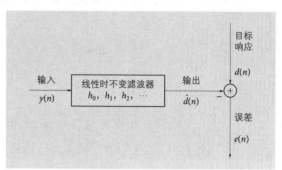

图5-4 统计滤波问题的流程[9]

伯特维纳命名,他首先提出并解决了连续域的这个滤波问题。

应该注意的是,滤波器的一个限制条件是它是线性的,因此很容易对其分析处理。原则上,滤波器可以分为有限脉冲响应(finite impulse response,FIR)滤波器或无限脉冲响应(infinite impulse response,IIR)滤波器,但通常使用 FIR 滤波器,这是因为它们本身是稳定的,且其结果是线性的,容易计算。假设有如图 5-5 所示的 FIR 滤波器系统,有

$$\hat{d}(n) = \sum_{k=0}^{M-1} h_k y(n-k), n = 0,1,2,\cdots \tag{5.7}$$

式中 $\{h_k\}$ 为 FIR 滤波器系数,M 是系数的个数。接下来需要计算滤波器系数,因此需要估计误差,也就是说使得 $|d(n) - \hat{d}(n)|^2$ 最小。估计误差的均方通常用作最小

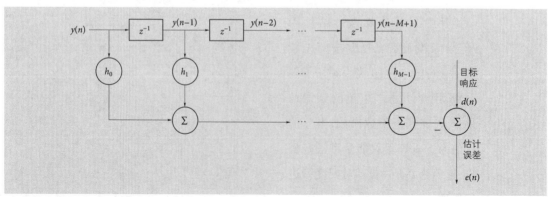

图5-5 FIR 滤波器的示意图[9]

化的准则。

可以在时域或频域上推导出最优滤波器系数,这里对时域上的维纳滤波器进行详细的介绍。

首先假设输入信号 $y(n)$ 和期望信号 $d(n)$ 是联合广义随机过程的实现,估计误差 $e(n)$ 可以计算为

$$e(n) = d(n) - \hat{d}(n) = d(n) - \boldsymbol{h}^{\mathrm{T}}\boldsymbol{y} \tag{5.8}$$

其中 $\boldsymbol{h}^{\mathrm{T}} = [h_0, h_1, h_2, \cdots, h_{M-1}]$ 是滤波器系数矩阵,$\boldsymbol{y}^{\mathrm{T}} = [y_n, y_{n-1}, y_{n-2}, \cdots, y_{n-M+1}]$ 是输入向量,它包含输入的过去 M 个采样点。为了找到最优滤波系数,将 $e(n)$ 的均方值最小化,即使得 $\mathrm{E}[e^2(n)]$ 最小,其中 $\mathrm{E}[\cdot]$ 为期望算子。均方误差为

$$
\begin{aligned}
J = E[e^2(n)] &= E(d(n) - \boldsymbol{h}^{\mathrm{T}}\boldsymbol{y})^2 \\
&= E[d^2(n)] - 2\boldsymbol{h}^{\mathrm{T}}E[\boldsymbol{y}d(n)] + \boldsymbol{h}^{\mathrm{T}}E[\boldsymbol{y}\boldsymbol{y}^{\mathrm{T}}]\boldsymbol{h} \\
&= E[d^2(n)] - 2\boldsymbol{h}^{\mathrm{T}}\boldsymbol{r}_{yd}^- + \boldsymbol{h}^{\mathrm{T}}\boldsymbol{R}_{yy}\boldsymbol{h}
\end{aligned}
\tag{5.9}
$$

其中 $\boldsymbol{r}_{yd}^- \overset{\Delta}{=\!\!=} E[\boldsymbol{y}d(n)] = E[(y(n), y(n-1), \cdots, y(n-M+1))d(n)]$ 是输入和期望信号之间的互相关矩阵 $(M\times1)$,$\boldsymbol{R}_{yy} = E[\boldsymbol{y}\boldsymbol{y}^{\mathrm{T}}]$ 是输入信号的自相关矩阵。$\boldsymbol{r}_{yd}^-$ 的上标用来表示互相关向量的第 m 个元素,实际上也可以表示为 $\boldsymbol{r}_{yd}(-m)$。从公式(5.9)推导出均方误差 J 是系数 $\boldsymbol{h}$ 的二次函数,因此有一个单一的最小值。例如,如果滤波器只有两个系数 $\boldsymbol{h} = [h_0, h_1]$,那么误差曲面的形状将是一个碗形,只有一个最小值。

为了使损失函数 J 达到最小值,要求梯度向量的所有元素都为零,即

$$\frac{\partial J}{\partial h_k} = 0 = 2E\left[e(n)\frac{\partial e(n)}{\partial h_k}\right], \quad k = 0, 1, \cdots, M-1 \tag{5.10}$$

$$\frac{\partial J}{\partial h_k} = -2E[e(n)y(n-k)] = 0, \quad k = 0, 1, \cdots, M-1 \tag{5.11}$$

公式(5.11)是代价函数 J 达到其最小值的充要条件。估计误差 $e(n)$ 需要与输入信号 $y(n)$ 正交($e(x \cdot z) = 0$ 时两个随机变量 x 和 z 正交)。这一陈述构成了众所周知的最优线性滤波的线性原理。

接下来,继续推导最优滤波器系数。利用矩阵导数和向量导数的性质,计算 J 对向量 $\boldsymbol{h}$ 的导数

$$\frac{\partial J}{\partial \boldsymbol{h}} = -2\boldsymbol{r}_{yd}^- + 2\boldsymbol{h}^{\mathrm{T}}\boldsymbol{R}_{yy} = 0 \tag{5.12}$$

求解方程的 $\boldsymbol{h}$,得到最优滤波器系数 $\boldsymbol{h}^*$:

$$\boldsymbol{R}_{yy}\boldsymbol{h}^* = \boldsymbol{r}_{yd}^- \tag{5.13}$$

可以将上式进一步表示为

$$\sum \boldsymbol{h}_k \boldsymbol{r}_{yy}(m-k) = \boldsymbol{r}_{yd}(-m), \quad m = 0, 1, \cdots, M-1 \tag{5.14}$$

可见,通过求解 M 个未知数方程组 $\{h_k\}$,可以得到滤波器系数 h_k。求出方程中的

$\boldsymbol{h}$,得到

$$\boldsymbol{h}^* = \boldsymbol{R}_{yy}^{-1} \boldsymbol{r}_{yd}^- \tag{5.15}$$

公式(5.15)中的前一个解称为维纳-霍普夫(Wiener-Hopf)解,也可以用矩阵形式表示为

$$
\begin{bmatrix} h_0 \\ h_1 \\ h_2 \\ \vdots \\ h_{M-1} \end{bmatrix} = \begin{bmatrix} \boldsymbol{r}_{yy}(0) & \boldsymbol{r}_{yy}(1) & \boldsymbol{r}_{yy}(2) & \cdots & \boldsymbol{r}_{yy}(M-1) \\ \boldsymbol{r}_{yy}(1) & \boldsymbol{r}_{yy}(0) & \boldsymbol{r}_{yy}(1) & \cdots & \boldsymbol{r}_{yy}(M-2) \\ \boldsymbol{r}_{yy}(2) & \boldsymbol{r}_{yy}(1) & \boldsymbol{r}_{yy}(0) & \cdots & \boldsymbol{r}_{yy}(M-3) \\ \vdots & \vdots & \vdots & \ddots & \vdots \\ \boldsymbol{r}_{yy}(M-1) & \boldsymbol{r}_{yy}(M-2) & \cdots & \boldsymbol{r}_{yy}(1) & \boldsymbol{r}_{yy}(0) \end{bmatrix}^{-1} \begin{bmatrix} \boldsymbol{r}_{yd}(0) \\ \boldsymbol{r}_{yd}(-1) \\ \boldsymbol{r}_{yd}(-2) \\ \vdots \\ \boldsymbol{r}_{yd}(-M+1) \end{bmatrix}
$$

$$\tag{5.16}$$

由于假设输入信号是广义平稳的,因此自相关矩阵 $\boldsymbol{R}_{yy}$ 是对称的,是特普利兹矩阵(沿对角线的值相同)。为了求 $\boldsymbol{R}_{yy}$ 的逆矩阵,可以使用有效的数值技术,如莱文森-德宾(Levinson-Durbin)算法。

为了求均值平方误差 J 的最小值,将公式(5.15)代入公式(5.9)中的最优滤波算子,得到

$$
\begin{aligned}
J_{\min} &= E\left[d^2(n)\right] - 2\left(\boldsymbol{R}_{yy}^{-1} \boldsymbol{r}_{yd}^{-1}\right)^{\mathrm{T}} \boldsymbol{r}_{yd}^{-1} + \left(\boldsymbol{R}_{yy}^{-1} \boldsymbol{r}_{yy}^{-1}\right)^{\mathrm{T}} \boldsymbol{R}_{yy} \boldsymbol{R}_{yy}^{-1} \boldsymbol{r}_{dd}^- \\
&= E\left[d^2(n)\right] - 2\left(\boldsymbol{r}_{yd}^-\right)^{\mathrm{T}} \boldsymbol{R}_{yy}^{-\mathrm{T}} \boldsymbol{r}_{yd}^- + \left(\boldsymbol{r}_{yd}^-\right)^{\mathrm{T}} \boldsymbol{R}_{yy}^{-\mathrm{T}} \boldsymbol{r}_{yd}^- \\
&= E\left[d^2(n)\right] - \left(\boldsymbol{r}_{yd}^-\right)^{\mathrm{T}} \boldsymbol{R}_{yy}^{-\mathrm{T}} \boldsymbol{r}_{yd}^- \\
&= E\left[d^2(n)\right] - \left(\boldsymbol{r}_{yd}^-\right)^{\mathrm{T}} \boldsymbol{h}^*
\end{aligned}
\tag{5.17}
$$

在前面的推导中利用了 $\boldsymbol{R}_{yy}$ 是对称的这一原理,即 $\boldsymbol{R}_{yy}^{-\mathrm{T}} = \boldsymbol{R}_{yy}^{-1}$。

在语音增强的应用中,图5-4中的输入信号 $y(n)$ 是含噪语音信号。

图5-4中的目标响应信号 $d(n)$ 就是想要得到的干净语音信号 $x(n)$,维纳滤波器的目标因此变成了估计干净语音信号 $x(n)$。

可以使用公式(5.7)推导出相应的时域上的维纳滤波器。为了评估时域上的维纳滤波器,第一步需要计算 $\boldsymbol{R}_{yy}$,向量方程可以由公式(5.18)表示

$$
\begin{aligned}
\boldsymbol{R}_{yy} &= E\left[\boldsymbol{y}\boldsymbol{y}^{\mathrm{T}}\right] = E\left[(\boldsymbol{x}+\boldsymbol{n})(\boldsymbol{x}+\boldsymbol{n})^{\mathrm{T}}\right] \\
&= E\left[\boldsymbol{x}\boldsymbol{x}^{\mathrm{T}}\right] + E\left[\boldsymbol{n}\boldsymbol{n}^{\mathrm{T}}\right] + E\left[\boldsymbol{x}\boldsymbol{n}^{\mathrm{T}}\right] + E\left[\boldsymbol{n}\boldsymbol{x}^{\mathrm{T}}\right] \\
&= \boldsymbol{R}_{xx} + \boldsymbol{R}_{nn}
\end{aligned}
\tag{5.18}
$$

倒数第二个方程中的最后两个期望为零,因为假设信号和噪声不相关且均值为零。由于假设语音信号和噪声是无关的,式(5.13)中的互相关矩阵 $\boldsymbol{r}_{yd}^-$ 和 $\boldsymbol{r}_{xx}$ 相等。因此,时域中的维纳滤波器可以进一步表示成

$$\boldsymbol{h}^* = (\boldsymbol{R}_{xx} + \boldsymbol{R}_{nn})^{-1} \boldsymbol{r}_{xx} \tag{5.19}$$

维纳滤波器 $\boldsymbol{h}^*$ 是干净语音信号 $x(n)$ 的自回归函数,因此它是不能实现的。可以

对公式(5.19)进行进一步优化

$$\boldsymbol{h}^* = \left[\frac{1}{\mathrm{SNR}} + \hat{\boldsymbol{R}}_{nn}^{-1}\hat{\boldsymbol{R}}_{xx}\right]^{-1} \hat{\boldsymbol{R}}_{nn}^{-1}\hat{\boldsymbol{R}}_{xx}\boldsymbol{u}_1 \tag{5.20}$$

$$\mathrm{SNR} = \frac{\boldsymbol{E}\{x^2(n)\}}{\boldsymbol{E}\{n^2(n)\}} = \frac{\sigma_x^2}{\sigma_n^2} \tag{5.21}$$

其中,SNR 是信噪比(signal to noise ratio),$\boldsymbol{I}$ 是($M\times M$)的单位矩阵,$\boldsymbol{u}_1^{\mathrm{T}} = [1, 0, \cdots, 0]$ 是形状为($1\times M$)的单位矩阵,$\hat{\boldsymbol{R}}_{xx} \overset{\Delta}{=\!=\!=} \boldsymbol{R}_{xx}/\sigma_x^2$,$\hat{\boldsymbol{R}}_{nn} \overset{\Delta}{=\!=\!=} \boldsymbol{R}_{nn}/\sigma_n^2$。由式(5.21),可以写出对于大、小信噪比值时的维纳滤波器的渐近关系:

$$\lim_{\mathrm{SNR}\to\infty} \boldsymbol{h}^* = \boldsymbol{u}_1 \tag{5.22}$$

$$\lim_{\mathrm{SNR}\to 0} \boldsymbol{h}^* = 0 \tag{5.23}$$

5.2.2 基于深度学习的语音增强方法

随着深度学习的模型和方法不断发展,基于深度学习的语音增强方法凸显出很强的降噪能力。基于深度学习的语音增强方法依赖 DNN,具有很强的非线性建模能力,在处理非稳态噪声时往往能够得到更好的降噪性能,并减少由于传统语音增强方法对于信号的假设所导致的一些信号扭曲或引入的音乐噪声。

在现实中,只考虑加性噪声的情况下,语音信号可以表示为

$$y(n) = x(n) + v(n) \tag{5.24}$$

基于深度学习的语音增强,其信号处理的方式可以简单分成两类:一类是在频域对语音信号特征进行增强,另一类则是在时域直接对语音波形进行增强。本小节将分别介绍这两种方式。

1. 频域的语音增强

在频域进行语音增强时,首先需要将时域的语音信号转换成频域特征,常用的方法是短时傅里叶变换(short time fourier transform,STFT)[10],并将复数域的短时傅里叶变换结果分别取模和相位,将信号表示成两部分:振幅信息和相位信息。

语谱图[11]是语音增强中最常用的一种分析工具,由于噪声的存在,干净语谱图和带噪语谱图往往相差很大,如图 5-6 所示。

语谱图是三维表示的,横轴是时间,纵轴是频率,而第三维表示幅度。幅度用浅色表示高,用深色表示低。这也是可以将三维信息以二维图形呈现的原因。利用语谱图可以查看指定频率段的能量分布。

除了振幅信息外,相位信息对语音增强效果也有很大的帮助。目前已经存在一些网络和技术来处理相位信息。但限于篇幅原因,这里主要关注利用振幅信息进行语音增强,有关相位信息的说明涉及较少。频域语音增强的整体框架如图 5-7 所示。

频域语音增强分为三部分:

① 特征提取。利用短时傅里叶等变换,将时频信号转换为频域特征。

② 特征增强。利用深度学习技术,增强语谱图的振幅。

③ 波形还原。将增强后的语谱图振幅和带噪的相位信息,利用逆向短时傅里叶变换(inverse short time fourier transform,ISTFT)还原成时域波形信号。

1)频域语音增强的学习目标

利用深度学习的语音增强是一个有监督任务,需要利用深度神经网络学习到适合的学习目标,从而达到语音增强的效果。频域语音增强的学习目标主要包含两方面:基于 masking 的目标和基于 mapping 的目标(如图 5-8 所示)。基于 masking 的目标描述了干净语音与其背景干扰的时频关系,而基于 mapping 的目标对应于干净语音的频谱表示。

(1)基于 Masking 的目标

① 理想二值掩码(ideal binary mask,IBM)[12]。第一个训练目标是 IBM,其灵感来自听觉掩蔽现象和听觉场景分析中的排他分配原则。IBM 的定义是基于二维时频表示的噪声信号,如耳蜗图或语谱图:

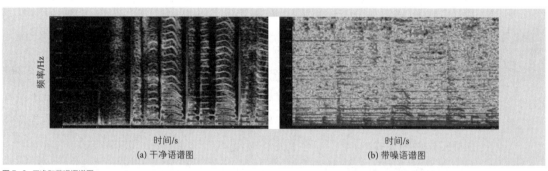

图 5-6 干净和带噪语谱图

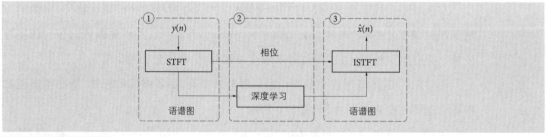

图 5-7 频域语音增强的整体框架

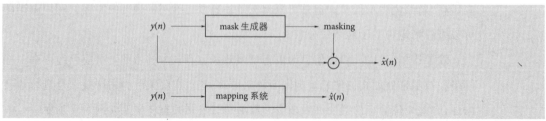

图 5-8 基于 masking 的目标和基于 mapping 的目标对比

$$\text{IBM} = \begin{cases} 1, \text{if } \text{SNR}(t,f) > \text{阈值} \\ 0, \text{其他} \end{cases} \tag{5.25}$$

式(5.25)中,t 和 f 分别表示时间和频率。当该时频单元的信噪比大于阈值时,理想二值掩码被设置为 1;否则为 0。IBM 技术显著提高了正常听力和听力受损的听众在噪声中的言语清晰度。IBM 将每个时频单元标记为目标主导或干扰主导。因此,IBM 评估可以自然地视为一个监督分类问题。IBM 评估中一个常用的成本函数是交叉熵(cross entropy,CE)。

② 目标二值掩码(target binary mask,TBM)[12]。与 IBM 一样,TBM 使用二进制标签对所有时频单元进行分类。与 IBM 不同的是,TBM 通过比较每个时频单元的目标语音能量与一个固定的干扰(即语音形状的噪声,这是一个与所有语音信号的平均值相对应的平稳信号),来获得标签。TBM 也能显著提高噪声中的语音清晰度,已被用作训练目标。

③ 理想比值掩码(ideal ratio mask,IRM)[12]。

IRM 可以看作是 IBM 的软版本,而不是每个时频单元上的硬标签:

$$\text{IRM} = \left(\frac{S(t,f)^2}{S(t,f)^2 + N(t,f)^2} \right)^{\beta} \tag{5.26}$$

式(5.26)中,$S(t,f)^2$ 和 $N(t,f)^2$ 分别表示时频单元的语音和噪声能量。可调参数 β 通常选择 0.5。在假设 $S(t,f)^2$ 和 $N(t,f)^2$ 不相关的情况下,有平方根的 IRM 保持每个时频单元的语音能量。这一假设适用于加性噪声,但不适用于房间混响情况下的卷积干扰(不过,延迟混响可以合理地认为是不相关干扰)。式(5.26)中的 IRM 类似于经典的维纳滤波器,它是功率谱中目标语音的最优估计。均方误差通常用作 IRM 估计时的损失函数。

④ 相位敏感掩码(phase-sensitive mask,PSM)[12]。PSM 引入了相位信息:

$$\text{PSM}(t,f) = \frac{|S(t,f)|}{|Y(t,f)|} \cos \theta \tag{5.27}$$

其中,θ 表示在时频单元的干净语音和带噪语音之间的相位差别。在 PSM 中包含相位差会导致更高的信噪比。

⑤ 复值理想比值掩码(complex ideal ratio mask,cIRM)[12]。cIRM 是复数域上的一种理想掩码。与上述掩码不同的是,它可以从带噪的语音中直接重构出干净的语音:

$$X = \text{cIRM} * Y \tag{5.28}$$

其中,X 和 Y 分别表示干净语音和带噪语音的 STFT,$*$ 表示复数乘法。求解掩码分量,得到如下定义:

$$\text{cIRM} = \frac{Y_r S_r + Y_i S_i}{Y_r^2 + Y_i^2} + \text{i} \frac{Y_r S_i - Y_i S_r}{Y_r^2 + Y_i^2} \tag{5.29}$$

式(5.29)中,Y_r 和 Y_i 分别表示噪声语音 STFT 的实数分量和虚数分量,S_r 和 S_i 分别表示干净语音 STFT 的实数分量和虚数分量。虚数单位用"i"表示。因此,cIRM 有实数分量和虚数分量,可以在实数域中进行估计。

(2)基于 mapping 的目标

直接映射(directly mapping,DM)[12]。除了利用神经网络预测一个掩码外,也可以直接利用神经网络来对语言进行增强。神经网络的输入输出都是语谱图的振幅。

$$\hat{x}(n)=f_{\theta}(y(n)) \tag{5.30}$$

其中,f_{θ}是代表神经网络的函数。

有时,对振幅采取对数操作能更符合人耳的听觉系统。

2)频域语音增强的方法

基于深度学习的频域语音增强模型,往往都是利用深度神经网络(DNNs)[13]的非线性映射能力,通过把特征输入网络,得到掩码或增强后的特征。如无特殊强调,下列模型的输入都是语谱图振幅特征。目前基于深度学习的频域语音增强往往有如下特征。

(1)输入采用拼帧处理

无论利用网络来预测掩码还是采用直接映射得到语谱图振幅,网络的输入往往都是采用拼帧处理。DNN 能捕获到沿着时间轴上的声学内容信息(将带噪语音信号的多帧作为输入),并且沿着频率轴将多帧连接成一个输入特征向量。拼帧处理能够为网络提供上下文信息,这往往有助于网络得到更好的增强特征。拼帧特征作为输入的一个例子如图 5-9 所示。

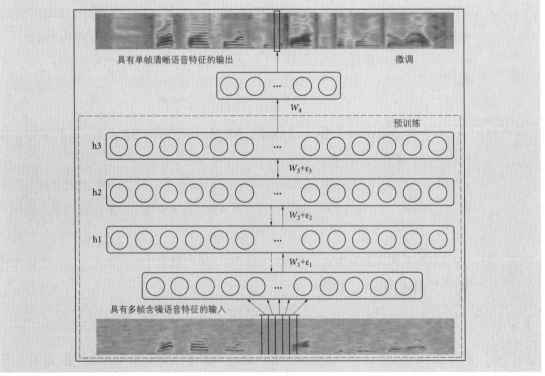

图 5-9 拼帧处理作为输入示例[13]

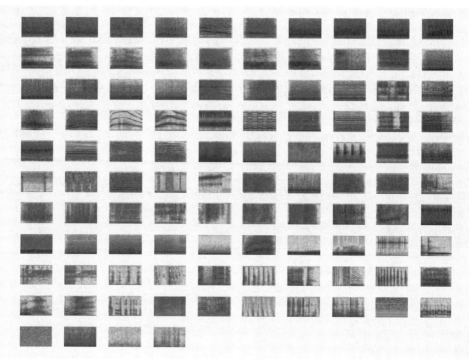

图 5-10 104 种噪声的语谱图[13]

（2）训练用丰富噪声数据

神经网络往往能对已学习到的数据类型有较好的性能,而那些没有被学习到的数据类型则往往性能较差。为了提高泛化能力,在 DNN 训练集的设计中需要加入更多种类的噪声类型,以进一步提高模型对于各种噪声类型的适应能力,特别是对于非平稳噪声分量的降噪能力。图 5-10 显示了 104 种噪声的语谱图,每一种语谱图都存在不同的数据分布,利用存在多种数据分布的数据,能够让网络具有普适性和鲁棒性的增强效果。

类似于使用多种噪声数据,采用多种的 SNR[14]也可以提高模型的普适度和鲁棒性。

（3）结合其他特征进行多目标学习

在基于 DNN 的语音增强中,通过引入一个辅助结构来学习次要的连续特征,如梅尔频率倒谱系数（MFCC）[15]和分类信息、理想二进制掩码（IBM）,并将其集成到原始DNN 架构中以联合优化所有参数。这种联合估计方案增加了直接预测语谱图所没有的额外约束,并有可能提高对主要目标的学习能力。图 5-11 结合掩蔽和映射两种目标进行增强。

多目标学习[16]能够在多个特征有互补性时充分加以利用,得到更好的性能。

（4）神经网络结构的不断改进

神经网络结构能够极大地影响语音增强的效果。基于多个受限玻尔兹曼机（RBM）[17]堆叠,逐层预训练并整体调优的训练方式（如图 5-12 所示）,在较早基于深度学习的语音增强模型方面得到广泛的应用。

随着深度学习的不断发展，除了全连接神经网络（fully connected neural network，FCNN）具有更深的网络结构外。一些新的网络架构也被应用在语音增强任务中。卷积神经网络（CNN）[18]便是其中一种。CNN通过引入卷积核来获取多尺度特征，且比FCNN更容易加深层级结构，有助于模型获得更好的性能。图5-13是一个基于CNN的语音增强示例。

CNN还有一个比较大的优势是能够权值共享。这极大地减少了模型的权重数

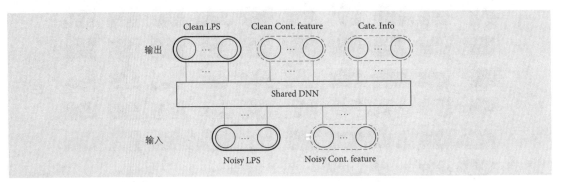

图5-11 基于多目标学习的语音增强示例

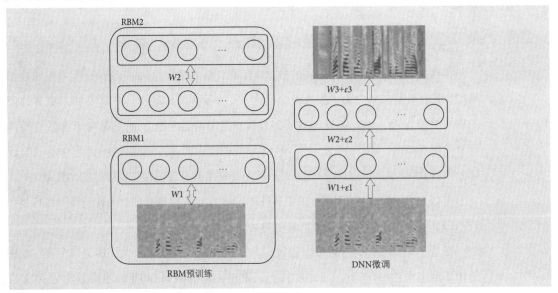

图5-12 基于受限玻尔兹曼机堆叠，逐层预训练并整体调优的语音增强示例

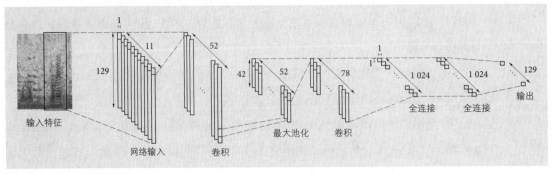

图5-13 基于CNN的语音增强示例

目,使其拥有更少的权重数目。若将全连接层全部替换成卷积层,则此时的 CNN 叫作全卷积神经网络(fully convolutional neural network,FCN)[18]。FCN 在语音增强的一个应用如图 5-14 所示。

CNN 也可以像 FCNN 一样,利用拼帧的方式来获取上下文信息。但是这仅限于相邻帧之间的信息扩充,还无法处理长时声学信息的建模。递归神经网络(RNN)的提出便是为了解决这个问题。RNN 通过在前一帧和当前帧之间使用递归结构来捕获长期上下文信息以更好地进行预测,从而缓解了这一问题。RNN 算法的弊端在于随着时间的流逝及网络层数的增多,将会产生梯度消失或梯度爆炸等问题。长短期记忆(LSTM)递归网络是 RNN 中的一种,其设计初衷是希望能够解决神经网络中的长期依赖问题,也在语音增强任务中得到了广泛应用。LSTM 神经网络的神经元如图 5-15 所示。

LSTM 递归网络的记忆单元具有遗忘门、输入门和输出门,正是这些门控结构的存在,使得该网络的记忆单元拥有长短期记忆机制。CNN 和 RNN 的结合往往也可以得到更好的效果。CNN 和 LSTM 网络神经元结合的语音增强示例如图 5-16 所示。

图 5-16 中应用了注意力机制[19]来对特征进行建模,得到相关性信息。在其他领域的一些新机制也可以应用在语音增强领域并起到了正向作用。

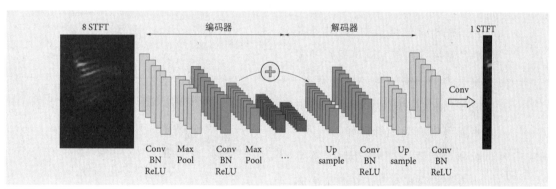

图 5-14　基于 FCN 的语音增强示例

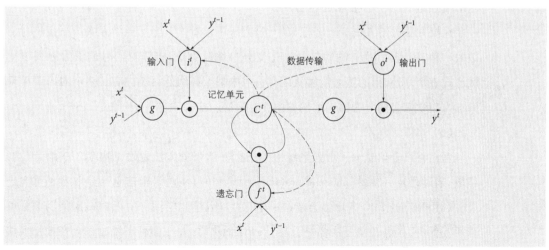

图 5-15　长短期记忆网络神经元

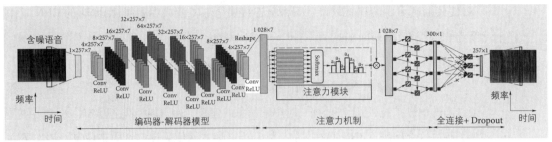

图 5-16 CNN 和 LSTM 网络神经元结合的语音增强示例

生成对抗网络(generative adversarial network, GAN)[20]的提出进一步提升了语音增强的性能。它包含两部分:生成器(G)和判别器(D)。生成器是用来生成增强后的语谱图,而判别器则是用来判断生成器生成的语谱图是否具有较优的性能。判别器的输出是一个 0 到 1 之间的值,值越接近 1 表示生成器的效果越好,反之则越差。GAN的语音增强示例如图 5-17 所示。

需要强调的一点是,GAN 中的生成器和判别器可以用 CNN、RNN 等来实现。

(5) 额外声学信息[21]

在嘈杂的环境中,如果听者熟练掌握一门语言则可以自动恢复丢失的语音信号。也就是说,有了"语言模型"的内在知识,听者就可以有效地抑制噪声干扰,检索目标语音信号。因此,熟悉潜在语言内容有助于在嘈杂的环境中增强语音。一个抽象的符号

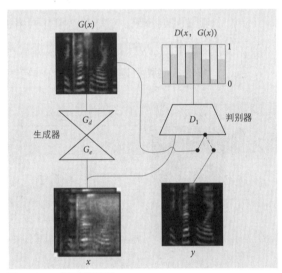

图 5-17 GAN 的语音增强示例

顺序建模方法被纳入语音增强框架中,该方法可以看作是学习声学无噪声语音映射函数的一种"语言约束"。利用矢量量化变分自编码算法,将语音信号的符号序列以离散形式表示,所获得的符号能够从语音信号中捕获高级音素类内容。一个向语言模型中加入声学信息的语音增强示例如图 5-18 所示。

(6) 多任务学习

考虑将语音信息加入增强系统中并进行互增强的方法也逐渐出现。在语音转换领域,通过语音后验图(phonetic posterior gram, PPG)使用语音信息已经取得了重大进展。利用噪声的 PPG 来增强语音是一个有益的互增强尝试。由于 PPG 预测与语音增强相互促进,在语音增强系统中引入了 PPG 预测器,并在训练系统时将语音增强模块与 PPG 模块迭代训练。该方法的一个示例如图 5-19 所示。

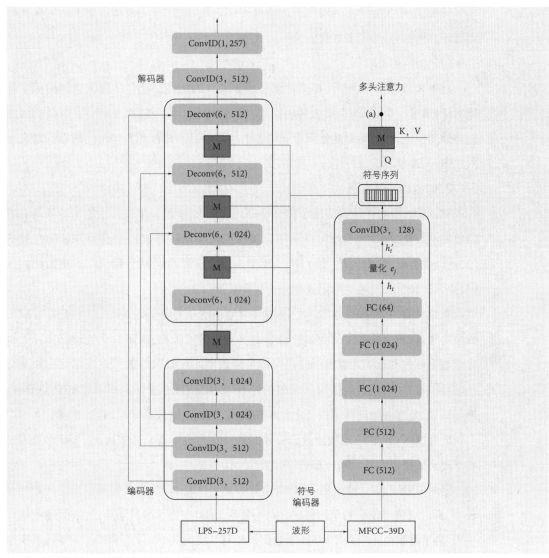

图 5-18 向语言模型中加入声学信息的语音增强示例[22]

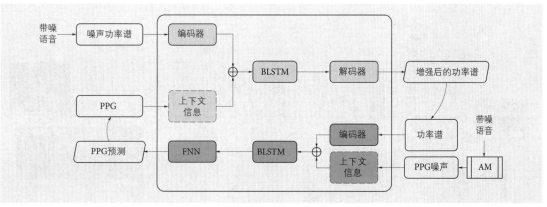

图 5-19 语音增强与 PPG 预测互增强的语音增强示例

目前,基于深度学习的频域语音增强研究百花齐放,未来也会有更多的方向来处理语音,得到更好的语音增强效果。

（7）相位的处理

近年来,除振幅预测外,相位预测也成为关注的焦点。相位—谐波感知的深度神经网络,通过一个双流(振幅流和相位流)网络,使两个流间能相互通信。这样的网络能够处理相位,而不是单纯使用带噪语音的相位信息。相位和振幅增强的语音增强示例如图 5-20 所示。

2. 时域的语音增强

频域的语音增强往往受限于相位信息的影响,很难进一步提升性能。时域语音增强模型不需要提取特征,便可以利用深度神经网络从时域信号得到增强后的时域信号,所以也被称为"端到端"语音增强模型。随着深度神经网络模型在语音领域的发展,更多适合于在时域上对语音增强的模型被提出。

在较早时期,利用全连接神经网络对时域语音信号进行增强时,随着全连接层的数量增加,高频分量丢失的问题变得非常严重。这意味着,隐藏的全连接层实际上也有建模波形的困难。其原因可能是保持采样点之间在时域的关系以表示某一频率分量是至关重要的,而全连接层所映射的特征是抽象的,不保留原有特征的空间排列。换句话说,全连通层破坏了特征之间的相关性,使得生成波形变得困难。

此外,DNN 产生的高频分量也受数据输入方式的影响。通常情况下,波形是通过在有噪声的语音中滑动输入窗口来呈现给 DNN 的。

随着 CNN 的进一步发展,相较于全连接神经网络,CNN 缺少高频分量的问题相对较小,因为它包含较少的全连接层。这些特性,使得在进行时域语音增强时,往往选择采用 CNN 而非全连接神经网络,全卷积神经网络便是其中一种。图 5-21 即为基于全卷积神经网络的端到端语音增强示例。

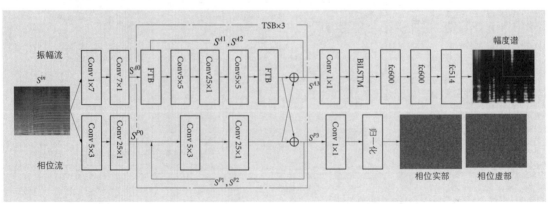

图 5-20 相位和振幅增强的语音增强示例[23]

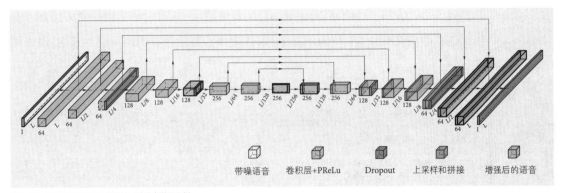

图 5-21 基于全卷积神经网络的端到端语音增强示例

在时域上进行语音增强,性能受到损失函数极大的影响。常见的损失函数有:时域的均方误差、时域的平均绝对误差、短时波幅均方误差、短时目标清晰度、语音质量评价的感知度量。此外,时域语音增强也可以引入频域的损失来对语音增强效果进行约束[24],其示例如图5-22 所示。

3. 语音增强结合其他语音任务的应用

语音增强除了更符合人耳听觉外,还可以结合其他语音任务来使用。比较常见的有语音识别、说话人识别等任务。

说话人识别用于识别特定的

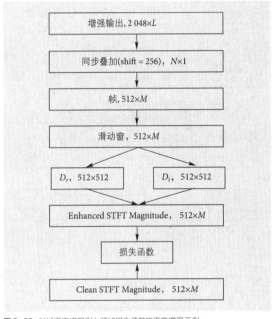

图 5-22 时域语音增强引入频域损失函数的语音增强示例

说话人的语音信号,根据不同说话人的情况,只针对特定的说话人进行识别。将说话人识别和语音增强相结合,可用于解决混杂人声的去噪问题。

图 5-23 为语音增强和说话人识别结合的任务图示。该模型主要分为三部分:说话人注意力模块、说话人表征模块和说话人确认模块。其中,说话人注意力模块就是一个典型的时域语音增强模块,从混合的信号中提取出目标语音信号,该模块是通过多目标学习的方式来优化的。说话人表征模块则是从增强得到的语音信号中提取适用于后端说话人确认的语音特征。最后得到的特征输入说话人确认模块,确认提取的说话人是否为合法身份。

语音识别指将语音转化为文字的过程,在强噪声、多干扰的环境下,对语音识别的准确率有很大的挑战。因此前端语音增强降噪的过程就显得很重要。

图 5-24 为语音增强和语音识别结合的任务图示,该图也是端到端的多通道语音识别流程图。该模型主要分为两部分:语音增强网络和语音识别网络。其中,语音增

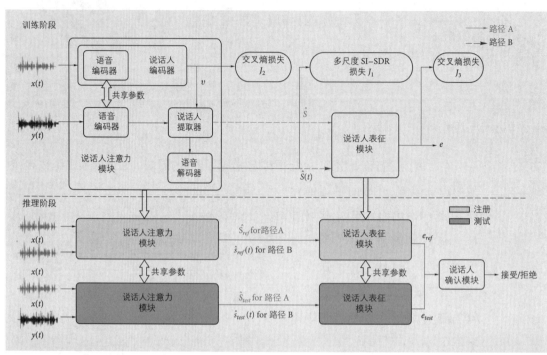

图 5-23 语音增强和说话人识别结合图示

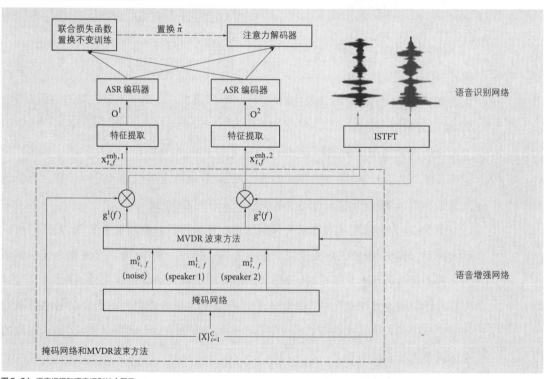

图 5-24 语音增强和语音识别结合图示

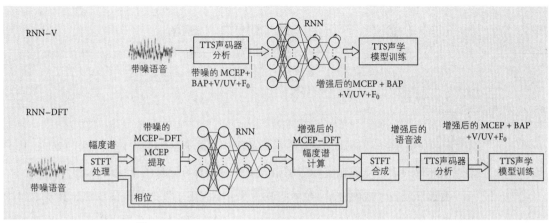

图 5-25　结合语音合成的语音增强示例[25]

强部分,先通过基于掩码网络(masking network)估计掩码值,然后通过基于掩码的 MVDR 波束方法得到增强后的语音特征。其后端的语音识别网络则对前端增强得到的语音特征进一步提取语音识别相关的特征,用基于连接时序分类准则(connectionist temporal classification,CTC)和基于注意力的联合损失函数进行网络优化。整个模型是端到端模型,语音增强网络和语音识别网络是联合优化的。

近年来,随着语音合成的广泛研究,语音增强和语音合成的结合也变得越来越重要。

从带噪的语音构建的 TTS 所生成的语音质量会受到损害。因此,为了提高语音合成的质量,在训练前通常使用语音增强技术。有两种方法可以达到增强的效果:

① 训练一个递归神经网络,从有噪声的语音提取的声学特征映射到干净语音的特征,然后利用增强后的数据训练 TTS 声学模型。

② 按照传统的语音增强方法,用从幅度谱中提取的梅尔谱系数训练一个神经网络。将增强的梅尔谱特征与从噪声语音中提取的相位相结合,重构出波形,然后利用波形提取声学特征训练 TTS 系统。

两种方式增强模型的流程图如图 5-25 所示。

此外,语音增强也可以应用在低资源场景下的语音合成。以及合成效果较差的情况下,将合成的语音通过语音增强系统,得到更高质量的语音信号。

5.3　基于麦克风阵列的语音增强

前面所述的语音增强方法多是针对单通道语音。而对于多通道语音(使用麦克风阵列录制的音频),与之对应的增强方法中较为知名的便是波束形成(beamforming)技术。基于麦克风阵列的语音增强有其特有的优势,该方法主要在于考虑了声源的位置信息和通道音

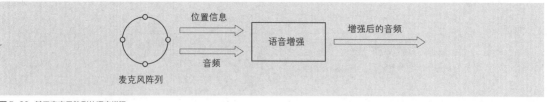

图 5-26　基于麦克风阵列的语音增强

频之间的信息差距,故而对于具有方向性的噪声有较好的抑制作用(见图 5-26)。基于麦克风阵列的语音增强在实际应用中大多针对具有方向性的干扰语音。

波束形成技术成熟较早,在早期该技术主要应用于雷达等定位系统。其基本思想是对各个麦克风单元接收到的语音信号进行加权求和,加权系数决定了语音增强的效果。通过调整加权系数,达到对目标声源方向的增强以及对其他干扰方向抑制的效果,使得整个麦克风阵列对目标方向形成聚焦。

根据加权系数是否能随接收信号的统计特性进行自我调整,可以将波束形成方法划分为固定波束形成(fixed beamforming)和自适应波束形成(adaptive beamforming)两种。固定波束形成指一旦设计好滤波器,加权系数就不再改变。该方法的优点是计算简单,容易实现;其缺点也较为明显,主要表现在环境适应性差,对噪声不具有自适应性。而在自适应波束形成方法中,加权系数具有自我调节的能力,故而实际应用范围非常广泛。

下面将简要介绍这两种波束形成技术。

5.3.1　固定波束形成

在正式介绍波束形成技术之前,先了解一下麦克风阵列的相关知识。麦克风阵列指由两个以上的麦克风按照一定的几何形状排列成的一个整体系统。根据麦克风阵列的拓扑形状,可以将麦克风阵列大致分为一维阵列、二维阵列和三维立体阵列。一维阵列最常见的是均匀线性阵列(见图 5-27,其中 L 为阵列长度,d 为相邻麦克风间距);二维阵列最常见的是均匀圆形阵列(见图 5-28,其中 R 为圆形麦克风阵列的半径,d 为实际的相邻麦克风直线间距)。实际工程中使用最多的便是上述两种阵列。研究表明,阵列的拓扑结构对语音增强的性能会产生很大的影响。

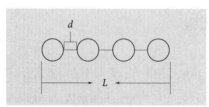

图 5-27　均匀线性麦克风阵列

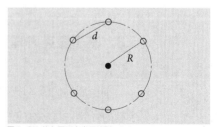

图 5-28　均匀圆形麦克风阵列

了解麦克风阵列的拓扑结构知识后,还需要知道声源方向信息的表达方式。在本文中统一描述为方向公式。对于一个在三维空间中传播的平面波而言,可以统一表达为

$$a(\boldsymbol{r},\boldsymbol{k},t) = A\cos(\boldsymbol{k} \cdot \boldsymbol{r} - \omega t + \varphi) \tag{5.31}$$

其中 $\boldsymbol{r}$ 表示三维空间位置,$\boldsymbol{k}$ 为波矢量,表示平面波的传播方向以及波形随距离变化快慢的程度。t 表示时间,$\omega = 2\pi f$ 为角频率,A 表示振幅,φ 为初始相位。为了形式简便,可以将上式变成复数形式:

$$a(\boldsymbol{r},\boldsymbol{k},t) = \mathrm{Re}\{Ae^{j\varphi}e^{jk \cdot r}e^{-j\omega t}\} \tag{5.32}$$

若令 $B = Ae^{j\varphi}$,则

$$a(\boldsymbol{r},\boldsymbol{k},t) = \mathrm{Re}\{Be^{jk \cdot r}e^{-j\omega t}\} \tag{5.33}$$

假设麦克风阵列由 M 个麦克风组成,每个麦克风各有其空间位置 r_i,t 时刻整个麦克风阵列的输出总和表示为

$$b(k) = \sum_{i=1}^{M} w_i B_i e^{jk \cdot r} \tag{5.34}$$

其中,w_i 是第 i 个麦克风阵元的加权系数,B_i 是语音信号在第 i 个麦克风处的强度,并且上述表达式省略了 $e^{-j\omega t}$。对上述表达式取模,即可得到麦克风阵列的方向表达式。该表达式的物理意义是麦克风阵列的输出强度对于波达方向(direction of arrival,DOA)以及波长的依赖关系。

下面将详细介绍经典的固定波束形成方法,主要为延迟—求和波束形成(delay and sum beamforming,DSB)方法。延迟—求和波束形成方法是最早的应用方法,该方法十分具有代表性。除此之外,子阵列波束形成(sub-array beamforming,SAB)方法是对延迟–求和波束形成方法的改进,也会简要介绍。

1. 延迟—求和波束形成(DSB)方法

DSB 方法是最简单的多通道语音增强波束形成方法,最早由美国学者 Flanagan 于 1985 年提出。该方法首先对各麦克风接收到的信号进行时间延迟补偿,由于声源方向和麦克风阵列之间存在一个接收角度,故而每个麦克风接收到信号的时间是不完全相同的。通过时间补偿,使得各麦克风信号在时间上对齐,然后进行加权求和,得到增强的输出信号。该算法实现简单且算法复杂度不高,具有一定的去噪效果。但是该方法需要数量较多的麦克风才能达到预期的噪声抑制效果,并且对于环境和噪声的变化适应性较差。

下面介绍 DSB 算法的流程。假设麦克风阵列接收到的信号表示为

$$x_i(n) = \alpha_i * s(n-\tau_i) + v_i(n) \quad i = 1,2,3,\cdots \tag{5.35}$$

其中 M 表示麦克风的个数,$x_i(n)$、α_i、$s_i(n)$ 和 $v_i(n)$ 分别表示接收到的音频信号、声波传播衰减系数(小于 1)、声源发出的音频信号以及加性噪声。其中 $*$ 操作表示卷积,τ_i 表示时延。

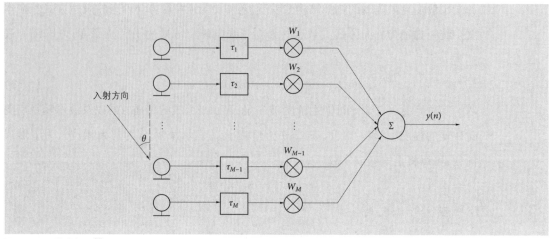

图 5-29 DSB 算法流程图[26]

由 DSB 算法流程图 5-29 可知, 经过该算法增强后的输出为

$$y(n) = \sum_{i=1}^{M} w_i x_i(n + \tau_i) \qquad (5.36)$$

其中 τ_i 表示第 i 个麦克风信号的时间延迟, w_i 是波束形成算法对第 i 个麦克风的加权系数。由于该算法为固定系数, 故而每个系数的值都固定相同。

下面针对均匀线性阵列和均匀圆形阵列详细描述 DSB 的算法流程。

（1）均匀线性阵列

如图 5-30 所示, 假设麦克风间距绝对均匀, 间距为 d, 声源的入射角度为 θ, 并且声源和麦克风阵列处于同一高度, 即不存在俯仰角, 只有平面方向角。

在已知平面波的方向角和俯仰角的前提下, 假设分别为 θ 和 ξ, 则波矢量的表达公式为

$$\boldsymbol{k} = \frac{2\pi}{\lambda}(\cos\xi\cos\theta, \cos\xi\sin\theta, \sin\xi)$$

$$(5.37)$$

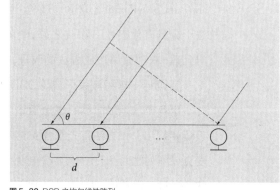

图 5-30 DSB 之均匀线性阵列

在麦克风阵列和说话人位于同一平面的前提下, ξ 为 0°, 则将上式代入取模的方向公式, 有

$$b(\boldsymbol{k}) = B\left|\sum_{i=1}^{M} w_i \mathrm{e}^{\mathrm{j}\frac{2\pi}{\lambda}(i-1)d\cos\theta}\right| \qquad (5.38)$$

此处以第一个麦克风为参考, 麦克风的相对位置信息可以表示为 $r_i = (i-1)d$, 而每个麦克风处的强度是一样的, 统一表示为 B。

假设期望的声源方向为 α, 将加权系数 w_i 设为与阵元位置成正比的相位延迟, 则

w_i 的表达式可以写成

$$w_i = \mathrm{e}^{-\mathrm{j}\frac{2\pi}{\lambda}(i-1)d\cos\alpha} \tag{5.39}$$

代入式(5.38)则变成

$$b(\boldsymbol{k}) = B\left| \sum_{i=1}^{M} \mathrm{e}^{\mathrm{j}\frac{2\pi}{\lambda}(i-1)d(\cos\theta-\cos\alpha)} \right| \tag{5.40}$$

该公式的含义是,当声源的真实方向与预期的方向相同时,加权系数对信号的延迟补偿恰好等于信号在预期方向上由方向角带来的相位延迟。此时信号得到增强。现在回到式(5.36),此时只要将期望方向上的加权系数带入该式,即为 DSB 算法增强后的输出:

$$y(n) = \sum_{i=1}^{M} \mathrm{e}^{-\mathrm{j}\frac{2\pi}{\lambda}(i-1)d\cos\alpha} x_i(n) \tag{5.41}$$

(2) 均匀圆形阵列

不同于均匀线性阵列,均匀圆形阵列是存在俯仰角的。假设一个圆形均匀阵列水平置于空间中,波达方向(DOA)与该阵列的空间关系如图 5-31 所示,此外,将 DOA 垂直投影到该阵列上,其平面图如图 5-32 所示。

圆形阵列的半径为 R,相邻麦克风的夹角为 θ_i,波达方向的方位角为 α,俯仰角为 β。第 i 个麦克风的位置可以表示为

$$\boldsymbol{r}_i = \begin{bmatrix} R\cos\theta_i \\ R\sin\theta_i \\ 0 \end{bmatrix} \tag{5.42}$$

相邻麦克风的夹角 θ_i 可由半径和麦克风个数推出。所以波矢量和位置的乘积相比线性阵列发生了很大的变化,由于波矢量的维度和位置信息的维度满足矩阵相乘规则,能够得到一个 $1*1$ 维的元素,该元素同时满足三角公式,故而最终化简为

$$\boldsymbol{k} \cdot \boldsymbol{r}_i = \frac{2\pi R\cos\beta}{\lambda}\cos(\alpha-\theta_i) \tag{5.43}$$

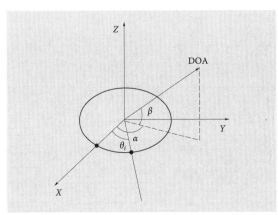

图 5-31　均匀圆形阵列与 DOA 关系图

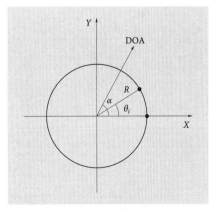

图 5-32　均匀圆形阵列与 DOA 投影平面图

将该式带入取模的方向公式,并再次假设每个麦克风强度相同,皆为 B:

$$b(k) = B \left| \sum_{i=1}^{M} w_i e^{j\frac{2\pi R\cos\beta}{\lambda}\cos(\alpha-\theta_i)} \right| \tag{5.44}$$

该方法在俯仰角的计算上精度较低,故而一般不会用 DSB 组合圆形阵列去探求俯仰角。再次,设期望的方向角为 γ,俯仰角仍然为 β(常设为 0)。类比线性阵列,加权系数可以表示为

$$w_i = e^{-j\frac{2\pi R\cos\beta}{\lambda}\cos(\gamma-\theta_i)} \tag{5.45}$$

类比线性阵列,可以将上式代入方向公式,从而将加权系数具体化。再次回到式(5.36),此时只要将期望方向上的加权系数带入该式,即为 DSB 算法增强后的输出:

$$y(n) = \sum_{i=1}^{M} e^{-j\frac{2\pi R\cos\beta}{\lambda}\cos(\gamma-\theta_i)} x_i(n) \tag{5.46}$$

以上讨论了 DSB 对于两种阵列的计算方式。DSB 产生的波束方向图能够显示目标语音的具体方向,方向图中最大辐射波束叫作主瓣,主瓣旁边的小波束叫作旁瓣或副瓣。通常主瓣所指的方向即为声源方向。图 5-33 为使用自适应波束形成方法 MVDR 和固定波束形成方法 DSB 产生的方向图,其中横坐标代表角度,纵坐标代表平均功率[27]。这里主瓣越尖锐,表明方向计算越准确。

2. 子阵列波束形成(SAB)方法

SAB 方法是对 DSB 方法的补充与改进,这里仅简述该算法相比于 DSB 算法的改进之处。感兴趣的读者可参阅相关文献。

DSB 形成的方向图具有一些特性。例如随着音频频率的变化,主瓣有着不同的表现。通常来讲频率低时主瓣将变宽,频率高时主瓣将变窄。较窄的主瓣对于方向信息有着精确的反馈,而较宽的主瓣不是我们所希望得到的。SAB 方法将信号从频谱上划分出多个区间,每个区间使用不同的麦克风阵列,区别主要是间距不同,从而每个区间

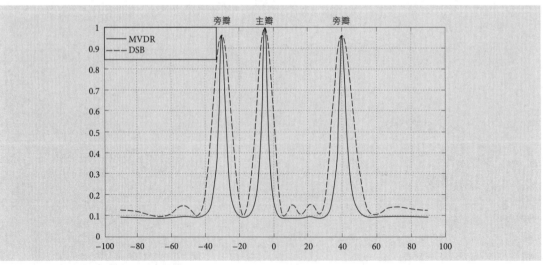

图 5-33　由 MVDR 方法和 DSB 方法产生的方向图[27]

都能获得近似的主瓣。最后将各个阵列的信号滤波后累加求和,获得输出信号。这样做的好处是尽可能抵消低频信号的主瓣变宽所带来的影响。由于不可能无限制地使用麦克风阵列,整个系统的麦克风采用重叠的方式,即每个麦克风可能从属于多个麦克风子阵列。

除了 SAB 方法,类似的固定波束形成方法还有滤波求和波束形成(filter-sum beamforming,FSB)方法等,这些方法都是对固定波束形成方法的探索。随着波束形成的应用范围不断扩大,固定波束形成方法已无法满足大部分应用需求;与此同时,得益于加权系数能够随信号的特性进行自我调整,自适应波束形成受到越来越广泛的关注。

5.3.2　自适应波束形成

相较于固定波束形成,自适应波束形成的加权系数具有可以自我调节的特性。目前常见的几种自适应波束形成方法有最小方差无畸变响应(minimum variance distortionless response,MVDR)波束形成方法、线性约束最小方差(linear constrained minimum variance,LCMV)波束形成方法以及广义旁瓣抵消(generalized sidelobe canceller,GSC)波束形成方法等。目前,自适应波束形成已被广泛应用于麦克风阵列语音增强。

1. MVDR 波束形成方法

MVDR 波束形成方法是基于最大信干噪比(signal-to-interference-plus-noise,SINR)准则的自适应波束形成方法。该方法可以自适应地使麦克风阵列的输出在期望的方向上功率最小且 SINR 最大,从而抑制噪声[28]。MVDR 波束形成方法在军事领域有着比较广泛的应用,如用于水声无线通信技术可以实现水面舰艇和潜艇之间的通信等。MVDR 波束形成方法采用自适应波束形成中常用的采样矩阵求逆算法,该算法在同等 SINR 下具有较快的收敛速度。对于式(5.35),表示为多通道形式:

$$x(n) = \boldsymbol{\alpha}s(n-\tau) + v(n) \tag{5.47}$$

对式(5.47)进行傅里叶变换,将时域信号转为频域信号

$$X(\omega) = \boldsymbol{\alpha}S(\omega) + V(\omega) \tag{5.48}$$

其中 $\boldsymbol{\alpha}$ 表示阵列的方向矢量,反映了麦克风阵列对方向的敏感程度。该矢量是有具体值的,其值为

$$\boldsymbol{\alpha} = \left[\alpha_1 e^{-j\omega\tau_1}, \alpha_2 e^{-j\omega\tau_2}, \cdots, \alpha_M e^{-j\omega\tau_M} \right] \tag{5.49}$$

其中 τ 指时延,α_i 是和第 i 个通道相关的传播衰减系数。有时会将 $\boldsymbol{\alpha}X(\omega)$ 使用 $X(\omega)$ 统一表达,在波束形成加权系数已知的情况下,增强后的信号可以表示为

$$Y(\omega) = \sum_{i=1}^{M} W_i(\omega) X_i(\omega) = \boldsymbol{W}^{\mathrm{H}} \boldsymbol{X} \tag{5.50}$$

其中 $W_i(\omega)$ 为第 i 个麦克风在频率 ω 的加权系数。MVDR 波束形成方法的关键

是计算信号的功率谱密度(power spectral density, PSD)矩阵,整体输出信号的 PSD 矩阵为

$$\boldsymbol{\phi} = E(\boldsymbol{YY}^{\mathrm{H}}) = \boldsymbol{W}^{\mathrm{H}} E(\boldsymbol{XX}^{\mathrm{H}}) \boldsymbol{W} \tag{5.51}$$

其中 $\boldsymbol{Y}$ 和 $\boldsymbol{X}$ 分别表示麦克风阵列的增强信号和原始输出信号。$\boldsymbol{W}$ 表示加权系数,$\boldsymbol{\phi}$ 表示 PSD 矩阵,^{H} 表示共轭转置。在继续之前,先了解一下功率谱密度的计算。

对于频域的一个信号 $\boldsymbol{S}(\omega)$,一般将式(5.52)称为信号 $\boldsymbol{S}(\omega)$ 的 PSD 矩阵,这里假设噪声和信号之间不相关:

$$\boldsymbol{\phi}_{\mathrm{SS}} = E[\boldsymbol{S}(\omega)\boldsymbol{S}(\omega)] \tag{5.52}$$

故而对于接收信号、原始信号和噪声,三者之间满足

$$\boldsymbol{\phi}_{\mathrm{XX}} = \boldsymbol{\phi}_{\mathrm{SS}} + \boldsymbol{\phi}_{\mathrm{VV}} \tag{5.53}$$

输入和输出信号的 PSD 矩阵决定着信号的信干噪比。MVDR 波束形成方法就是使输出信号的功率最小,以获得最优加权系数的估计。而输出功率谱由上式决定,在最优化过程中要避免使加权系数变为 0,即保证信号在期望的方向上没有失真:

$$\boldsymbol{W}^{\mathrm{H}} \boldsymbol{\alpha} = 1 \tag{5.54}$$

其中 $\boldsymbol{\alpha}$ 即阵列的方向矢量,在该约束条件下求解最优问题,即在上式的情况下,求式(5.51)中加权系数最小:

$$\min_{w} \boldsymbol{W}^{\mathrm{H}} \boldsymbol{\phi}_{\mathrm{XX}} \boldsymbol{W} \quad 约束条件: \boldsymbol{W}^{\mathrm{H}} \boldsymbol{\alpha} = 1 \tag{5.55}$$

这样,经过求解约束优化问题,可以得到 MVDR 波束形成的自适应加权系数为

$$\boldsymbol{W}_{\mathrm{MVDR}} = \frac{\boldsymbol{\phi}_{\mathrm{VV}}^{-1} \boldsymbol{\alpha}}{\boldsymbol{\alpha}^{\mathrm{H}} \boldsymbol{\phi}_{\mathrm{VV}}^{-1} \boldsymbol{\alpha}} \tag{5.56}$$

其中 V 表示噪声。在实际的阵列处理中无法得到统计意义上理想的 PSD 矩阵,因此只能使用最大似然来代替。

在实际的阵列处理中,噪声等干扰成分往往不能从阵列输出中分离出来,这在一定程度上限制了算法的应用。在期望信号与噪声加干扰完全不相干时,用包含期望信号的 PSD 矩阵进行估计所得到的权系数与理想情况下的最优权系数相同。所以在实际使用时,常常用包含期望信号的 PSD 矩阵 $\boldsymbol{\phi}_{\mathrm{XX}}$ 来代替。从 MVDR 波束形成算法的参数矢量表达式中可以看出,该参数可以根据噪声等干扰的 PSD 矩阵的变化而变化,因而 MVDR 波束形成算法可以自适应地使麦克风阵列输出在期望方向上的 SINR 最大,达到最佳效果。

经过一系列的推导,前文提到的平均功率现在也可以给出其具体的计算方法:

$$P = \frac{1}{\boldsymbol{\alpha}^{\mathrm{H}} \boldsymbol{\Phi}_{\mathrm{XX}} \boldsymbol{\alpha}} \tag{5.57}$$

当麦克风阵列中阵元数下降或在高信噪比环境下时,期望信号与噪声和干扰往往存在明显的相干性,这在很大程度上影响了 MVDR 波束形成算法的性能。在散射噪声场中,高频部分噪声相关性弱,低频部分噪声相关性强,MVDR 波束形成算法在不同

的频率段往往会发生效果区别较大的情况。

2. LCMV 波束形成方法

LCMV 波束形成方法可以实时地对信号进行处理,同时又可以抑制噪声干扰。该方法也可以对麦克风阵列的加权滤波系数不断进行迭代更新,使得噪声输出功率最小的同时保持对期望方向上的频响不变。本质上该方法类似于 MVDR 波束形成方法,是约束条件下的最小均方算法(least mean square,LMS)。该方法需要预先给定一个固定的频响。

对于输出信号,每个麦克风在完成延迟补偿后的波形是一样的。对于 M 个麦克风,假设每个麦克风置于一个 K 阶的滤波器下,则整个系统的加权系数共有 KM 个。这些系数的选择应满足每个麦克风的滤波效果。换句话说,需要满足 K 个线性约束条件,这 K 个约束将所求信号的功率输出保持一个定量值,而剩余 $KM-K$ 个系数,以满足输出的总功率最小。LCMV 波束形成算法如图 5-34 所示[29].

按照图示理论,可以将麦克风接收信号的公式重新表达,如下所示:

$$\boldsymbol{x}(n)=\left[x_0(n),x_1(n),\cdots,x_{M-1}(n-(K-1))\right]^{\mathrm{T}} \tag{5.58}$$

$$\boldsymbol{s}(n)=\left[s(n),\cdots,s(n),\cdots,s(n-(K-1)),\cdots,s(n-(K-1))\right]^{\mathrm{T}} \tag{5.59}$$

$$\boldsymbol{v}(n)=\left[v_0(n),v_1(n),\cdots,v_{M-1}(n-(K-1))\right]^{\mathrm{T}} \tag{5.60}$$

这里做一些假设,假设所求信号和噪声干扰的均值皆为 0,期望方向上的信号与其他方向上的噪声干扰互不相关,即二者的期望值为 0:

$$E\left[\boldsymbol{s}(n)\boldsymbol{v}^{\mathrm{T}}(n)\right]=0 \tag{5.61}$$

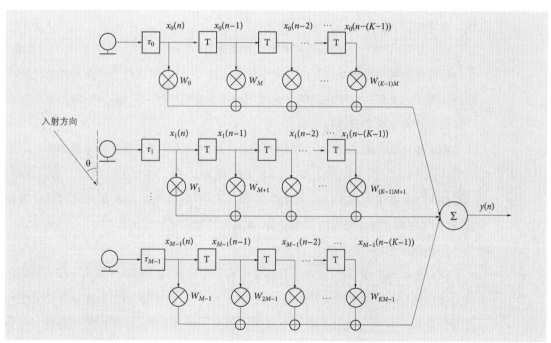

图 5-34　LCMV 波束形成算法

最后输出信号可以表示为

$$y(n) = \boldsymbol{w}^{\mathrm{T}} \boldsymbol{x}(n) = \boldsymbol{x}^{\mathrm{T}}(n) \boldsymbol{w} \tag{5.62}$$

其中 $\boldsymbol{w}$ 表示滤波系数矢量,共有 KM 个,组成了系数一维向量。由于噪音和信号不相关,将式(5.62)带入求解输出功率公式中,输出功率可以化简为

$$E[y^2(n)] = E[\boldsymbol{w}^{\mathrm{T}} \boldsymbol{x}(n) \boldsymbol{x}^{\mathrm{T}}(n) \boldsymbol{w}] = \boldsymbol{w}^{\mathrm{T}} \boldsymbol{R}_{xx} \boldsymbol{w} \tag{5.63}$$

其中,$\boldsymbol{x}(n) \boldsymbol{x}^{\mathrm{T}}(n)$ 的计算结果正是接收信号 x 的互相关矩阵 $\boldsymbol{R}_{xx}$。约束条件要求麦克风阵列中延时相同的权系数之和满足事先给定的滤波系数:

$$\boldsymbol{c}_k^{\mathrm{T}} \boldsymbol{w} = f_k, \quad k = 0, 1, \cdots, K-1 \tag{5.64}$$

向量 $\boldsymbol{c}$ 是 KM 维度的,对应下标为 k 时,此时第 k 组初始化为 M 个 1,其他位置对应皆为 0。将向量 $\boldsymbol{c}$ 组成约束矩阵:

$$\boldsymbol{C}_{MK \times K} = [\boldsymbol{c}_0, \boldsymbol{c}_1, \cdots, \boldsymbol{c}_{K-1}] \tag{5.65}$$

而滤波系数的初始值也将组成一个向量:

$$\boldsymbol{F} = [f_0, f_1, \cdots, f_{K-1}]^{\mathrm{T}} \tag{5.66}$$

故而,式(5.64)可以表示为向量形式,将该约束条件重新表示为

$$\boldsymbol{C}^{\mathrm{T}} \boldsymbol{w} = \boldsymbol{F} \tag{5.67}$$

对于无失真约束条件,我们一般将滤波系数初始化为 f_0 为 1,其余的滤波系数为 0。该方式为最常见的初始化方式。

麦克风阵列所期望的声源方位上的频响由 K 个约束条件所确定,故而输出信号的功率也是确定的。为了减少其他方向的噪音和干扰,要求全部输出功率取得最小值。即目标是使得式(5.63)得到最小值。这样,问题彻底变成 LMS 带约束条件的优化问题。整体可以表示为

$$\min_{w} \boldsymbol{w}^{\mathrm{T}} \boldsymbol{R}_{xx} \boldsymbol{w} \quad 约束条件: \boldsymbol{C}^{\mathrm{T}} \boldsymbol{w} = \boldsymbol{F} \tag{5.68}$$

该优化问题可以根据拉格朗日乘子法来求解,该方法可以将含约束条件的优化问题转化为无约束条件的优化问题。在此不再详细说明求解的具体过程,感兴趣的读者可以自行查阅相关文献进行求解。

根据拉格朗日乘子法,可以得到 LCMV 波束形成方法的最佳滤波系数矩阵:

$$\boldsymbol{w}_{\mathrm{LCMV}} = \boldsymbol{R}_{xx}^{-1} [\boldsymbol{C}^{\mathrm{T}} \boldsymbol{R}_{xx}^{-1} \boldsymbol{C}]^{-1} \boldsymbol{F} \tag{5.69}$$

在 LCMV 波束形成方法的实际应用中,由于不可避免地存在麦克风阵列位置误差、阵元之间的相位误差及方向误差等,常常对性能产生较大的影响。

3. GSC 波束形成方法

GSC 波束形成相比前述方法,其算法流程较为复杂,如图 5-35 所示。GSC 波束形成方法是从 LCMV 波束形成方法过渡而来,是更一般的情况,LCMV 波束形成方法可以看作是 GSC 波束形成方法的一个特例。作为一种通用模型,该算法主要由三部分组成,分别是固定波束形成部分(延迟相加波束形成单元)、自适应噪声抵消(adaptive

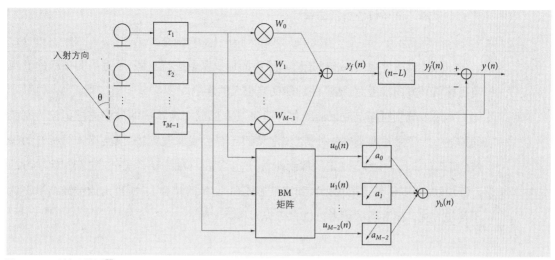

图 5-35 GSC 波束形成算法[30]

noise canceller, ANC) 部分以及在自适应噪声抵消前增加的信号阻塞矩阵 (block matrix, BM)[30]。该方法提出的目的便是为了改进 ANC 部分,以减少信号泄漏。通过引入一个主通道和辅助噪声通道,将约束条件从系统中分离。

固定波束形成部分只让特定方向的信号通过,但是肯定会残留一部分其他非期望方向的噪声信号,而 BM 矩阵的作用是阻止特定方向的信号通过,让其他方向的信号通过。那么通过自适应地调整滤波参数的权重,使得 BM 矩阵的输出近似于固定波束形成输出中残留的噪声部分,就可以得到较为纯净的语音信号估计。GSC 结构将约束求解转化为无约束问题[31]。

固定波束形成单元的输出为

$$y_f(n) = \boldsymbol{w}_f^{\mathrm{T}} x(n) \tag{5.70}$$

这里 $\boldsymbol{w}$ 为滤波系数矢量,是由 M 个加权系数组成。简单起见,设该矢量满足

$$\boldsymbol{w}_f^{\mathrm{T}} \cdot 1 = 1 \tag{5.71}$$

为了补偿 BM 矩阵和自适应滤波的时间,使用延迟单元衔接在 $y_f(n)$ 后,此时 $y_f'(n) = y_f(n-L)$。在 BM 矩阵部分,其输出只含噪声,经过该模块后得到的信号为

$$u(n) = \boldsymbol{W}_b^{\mathrm{T}} x(n) \tag{5.72}$$

对于该加权矩阵的特性,第 m 行的加权系数满足

$$\boldsymbol{w}_b^{\mathrm{T}} \cdot 1 = 0 \tag{5.73}$$

而 $\boldsymbol{w}_b$ 是线性独立的,所以 $u(n)$ 中至多含有 $M-1$ 个元素。经过自适应滤波器组后,得到输出信号 $y_b(n)$。$y_b(n)$ 是 $u(n)$ 经过系数矩阵 $\boldsymbol{a}$ 后得到的。最后经过相减,系统的输出为

$$y(n) = y_f'(n) - y_b(n) \tag{5.74}$$

故而寻找滤波系数 $a_i(n)$,使得系统输出的噪声功率最小。在该模式下,问题变为

无约束求解。该系数的自适应迭代公式为：

$$a_i(n+1) = a_i(n) + \mu y(n) u_i(n) \tag{5.75}$$

该算法创造性地引入 BM 矩阵对噪声的加权系数进行求解,不过当非平稳的噪声与目标信号方向接近时,该算法性能受到很大的影响。

本小节分别对固定波束形成和自适应波束形成相关算法的过程进行了较为完整的描述。除了上述两类方法外,比较常见的还有后置滤波算法,该类算法对所有的噪声(相干和非相干)都有一定的抑制能力,这里不再详细介绍。另外,随着深度学习的广泛应用,众多学者也把目光转到波束形成和 DNN 的结合上,所得出的增强结果更优于传统方法。感兴趣的读者可以自行查阅相关文献。

5.4　语音增强技术的展望

近年来,随着智能设备广泛进入日常生活,复杂声学场景下的语音交互应用成为关注的热点,语音增强技术也逐渐成为现实智能设备和平台的必备环节和关键入口。受益于大数据与深度学习技术的迅猛发展,语音增强技术已逐渐从原来的基于规则和信号处理的方法逐渐过渡到数据驱动的深度学习方法。截至目前,尽管语音增强技术突飞猛进,在某些公开数据集上取得了不错的成果,但是相比于人类处理复杂声学场景的表现依旧有很大的差距。可以预见,设计高效、有效并且易用的语音增强系统势必仍是未来备受瞩目的一个方向。针对复杂声学场景下的语音信号处理机制和计算模型,目前尚有很多值得探索的问题和方向,以下具体探讨几点我们对语音增强技术的展望。

5.4.1　语音增强和语音分离的结合

本章在语音增强技术时主要侧重介绍了单个说话人的语音增强技术,然而在现实日常生活中,目标说话人的语音信号除了夹杂着背景噪声、混响等环境噪声外,可能也存在其他无关说话人的声音。在这种真实场景下,目标语音信号综合了所有可能的干扰,其提取难度可想而知,这也就是著名的"鸡尾酒会问题"。如图 5-36 所示,除了目标语音信号,其他所有的信号都是干扰信号,其提取就比单说话人的声学场景复杂许多。显然,日常生活中的多说话人声学场景更加复杂,也就更难去除干扰噪声,提升语音的质量和可懂度。因此,单纯地用语音增强技术来解决问题就会比较困难。目前可行有效的方案是通过结合语音分离技术,分离出干净的目标语音信号以提升语音质量和可懂度,便于提升后续的语音识别等语音应用的识别精度。

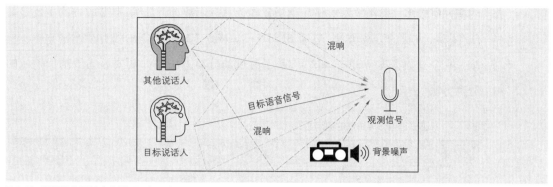

图 5-36 多说话人的现实复杂声学场景(鸡尾酒会问题)

针对如此复杂的声学场景,解决方案的思路一般是:预增强去噪—语音分离—增强去混响。假设此声学场景下有 M 个说话人(包含目标说话人),每个人说话产生的语音信号为 $x_i(n)(i=1,2,3,\cdots,M)$,每个人在房间中的房间冲击响应函数是 $h_i(n)$ $(i=1,2,3,\cdots,M)$。同时,将 x_1 作为目标说话人产生的目标语音信号,背景噪声假设为符号 v,最终收录语音的设备是单个麦克风,则此麦克风最后收集到的观测信号可以定义为

$$y(n) = \sum_i^M (x_i(n) * h_i(n)) + v(n) \tag{5.76}$$

因而,这个复杂声学场景下的语音增强问题,就转变为已知观测信号 y 求解目标语音信号 x_1 的数学问题。从数学公式中,我们就能很好地理解如何解决这个问题。首先,可以通过语音增强技术预先处理比较简单的加性噪声 $v(n)$,然后可以通过语音分离(或说话人分离)来提取目标说话人的部分 $x_1 * h_i$,最后再训练一个语音增强模型去除混响干扰,获得期望的目标说话人语音信号 x_1。因而,我们会发现通过结合语音增强技术和语音分离技术能较好地解决现实的复杂声学场景的降噪问题。

语音分离的目标是从干扰信号中分离出目标语音信号。从定义上分析,语音增强也可以通过语音分离的方式处理,即将背景噪声和混响等作为干扰源,然后分离出目标语音信号。下面就单通道语音分离方法做简单叙述。

现阶段单通道语音分离方法主要分为频域方法和时域方法,如表 5-2 所示。单通道语音方法主要由三部分组成,分别是编码器、分离器和解码器。混合语音信号通过编码、分离,最后解码重构目标语音信号。基于频域的单通道语音分离方法通常是通过 STFT 和 ISTFT 作为编码器和解码器,常使用双向长短期记忆(BLSTM)网络来做分离器,损失函数多使用最小均方误差。典型的频域单通道语音分离方法有深度聚类模型、置换不变模型、计算听觉场景分析模型和说话人提取模型(VoiceFilter 和 SpEx)。基于时域的单通道语音分离方法则常用一维卷积操作来作为编码器和解码器,常用卷积网络(CNN)和双向长短时记忆网络(BLSTM)来做分离器,实际使用中用

卷积网络较多。此类方法尝试用信噪比作为目标函数进行训练,典型的方法主要是基于 TasNet 方法的分离方法,包括 BLSTM-TasNet 、Conv-TasNet 和 DPRNN-TasNet 模型。在公开数据集 WSJ0-2mix 上,基于时域的分离方法的性能要远优于基于频域的分离方法。

表 5-2 单通道语音分离方法的通用方案

方法类别	输入特征	编码器/解码器	分离器	损失函数
频域方法	时频谱特征	STFT/ISTFT	BLSTM	最小均方误差
时域方法	时域波形	一维卷积	CNN/BLSTM	信噪比

5.4.2 语音增强和脑科学研究的结合

语音增强技术的研究启发于人类在复杂听觉环境下的一种听觉选择能力。在受到其他说话人或噪声干扰的情况下,人类总能很容易地将注意力集中于目标声音并忽略其他无关的背景声音,从而准确理解目标说话人所表达的意图。其中听觉注意力机制起到了重要作用,有相关实验研究发现,人类不可能听到或者记住两个同时发生的语音信号。然而,如图 5-37 所示,人类却可以精准地从被混合的复杂语音中选择出其注意到的语音信号,以及同时忽略掉其他语音或者噪声等背景音。因而,研究人类注意并理解目标语音信号这一过程背后的逻辑,能很好地启发计算模型筛选目标语音信号,建模高效易用的智能机器。

人类的听觉系统是一个高度非线性系统,神经回路中神经元之间的连接非常复杂。神经元对刺激采用多种编码方式,主要有频率编码、时间编码和群体编码这三种方式。声音中包含丰富的时空结构信息,而听觉系统对这些时空结构信息是高度敏感的。然而,现阶段的基于深度学习的语音增强技术对语音的编码方式较为单一,无法充分挖掘利用语音中的时空结构信息。同时,目前在类脑计算中应用较广

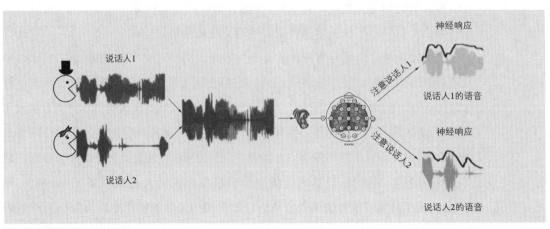

图 5-37 听觉系统的注意力选择机制

的脉冲神经网络,其性能还远不如常用的人工神经网络,存在较大的性能差距。因而,如何结合脑科学研究有效编码语音并高效筛选目标语音将是未来值得探究的热点问题。

听觉系统处理外界刺激一般可以分为两个过程,即自下而上的刺激驱动过程和自上而下的任务驱动过程。自下而上的刺激驱动过程是指从输入的刺激进行处理,继而完成相应的任务。自上而下的任务驱动过程是指在高层抽象概念或信息的指引下完成特定的任务,其过程通常涉及长期记忆和学习机制。现阶段,有少量研究尝试结合自上而下的任务驱动机制来提升语音增强或语音分离技术水平。例如,图 5-38 所示为多说话人环境下注意力选择的神经解码[32],这类方法常用皮层脑电信号或目标说话人的语音信息作为先验信息,进而辅助语音增强或语音分离网络更好地提取目标语音信号,从而抑制噪声,提升语音质量和可懂度。但是皮层脑电信号的采集需要将电极插入受试者的皮层,数据采集成本较高。因而,如何使用成本较低的脑电信号来重构和增强目标语音信号将会是未来的研究热点。此项研究的发展也将帮助构音障碍者或聋哑患者进入言语表达的新世界。

5.4.3　多模态语音增强技术

仅仅使用听觉模态的信息,往往存在难以区分目标语音和类似噪声的情况,比如同性别说话人的声音等。近几年,基于多感知整合等理论,语音增强技术开始将视觉模态信息整合到语音信息中,在一定程度上解决了存在类似噪声干扰带来的问题。视听结合的多模态语音增强技术利用听觉信息和视觉信息在时间上的高度相关性可以进行自监督学习,从而做到无序标记数据。尽管现阶段尚未知晓多感知整合位于人脑处理的哪个阶段,但是可以确定该整合确实是存在的。因此,未来随着数据采集技术的不断提升,多模态语音增强技术也将带来新的突破。

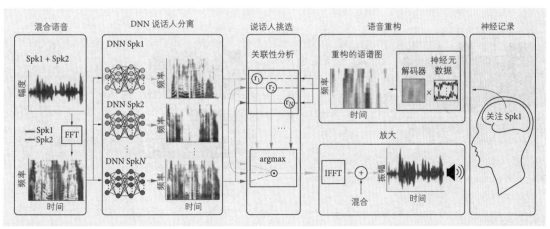

图 5-38　多说话人环境下注意力选择的神经解码[32]

目前比较经典的成果是谷歌公司的研究团队在 2018 年发表的"Looking to Listen at the Cocktail Party"[33]。如图 5-39 所示,该研究提出一种基于深度学习的音频—视频结合的模型,将单个目标语音信号从背景噪声、其他人声等混合声音中分离出来。该模型通过计算生成视频,增强其中目标说话人的语音,同时抑制其他说话人的声音。此方法用在具有单个音频轨道的普通视频上,用户需要做的就是在视频中选出他们想要听到的说话者的面部,或者结合语境用算法选出最需要被注意的人。此方法用途广泛,从视频中的语音增强和识别到改进助听器,不一而足,尤其适用于有多个说话人的情景。这项技术的独特之处在于结合了输入视频的听觉和视觉信号来分离语音。直观地讲,人嘴部的运动应当与这个人说话时产生的声音相关联,这反过来又可以帮助识别音频的哪些部分对应于这个人。视觉信号不仅可以在混合语音的情况下显著提高语音分离质量(与仅仅使用音频的语音分离相比),但更重要的是,它还能够将分离的干净语音轨道与视频中的可见说话者相关联。此方法可以作为预处理程序应用于语音识别和自动视频字幕添加。处理语音重叠的说话者对于自动字幕添加系统来说很有挑战性,将音频分离为不同的来源可以帮助系统生成更加准确、易读的字幕。

5.4.4　实时在线语音增强技术

实时在线语音增强的研究就是希望通过算法在软硬件系统平台上的实时降低背景噪声并提高语音的质量,从而达到语音增强的效果。针对现实的语音交互应用,实时性是重中之重的考虑因素。在一些特殊场合的应用中,如人工耳蜗、军事通信设备及车载通信系统等,对语音增强系统的实时性要求更加严格。然而,现阶段的语音增强方案,特别是基于深度学习的语音增强技术方案,存在模型复杂度高、计算资源要求高等缺点,实时性问题也同样面临挑战。因此,如何设计实现复杂度低、资源利用率高的高可用实时语音增强系统是未来的研究重点。

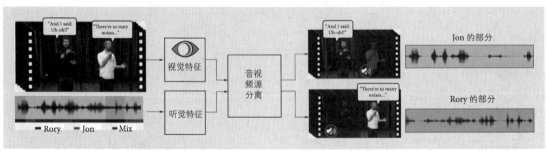

图 5-39　谷歌公司提出的一种基于深度学习的音频—视频结合的模型[33]

5.5　小结

　　本章介绍语音增强技术。语音增强在许多噪声环境下的语音应用中都被当作一个语音信号前端处理技术而被应用。基于传统信号处理的语音增强方法由于存在数学假设且在处理非稳态噪声时会有极差的效果,而渐渐被基于深度学习的语音增强所替代。基于深度学习的语音增强方法可以简单分为频域语音增强和时域语音增强。近些年,语音增强也会结合其他语音任务实现彼此增强的效果。在单通道语音增强方法的基础上,我们介绍了多通道语音增强的方法。相比于单通道语音增强方法,多通道语音增强方法会将多个麦克风接收信号的时延等信息考虑进来,从而提升语音增强的效果。我们详细介绍了延迟-求和波束形成和子阵列波束形成的固定波束形成,以及 MVDR、LCMV、GSC 波束形成的自适应波束形成方法。最后,我们对语音增强和语音分离的结合、语音增强和脑科学研究的结合、多模态语音增强技术以及实时在线语音增强技术等新技术发展进行了展望。

　　到目前为止,虽然语音增强技术已经取得了很大的进步,但是仍有很多不足,例如如何使用真实数据来训练得到一个较好的语音增强系统。因此,仍需要广大研究人员继续设计相关实验,不断推动语音增强技术的发展。

本章知识点小结

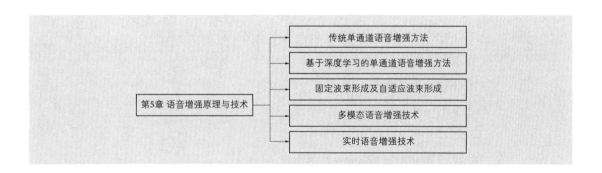

5.6　语音增强实践

5.6.1　加噪声、混响

　　混响和噪声开源数据库(Room Impulse Response and Noise Database),可从 OpenSLR 官网下载。

1. 混响数据库

● Real RIRs：RIR（room impulse respose），即房间脉冲响应。真实 RIRs 的集合由三个数据库组成：RWCP 声音场景数据库、Reverb 挑战数据库和亚琛脉冲响应数据库。总共有 325 个真实 RIRs。

● Simulated RIRs：对房间参数和房间中的接收器位置进行采样，然后根据不同的扬声器位置随机生成许多 RIRs。房间参数包括房间尺寸（宽度 w、长度 l 和高度 h）和吸收系数。

根据房间宽度和长度取样的范围，将 Simulated RIRs 分为三组：

① Ssmall（小型房间）：范围为 1~10 m。

② Smed（中号房间）：范围为 10~30 m。

③ Slarge（大型房间）：范围为 30~50 m。

这三组均对房间高度进行均匀采样，范围为 2~5 m；吸收系数从[0.2,0.8]均匀采样。在每组中根据扬声器和接收器的位置对 200 个房间进行采样，并在每个房间中采样 100 个 RIRs[34]。

2. 噪声数据库

数据库中使用各向同性和点源噪声。真实 RIRs 数据库中可用的各向同性噪声与关联的 RIR 一起使用。点源噪声是从 MUSAN 语料库的 Freesound 部分采样。语料库包含 843 个噪声记录，并且每个噪声记录都被手动分类为前景噪声或背景噪声。在指定时间将前景噪声添加到混响的语音信号中，而通过重复将背景噪声扩展为覆盖整个语音记录。点源噪声的相加率决定了每次语音记录添加的点源噪声的总数。

本节用到的开源代码可从 Github 或本书配套课程网络获取。

具体操作步骤：

① 下载并准备数据。

② 运行 run.sh。

5.6.2　语音增强 Matlab 算法实践

实验配置：Matlab2016a。

文件说明：如表 5-3 所示。

表 5-3　Matlab 算法文件名及介绍

文件名	算法
wiener_iter.m	基于全极点语音产生模型的迭代维纳算法[35]
wiener_as.m	基于先验信噪比估计的维纳算法[36]
wiener_wt.m	基于小波阈值多窗谱的维纳算法[37]
mt_mask.m	基于心理声学的算法[38]

续表

文件名	算法
audnoise.m	可听(audible)噪声抑制算法[37]
mmse.m	采用或未采用语音存在不确定度的 MMSE 算法[40]
logmmse.m	对数 MMSE 算法[41]
logmmse_SPU.m	结合语音存在不确定度的对数 MMSE 算法[42]
stsa_weuclid.m	基于加权欧式失真测度的贝叶斯估计器[43]
stsa_wcosh.m	基于加权 Cosh 失真测度的贝叶斯估计器[43]
stsa_wlr.m	基于加权似然比失真测度的贝叶斯估计器[43]
stsa_mis.m	基于修正 Itakura-Saito 失真测度的贝叶斯估计器[43]
sp02_train_sn5.wav sp04_babble_sn10.wav sp06_babble_sn5.wav sp09_babble_sn10.wav	带噪语音文件

以运行谱减算法为例,具体操作步骤如下:

① 将代码下载到本地硬盘。

② 运行 Matlab。

③ 在 Matlab 中键入以下命令切换到包含谱减算法的文件夹:

→cd d:\\speech_enhancement_MATLAB\\spectra_subtractive

④ 选择一个算法并执行。

例如,使用对数 MMSE 算法增强带噪文件 sp02_train_sn5.wav,键入 Matlab 命令:logmmse(sp02_train_sn5.wav,out_sp02.wav),其中 out_sp02.wav 为增强后的信号文件。

其余算法命令:

>> wiener_iter(infile.wav,outfile.wav,NumberOfIterations)

where 'NumberOfIterations' is the number of iterations involved in iterative

Wiener filtering.

>> wiener_as(infile.wav,outfile.wav)

>> wiener_wt(infile.wav,outfile.wav)

>> mt_mask(infile.wav,outfile.wav)

>> audnoise(infile.wav,outfile.wav)

Runs 2 iterations(iter_num=2)of the algorithm.

>> mmse(infile.wav,outfile.wav,SPU)

where SPU=1- includes speech presence uncertainty

SPU=0- does not includes speech presence uncertainty

>> logmmse_SPU(infile.wav,outfile.wav,option)

where option=

1- hard decision(Soon et al)

2- soft decision(Soon et al.)

3- Malah et al.(1999)

4- Cohen(2002)

>> stsa_weuclid(infile.wav,outfile.wav,p)

where p>- 2

>> stsa_wcosh(infile.wav,outfile.wav,p)

where p>- 1

>> stsa_wlr(infile.wav,outfile.wav);

>> stsa_mis(infile.wav,outfile.wav);

5.6.3　基于深度神经网络的语音增强实践

环境配置：pytorch 1.0.0。

文件说明：如表 5-4 所示。

表 5-4　文件名及相应说明

文件名	说明
tmp01.py	基础 DNN 网络模型
tmp01b.py	DNN + mse on log scaled
tmp01c.py	DNN + L1 loss on magnitude + wiener filter
tmp01d.py	tmp01c.py + Batch Normalization
tmp01e.py	tmp01c.py +学习率为 1e-5
tmp01f.py	tmp01c.py + 2048 个隐藏单元
tmp02.py	DenseNet 网络模型
tmp02b.py	DenseNet + 6 layers
tmp03.py	tmp01c.py +信噪比为 5db,0db,-5db
tmp03b.py	tmp01c.py +信噪比为[-10,10]db
tmp04.py	tmp01c.py + loss on samples
prepare_data.py	数据处理
runme.sh	运行文件
evaluate.py	计算增强语音的 PESQ

具体操作步骤如下：

① 使用 mini data 运行./runme.sh。

② 下载并准备数据。

③ 在./runme.sh 文件中修改 MINIDATA = 0, 并修改 WORKSPACE、TR_SPEECH_
DIR、TR_NOISE_DIR、TE_SPEECH_DIR、TE_NOISE_DIR 的路径。

④ 在自己的数据集上运行./runme.sh。

⑤ 在 inference step 中可以添加--visualize 实现可视化,绘制混合、干净和增强后

的语音对数频谱图。

5.6.4　基于 Wave-U-Net 的语音增强实践

环境配置：python 3.6.5，Pytorch 1.2.0。

具体操作步骤如下：

（1）配置环境

① 确保将 CUDA 的/bin 目录添加到 PATH 环境变量中，通过附加 LD_LIBRARY_
PATH 环境变量来安装 CUDA 附带的 CUPTI。

export PATH="/usr/local/cuda- 10.0/bin: $ PATH"

export LD_LIBRARY_PATH="/usr/local/cuda- 10.0/lib64: $ LD_LIBRARY_PATH"

② 安装 Anaconda，以清华镜像源和 python 3.6.5 为例。

Wget https://mirrors.tuna.tsinghua.edu.cn/anaconda/archive/Anaconda3- 5.2.0- Linux- x86_64.sh

chmod a+x Anaconda3- 5.2.0- Linux- x86_64.sh

③ 创建一个虚拟环境。

conda create - n wave- u- net python=3

conda activate wave- u- net

④ 安装依赖环境。

conda install pytorch torchvision cudatoolkit=10.0 - c pytorch

conda install tensorflow- gpu

conda install matplotlib

pip install tqdm librosa pystoi pesq

git clone https://github.com/haoxiangsnr/Wave- U- Net- for- Speech- Enhancement.git

（2）使用 train.py 训练模型

python train.py[- h]- C CONFIG[- R]

参数说明：

① -h，显示帮助信息。

② -C，--config，指定训练所需的配置文件。

③ -R，--resume，从最后保存的模型的检查点继续训练。

（3）使用 enhancement.py 增强带噪的语音

python enhancement.py[- h]- C CONFIG[- D DEVICE]- O OUTPUT_DIR - M MODEL_
CHECKPOINT_PATH

参数说明

① -h，-help，显示帮助信息。

② -C，-config，指定模型，增强的数据集和用于增强语音的自定义参数。

③ -D,--device,增强使用的 GPU 索引,-1 表示使用 CPU。

④ -O,--output_dir,指定将增强语音存储的位置,需要确保该目录预先存在。

⑤ -M,--model_checkpoint_path,模型检查点的路径,检查点文件的扩展名为.tar 或.pth。

(4)在训练过程中,可以使用 tensorboard 启动静态前端服务器以可视化相关目录中的日志数据。

```
tensorboard --logdir config["root_dir"]/<config_filename>/
```

注:训练期间生成的所有日志信息都将存储在 config["root_dir"]/<config_filename>/目录中。假设用于训练的配置文件为 config / train / sample_16366.json,sample_16366.json 中 root_dir 参数的值为/ home / UNet /。在当前实验训练过程中生成的日志将存储在/ home / UNet / sample_16366 /目录中。

习题 5

1. 语音增强技术的未来发展方向有哪些?

2. 频域语音增强方法和时域语音增强方法各自的优缺点有哪些?

3. 如果把语音增强作为语音识别任务的前端处理,你会怎么操作来提高语音识别的鲁棒性?

4. 可以对噪声进行怎样的分类?

5. 加噪过程的信噪比应如何计算?

6. 利用信噪比来设计基于深度学习语音增强的损失函数。

7. 语音去混响的方法都有哪些?

8. 简述波束形成的类型以及对应的计算流程。

9. 对于自适应波束形成,总结其各种算法的优缺点。

10. 在利用深度学习的单通道语音增强中,多目标学习的优点有哪些?

11. 语音增强在语音信号应用中经常被利用的方式有哪些? 可以和哪些应用结合使用?

12. 谱减法是通过计算含噪语音和噪声的差值来进行去噪的,那么噪声是如何得来的?

13. 如何计算 FIR 维纳滤波器的参数?

参考文献

[1] Ya-Ting H,Jing S,Jia-Ming X,et al. Research advances and perspectives on the cocktail party problem and related auditory models[J]. Acta Automatica Sinica,2019,45(2):234-251.

[2] Preminger J E,Tasell D J V. Quantifying the relation between speech quality and speech intelligibility[J]. Journal of Speech,Language,and Hearing Research,1995,38(3):714-725.

[3] Kim G,Lu Y,Hu Y,et al. An algorithm that improves speech intelligibility in noise for normal-hearing listeners[J]. The Journal of the Acoustical Society of America,2009,126(3):1486-1494.

[4] Maylor P A,Gaubitch N D. Speech dereverberation[M]. Springer Science & Business Media,2010.

[5] Rix A W,Beerends J G,Hollier M P,et al. Perceptual evaluation of speech quality(PESQ)-a new method for speech quality assessment of telephone networks and codecs[C]//2001 IEEE international conference on acoustics,speech,and signal processing. Proceedings(Cat. No. 01CH37221). IEEE,2001,2:749-752.

[6] Taal C H,Hendriks R C,Heusdens R,et al. An algorithm for intelligibility prediction of time-frequency weighted noisy speech

　　　　［J］. IEEE Transactions on Audio, Speech, and Language Processing, 2011, 19(7): 2125−2136.

［7］ Vincent E, Gribonval R, Févotte C. Performance measurement in blind audio source separation［J］. IEEE transactions on audio, speech, and language processing, 2006, 14(4): 1462−1469.

［8］ Hu Y, Loizou P C. Evaluation of objective quality measures for speech enhancement［J］. IEEE Transactions on audio, speech, and language processing, 2007, 16(1): 229−238.

［9］ Zelinski, R. A microphone array with adaptive post-filtering for noise reduction in reverberant rooms［C］. IEEE International Conference on Acoustics, Speech, and Signal Processing. 1988: 2578−2581.

［10］ Griffin D, Jae Lim. Signal estimation from modified short-time Fourier transform［C］. In ICASSP '83. IEEE International Conference on Acoustics, Speech, and Signal Processing, 1983: 804−807.

［11］ Greenberg S, Kingsbury B E D. The modulation spectrogram: in pursuit of an invariant representation of speech［C］. In 1997 IEEE International Conference on Acoustics, Speech, and Signal Processing, 1997: 1647−1650 vol.3.

［12］ Wang D, Chen J. Supervised Speech Separation Based on Deep Learning: An Overview［J］. IEEE/ACM Transactions on Audio, Speech, and Language Processing, 2018, 26(10): 1702−1726.

［13］ Xu Y, Du J, Dai L, et al. An Experimental Study on Speech Enhancement Based on Deep Neural Networks［J］. IEEE Signal Processing Letters, 2014, 21(1): 65−68.

［14］ Cohen I. Optimal speech enhancement under signal presence uncertainty using log-spectral amplitude estimator［J］. IEEE Signal Processing Letters, 2002, 9(4): 113−116.

［15］ Mathur A, Saxena V, Singh S K. Understanding sarcasm in speech using melfrequency cepstral coefficient［C］. In 2017 7th International Conference on Cloud Computing, Data Science Engineering-Confluence, 2017: 728−732.

［16］ Xu Y, Du J, Huang Z, et al. Multi-objective learning and mask-based post-processing for deep neural network based speech enhancement［J］. arXiv preprint arXiv:1703.07172, 2017.

［17］ Sailor H B, Patil H A. Filterbank learning using Convolutional Restricted Boltzmann Machine for speech recognition［C］. In 2016 IEEE International Conference on Acoustics, Speech and Signal Processing(ICASSP), 2016: 5895−5899.

［18］ Park S R, Lee J. A fully convolutional neural network for speech enhancement［J］. arXiv preprint arXiv:1609.07132, 2016.

［19］ Ge M, Wang L, Li N, et al. Environment-dependent attention-driven recurrent convolutional neural network for robust speech enhancement［C］. In Proc. 20th Annu. Conference of the International Speech Communication Association, 2019: 3153−3157.

［20］ Pascual S, Bonafonte A, Serra J. SEGAN: Speech Enhancement Generative Adversarial Network［C］. In Proc. 18th Annu. Conference of the International Speech Communication Association, 2017: 3642−3646.

［21］ Lu, Y. J., Liao, C. F., Lu, X., Hung, J. W., & Tsao, Y. (2020). Incorporating broad phonetic information for speech enhancement. arXiv preprint arXiv:2008.07618.

［22］ Z. Du, M. Lei, J. Han, et al. Pan: Phoneme-Aware Network for Monaural Speech Enhancement［C］//ICASSP 2020 IEEE ICASSP. IEEE, 2020: 6634−6638.

［23］ Yin, C. Luo, Z. Xiong, et al. PHASEN: A Phase-and-Harmonics-Aware Speech Enhancement Network［C］//AAAI. 2020: 9458−9465.

［24］ Pandey, D. Wang. A New Framework for Supervised Speech Enhancement in the Time Domain［C］//Interspeech. 2018: 1136−1140.

［25］ Valentini-Botinhao C, Wang X, Takaki S, et al. Investigating RNN-based speech enhancement methods for noise-robust Text-to-Speech［C］//SSW. 2016: 146−152.

［26］ 王冬霞. 麦克风阵列语音增强的若干方法研究［D］. 大连理工大学, 大连, 中国. 2007.

［27］ 周露. 稳健的自适应波束形成算法研究. Diss. 2009.

［28］ 程超. 基于麦克风阵列的语音增强实现［D］. 东南大学, 南京, 中国. 2013.

［29］ Frost O L. An algorithm for linearly constrained adaptive array processing［J］. Proceedings of the IEEE, 1972, 60(8): 926−935.

［30］ Adel, Hidri, et al. "Beamforming Techniques for Multichannel audio Signal Separation." International Journal of Digital Content Technology and its Applications 6.20(2012).

［31］ Griffiths, Lloyd J, and C. W. Jim. "An alternative approach to linearly constrained adaptive beamforming." IEEE Trans Antennas & Propag 30.1(1982): 27−34.

［32］ O'Sullivan, James, et al. "Neural decoding of attentional selection in multi-speaker environments without access to clean sources." Journal of neural engineering 14.5(2017): 056001.

[33] Ephrat, Ariel, et al. "Looking to listen at the cocktail party: A speaker-independent audio-visual model for speech separation." arXiv preprint arXiv:1804.03619(2018).

[34] Ko T, Peddinti V, Povey D, et al. A study on data augmentation of reverberant speech for robust speech recognition[C]// Icassp IEEE International Conference on Acoustics. IEEE, 2017.

[35] Lim, J. and Oppenheim, A. V. (1978). All-pole modeling of degraded speech. IEEE Trans. Acoust., Speech, Signal Proc., ASSP-26(3), 197-210.

[36] Scalart, P. and Filho, J. (1996). Speech enhancement based on a priori signal to noise estimation. Proc. IEEE Int. Conf. Acoust., Speech, Signal Processing, 629-632.

[37] Hu, Y. and Loizou, P. (2004). Speech enhancement based on wavelet thresholding the multitaper spectrum. IEEE Trans. on Speech and Audio Processing, 12(1), 59-67.

[38] Hu, Y. and Loizou, P. (2004). Incorporating a psychoacoustical model in frequency domain speech enhancement. IEEE Signal Processing Letters, 11(2), 270-273.

[39] Tsoukalas, D. E., Mourjopoulos, J. N., and Kokkinakis, G. (1997). Speech enhancement based on audible noise suppression. IEEE Trans. on Speech and Audio Processing, 5(6), 497-514.

[40] Ephraim, Y. and Malah, D. (1984). Speech enhancement using a minimum mean-square error short-time spectral amplitude estimator. IEEE Trans. Acoust., Speech, Signal Process., ASSP-32(6), 1109-1121.

[41] Ephraim, Y. and Malah, D. (1985). Speech enhancement using a minimum mean-square error log-spectral amplitude estimator. IEEE Trans. Acoust., Speech, Signal Process., ASSP-23(2), 443-445.

[42] Cohon, I. (2002). Optimal speech enhancement under signal presence uncertainty using logspectra amplitude estimator. IEEE Signal Processing Letters, 9(4), 113-116.

[43] Loizou, P. (2005). Speech enhancement based on perceptually motivated Bayesian estimators of the speech magnitude spectrum. IEEE Trans. on Speech and Audio Processing, 13(5), 857-869.

第6章 说话人识别原理与技术

【内容导读】智能音箱兴起之时,每当电视广告里演示音箱唤醒功能时,家里的音箱也会被随之误唤醒。想象一下,千家万户的音箱在同一时刻被同一唤醒命令唤醒,遥相呼应,可谓壮观。然而如何只让音箱的主人能唤醒自家的音箱呢? 如何让自己的各类智能设备,不论是音箱、手机语音助手、智能家居设备、智能车载系统还是未来会普及的各类家用机器人都只听命于自己呢? 那就不可避免地会用到说话人识别技术。本章将介绍说话人识别的基本概念、发展历程、经典模型和识别方法,主要包括GMM-UBM、i-vector、PLDA、基于深度学习的说话人识别模型。

6.1 说话人识别概述

6.1.1 说话人识别概念

说话人识别(speaker recognition),又称声纹识别(voiceprint recognition)、话者识别,是一种重要的现代身份认证技术,与指纹识别、掌纹识别、人脸识别和虹膜识别等生物识别技术同属于模式识别的范畴[1]。由于每个人的发音器官和发音习惯都有很大的差异性,加之年龄、性别、性格等个性化因素的影响,每个人的"声纹"也具有唯一性。声纹的概念最早源于军事和刑侦活动中的语谱图纹路分析,研究人员发现不同人即便发相同的音,在纹路上也有细微差异[2]。声纹不仅具有唯一性,而且具有动态稳定性,因此常被用来进行身份认证。

一段语音中不仅包含了语言语义信息,同时也包含了韵律特征传递的副语言信息和非语言信息[3]。语音识别是共性识别,强调文本内容,而不考虑说话人是谁;说话人识别是个性识别,只关注说话人信息,不考虑文本内容。在语音信号处理中,识别某种属性信息需要抑制其他属性信息,而只强化该主属性信息表达。例如,语音识别技术关注于语言语义信息而抑制说话人、情感等非语言、副语言信息表达;情感识别技术抑制非情感信息的表达。同理,说话人识别技术更多关注于说话人的身份信息而抑制文本语义等信息表达。各类信息互为补充,从各个层面反映出丰富的整体语音信息。由此可见,说话人识别技术与其他语音技术相辅相成,是完备语音智能体中不可或缺的重要一环。

应用现代声纹技术设计的自动说话人识别系统可以自动辨识和确认说话人身份。系统通常由训练阶段和测试阶段两部分组成。训练阶段通过对丰富的说话人训练语料进行说话人特征表征和分类模型训练,得到具备高区分度的说话人识别模型;测试阶段将待识别说话人的语音特征输入训练好的说话人识别模型,进而判定其是否来自注册集合的目标说话人。注册集合中的说话人与训练集合的说话人是否保持一致,取决于该任务是开集还是闭集。说话人识别的经典流程图如图6-1所示。

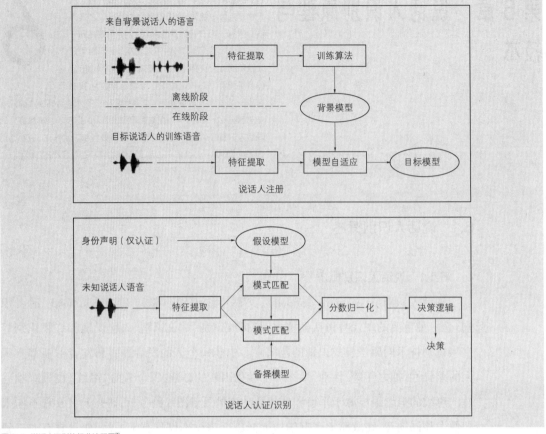

图 6-1 说话人识别的经典流程图[1]

根据任务类型的不同，说话人识别一般可分为说话人辨认和说话人确认两类。

① 说话人辨认（speaker identification）是判定待识别说话人来自注册集中的哪个说话人，是"一对多"的任务。其又可根据待识别说话人是否一定来自注册集中的说话人而细分为闭集辨认和开集辨认。例如，刑侦案件中判定已收集到的犯罪嫌疑人的声音来自一群人中的哪个人，进而指认罪犯。如果待识别声音有可能不来自其中的任何一个人，那么就是开集辨认。常用的性能评价指标有说话人辨认错误率等。说话人辨认错误率即辨认错误的样本数占整体样本的比例。

② 说话人确认（speaker verification）[4]是判定待识别语音是否来自注册集中的某个说话人，是"一对一"的问题。即判断待识别语音与指定的某一说话人是否一致，答案只有"是"或"否"。

以上分类均为一段音频中只包含单一说话人。说话人识别中还有另外一个重要的研究方向，即一段音频中有两个及以上的说话人交替说话，需要对所有说话人讲话的时间起始点进行界定，称之为说话人分割聚类（speaker diarization），也称说话人追踪、说话人日志等，该技术常被用于会议纪要等场景。说话人辨认、说话人确认及说话人追踪三者之间的关系如图 6-2 所示。

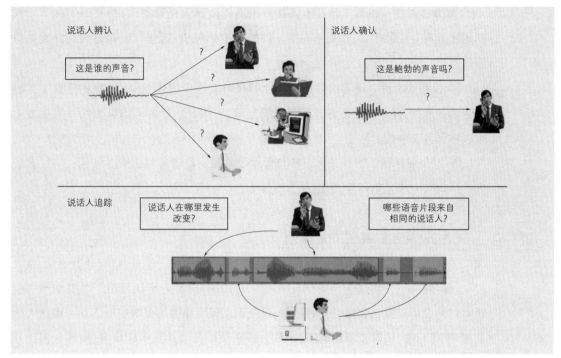

图 6-2　说话人识别任务的分类[5]

根据语音文本内容,说话人识别一般又可分为文本相关和文本无关两类。

① 文本相关(text-dependent)要求说话人说特定的文本,文本内容与训练阶段一致,或者现场提示[6~9]。其一定是语种相关的。

② 文本无关(text-independent)不限定说话人说什么文本[10~12],语种相关和语种无关(跨语种说话人识别)均可。

说话人研究中一般会指出具体的研究类型,如"文本无关的说话人确认"。上述讨论的是一段语音为单一说话人的一般情况。

6.1.2　说话人识别技术优势

语言是人类文明的智慧结晶,语音作为其声音载体,具有视觉等其他感官不具备的得天独厚的优势。语音是人类获取信息的重要形式之一,也是人与外界交流中使用最方便、最有效、最自然的交际工具和信息载体。说话人识别技术与其他生物身份认证方式相比,具有以下优势:

① 安全性与交互性兼备。说话人识别技术既可应用于银行、安保等对安全性要求高的场景,也可广泛应用于智能家居、公共服务等需要良好交互性的场景。语音的双向传递特点也大大提升了交互体验。

② 可穿透性和光鲁棒性。声音可以穿透墙壁等障碍物,同时不受恶劣光线环境的干扰影响,与人脸识别和虹膜识别相比具有不可比拟的优势。

③ 非接触性。说话人识别不需要待识别者接触识别设备,与指纹识别和掌纹识别相比具有一定的优势,特别是在突发的公共卫生危机、远程认证等方面有巨大的应用潜力。

④ 泄露安全性。语音信号在唯一性和高可变性上完美统一,虹膜和指纹等生物特征是静态的,样本一旦泄露具有很大的危险,而语音信号的动态可变性一定程度上可以增强其安全性。

⑤ 采集成本低。语音采集设备与指纹设备和照相设备相比成本极低,手机、普通麦克风均可完成采集任务,数据易获得。

6.1.3　说话人识别应用前景

说话人识别由于其无可比拟的技术优势,被广泛应用于军事活动、刑事侦探、金融安全、国防安全、公共安全等安全场景[13~16]。例如,说话人辨认可用于军事和刑侦领域对目标说话人或犯罪嫌疑人的追踪,以及识别保险诈骗等金融安全活动。说话人确认可用于声纹门锁以及智能家居、车载语音系统以及公共服务领域等,提升人机交互体验。说话人分割聚类可用于刑侦记录、会议纪要等档案记录场景,减少传统记录方式的工作量和难度。

此外,与说话人识别相关的新兴研究方向也在不断发展,如反声纹欺诈用来检测通过模仿、语音合成、语音转换以及录音回放而来的仿冒声音。随着语音合成技术的日趋成熟,仿冒的声音越来越逼真,在不久的将来只依靠人耳很可能无法区分到底是仿冒的说话人还是真实的说话人。到那时,反声纹欺诈系统会像现在的防病毒系统一样不可或缺。

6.1.4　说话人识别技术难点

近些年说话人识别技术得到快速发展,但尚未达到非常成熟的应用程度,特别是在需要高精度的安全领域。越来越复杂的应用场景也导致对于说话人识别系统的鲁棒性要求越来越高。纵观影响说话人识别技术发展的若干因素,主要的技术难点和瓶颈问题可总结为以下几个方面:

① 噪声和混响的干扰。当前,说话人识别技术对于近场安静的识别环境已经可以达到很好的性能,但现实场景中更为普遍的是复杂场景下的说话人识别。噪声和混响会很大程度损坏音频的质量,降低识别性能。

② 跨设备识别。单一设备(如 Android、iOS 或高保真麦克风)或信道的说话人识别取得了令人满意的成绩,但是真实场景下训练、注册、评估的说话人音频来源往往很复杂。消除设备或信道之间的差异还需要进一步研究。

③ 短语音识别。在智能家居和公共服务领域说话人通常使用很短的控制命令,

短语音相对于长语音包含信息更少,为说话人识别增加了难度。

④ 仿冒语音攻击。模仿、语音合成、语音转换和录音回放对自动语音识别系统造成了巨大的威胁,大大降低了系统的安全性。

⑤ 跨语种识别。训练和测试阶段使用不同语种(或方言)会导致语言失配,降低识别准确率。

⑥ 时变影响。人的发音器官随着年龄增长会发生变化,特别是变声期后相对应的声纹也会发生改变。其他因素如生病、情绪等也会使声纹发生改变。

⑦ 性别影响。男性和女性发音器官存在很大差异,性别差异会导致说话人模型出现失配现象。

目前,说话人识别相关研究主要围绕上述几个方面展开,其主要目标是提升声纹系统的鲁棒性和识别性能,特别是研究声纹的动态不变性和唯一性之间的关联。不论是设备/信道、语种失配,还是环境场景、文本长度失配,消除说话人无关因素的影响、更多保留说话人自身的特点,是下一步研究的重点和难点。

6.1.5 说话人识别发展历程

"未见其人,先闻其声",根据声音辨别身份是人类和动物的本能。随着人工智能时代的到来,借助于计算机超强的存储记忆和运算能力,自动说话人确认系统可以准确地区分成千上万的说话人,远远超过了人的辨识记忆能力。早在 20 世纪 40 年代,说话人识别技术就已经被应用于军事活动和刑侦案件中,20 世纪 60 年代之后逐渐由人耳听辨过渡到机器自动识别。20 世纪 70 年代~80 年代涌现了以动态时间规整(dynamic time warping,DTW)[17]、向量量化(vector quantization,VQ)[18]和隐马尔可夫模型[19]为代表的一大批有效的特征方法和说话人识别模型。

在特征提取及表征方面经历了从早期的基于产生机理、听觉机理等知识驱动的声学层面特征,到后来的基于数据驱动的表征层面特征。声纹领域具有代表性的基于听觉机理的特征有语谱图、滤波器组特征、梅尔频率倒谱系数、感知线性预测,基于语音产生机理的特征有逆求解[20]特征和声门[21]特征、基音特征、韵律特征、倒谱特征等。这些特征大部分都是从语音识别等其他方向引入说话人识别领域,在信号处理中具有通用性特征。但这些底层的大部分声学特征对于说话人识别并不具备特定的说话人领域的先验知识。因此,在这些底层特征基础之上,通过引入说话人先验知识,侧重对说话人身份信息表达的 i-vector 表征层特征被提出,取得了不错的效果。但基于先验知识的特征分析都是无监督的学习过程,在分类之前不会受到后端属性标注的指引,因此说话人的区分性会较差。

20 世纪 90 年代,高斯混合模型由于其更好的拟合能力被广泛应用于描述语音特征序列。接下来的 20 年内,高斯混合模型-通用背景模型(gaussian mixture model-uni-

versal background model，GMM-UBM）、联合因子分析（joint factor analysis，JFA）模型和身份向量（identity-vector，i-vector）模型陆续被提出并得到广泛认可。其中，i-vector 模型[22]由于出色的鲁棒性成为 2010 年前后说话人识别领域的经典模型。这些模型基本上都是基于生成模型（generative model）。生成模型通常假设数据总体服从某个分布，该分布可以由一些参数确定（如正态分布由均值和标准差确定），在此基础上对联合分布概率进行建模。生成模型通常不需要大量的训练数据，但它不是以直接学习说话人之间的可区分性为最终目标。近 10 年来，基于深度学习的深度说话人模型得到快速发展，其中最具有代表性的是 x-vector 模型。这类判别模型（discriminative model）直接以非线性函数的方式对条件概率进行建模，能够找到不同说话人之间的更好的分类界面以获得更好的说话人识别性能，通过复杂的网络层级结构加上高效的可区分性说话人训练方法，实现更强的说话人表征能力。从早期的融入 ASR 音素层信息的 DNN/i-vector[23]、针对语音时序性提出的 LSTM[6]，到基于 DNN 的 d-vec-tor、TDNN 的 x-vector[24]以及 CNN 的 deep embedding[25]，与说话人相关的特征表达进一步得到加强，与说话人无关的信道信息、语言信息等被进一步剥离。但由于神经网络强大的训练模式背后仍是可解释性差的黑盒训练机制，通常需要比生成模型更大量的数据，模型也更容易过拟合，如何将领域先验知识与强大的神经网络结合仍是下一步的研究重点。

上述特征提取和建模方法展示了可区分性说话人训练的模型发展历程。模型建立之后，仍需要相应的分类模型对生成的说话人特征进行分类处理。常用的分类模型有余弦相似性（cosine similarity）[25]模型，线性判别分析（linear discriminant analysis，LDA）模型[26]，概率线性判别分析（probabilistic linear discriminant analysis，PLDA）模型[27]等。近些年来，端到端模型的提出将前端特征学习（提取）和后端分类融为一体进行有监督学习。在这种体系下，说话人识别系统不再严格区分前端和后端的概念，一体化的学习可以最大化区分训练集中的不同说话人。

近 20 年来，世界各国都对说话人识别研究方向保持高度重视。自 1994 年开始，每年美国国家标准与技术研究院（national institute of standards and technology，NIST）都组织全世界范围的说话人识别评估（speaker recognition evaluation，SRE）或语言识别评估（language recognition evaluation，LRE），吸引众多国际一流语音研究机构参与。随着研究的不断深入和发展，识别错误率持续下降，测试任务难度逐渐提高，但在实际应用环境下与我们所期待的性能指标仍有差距。除了 SRE 系列比赛，还有 Voxceleb、AS-Vspoof Challenge 等定期举办旨在解决说话人识别相关难题的比赛。说话人识别的准确度和鲁棒性也在不断朝满足大规模商用方向快速发展。

6.2　传统说话人识别算法

6.2.1　经典前端特征

常用的声纹特征主要是短时频谱特征,即基于声道的共振规律和语音信号的短时平稳假设,对语音信号进行加窗、分帧,计算得到每一帧语音的频谱特征。常见的短时频谱特征有语谱图、线性预测倒谱系数、梅尔频率倒谱系数(MFCC)、感知线性预测等。这些声学特征大都是基于语音生成机理或者听觉感知机理。其中,MFCC 系列特征是说话人识别中最常用的底层声学特征,无论是传统的基于 i-vector 的说话人识别系统,还是基于 x-vector 的说话人识别系统,都以 MFCC 特征作为前端输入特征。除此之外,常用的说话人识别特征还包括描述声门激励特点的声源特征,描述语音信号动态特性的时序动态特征,描述语音信号中的音节重音、语调、语速和节奏的韵律特征,以及音素等常用语辅助说话人识别的语言学特征。

在反声纹欺诈领域中,常用的特征还有常数 Q 倒谱系数(constant Q cepstral coefficients,CQCC)[28]特征,基于相位信息[29]的特征等。

6.2.2　经典识别模型

1. 高斯混合模型–通用背景模型 GMM–UBM[30]

高斯混合模型(GMM)是一种随机模型,已成为说话人识别系统中被广泛使用的模型。它将空间分布的概率密度用多个高斯概率密度函数的加权来拟合,可以平滑地逼近任意形状的概率密度函数,并且是一个易于处理的参数模型,具备对实际数据极强的表现力。然而,GMM 的效果与其训练的数据以及参数量是成正比的,GMM 规模越庞大,表现力越强,参数规模也会等比例地膨胀,需要更多的数据来驱动 GMM 的参数训练才能得到一个更加泛化的模型。

在实际场景中每一个说话人的语音数据很少,这将导致无法训练出高效的 GMM。并且由于多通道的问题,训练 GMM 的语音与测试语音存在失配的情况,这些因素都会降低说话人识别系统的性能。GMM–UBM 即基于此背景提出。可以用 UBM 和少量的说话人数据,通过自适应算法(如最大似然线性回归 MLLR[31]算法、最大后验概率 MAP[32]算法等)来得到目标说话人模型。在基于 GMM–UBM 的说话人识别系统中,首先从大量的说话人那里收集几十个或数百个小时的语音数据,再使用 EM 算法对说话人无关的领域模型或通用背景模型进行训练。背景模型表示说话人无关的特征向量的分布。在系统中加入新的说话人时,背景模型的参数与新说话人的特征分布相适应。然后,采用经过调整的模型作为说话人的模型。这样,可以利用通用的语音数据作为先验知识,就不用从零开始估计模型参数。也可以根据背景模型调整所有参数,

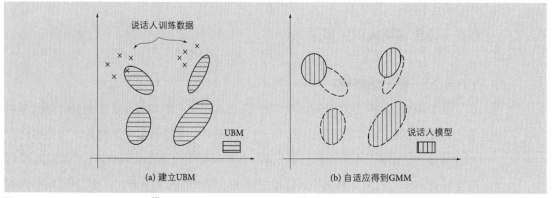

图6-3 GMM-UBM 中的 MAP 算法自适应[33]

或者只调整其中的一些参数。

图 6-3 展示了 GMM-UBM 说话人识别模型的 MAP 算法自适应过程。首先利用来自不同说话人的大量语音数据建立一个相对稳定且与说话人特性无关的 GMM，该模型为 UBM。如图 6-3(a)所示。然后基于 MAP 算法，利用说话人的语音数据在 UBM 上自适应得到该说话人的 GMM。如图 6-3(b)所示，该说话人的每个声学子空间(即为一个 GMM 混合分量)由一个说话人相关的高斯分布所描述；而该说话人相关的高斯分布是由与其对应的说话人无关的高斯分布通过 MAP 自适应得到的。

具体的计算过程如下：

① 给定 UBM 模型与说话人的训练数据集 $X = \{x_1, \cdots, x_t, \cdots, x_T\}$，计算 x_t 与 UBM 第 i 个高斯分量分布的相似度

$$Pr(i \mid x_t) = \frac{\omega_i P_i(x_t)}{\sum_{j=1}^{M} \omega_j P_j(x_t)} \tag{6.1}$$

② 计算新的权重、均值和方差参数：

$$n_i = \sum_{t=1}^{T} Pr(i \mid x_t) \tag{6.2}$$

$$E_i(x) = \frac{1}{n_i} \sum_{t=1}^{T} Pr(i \mid x_t) x_t \tag{6.3}$$

$$E_i(x^2) = \frac{1}{n_i} \sum_{t=1}^{T} Pr(i \mid x_t) x_t^2 \tag{6.4}$$

③ 得到的新参数和 UBM 原参数融合，得到最终的目标说话人模型：

$$\overline{\omega}_i = [\alpha_i^w n_i / T + (1 - \alpha_i^w) \omega_i] \gamma \tag{6.5}$$

$$\overline{\mu}_i = \alpha_i^m E_i(x) + (1 - \alpha_i^m) \mu_i \tag{6.6}$$

$$\overline{\sigma}_i^2 = \alpha_i^v E_i(x^2) + (1 - \alpha_i^v)(\sigma_i^2 + \mu_i^2) - \overline{\mu}_i^2 \tag{6.7}$$

其中归一化因子 γ 使得各混合度的权重之和为 1，$\{\alpha_i^w, \alpha_i^m, \alpha_i^v\}$ 为自适应参数，

满足：

$$\alpha_i^\rho = \frac{n_i}{n_i + r^\rho} \qquad (6.8)$$

其中自适应参数 $\alpha_i^\rho, \rho \in \{w, m, v\}$，$r^\rho$ 为常数，一般取 $r^\rho = 16$。

GMM-UBM 最重要的优势就是通过自适应算法对模型参数进行估计,避免了过拟合的发生,同时不必调整目标用户 GMM 的所有参数(权重、均值、方差),只需要对各个高斯成分的均值参数进行估计就能实现最好的识别性能。实验表明,这可以让待估的参数减少超过一半,越少的参数也意味着更快的收敛,不需要大量的目标用户数据即可完成模型的良好训练。

2. 联合因子分析（JFA）模型

在传统的基于 GMM-UBM 的识别系统中,由于每个高斯成分相对独立,不具有相关性,使得不同子空间之间无法实现信息共享。2005 年提出的联合因子分析(JFA)[34]模型把 GMM 均值向量表示的超向量空间进行了分解。该模型中说话人的GMM 模型的差异信息是由说话人差异和信道差异这两个不可观测的部分组成的,其公式如下：

$$M = S + C \qquad (6.9)$$

其中,S 为说话人相关的子空间,表示说话人之间的差异;C 为信道相关的子空间,表示同一个说话人不同语音段的差异;M 为 GMM 均值超向量,是说话人相关部分 S 和信道相关部分 C 的叠加。

如图 6-4 所示,联合因子分析实际上是用 GMM 超向量空间的子空间对说话人差异以及信道差异进行建模,从而去除信道的干扰,得到对说话人身份更精确的描述。

说话人子空间 S 是由语言因子 m、说话人因子 x 和残差因子 y 三个变量经过线性变化所产生的。x、y 服从 $N(0,1)$ 的高斯分布：

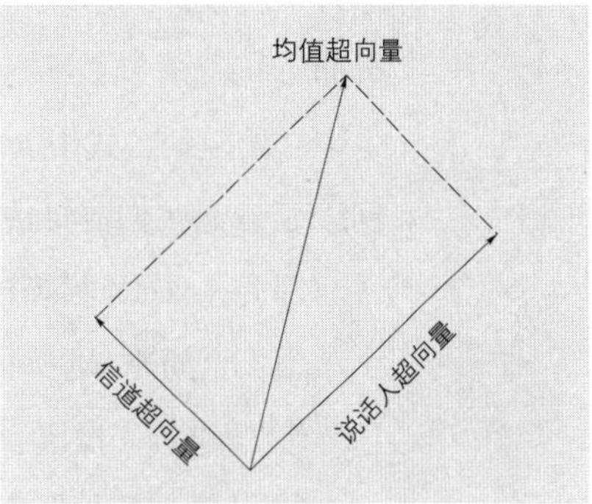

图 6-4　均值超向量分解示意图[43]

$$S = m + Vx + Dy \qquad (6.10)$$

信道子空间 C 则是由表征信道特性的信道因子来产生的,z 服从 $N(0,1)$ 的高斯分布：

$$C = Uz \qquad (6.11)$$

3. i-vector 模型

在 GMM-UBM 中,每个目标说话人都可以用 GMM 来描述。因为从 UBM 自适应到每个说话人的 GMM 时只改变均值,对于权重和协方差不做任何调整,所以说话人的信息大部分都蕴含在 GMM 的均值里面。GMM 均值向量中除了绝大部分的说话人信息之外,也包含了对应语音的说话人、信道、语种、情感等信息。然而 GMM 获取的均值向量维度较高,为了方便后续信道补偿以及比对打分,需要寻找在低维度空间内保留判别性的特征表示来代表说话人。JFA 可以对说话人差异和信道差异分别建模,从而可以很好地对信道差异进行补偿,提高系统表现。然而 JFA 估算出来的说话人子空间与信道子空间存在互相掩盖的问题。

由此提出的基于单因子分析的 i-vector[35] 模型中,单因子分析在超向量空间内不严格区分说话人空间以及信道空间,直接估算包含说话人信息与信道信息的总体差异空间(Total Variability Space)将超向量映射到总体差异空间中,以此得出对应语音的包含说话人及信道信息的低维度的 i-vector,将说话人差异和信道差异作为一个整体进行建模。这种模型改善了 JFA 模型对训练语料的要求和计算复杂度高的问题,被各个研究团队广泛使用。

给定说话人的一段语音,与之对应的高斯均值超向量定义如下:

$$M = m + T\omega \tag{6.12}$$

与 JFA 模型不同的是,i-vector 模型将说话人子空间 S 和信道子空间 C 统一在一个全变量空间 T 中,采用"全局差异空间因子" ω 同时描述说话人因子 x 和信道因子 z。

其中:m 为与说话人及信道无关的均值超向量,即为 UBM 的均值超向量,该超向量与具体说话人以及信道无关。T 为低秩总体差异子空间,是一个低秩的矩阵。ω 为全局差异空间因子,它的后验均值即为 i-vector 向量,它先验地服从标准正态分布。

在给定的公式中,m 与 M 可以预先计算出,而全局差异空间矩阵 T 和全局差异空间因子 ω 是我们需要估计的。

因此,i-vector 模型的两个关键计算如下。

(1)全局差异空间矩阵 T 的计算

① 假设每一段语音都是来自不同的说话人。

② 计算训练数据库中每个音频所对应的 Baum-Welch 统计量。

③ 随机产生 T 的初始值。采用如下 EM 算法,迭代估计 T 矩阵:

a. E-Step:计算隐变量 ω 的后验分布、ω 的后验均值和后验相关矩阵的期望形式。

b. M-Step:最大似然值重估,重新更新 T 矩阵。

c. 多次迭代之后,得到全局差异空间矩阵 T。

(2)i-vector 的计算

① 计算训练数据库中每个音频所对应的 Baum-Welch 统计量。

② 将已知变量 M、T 与 m 代入公式中求出 ω,最后计算 ω 的后验均值,即 i-vector。

一般情况下 i-vector 的维度在 400~600 之间。该向量可以代表说话人的身份,具有较强的区分性,而且维度相对较低,可以大幅减少计算量。

其中,Baum-Welch 统计量的计算过程如下:

已知一个 UBM,有 C 个高斯,每个高斯表示如下:

$$\lambda_c = \{\omega_c, \mu_c, \sigma_c^2\}, c = 1, 2, \cdots, C \tag{6.13}$$

其中 ω_c 为权重,μ_c 为均值,σ_c^2 为方差。

给定一段 T 帧语音 $O = \{O_1, O_2, \cdots, O_T\}$,其零阶和一阶 Baum-Welch 统计量计算如下:

$$N_c = \sum_{t=1}^{T} P(c \mid O_t, \lambda_c) \tag{6.14}$$

$$F_c = \frac{1}{N_c} \sum_{t=1}^{T} P(c \mid O_t, \lambda_c)(O_t - \mu_c) \tag{6.15}$$

4. 概率线性判别分析(PLDA)模型[36]

i-vector 模型中既包含了说话人信息,也包含了信道信息。因此,通常依赖于后端区分性模型来实现对说话人因子的"提纯",进一步提高 i-vector 模型对说话人的区分能力。概率线性判别分析(PLDA)模型可以看作是 LDA 的概率形式,最早是针对人脸识别问题所提出的。

标准的 PLDA 模型可以认为是有监督版本的联合因子分析,它将总体差异空间中的 i-vector 用两个子空间表示如下:

$$\eta_{ij} = \mu + V y_i + U x_{ij} + \varepsilon_{ij} \tag{6.16}$$

其中,η_{ij} 代表第 i 个说话人的第 j 段语音的 i-vector;μ 为所有 i-vector 的全局均值;V 是说话人空间矩阵(Eigen Voice),用于描述说话人的特征;U 是信道空间矩阵(Eigen Channel),用于描述信道的特征;y_i 与 x_{ij} 是其对应子空间内的因子,服从高斯分布;ε 是残差项,服从协方差矩阵为对角阵的高斯分布。

(1)PLDA 训练

根据公式,PLDA 的模型参数共有 4 个,分别是 i-vector 均值 μ、空间特征矩阵 V 和 U、ε 噪声协方差。由于模型含有隐变量,模型的训练过程采用经典的 EM 算法迭代求解。

(2)PLDA 测试

对于说话人确认任务,每组试验都需要一个目标说话人和一个测试说话人。分别提取目标说话人和测试说话人的 i-vector,使用 PLDA 模型计算它们之间的似然度评分。

假定目标说话人的 i-vector 为 η_i,测试说话人的 i-vector 为 η_j,使用贝叶斯推理中的假设检验理论,计算两个 i-vector 由同一个隐含变量 β 生成的似然程度。H_1 为假设 η_i 和 η_j 来自同一个说话人,两者共享同一个说话人因子隐含变量;H_0 为假设 η_i 和 η_j 来自

不同的说话人,它们由不同的说话人因子生成。使用对数似然比计算出最后的得分为

$$\text{score} = \ln \frac{P(\eta_i, \eta_j \mid H_1)}{P(\eta_i, \eta_j \mid H_0)} \tag{6.17}$$

求取得分后,得分高表示来自同一说话人,得分低表示来自不同说话人。

5. 总结

以上内容大致介绍了说话人识别传统算法的发展流程。首先是使用高斯混合模型拟合说话人模型,但为了解决实际场景中每一个说话人的语音数据少,无法训练出高效 GMM 的问题,研究人员提出了 GMM-UBM,通过预训练一个通用背景模型,只需要使用少量的目标说话人数据就可以训练出更出色的说话人模型。为了解决 GMM-UBM 中的信道干扰问题,JFA 模型通过分别建模并信道补偿的方法消除信道的干扰。接下来 i-vector 模型解决了 JFA 模型中说话人子空间与信道子空间存在互相掩盖的问题。PLDA 模型则解决了信道失配问题,提纯说话人因子。i-vector/PLDA 从提出至今,一直都是说话人识别领域的热门模型,即便当前神经网络在说话人识别领域已被广泛应用,i-vector 模型凭借其稳定在科研领域与应用领域仍是主流技术。

图 6-5 展示了基于 i-vector 模型的说话人识别系统,在训练过程中,首先需要对训练集提取 MFCC 特征,并使用 MFCC 特征训练 GMM-UBM,接下来计算统计量并训练 i-vector 的 T 矩阵,最后进行 i-vector 的提取并对 PLDA 模型进行训练。在测试阶段,首先需要提取注册语音和测试语音的 i-vector,接着使用 PLDA 进行打分,取得结果。

继深度神经网络应用于语音领域之后,研究者们又提出了 DNN i-vector 模型,其流程如图 6-6 所示。与 GMM i-vector 模型不同的是,DNN i-vector 模型采用基于 DNN 训练的语音识别模型替换了基于最大期望(EM)算法训练的 GMM,以此获得更精确的语言因子,进而预测出更准确的说话人因子。

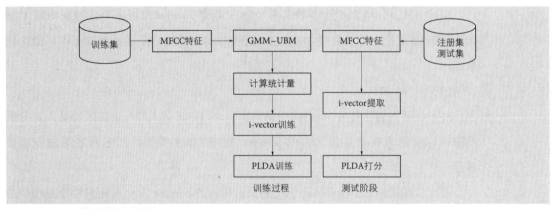

图6-5 基于 i-vector 模型的说话人识别系统

其过程如下：

① 使用大量的数据训练一个能够将声学特征很好地对应到音素的 DNN，每一帧特征通过 DNN 后，就会被分配到某一音素上去。

② 对每一句话中所有的音素进行逐个统计，按照每个音素统计得到相应的信息，得到一个高维特征向量。

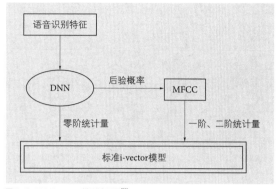

图 6-6 DNN i-vector 模型流程图[23]

③ 使用 i-vector 建模方法对高维特征进行建模：

$$M = m + T\omega \tag{6.18}$$

其中 m 是所有训练数据得到的均值超向量，M 则是每一句话的超向量，T 是通过大量数据训练得到的全变量空间矩阵，ω 则是降维后得到的 i-vector。

6.3　基于深度学习的说话人识别算法

6.3.1　深度说话人特征

尽管传统的说话人识别算法在过去的几十年中取得了不错的成绩，但是面对复杂多变的语音环境，仍然存在一些难以克服的困难，例如语音时长过短导致包含的信息不足等问题[37]。而深度学习[38]技术因其强大的学习能力得到了极大的发展，也自然扩展到了说话人识别领域。深度学习说话人识别系统将原始音频特征作为神经网络的输入，各层神经网络对特征进行处理，随着层数的增加，原始特征中与说话人特征无关的信息（如语音内容、信道信息等）被逐渐减弱、消除。通常网络输入的语音特征为帧级别特征，而输出则为句子级别的说话人嵌入。由于深度学习说话人特征提取器在训练过程中是有监督的，与传统的 i-vector 相比，深度学习说话人特征的鉴别性更强，并且可以通过调整网络结构及参数等更加方便地提升说话人特征的鉴别性。

合适的网络结构对于提取有效的说话人特征起着至关重要的作用。2014 年提出的 d-vector 模型[6]是基于深度神经网络的说话人特征学习，常用于文本相关的说话人识别中。该方法采用 4 层全连接层的网络结构对语音特征进行处理，将最后一个隐藏层的输出进行平均以得到句子级别的特征。其结构流程如图 6-7 所示。

2017 年提出的一个更加先进的网络模型 x-vector 用来提取说话人嵌入[24]，其经典训练结构如图 6-8 所示。$X = \{x_1, x_2, \cdots, x_T\}$ 为输入的原始语音特征，为了有效提取

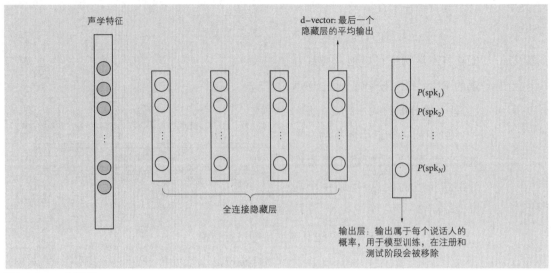

图6-7 d-vector 结构流程

语音信号中的动态属性,时延神经网络(TDNN)[39]被应用于提取 x-vector。第一层至第三层均为 TDNN,第四和第五层为全连接层。与 d-vector 模型不同的是,x-vector 模型通过利用说话人特征中的高阶统计信息以使得说话人嵌入更加稳定,即 x-vector 采用了统计池化层来将帧级别的特征转化为句子级别的特征,具体方式是取帧特征的均值加上标准差。在池化层之后,连接着两个全连接层以生成说话人嵌入,如图 6-8 所示。经验表明,在第一个嵌入层得到的说话人嵌入 a,通常会结合 PLDA 进行后端打分;而在第二个嵌入层得到的说话人嵌入 b 往往会结合余弦相似度进行后端打分。

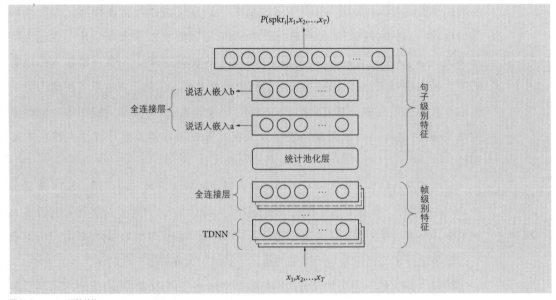

图6-8 x-vector 训练结构

6.3.2 后端判别算法

通常将提取说话人特征的过程称为前端提取过程,而对说话人进行识别的过程称为后端判别过程,即对提取到的说话人特征进行相似度打分以判断他们是否属于同一个说话人。i-vector 模型往往会结合 PLDA 模型进行后端打分。而在基于深度学习的说话人识别系统中,考虑到模型强大的学习能力可以有效地去除说话人特征中的信道信息,经常使用更加简单的余弦相似度作为后端的判别算法。线性鉴别分析(LDA)作为一种常用的降维技术,能够实现最大化类间距离和最小化类内距离,可以在进行后端打分之前对说话人特征进行 LDA 变换降维。

6.3.3 端到端的说话人识别模型

端到端的说话人识别模型通过输入两段语音来直接判断他们是否属于同一个人,这与 6.3.2 小节的进行前端特征提取并进行后端判别这一系列过程有所不同。在端到端的说话人识别模型中,使用成对训练(Pair-wised training)或三元组损失(Triplet loss)[40]策略,即输入的训练数据是二/三元组。模型训练的目标是要使来自同一个说话人的数据元组的相似度尽可能大,而来自不同说话人的数据元组的相似度则尽可能小。在训练完成后直接输入两段语音,模型就会给出他们是否属于同一个说话人的判别结果。

图 6-9 展示了一种经典的端到端说话人识别模型架构,即广义端到端(generalized end-to-end,GE2E)。该模型首先分别提取不同说话人的多条语音的嵌入向量。然后,计算不同嵌入向量间的相似度,并进行线性变换,来构造相似度矩阵。在相似度矩阵中,相同说话人语音嵌入间的相似度要尽可能大,不同说话人语音嵌入间的相似度要尽可能小。以此为依据可以设计损失函数来优化模型参数。GE2E 的损失可采用如下公式计算:

$$\boldsymbol{e}_{ji} = \frac{f(x_{ji};\omega)}{\|f(x_{ji};\omega)\|_2} \tag{6.19}$$

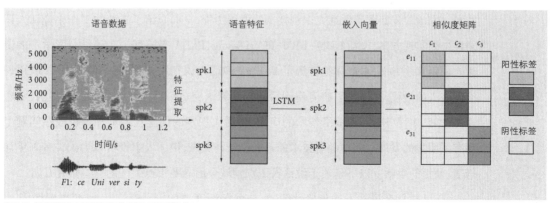

图 6-9 端到端说话人识别模型架构示例(GE2E[41]架构)

$$S_{ji,k} = w \cdot \cos(\boldsymbol{e}_{ji}, \boldsymbol{c}_k) + b \tag{6.20}$$

$$L = S_{ji,k} - \log \sum_{k=1}^{N} \exp(S_{ji,k}) \tag{6.21}$$

其中,$\boldsymbol{e}_{ji}$表示第j个说话人的第i条语音x_{ji}的嵌入向量,$S_{ji,k}$表示相似度矩阵,$\boldsymbol{c}_k$表示第k个说话人的平均嵌入向量,w和b表示线性变换的权重和偏移。

6.3.4 迁移学习、多任务学习及多数据库联合学习

在一些广义副语言的语音属性识别任务中始终存在着这样的情况:训练数据少,测试数据与训练数据不匹配,不同语言有不同的数据库但不能通用,不同的语音属性(说话人、语种、年龄、性别)识别算法共用同一个数据库、同一个特征甚至同一个方法[42]等。目前,在传统方法框架内已有一些研究开始关注这一研究方向[43-46]。对于说话人识别任务,如果训练数据和测试数据来自不同的语种,则使用训练数据语种对应的深度学习语音识别模型在测试数据上解码得到的后验概率用于 i-vector 系统并不会改善系统性能。最近在传统方法分类器层面出现了迁移学习在跨语种、跨数据库的说话人识别和情感识别应用研究,如图6-10 所示。但基于统一端到端深度学习框架的包含多个副语言语音属性的迁移学习、多任务及跨语种多数据库学习方面的研究还较少[47]。

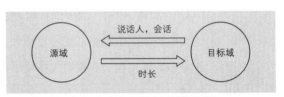

图6-10 迁移学习在跨语种、跨数据库说话人识别中的应用[53]

6.4 小结与展望

说话人识别通过说话人的声纹特征判断说话人的身份,是一项重要的现代身份认证技术。本章首先回顾了说话人识别技术的发展历程,全面介绍了先前的工作中说话人识别系统的实现方案,包括 GMM-UBM、JFA、i-vector、PLDA 等模型。在基于深度学习的说话人识别算法方面,本章详细讲解了 x-vector 说话人识别系统,介绍了使用 DNN 取得说话人嵌入的过程,并描述了如何使用后端判别算法完成说话人身份的判断。目前,随着迁移学习、多任务学习等前沿技术的应用,说话人识别的性能在跨语种等挑战性问题上都有了明显的发展。相信随着技术的不断创新与突破,说话人识别可以为人类带来更加舒适、便捷的生活。以下是关于说话人识别领域今后需要重点关注的一些研究方向:

① 针对复杂场景下的鲁棒性问题,如远场环境、短语音、跨信道、时变鲁棒性等。

② 新兴的鲁棒性问题,如防攻击、戴口罩等。

③ 领域知识的指引与神经网络的结合,可解释性。

④ 多模态身份认证。

本章知识点小结

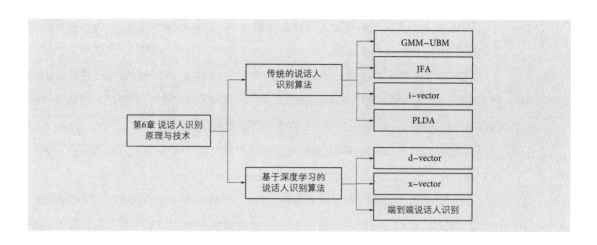

6.5　说话人识别实践

6.5.1　所需环境

本章说话人识别实践主要基于 Kaldi 平台,Linux 系统。

6.5.2　数据库与评价指标

本节所用数据库为 AISHELL-1[48]（可从 OpenSLR 官网下载）。

说话人识别的评价指标一般有检测错误权衡（detection error tradeoff, DET）曲线、等错误率（equalerror rate, EER）、检测代价函数（detection cost function, DCF）等。DET 曲线示例如图 6-11 所示。该曲线是对二元分类系统误码率的曲线图,绘制出错误拒识率（false reject rate, FRR）与错误接受率（false accept rate, FAR）之

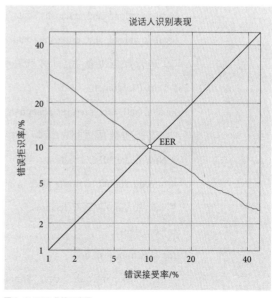

图 6-11 DET 曲线示意图

间随判断阈值的变化而变化的曲线图。DET 曲线相关计算公式如下：

$$FRR = \frac{n_{rc}}{n_c} \times 100\% \qquad (6.22)$$

$$FAR = \frac{n_{ai}}{n_i} \times 100\% \qquad (6.23)$$

其中，n_{rc} 表示正样本被判定为负样本的数目，n_c 表示正样本总数，n_{ai} 表示被错误接受的样本数，n_i 表示负样本总数。

EER 是指在 DET 曲线中 FRR 与 FAR 相等的点，即在这个阈值条件下，错误拒识的样本和错误接受的样本比例一样多，所以取这一点的值作为评价一个说话人确认系统的指标是比较合理的。如图 6-11 所示，两线交点即为 EER。

DCF 是 NIST 在其组织的说话人识别评估中定义的一个检测代价函数，旨在更加有效地评价说话人识别系统的性能。DCF 的计算如下所示：

$$DCF = C_{FRR} \times FRR \times P_{target} + C_{FAR} \times FAR \times (1 - P_{target}) \qquad (6.24)$$

其中，C_{FRR} 和 C_{FAR} 分别表示错误拒识和错误接收的惩罚代价，P_{target} 表示真实说话测试的先验概率。

6.5.3 基于 i-vector 的说话人识别实践

在目录 kaldi/egs/aishell/v1 中提供了使用 AISHELL-1 作为数据库的 i-vector 说话人识别模型。在文件夹 run.sh 中可以看到从数据下载到模型训练完成的全部过程。

具体操作如下：

① 对数据集进行下载。

\#该项目的获取路径为 kaldi/egs/aishell/v1

local/download_and_untar.sh \$data_url data_aishell

local/download_and_untar.sh \$data_url resource_aishell

② 进行数据准备，统计并计算数据信息。

\# Data Preparation

local/aishell_data_prep.sh \$data/data_aishell/wav \$data/data_aishell/transcript

③ 对音频数据进行前端句子特征 MFCC 提取。

\# Now make MFCC features.

\# mfccdir should be some place with a largish disk where you

\# want to store MFCC features.

mfccdir=mfcc

for x in train test; do

   steps/make_mfcc.sh --cmd "\$train_cmd" --nj 10 data/\$x exp/make_mfcc/\$x \$mfccdir

   sid/compute_vad_decision.sh --nj 10 --cmd "\$train_cmd" data/\$x

```
    exp/make_mfcc/$x  \  $mfccdir
    utils/fix_data_dir.sh data/$x
done
```

④ 训练通用背景模型 UBM。

```
# train diag ubm
sid/train_diag_ubm.sh --nj 10 --cmd "$train_cmd" --num- threads 16 \
    data/train 1024 exp/diag_ubm_1024
# train full ubm
sid/train_full_ubm.sh --nj 10 --cmd "$train_cmd" data/train \
    exp/diag_ubm_1024 exp/full_ubm_1024
```

⑤ 使用训练数据对 i-vector 提取器进行训练。

```
# train ivector
sid/train_ivector_extractor.sh --cmd "$train_cmd --mem 10G" \
    --num- iters 5 exp/full_ubm_1024/final.ubm data/train \
    exp/extractor_1024
```

⑥ 利用训练好的 i-vector 提取器提取训练数据的 i-vector，为下一步 PLDA 模型训练做准备。

```
# extract ivector
sid/extract_ivectors.sh --cmd "$train_cmd" --nj 10 \
    exp/extractor_1024 data/train exp/ivector_train_1024
```

⑦ i-vector 模型训练。

```
# train plda
$train_cmd exp/ivector_train_1024/log/plda.log \
    ivector-compute-plda ark:data/train/spk2utt \
    'ark:ivector-normalize-length scp:exp/ivector_train_1024/ivector.scp ark:- |' \
    exp/ivector_train_1024/plda
```

⑧ 使用 i-vector 提取器提取测试集的 i-vector。

```
# extract enroll ivector
sid/extract_ivectors.sh --cmd "$train_cmd" --nj 10 \
    exp/extractor_1024 data/test/enroll exp/ivector_enroll_1024


# extract eval ivector
sid/extract_ivectors.sh --cmd "$train_cmd" --nj 10 \
    exp/extractor_1024 data/test/eval exp/ivector_eval_1024
```

⑨ 对测试数据进行 PLDA 后端打分。

```
# compute plda score
$train_cmd exp/ivector_eval_1024/log/plda_score.log \
    ivector-plda-scoring --num-utts=ark:exp/ivector_enroll_1024/num_utts.ark \
    exp/ivector_train_1024/plda \
    ark:exp/ivector_enroll_1024/spk_ivector.ark \
    "ark:ivector-normalize-length scp:exp/ivector_eval_1024/ivector.scp ark:- |"\
    "cat '$trials' | awk '{print \\\$2,\\\$1}' |"exp/trials_out
```

⑩ 等错误率 EER 计算。

```
# compute eer
awk '{print $3}' exp/trials_out | paste- $trials | awk '{print $1,$4}'| compute- eer -
```

6.5.4　基于 x-vector 的说话人识别实践

在目录 egs/sre16/v2 中提供了 x-vector 模型的训练过程,但在此例中使用的数据集并非 AISHELL-1。为了保持数据集的一致性,仍然可以根据 6.5.3 小节中的数据下载及数据准备过程进行操作。与 i-vector 模型相比,x-vector 模型使用了神经网络提取 x-vector 特征,同时对训练数据进行了加噪等增广操作。

在数据增广阶段,首先使用了 RIR 滤波器来模拟混响,以得到模拟混响的训练数据。具体代码如下:

```
#该项目的获取路径为 kaldi/egs/sre16/v2
# Make a reverberated version of the AISHELL list. Note that we don't add any
# additive noise here.
steps/data/reverberate_data_dir.py \
    "${rvb_opts[@]}" \
    --speech-rvb-probability 1 \
    --pointsource-noise-addition-probability 0 \
    --isotropic-noise-addition-probability 0 \
    --num-replications 1 \
    --source-sampling-rate 8000 \
    data/train data/train_reverb
cp data/train/vad.scp data/train_reverb/
utils/copy_data_dir.sh --utt- suffix "-reverb" data/train_reverb
data/train_reverb.new
rm -rf data/train_reverb
mv data/train_reverb.new data/train_reverb
```

接着使用 MUSAN 数据集对训练数据进行" noise"" music"" babble"三种增广。

具体代码如下：

```
# Augment with musan_noise
steps/data/augment_data_dir.py --utt-suffix "noise" --fg-interval 1 --fg-snrs "15:10:5:0" \
--fg-noise-dir "data/musan_noise" data/train data/train_noise
# Augment with musan_music
steps/data/augment_data_dir.py --utt-suffix "music" --bg-snrs "15:10:8:5" \
--num-bg-noises "1" --bg-noise-dir "data/musan_music" data/train data/train_music
# Augment with musan_speech
steps/data/augment_data_dir.py --utt-suffix "babble" --bg-snrs "20:17:15:13" \
--num-bg-noises "3:4:5:6:7" --bg-noise-dir "data/musan_speech" data/train data/train_babble
```

数据增广操作旨在通过增加不同环境下的训练数据使得训练出的模型更具鲁棒性。在实践过程中数据增广能够显著提升说话人识别效果。

在进行 x-vector 模型训练之前，需要对数据进行一些数据筛选操作，以去除对模型训练无作用甚至起副作用的数据，包括剔除静音数据、过短数据、单个说话人包含数据量过少的语音等。x-vector 的训练代码如下：

```
local/nnet3/xvector/run_xvector.sh --stage $stage --train-stage-1 \
    --data data/train_combined_no_sil --nnet-dir $nnet_dir \
    --egs-dir $nnet_dir/egs
```

x-vector 的模型结构如下：

```
# please note that it is important to have input layer with the name=input

# The frame-level layers
input dim=${feat_dim} name=input
relu-batchnorm-layer name=tdnn1 input=Append(-2,-1,0,1,2)dim=512
relu-batchnorm-layer name=tdnn2 input=Append(-2,0,2)dim=512
relu-batchnorm-layer name=tdnn3 input=Append(-3,0,3)dim=512
relu-batchnorm-layer name=tdnn4 dim=512
relu-batchnorm-layer name=tdnn5 dim=1500

# The stats pooling layer. Layers after this are segment-level.
# In the config below, the first and last argument(0, and ${max_chunk_size})
# means that we pool over an input segment starting at frame 0
# and ending at frame ${max_chunk_size} or earlier. The other arguments(1:1)
# mean that no subsampling is performed.
```

```
stats-layer name=stats config=mean+stddev(0:1:1:${max_chunk_size})
```

```
# This is where we usually extract the embedding(aka xvector)from.
relu-batchnorm-layer name=tdnn6 dim=512 input=stats
```

```
# This is where another layer the embedding could be extracted
# from,but usually the previous one works better.
relu-batchnorm-layer name=tdnn7 dim=512
output-layer name=output include-log-softmax=true dim=${num_targets}
```

此外,在进行后端 PLDA 打分之前,此模型还使用了 LDA 对提取出的 x-vector 进行降维操作:

```
# This script uses LDA to decrease the dimensionality prior to PLDA.
lda_dim=150
$train_cmd exp/xvectors/log/lda.log \
    ivector-compute-lda --total-covariance-factor=0.0 --dim=$lda_dim \
    "ark:ivector-subtract-global-mean scp:exp/xvectors/xvector.scp ark:-|" \
    ark:data/sre_combined/utt2spk exp/xvectors/transform.mat||exit 1;
```

之后再进行的 PLDA 后端打分和 EER 计算过程也与 6.5.3 节相似。

6.5.5 常用声纹数据库及工具箱

本小节介绍以下一些常用的声纹数据库及工具箱。

① NIST SRE[49]:由 NIST 主办的说话人识别技术评测和多媒体评测,为全球研究机构提供统一的测试平台。NIST SRE 的重点任务是对现阶段实用领域中电话对话语音(CTS)的说话人检测。除了在各种手机上录制的 CTS 之外,SRE18 中的开发和测试材料还加入了 IP 语音数据,以及视频音频数据。数据库的语言环境复杂程度更高、干扰因素更多,已远远超过一般的实际应用场景,需要识别系统具有很强的鲁棒性。

② VoxCeleb[50]:一个大型的语音识别数据集,其音频来自 YouTube 视频。这些语音数据性别分布均衡,说话人跨越不同的口音、职业和年龄范围训练集和测试集之间没有重叠。

③ SITW[51]:一个标准数据库,用于测试实际条件下的自动说话人确认性能。它是从开源媒体渠道收集的,由 299 位知名人士的语音数据组成。

④ AISHELL:希尔贝壳中文普通话语音数据库,录音文本包含唤醒词、语音控制词等,涉及智能家居、无人驾驶、工业生产等 12 个领域。该数据库有 1991 名来自中国不同口音区域的发言人参与录制。

⑤ MUSAN[52]:常用语对语音增广的噪声数据库。

⑥ MSR Identity Toolbox[53]:微软公司开源的工具箱,Matlab 版本,包含 GMM-UBM 和 i-vector 的基本示例,简单易用。

⑦ Alize[54]:该工具包主要包括 GMM-UBM、i-vector 和 JFA 三种传统的方法,C++ 版,简单易用。

⑧ Kaldi[55]:当下十分流行的语音识别工具包,也包括说话人识别,覆盖主流的说话人识别算法(i-vector、x-vector 等)。

⑨ SIDEKIT[56]:Python 工具包。

习题 6

1. 请描述说话人辨认(speaker identification)与说话人确认(speaker verification)之间,以及文本相关与文本无关说话人识别之间的区别。
2. 试简要概括说话人识别技术的发展历史。
3. 试详细描述几种常见的特征提取算法。
4. 试说明 DET 曲线、EER、DCF 等常用说话人识别评价指标的计算流程。
5. 试详细描述经典的基于 i-vector 的说话人识别系统的训练及应用过程,并尝试说明其中所用到的关键算法的作用。
6. 试根据 6.5.3 节的实战指导,实现基于 i-vector 的说话人识别模型。
7. 试详细描述基于 x-vector 的说话人识别系统的训练及应用过程。
8. 请尝试说明基于深度学习的说话人识别系统与传统说话人识别系统的异同,以及各自的优缺点。
9. 请尝试使用 Kaldi 来实现基于 x-vector 的说话人识别系统。
10. 试了解端到端技术、迁移学习、多任务学习及多数据库联合学习在说话人识别领域的应用,并尝试清楚地描述其中 1~2 项技术的原理。

参考文献

[1] Tomi Kinnunen, Haizhou Li: An overview of text-independent speaker recognition: From features to supervectors. Speech Commun. 52(1):12-40(2010).

[2] Schuller, Björn, et al. "The INTERSPEECH 2010 paralinguistic challenge." Eleventh Annual Conference of the International Speech Communication Association. 2010.

[3] Schuller B W. The computational paralinguistics challenge[social sciences][J]. IEEE Signal Processing Magazine,2012,29(4):97-101.

[4] Dehak,Najim,et al. "Front-end factor analysis for speaker verification." IEEE Transactions on Audio,Speech,and Language Processing 19.4(2010):788-798.

[5] 汤志远,李蓝天,王东,蔡云麒,石颖,郑方. 语音识别基本法[M]. 电子工业出版社. 2020:1-125.

[6] Variani E,Lei X,McDermott E,et al. Deep neural networks for small footprint text-dependent speaker verification[C]//2014 IEEE International Conference on Acoustics,Speech and Signal Processing(ICASSP). IEEE,2014:4052-4056.

[7] Heigold G,Moreno I,Bengio S,et al. End-to-end text-dependent speaker verification[C]//2016 IEEE International Conference on Acoustics,Speech and Signal Processing(ICASSP). IEEE,2016:5115-5119.

[8] Zhang S X,Chen Z,Zhao Y,et al. End-to-end attention based text-dependent speaker verification[C]//2016 IEEE Spoken Language Technology Workshop(SLT). IEEE,2016:171-178.

[9] Yu C,Zhang C,Kelly F,et al. Text-Available Speaker Recognition System for Forensic Applications[C]//INTERSPEECH. 2016:1844-1847.

[10] Anand A,Labati R D,Hanmandlu M,et al. Text-independent speaker recognition for Ambient Intelligence applications by using

information set features[C]//2017 IEEE International Conference on Computational Intelligence and Virtual Environments for Measurement Systems and Applications(CIVEMSA). IEEE,2017:30-35.

[11] 杨琴. 与文本无关的说话人识别技术研究[D]. 电子科技大学,2020.

[12] Snyder D,Garcia-Romero D,Povey D,et al. Deep Neural Network Embeddings for Text-Independent Speaker Verification [C]// Interspeech 2017. 2017.

[13] 王梦然. 声纹识别渐行渐近[J]. 发明与创新:大科技,2020(3):34-35.

[14] 刘红星,刘山葆. 声纹识别和意图理解技术在电信诈骗检测中的应用研究[J]. 广东通信技术,2020,40(7):33-39.

[15] 刘乐,陈伟,张济国,等. 声纹识别:一种无需接触,不惧遮挡的身份认证方式[J]. 中国安全防范技术与应用,2020(1): 32-40.

[16] 卢一男,单宝钰,关超. 声纹识别技术现状与发展应用[J]. 信息系统工程,2017(2):11.

[17] Berndt D J,Clifford J. Using dynamic time warping to find patterns in time series[C]//KDD workshop. 1994,10(16): 359-370.

[18] Gray R. Vector quantization[J]. IEEE Assp Magazine,1984,1(2):4-29.

[19] Krogh A,Larsson B,Von Heijne G,et al. Predicting transmembrane protein topology with a hidden Markov model:application to complete genomes[J]. Journal of molecular biology,2001,305(3):567-580.

[20] Li,Ming,et al. "Speaker verification based on the fusion of speech acoustics and inverted articulatory signals." Computer speech & language 36(2016):196-211.

[21] Guo,Jinxi,et al. "Speaker Verification Using Short Utterances with DNN-Based Estimation of Subglottal Acoustic Features." INTERSPEECH. 2016.

[22] Zeinali,Hossein,et al. "i-Vector/HMM Based Text-Dependent Speaker Verification System for RedDots Challenge." Inter-Speech. 2016.

[23] Yun L,Scheffer N,Ferrer L,et al. A novel scheme for speaker recognition using a phonetically-aware deep neural network [C]// ICASSP 2014 IEEE International Conference on Acoustics,Speech and Signal Processing(ICASSP). IEEE,2014.

[24] Snyder D,Garcia-Romero D,Sell G,et al. X-vectors:Robust dnn embeddings for speaker recognition[C]//2018 IEEE International Conference on Acoustics,Speech and Signal Processing(ICASSP). IEEE,2018:5329-5333.

[25] Cai W,Chen J,Ming L. Exploring the Encoding Layer and Loss Function in End-to-End Speaker and Language Recognition System[C]// Odyssey 2018.

[26] Dehak N,Kenny P J,Dehak R,et al. Front-End Factor Analysis for Speaker Verification[J]. IEEE Transactions on Audio Speech & Language Processing,2011,19(4):788-798.

[27] Stafylakis T,Kenny P,Ouellet P,et al. Text-dependent speaker recognition using PLDA with uncertainty propagation[C]// Interspeech. 2013.

[28] Todisco,M.,Delgado,H.,& Evans,N. W.(2016,June). A New Feature for Automatic Speaker Verification Anti-Spoofing: Constant Q Cepstral Coefficients. In Odyssey(Vol. 2016,pp. 283-290).

[29] Wang,Longbiao,et al. "Relative phase information for detecting human speech and spoofed speech." Sixteenth Annual Conference of the International Speech Communication Association. 2015.

[30] Reynolds,Douglas A.,Thomas F. Quatieri,and Robert B. Dunn. "Speaker verification using adapted Gaussian mixture models." Digital signal processing 10.1-3(2000):19-41.

[31] Stolcke,Andreas,et al. "MLLR transforms as features in speaker recognition." Ninth European Conference on Speech Communication and Technology. 2005.

[32] Campbell,William M.,et al. "SVM based speaker verification using a GMM supervector kernel and NAP variability compensation." 2006 IEEE International conference on acoustics speech and signal processing proceedings. Vol. 1. IEEE,2006.

[33] Reynolds D A,Quatieri T F,Dunn R B. Speaker verification using adapted Gaussian mixture models[J]. Digital signal processing,2000,10(1-3):19-41.

[34] Kenny,Patrick,et al. "Joint factor analysis versus eigenchannels in speaker recognition." IEEE Transactions on Audio,Speech,and Language Processing 15.4(2007):1435-1447.

[35] Senoussaoui M,Kenny P,Dehak N,et al. An i-vector Extractor Suitable for Speaker Recognition with both Microphone and Telephone Speech[J]. Odyssey,2010.

[36] Ioffe,Sergey. "Probabilistic linear discriminant analysis." European Conference on Computer Vision. Springer,Berlin,Heidelberg,2006.

[37] Kanagasundaram A,Vogt R,Dean D B,et al. I-vector based speaker recognition on short utterances[C]//Proceedings of the

12th Annual Conference of the International Speech Communication Association. International Speech Communication Association(ISCA),2011:2341−2344.

［38］ LeCun Y,Bengio Y,Hinton G. Deep learning［J］. nature,2015,521(7553):436−444.

［39］ Waibel A,Hanazawa T,Hinton G,et al. Phoneme recognition using time-delay neural networks［J］. IEEE transactions on acoustics,speech,and signal processing,1989,37(3):328−339.

［40］ Hermans A,Beyer L,Leibe B. In defense of the triplet loss for person re-identification［J］. arXiv preprint arXiv:1703.07737,2017.

［41］ Wan L,Wang Q,Papir A,et al. Generalized end-to-end loss for speaker verification［C］//2018 IEEE International Conference on Acoustics,Speech and Signal Processing(ICASSP). IEEE,2018:4879−4883.

［42］ Shivakumar P G,Li M,Dhandhania V,et al. Simplified and supervised i-vector modeling for speaker age regression［C］//2014 IEEE International Conference on Acoustics,Speech and Signal Processing(ICASSP). IEEE,2014:4833−4837.

［43］ Sholokhov A,Kinnunen T,Cumani S. Discriminative multi-domain PLDA for speaker verification［C］//2016 IEEE International Conference on Acoustics,Speech and Signal Processing(ICASSP). IEEE,2016:5030−5034.

［44］ Hong Q,Li L,Wan L,et al. Transfer Learning for Speaker Verification on Short Utterances［C］//Interspeech. 2016:1848−1852.

［45］ Aronowitz H. Compensating Inter-Dataset Variability in PLDA Hyper-Parameters for Robust Speaker Recognition［C］//Odyssey. 2014:280−286.

［46］ Wen Y,Liu W,Yang M,et al. Efficient misalignment-robust face recognition via locality-constrained representation［C］//ICIP. 2016:3021−3025.

［47］ Novotný O,Matějka P,Glembek O,et al. Analysis of the dnn-based sre systems in multi-language conditions［C］//2016 IEEE Spoken Language Technology Workshop(SLT). IEEE,2016:199−204.

［48］ Bu H,Du J,Na X,et al. Aishell−1:An open-source mandarin speech corpus and a speech recognition baseline［C］//2017 20th Conference of the Oriental Chapter of the International Coordinating Committee on Speech Databases and Speech I/O Systems and Assessment(O-COCOSDA). IEEE,2017:1−5.

［49］ Przybocki M A,Martin A F,Le A N. NIST speaker recognition evaluation utilizing the Mixer corpora—2004,2005,2006［J］. IEEE Transactions on Audio,Speech,and Language Processing,2007,15(7):1951−1959.

［50］ Nagrani A,Chung J S,Zisserman A. Voxceleb:a large-scale speaker identification dataset［J］. arXiv preprint arXiv:1706.08612,2017.

［51］ McLaren M,Ferrer L,Castan D,et al. The Speakers in the Wild(SITW)speaker recognition database［C］//Interspeech. 2016:818−822.

［52］ Snyder D,Chen G,Povey D. Musan:A music,speech,and noise corpus［J］. arXiv preprint arXiv:1510.08484,2015.

［53］ Sadjadi S O,Slaney M,Heck L. MSR identity toolbox v1. 0:A MATLAB toolbox for speaker-recognition research［J］. Speech and Language Processing Technical Committee Newsletter,2013,1(4):1−32.

［54］ Bonastre J F,Wils F,Meignier S. ALIZE,a free toolkit for speaker recognition［C］//Proceedings.(ICASSP'05). IEEE International Conference on Acoustics,Speech,and Signal Processing,2005. IEEE,2005,1:I/737−I/740 Vol. 1.

［55］ Povey D,Ghoshal A,Boulianne G,et al. The Kaldi speech recognition toolkit［C］//IEEE 2011 workshop on automatic speech recognition and understanding. IEEE Signal Processing Society,2011(CONF).

［56］ Larcher A,Lee K A,Meignier S. An extensible speaker identification sidekit in python［C］//2016 IEEE International Conference on Acoustics,Speech and Signal Processing(ICASSP). IEEE,2016:5095−5099.

第7章 语音对话系统

【内容导读】随着人工智能技术的发展，人机对话交互已经成为可能，并逐渐实现一系列的落地应用及产品，例如苹果公司的虚拟助理 Siri、微软公司的个人助理 Cortana、亚马逊公司的虚拟助理 Alex、谷歌公司的智能助理 Google Assistant 等。这些基于语音交互系统开发的产品不断为人们的生活带来便利。本章阐述语音对话系统的发展历史、分类及应用场景，并主要围绕任务型语音对话系统和闲聊型语音对话系统展开介绍，重点阐述主流使用的算法模型，并针对当前研究中存在的问题进行展望。

7

7.1 语音对话系统概述

对话系统(conversational system)，又称为对话代理(conversational agent)，是一种通过自然语言模拟人类，进而与人进行连贯通顺对话的程序，是实现人机交互(human-computer interaction，HCI)的一种方式。它既可以在特定的软件平台(如 PC 平台或者移动终端设备)上运行，也可以在类人的硬件机械体上运行。对话系统的通信方式主要有语音、文本、图片等，我们主要介绍以语音为通信方式的对话系统，即语音对话系统。本节对语音对话系统的发展历史、分类及应用场景等进行概述。

7.1.1 语音对话系统的发展历史

早在 1950 年，"人工智能之父"图灵就提出了"机器能思考吗?"的大胆假设，随后提出了经典的图灵测试，被视作人工智能的判定标准。虽然在 2014 年人工智能软件 Eugene Goostman 通过了图灵测试，但是语音对话系统距离真正的智能还有很长的路要走。

作为语音对话系统的主要应用，聊天机器人的概念最早由 Michael Loren Mauldin 在 1964 年提出。随后在 1966 年，最早的聊天机器人程序 ELIZA 诞生了[1]。ELIZA 由麻省理工学院的 Joseph Weizenbaum 设计开发，可以模仿心理治疗师与患者聊天，从而应用于临床心理疾病治疗。ELIZA 对自然语言处理和对话系统领域产生了极大影响，让全世界人类看到了对话系统的可行性，并由此开启了探索之路，发掘对话系统中更多的可能性。

从语音对话系统的技术来看，其发展历史主要分为三个阶段。

第一代对话系统于 20 世纪 80 年代兴起，主要使用基于符号规则和模板匹配的方法，直到今天仍被应用在许多产品中。这种方法主要依赖专家人工制定的语法规则和本体论设计(ontological design)，具有很强的可解释性，容易根据需求的变化进行手动漏洞修补。但是由于对专家系统的过分依赖，数据被用来人为设计规则而不是被主动学习,当对话系统在进化过程中发生跨领域的对话需求以及越来越多样化的对话时,这些规则和模板很难被扩展,需要大量的人力物力对其进行维护和改进。因此,这种方法常被应用在话题较为狭窄的小领域中,通过一定数量的规则和模板满足用户的基本需求。

第二代对话系统是基于数据驱动的浅层学习(shallow learning),于 20 世纪 90 年代开始兴起。这里的浅层是相对的概念,只是和 2006 年后开始兴起的深度神经网络的学习方式相比,被称为浅层学习。具体来说,就是通过数据学习对话中统计模型的各个参数,在不断学习的训练过程中获得各个参数的最优解。这种方法目前仍然是商用对话系统的主流方法之一,但是存在可解释性较差、系统难以修补和维护并且跨领域难扩展等问题。

第三代对话系统采用基于数据驱动的深度学习方法,利用近年来流行的深度学习取代了二代对话系统中浅层学习的部分。和二代的统计模型相比,神经网络模型的学习能力更为强大,并且使得端到端的学习方法成为可能。当然,这种方法也有许多局限性,例如可解释性差、难以修补漏洞、更新系统不容易等。在跨领域拓展方面,目前的主要研究方向是利用迁移学习和强化学习来实现。由于这类技术较为新颖,存在不确定因素和不稳定性,因此目前在商业中的应用场景数量有限。

总的来说,三代对话系统技术都有各自的优势和缺陷。未来如何将这些技术的优点整合起来以弥补其不足是一项重要的挑战。对于语音对话系统来说,传统观点认为先对语音进行语音识别,转换成文本(单词序列),进而再对文本进行处理,抽取文本中的语义并转化为计算机可以处理的表示,这个过程称为自然语言理解(natural language understanding,NLU)。抽取出的语义表示被传送进对话管理(dialog manager,DM)模块,系统会根据对话上下文历史及当前的用户输入制定决策,判断应该怎样对用户进行回复,决策制定后将被传入自然语言生成(natural language generation,NLG)模块,根据系统的决策和语法规则生成人类可懂的自然语言。最后配合文本-语音转换(TTS)技术,将机器回复的文本合成为语音进行输出(如图 7-1 所示)。

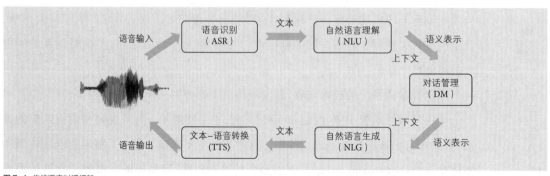

图7-1 传统语音对话框架

目前,随着深度学习技术的发展,逐渐有新型的研究将这些模块结合在一起,进行基于端到端的优化[2]。从人类认知角度来看,对话系统并不是语音识别、文本对话模块以及语音合成模块的简单相加。因为语音中除了含有的语言信息之外,还有其他额外的副语言信息,比如说话人的语气、语调、情绪、情感等。因此,基于语音的对话系统在理论上能更好地把握说话人的意图,实现更加智能的对话。

7.1.2　语音对话系统的分类及应用场景

从功能角度来说,语音对话系统可以分为问答系统、任务型语音对话系统,以及闲聊系统。

① 问答系统主要应用于特定领域的知识性问答,一般需要结合背景知识库对用户的问题进行查找,并检索或生成相应回复。问答系统能够进行对知识的获取、计算以及逻辑推理,提供满足用户需求的特定信息,从而辅助用户进行决策。问答系统的应用场景相对单一,经常会被整合到其他对话系统,作为其中的一个服务模块。例如在智能客服场景中对客户进行接待、回答客户的问题,对于无法回答的问题再转接人工服务,从而节约大量的人力成本。代表产品有 IBM Watson、京东 JIMI、阿里小蜜等。

② 任务型语音对话系统一般也应用在特定领域,需要系统根据用户的需求帮助用户完成特定的任务或动作。通常来说,任务型对话系统需要借助后台服务,例如机票预订、酒店服务、智能助手等,典型产品有苹果 Siri、天猫精灵、小爱同学、亚马逊 Echo 等。以天猫精灵为例,可以通过语音对话控制天猫精灵播放音乐、查询天气、播放德云社相声,甚至还可以实现订外卖、充话费、网上购物等复杂需求。

③ 闲聊系统的主要功能是同用户进行非限定域(即开放域)的对话闲聊,以满足用户的情感需求为主,通过生成有趣、富有个性化的回复内容与用户进行互动,从而起到陪伴、慰藉等作用。其应用场景集中在社交媒体、儿童陪伴及娱乐等领域。代表产品有微软小冰、微信小微、北京龙泉寺的贤二机器僧等。

这三类对话系统根据其功能和特点不同,常会被整合在一个产品中,使得产品具有更加丰富的功能和更好的用户体验。

从实现方式角度来看,语音对话系统可以分为检索式语音对话系统和生成式语音对话系统。

① 检索式语音对话系统回复时,一般使用基于规则的方法、模式匹配或机器学习方法,从所有的回复知识库中挑选一个评分最高的回复给用户。这种实现方式因为有人工预定义的回复库,因此具有回答质量较高、表达比较自然的优点。但是,检索式系统对数据库的要求相对较高,需要预定义的数据库足够大、尽可能多地包含各类情况,能够匹配到用户输入的句子。因此,在特殊情况下,检索式对话系统会出现找不到合适回复的情况,或者回复的句子评分很低造成与用户的输入匹配不佳等问题。

② 生成式语音对话系统不需要提前预定义回答,而是靠大量的语料、上下文信息等对模型进行训练,让模型能够对用户输入的句子进行编码,对系统输出的句子进行解码,即我们常说的编码器-解码器模型。这种应用在生成式对话上的编码器-解码器模型,由于其输入和输出分别对应用户和系统的单词序列,因此又称为序列到序列模型。生成式语音对话系统的优点是可以覆盖任意话题、任意句式的用户输入,缺点是生成的回复句子质量容易存在问题,可能出现语法错误、句法错误、语句不通顺等现象。

目前,在工业界的实际应用中仍以检索式语音对话系统为主,因为它更加稳定,能够保证回复句子的正确性和效果;而对生成模型的研究近年来逐渐成为热点,相关领域的科研论文非常多,但是由于其效果不稳定,所以仍然停留在研究阶段。未来对两种实现方式的结合可能成为主流应用趋势。

7.2 任务型语音对话系统

传统的任务型语音对话系统主要包括自然语言理解、对话管理、自然语言生成等模块。由于语音对话系统的输入语言一般为口语化的表达,常有省略、语法不规范等现象。因此,语音对话系统中的自然语言理解又称为口语理解(spoken language understanding)。另外,对话管理又分为对话状态追踪和对话策略学习两部分。本节将针对口语理解、对话状态追踪、对话策略学习三方面展开介绍。

7.2.1 口语理解

口语理解主要包括对话行为识别、域检测、意图识别、槽填充等任务。本小节主要介绍这些任务及其常用的方法。

1. 对话行为识别

对话行为(dialog act)识别,主要研究在对话过程中句子除了语音信息之外所反映出的其他信息,比如对话意图、对话结构信息以及对话类型等。对话行为属于浅层篇章结构的范畴,在自然语言处理领域有着广泛的应用,是人机交互、篇章理解和对话翻译等工作中的基本任务。因此这一研究在科学和实践中都具有重要的意义。

表7-1是饭馆订餐时的对话行为示例。对话中的每一个句话都对应一个对话行为标签。对话行为识别通常是根据语句的一系列特征,使机器对一个语句所属对话行为自动分类,有时也称为言语行为自动识别或自动标记。而对话的行为识别通常作用于一段对话,对话的上下文同样也起着关键作用。例如,当说话人提出问题后(如表7-1中的"您想点什么菜呢?"),接下来的一句话很有可能是另一名对话者所做出的

回答,即它的对话行为是陈述句(如表 7-1 中的"我想点一碗卷心菜面")。

表 7-1　饭馆订餐对话行为示例

说话人	语句	对话行为
A	您好,这里是渝州饭馆。	陈述句
B	您好。	陈述句
A	我想点一些菜。	祈使句
B	您想点什么菜呢?	特指疑问句
A	我想点一碗卷心菜面。	陈述句
B	是白卷心菜还是绿卷心菜呢?	选择疑问句
A	白卷心菜。	陈述句

　　从传统的机器学习方法到深度神经网络,对话行为识别的研究经历了较长的历史。2000 年,Stolcke 提出使用语法与词法的特征,建立隐马尔可夫模型来完成对话行为分类的任务,结合 N-gram 算法、决策树与神经网络来生成有效特征[3]。但是,该方法没有完成对于对话行为单元的自动切分。2005 年,Ang 提出利用决策树模型来完成对话行为单元的切分[4],并使用了同一讲话人中的停用距离特征,然而该方法最终获取的准确率在对话行为分析中仍较低。同时,研究者们也提出了用支持向量机模型对句子对话行为做分类,使得对话行为分类的准确率有了一定提升。由于深度神经网络在自然语言处理领域取得了较大的成功,卷积神经网络(CNN)、递归神经网络(RNN)等模型开始应用到对话行为识别上,并取得了不错的效果。接下来将介绍对话行为识别的经典模型之一,双向长短期记忆-条件随机场(long short term memory-conditional random field,LSTM-CRF)模型(如图 7-2 所示)。

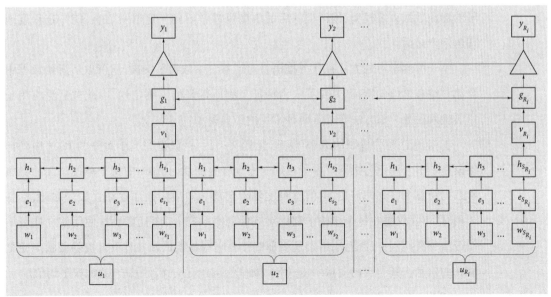

图 7-2　双向 LSTM-CRF 模型结构图[5]

双向 LSTM-CRF 是对话行为识别中的经典模型。该模型将一段对话作为输入，对话中的句子首先通过句子级别的 LSTM 提取出句子特征向量，然后再将句子特征向量作为对话级别 LSTM 的输入。最后，将对话级别 LSTM 的输出作为 CRF 的输入，通过 CRF 得到最终的结果标签。对于给定的训练数据集 D，我们可以得到许多匹配的 (C^i, Y^i) 数据标签对，其中 C^i 为对话文本，Y^i 为对应的对话行为标签。此时，识别任务的极大似然即为 $L = \sum_{i=1}^{N} \log p(Y^i \mid C^i, \Theta)$，其中 Θ 为网络参数。

值得注意的是，句子级别的 LSTM 是获取句子中每个单词之间的依赖关系。对话级别的 LSTM 是获取对话中上下文句子特征向量之间的依赖关系，而 CRF 是获取上下文对话行为标签之间的依赖关系。

2. 域检测、意图识别和槽填充

口语理解的主要任务是将用户输入的语音对话文本映射为用户的意图和相应的槽位。其中域检测是识别整个对话的话题域。意图识别是将用户的自然语言会话划分类别，类别对应的就是用户的意图。槽填充是根据用户对话来对句子中的关键语义词进行分类和提取，标记那些有意义的单词和符号。可以将槽填充看作是一个序列标注问题。

目前，口语理解的主要方法包括基于规则的方法、基于统计的方法和基于深度学习的方法。

基于规则的方法是指利用规则定义提取文本中的语义信息。其大致思路是人工定义语法规则（它们是表达某种特定语义的具体方式），然后口语理解根据制定的规则解析用户的对话文本。

基于统计的方法的主要思路是，使用基于统计自然语言处理的相关模型，依靠大量的标注数据训练模型，使得训练后的模型可以学习到一定语义信息，能一定程度地理解用户对话。

基于深度学习的方法在任务型语音对话系统中取得了突破，它可以从海量数据中自动归纳有价值的特征，避免了人为特征工程所带来的不确定性，因此被广泛应用于口语理解任务。该方法有如下两种常用的经典模型：

① 基于注意力机制的 RNN 模型（见图 7-3）。该模型在基于对齐的 RNN 序列标签模型中引入注意力机制。由于在用于序列标签的双向 RNN 中每个单位时间的隐藏状态携带整个序列的信息，但信息可能随着向前和向后传播而逐渐丢失。因此，标签预测时，不仅仅是在每个步骤中利用对齐的隐藏状态 h_i，而且需要看使用双向向量 c_i 能否给予我们额外的信息，特别是将那些需要具有长期依赖性且没有被隐藏状态完全捕获的信息。其中双向向量 c_i 是 RNN 隐藏状态 $h = (h_1, h_2, \cdots, h_i)$ 的加权平均值。

② Slot-gated 模型（见图 7-4）。该模型引入一个额外的 gate，利用意图上下文向

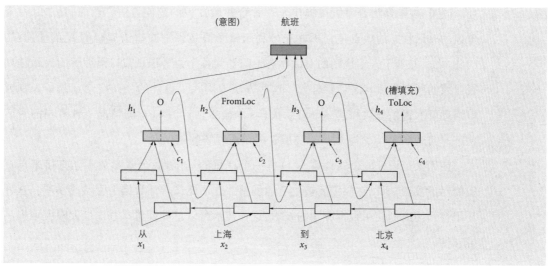

图 7-3 基于注意力机制的 RNN 模型结构图[6]

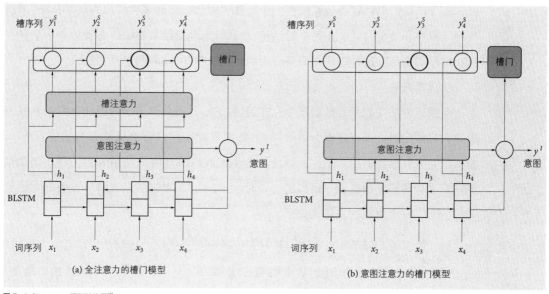

图 7-4 Slot-gated 模型结构图[7]

量来建模 slot-intent 关系,以提高槽填充性能。该模型通过关注学习意图和 slot attention 向量之间的关系,通过全局优化获得更好的语义框架。

7.2.2　对话状态追踪

早期的语音对话系统使用人工制定的规则进行对话状态追踪。在最早的形式中,这些方法通常仅考虑口语理解的单个结果,只追踪一个单独的对话状态假设[8]。这个设计将对话状态追踪问题简化为一个更新的规则 $F(s, \widetilde{u'}) = s'$,将现在的状态 s 和一个最好的口语理解结果 $\widetilde{u'}$ 映射为一个新的状态 s'。例如 MIT JUPITER 天气信息系统维持了一组状态变量,通过对话控制表中的手写规则进行更新[9]。

人工制定规则的好处是它们不需要任何数据即可实现,这对于推动发展是一个好处。同时,规则还为开发人员提供了一种合并域知识的简便方法。然而,只追踪一个单独的对话状态的缺点是它不能充分利用整个语音识别或口语理解的 N 最佳列表。因此,之后的基于人工规则的对话状态追踪器为整个语音识别或口语理解的 N 最佳列表建议的所有对话状态计算分数。这些方法使用人工设计的公式在给定语音识别或口语理解的置信分数和前一个对话状态 s 的概率估计值 $b(s)$ 的情况下计算当前对话状态 s' 的概率 $b'(s')$,从而可以克服一些口语理解的错误。

使用人工设计的公式计算 $b(s)$ 有一个严重的局限性:公式参数不能直接来自真实的对话数据,所以它们需要被小心地调整并且不能从对话数据中受益或学习。这种局限性促使人们使用数据驱动的技术,这种技术可以自动设置参数以最大限度地提高准确性。

1. 基于统计的方法

基于统计的对话状态追踪维持一个对真实对话状态的多种假设的概率分布,来解决环境噪声和歧义问题。在每个对话轮,对话状态预测结果都以每个槽对应一个概率分布的形式给出。这种方法主要可分为两类:生成式方法和判别式方法。

生成式方法

生成式方法主要是对数据集中存在的模式进行挖掘,学习出对话状态的条件概率分布。它假定对话可以建模为贝叶斯网络,该贝叶斯网络将对话状态与系统动作 a,真实的且未观察到的用户动作 u 以及语音识别或口语理解的结果 $\tilde{u}$ 相关联。当观察到系统动作和语音识别或口语理解结果时,可以通过贝叶斯推断来计算可能的对话状态的分布。一个通用的表达式如下:

$$b'(s') = \eta \sum_{u'} P(\tilde{u}' \mid u') P(u' \mid s', a) \sum_{s} P(s' \mid s, a) b(s) \tag{7.1}$$

其中 $b(s)$ 代表上一时刻状态的概率分布,$b'(s')$ 代表当前时刻的状态分布,$P(\tilde{u}' \mid u')$ 是给定(真实,未观察到的)用户动作 u',语言识别或口语理解产生观察到的输出 $\tilde{u}'$ 的概率。$P(u' \mid s', a)$ 是给定真实对话状态 s' 和系统行为 a,用户采取行为 u' 的概率。$P(s' \mid s, a)$ 是给定当前状态 s 和系统采取的行为 a,对话状态改变为 s' 的概率。η 是归一化常数。

之后的研究者基于上述等式提出了一些变体公式,解释了隐藏状态的不同因式分解。例如,Williams And Young 在等式中加入了一项用于积累对话历史[10]。

生成式对话状态追踪的早期方法是穷举所有可能的对话状态,之后使用式(7.1)的变体为它们打分。这种方法的计算复杂度是对话状态数量的平方,高复杂度是个很难解决的问题,特别是考虑到计算必须实时进行并且对话状态数量可能很大的情况。

这种局限性导致出现了两种近似值解决方法:只维持对话状态 s 中最可能的部分,或者进一步对式(7.1)进行因式分解。这些近似方法使生成模型可以实时执行,但

是也施加了其他的约束,比如限制了 $P(s'|s,a)$ 的形式,这会限制能被准确建模的对话的种类。

在端到端评估中,生成式方法比手工制定的规则具有更好的对话性能。即便如此,生成模型仍无法轻松地利用来自语音识别、口语理解、对话历史等处的大量潜在的信息特征。因为利用这些信息前必须明确建模特征之间的所有依赖关系,这是不现实的。而研究者为了满足这种要求,往往会进行不必要的假设或忽略对话历史中一些有用的信息,这违背了马尔可夫假设。

判别式方法

判别式方法的思路是,首先对语音识别结果、口语理解结果和对话历史提取有用特征,之后使用判别式条件模型为对话状态计算分数。一个通用表达式如下:

$$b'(s') = P(s'|f') \tag{7.2}$$

其中,f' 表示从语音识别结果、口语理解结果和对话历史中提取出来的特征,$b'(s')$ 表示当前对话状态 s' 的概率分布。

Bohus 和 Rudnicky [11] 被认为用数据训练得到了判别式状态追踪的第一个表现形式。其中,首先使用一个人工规则穷举了 k 个要打分的对话状态,例如考虑来自当前轮的前 S_1 个口语理解假设,来自前一轮的前 S_2 个口语理解假设,来自再之前轮的前 S_3 个口语理解假设,以及一个额外的表示没有正确假设时的状态假设 $\bar{s}$,共有 $k = S_1 + S_2 + S_3 + 1$ 个需要打分的对话状态。之后,使用标准多分类逻辑回归分类方法为固定数量的 k 个对话状态进行打分。

上述方法以对话历史编码为特征来学习一个简单的分类器。随后,有其他研究者将对话准确地建模为一个序列过程。例如,应用一个判别式马尔可夫模型,将上一轮预测的分布作为特征;将对话映射为一个条件随机场,得到一个与每个对话轮相关的特征向量,并且条件随机场解码在整个序列的条件下决定当前轮最可能的对话状态。

上述方法关键的优点在于可以整合大量的特征并可以直接优化以提高预测精度。然而,它们需要依赖于口语理解的输出结果进行对话状态打分,口语理解模块的性能会影响对话状态预测的结果。为了避免来自口语理解模块的错误累积,2014 年,Henderson 等人提出对话状态追踪直接对语音识别输出(即语句文本)进行操作,而不再需要一个口语理解模块[12]。自此,研究者们转而开始研究一种端到端的对话状态追踪方法。

此外,随着表示学习的进步,Mrksˇic'等人在 2017 年首次成功地使用预训练的词向量对对话历史进行表示,并在此基础上进行推理,利用单词之间的语义相似度解决语言变体的问题,而不再使用人工编写的词典捕捉对话语句中的语言变体[13]。

2. 基于深度学习的方法

基于深度学习的方法利用 CNN、RNN 以及大规模预训练模型 BERT 等神经网络模型建模对话历史上下文,并通过判别式或生成式方法为每个槽预测槽值。与基于统计的方法不同,该方法预测得到的对话状态为每个槽对应的唯一一个最终的槽值结果。

端到端的判别式方法

端到端的判别式方法的提出基于一个假设:每个槽可能取到的全部槽值都被事先预定义在一个候选值集中。基于此,判别式方法将对话状态追踪任务简化为分类任务,将候选值集中的所有候选值作为分类类别,在每个对话轮,根据对话上下文对目标槽进行分类,得到正确的槽值。

端到端的判别模型主要包含两个结构,一个用于建模槽特定的对话上下文,另一个用于得到各个候选值的编码向量。具体如图 7-5 所示,其为 Lee 等人于 2019 年提出的槽-语句匹配对话状态跟踪器(Slot-utterance matching belief tracker,SUMBT)模型。模型一方面利用 $BERT_{sv}$ 和 BERT 分别为候选值、目标槽和对话语句进行编码,另一方面利用多头注意力机制、RNN 等结构使目标槽与对话历史语句进行交互得到槽特定的对话上下文表示,最终以计算得到的上下文表示向量与各个候选值向量的距离为依据对当前槽进行分类。具体计算概括如下:

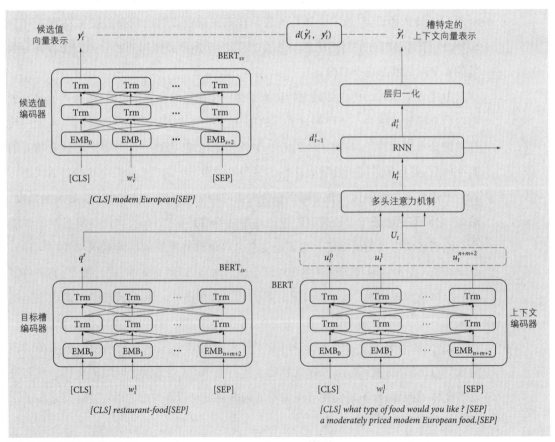

图 7-5 端到端的判别式模型 SUMBT

$$p(v_t \mid X_{\leqslant t}^{\mathrm{sys}}, X_{\leqslant t}^{\mathrm{usr}}, s) = \frac{\exp(-d(\hat{\boldsymbol{y}}_t^s, \boldsymbol{y}_t^v))}{\sum_{v' \in C_s} \exp(-d(\hat{\boldsymbol{y}}_t^s, \boldsymbol{y}_t^{v'}))} \tag{7.3}$$

其中，s 表示当前目标槽，$X_{\leqslant t}^{\mathrm{sys}}$ 表示当前轮 t 的对话历史中的全部系统语句，$X_{\leqslant t}^{\mathrm{usr}}$ 表示当前轮 t 的对话历史中的全部用户语句，v_t 表示当前目标槽的候选值集中的一个候选值，$\hat{\boldsymbol{y}}_t^s$ 表示当前目标槽特定的上下文表示，$\boldsymbol{y}_t^v$ 表示 v_t 对应的向量表示，$d()$ 表示距离度量公式（如欧氏距离），$p(v_t \mid X_{\leqslant t}^{\mathrm{sys}}, X_{\leqslant t}^{\mathrm{usr}}, s)$ 则表示在当前对话轮 t 目标槽 s 选中候选值 v_t 作为槽值的概率。

尽管实验证明这种端到端的判别式方法获得了很好的效果，然而在工业界的很多语音对话系统中，它的前提假设通常是不成立的。首先数据库通常只能通过外部的 API 进行调用，我们无法得到权限为每一个槽列举所有的可能值。其次，即使我们可以得到这样的权限，但槽的可能值也许是无限多的，甚至是动态变化的，比如餐馆的名字和火车出发的时间。此外，这种方法没办法扩展到更大的范围，因为它在每一轮都必须迭代全部的槽值候选来预测当前的对话状态。

端到端的生成式方法

随着多域数据集 MultiWOZ[15] 于 2018 年被提出，端到端的判别式方法的缺陷更加显著。所谓多域，即在一段对话中用户可能需要系统帮助完成多个任务，比如用户首先希望查找一个景点，之后需要在景点附近预定一家饭店，最后在两个地点之间预定一辆出租车。由于对话更加复杂，在该数据集中共包含 25 个槽，候选槽值有 4 510 个，这使得在每一轮使用判别式方法预测对话状态的时间复杂度变得非常高。因此，研究者们开始转而研究一种端到端的生成式方法。

端到端的生成模型打破了判别式方法中对于预定义候选值集的假设，它通常基于编码器-解码器框架实现，在编码器部分，利用编码器对对话上下文信息进行建模，并将得到的向量表示送入解码器；而在解码器部分，直接给定目标槽，解码器根据对话上下文向量表示直接生成对应的槽值。

如图 7-6 所示，Wu 等人基于复制增广的编码器-解码器结构提出了一种端到端的生成式方法可转移对话状态发生器（transferable dialogue state generator，TRADE）[16]。模型由三部分构成：

首先使用语句编码器对对话历史上下文进行编码；

$$\boldsymbol{H}_t = [\boldsymbol{h}_1^{enc}, \cdots, \boldsymbol{h}_{|X_t|}^{enc}] = \mathrm{Encoder}(\boldsymbol{X}_t) \tag{7.4}$$

其中，$\boldsymbol{X}_t$ 表示当前对话轮 t 的对话历史，$\boldsymbol{H}_t$ 表示对话历史编码后的单词向量矩阵，$\boldsymbol{h}_i^{enc}$ 表示对话历史中第 i 个单词对应的编码向量。

之后，将上下文向量与目标槽一同送入状态生成器，逐字生成目标槽值。其中在每个解码步，利用解码器的隐藏状态分别与对话历史和开放词表计算，得到有关对话

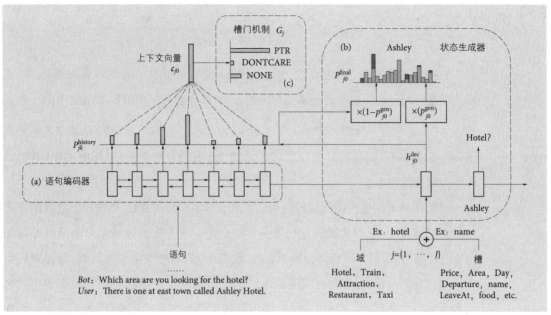

图 7-6 端到端的生成式方法 TRADE

上下文和开放词表的概率分布,再合并为一个最终的输出单词概率分布:

$$P_{jk}^{\text{vocab}} = \text{Softmax}(\boldsymbol{E} \cdot (h_{jk}^{\text{dec}})^{\text{T}}) \tag{7.5}$$

$$P_{jk}^{\text{history}} = \text{Softmax}(\boldsymbol{H}_t \cdot (h_{jk}^{\text{dec}})^{\text{T}}) \tag{7.6}$$

$$P_{jk}^{\text{final}} = \lambda P_{jk}^{\text{vocab}} + (1-\lambda) P_{jk}^{\text{history}} \tag{7.7}$$

其中,P_{jk}^{vocab} 表示对开放词表的概率分布,$\boldsymbol{E}$ 表示开放词表对应的单词向量矩阵,h_{jk}^{dec} 表示解码器的隐藏状态,P_{jk}^{history} 表示对对话历史的概率分布,$\boldsymbol{H}_t$ 表示对话历史编码的单词向量矩阵,P_{jk}^{final} 表示各个单词在当前解码步被选中的概率的最终概率分布。

同时,利用槽门机制,根据第一个解码步得到的隐藏状态与对话上下文判断当前槽值类型(PTR 表示槽值需要被生成,DONTCARE 表示槽值为 dontcare,NONE 表示当前槽值为 none)。

$$G_j = \text{Softmax}(W_g \cdot (\boldsymbol{c}_{j0})^{\text{T}}) \tag{7.8}$$

其中,G_j 为当前槽 j 槽值类型的概率分布,W_g 为待学习参数,$\boldsymbol{c}_{j0}$ 为利用第一个解码步的隐藏状态与对话历史计算得到的上下文向量表示。

由于端到端的生成式方法更贴近真实对话场景,且拥有更好的可扩展性,因此吸引了越来越多的研究者从不同角度进行创新和改进。一些研究者关注长对话上下文的对话状态追踪,探索如何更好地建模长长下文,如 Quan 等人 2020 年发表在 ACL 的工作[17];还有一些研究者希望通过建模,利用不同槽之间的关系,更好地完成对话状态追踪任务,如 Wu 等人发表在 EMNLP2020 的工作[18]。

3. 对话状态追踪未来展望

结合对话状态追踪领域最近的研究进展以及正在面对的一些挑战,我们认为未来的研究重点还是在多域场景下模型的扩展性以及极少样本的情况。当前对话状态追踪最常用的数据集就是 MultiWOZ,它是一个多域的对话集,对话数量多且对话设计更加贴近现实。但目前的模型在该数据集上的表现还有待提高。对于模型的扩展性方面,当前对于没遇见过的槽值,模型主要依靠指针网络、复制机制或从对话历史中直接复制单词或词段来填充,但这种方法对于用户在对话中没有准确表达过槽值的情况下表现不好。对于极少样本的情况,如果当前有对话状态标注的数据集相对较小,并且标注起来会耗费大量的人力和时间,此时如何让模型更加有效地利用现有的领域数据,从而正确地追踪目标域的对话状态,是未来学术界和产业界的研究人员比较关注的研究方向。

7.2.3　对话策略学习

在任务型语音对话系统中,对话策略学习的作用是基于用户目标以及口语理解和对话状态跟踪任务获得的对话状态,给出当前轮对话系统应作出的决策。具体表示为对用户的需求进行确认、询问、澄清,或者给出答案的对话行为。之后自然语言生成模块将会根据系统给出的对话行为生成自然语言级别的回复。因此,系统能否正确做出回复会受到前面任务的影响,当然也会影响后阶段的任务。对话策略学习的主要任务就是得到当前轮的系统对话行为。

1. 对话行为

对话行为是对用户或对话系统的当前轮对话的一个语义的表示,包含用户影响对话发展与走向的意图和相关的槽值。一个简单的对话行为的例子是“你好,请问您需要帮助吗?”这类系统向用户打招呼的对话。有些对话行为可能带有槽值。比如在预订电影票任务中系统端的对话“请问预订几张票?”对应的对话行为就是“request (num_tickets)”。通常对话行为是领域相关的,不同领域的对话行为的标注也会有差异,比如电影院领域的对话行为和饭店领域的对话行为不会完全一样[17]。日常生活中的对话通常涉及多域问题,所以对话行为空间也会剧增,因此也将造成多域对话决策困难。

2. 数学建模

对话行为预测可以被划归为分类任务或序列任务,用经典的分类任务或序列生成任务的机器学习方法或深度学习方法来完成。另一方面,受到广泛应用于游戏领域的强化学习的影响,越来越多的学者将对话行为预测视为策略优化任务,并使用强化学习的模型对其建模和训练。

强化学习(reinforcement learning,RL)是一种学习范式,在这种学习范式中,智能主体通过与一个最初未知的环境进行交互并学习如何做出决策[19]。与有监督学习相比,强化学习的一个独特的挑战是没有“老师”,即没有监督的标签,这会使得强化学习与监督学习的学习算法完全不同。通常使用强化学习方法来优化对话策略的有两种方式:在线学习和批处理学习。在线方式通常需要对话模型与用户交互来优化策略;批处理方式假设了一些固定的转移,只基于数据来优化策略,并不与用户交互[25]。学习一个最优的对话策略通常需要许多数据,如果从头开始通过在线方式学习策略通常是费时费力的,因此通常会使用专家生成的对话或老师的建议来严格限制策略的搜索范围来加速训练过程。对话策略学习在不同的任务下需要学习不同的策略,因此如何学习多域任务的对话策略以及复合任务的对话策略也需要仔细考虑。此外强化学习方法中的奖励函数的设计也是影响策略学习的因素。因此如何学习出一个拥有最优的对话策略的对话代理是需要结合实际仔细设计的。

如图 7-7 所示,用户与环境之间的对话通常可以看作环境与对话代理之间的交互过程,数学上可以使用离散马尔可夫决策过程对其建模[20],即 $M=(\boldsymbol{S},\boldsymbol{A},P,\boldsymbol{R},\gamma)$:

$\boldsymbol{S}$ 表示环境可能处于的状态集合;

$\boldsymbol{A}$ 表示对话代理在某个状态可以采取的行动集合;

$p(s'\,|\,s,a)$ 表示环境在状态 s 采取行动 a 会转移到状态 s' 的转移概率;

$\boldsymbol{R}(s,a)$ 表示对话代理在状态 s 采取行动 a 可以得到的平均奖励;

$\gamma\in(0,1]$ 表示折扣因子。

环境与对话代理之间的交互过程可以记录为,随着时间 $t=1,2,\cdots,$ 的轨迹 $(s_1,a_1,r_1,\cdots,s_t,a_t,r_t,\cdots)$。对话代理观察到环境当前轮的对话状态为 $s_t\in\boldsymbol{S}$,采取的行动 $a_t\in\boldsymbol{A}$;根据转移概率 $p(s_{t+1}\,|\,s_t,a_t)$,环境转移到下一轮的状态 s_{t+1},并且会产生即时的奖励 $r_t\in\boldsymbol{R}$,平均奖励是 $\boldsymbol{R}(s_t,a_t)$。

省略下标,我们将每一步的 (s,a,r,s') 叫作一次转移。RL 对话代理的目标就是通过采取最优行动获得最大化的长期奖励。定义选择采取行动的策略为 π,定义 $a\sim\pi(s)$ 为根据策略 π 在状态 s 的行动选择。则给定策略 π,状态 s 的价值定义为该状态的长期平均折扣奖励:

$$V^{\pi}(s):=\mathbb{E}\left[r^1+\gamma r^2+\gamma^2 r^3+\cdots+\gamma^{i-1}r^i+\cdots\mid s_1=s,a_i\sim\pi(s_i),\forall i\geqslant 1\right]\quad(7.9)$$

定义 π^* 为一个最优策略,则 V^* 为其相应的最优价值函数,表明对所有状态,V^{π} 值最大。此外,在许多时候我们会使用价值函数的另一种形式,Q 函数:

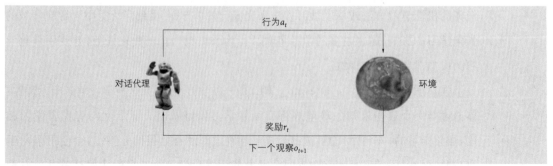

图 7-7 RL 对话代理和环境之间的交互[19]

$$Q^{\pi}(s,a) := \mathbb{E}\left[r^1 + \gamma r^2 + \gamma^2 r^3 + \cdots + \gamma^{i-1} r^i + \cdots \mid s_1 = s, a_1 = a, a_i \sim \pi(s_i), \forall i \geqslant 1 \right] \quad (7.10)$$

Q 函数可以衡量根据策略 π 在状态 s 的选择行动 a 得到的长期平均折扣奖励。对应于最优策略 π^*，得到的最优 Q 函数为 Q^*。

3. 优化算法

前面用数学表达式对用户与对话系统之间的对话进行了建模，得到了基于策略 π 的 Q 函数。接下来将介绍两种优化算法求得如何最优策略 π^*。

（1）Q-learning[21] 算法

基于 Q 函数，即 $\pi^* = \arg\max_a Q^*(s,a)$。通过学习到最优的 Q 函数，可以得到对应的策略就是最优策略 π^*。但是当对话任务涉及多领域时，用户与对话系统之间对话通常是很复杂的，需要花费巨大的代价来表示每一个 $Q(s,a)$。因此，通常使用带有预定义参数的函数来近似原来的 Q 函数，即

$$Q(s,a;\theta) = \boldsymbol{\phi}(s,a)^{\mathrm{T}} \theta$$

其中，$\boldsymbol{\phi}(s,a)$ 是对应于状态—行动对 (s,a) 的一个 d 维的手工编码的特征向量，θ 是从数据中学到的对应系数。这里可以用深度神经网络来学习这些参数，例如多层感知机、递归神经网络和卷积神经网络[22] 等，我们称这种方法为深度 Q 网络（deep Q-network，DQN），并且可以通过下面的公式更新参数：

$$\theta \leftarrow \theta + \alpha \left(r + \gamma \max_{a'} Q^*(s',a';\theta) - Q(s,a;\theta) \right) \nabla_{\theta} Q(s,a;\theta) \quad (7.11)$$

以上方法称为 Q-learning，此外还可以通过经验回放[23] 来优化该方法。

（2）策略梯度（policy gradient）算法

Q-learning 算法需要保存每一时刻对应的状态动作对 $(\boldsymbol{s},\boldsymbol{a})$，因此不适用于连续状态空间的问题，并且由于该方法是在确定的状态下得到确定的行为，可能会陷入局部最优解。策略梯度算法用于解决局部最优解的问题，通过服从某种概率分布随机选择动作。该算法不以 Q 函数为基础，而是直接参数化策略，$\pi(\boldsymbol{s};\theta)$ 是基于行动的分布。

给定任意参数 θ，策略可以通过其在轨迹 $\tau = (s_1, a_1, r_1, \cdots, s_H, a_H, r_H)$ 下得到长期平均折扣奖励评估：

$$J(\theta) = \mathbb{E}\left[\sum_{t=1}^{H} \gamma^{t-1} r_t \mid a_t \sim \pi(s_t;\theta) \right] \quad (7.12)$$

然后通过随机梯度下降方法更新参数：

$$\nabla_{\theta} J(\theta) = \sum_{t=1}^{H} \gamma^{t-1} \left(\nabla_{\theta} \log \pi(a_t \mid s_t;\theta) \sum_{h=t}^{H} \gamma^{h-t} r_h \right) \quad (7.13)$$

此外，由于该方法的梯度估计直接依赖整个轨迹获得的奖励总和，因此会导致较高的方差问题。有一种优化方法为 actor-critic 算法[24]。

4. 对话策略学习模型

接下来以深度 Q 网络（DQN）为例，介绍对话策略学习任务的基本工作流程。

DQN 的输入是当前轮的对话状态。一种方法是将其编码作为特征向量 s,包括以下几个部分:

① 用户上一轮对话行为编码;

② 系统上一轮对话行为编码;

③ 到当前对话为止的历史对话状态;

④ 数据库查询结果;

⑤ 当前轮数。

DQN 的输出是一个实值向量 q,表示有系统选择的对话行为。假设模型有 $L \geqslant 1$ 层隐藏层,参数为 $\{W_1, W_2, \cdots, W_L\}$,则可以得到

$$h_0 = s$$
$$h_l = g(W_l h_{l-1}), l = 1, 2, \cdots, L-1 \qquad (7.14)$$
$$q = W_L h_{L-1}$$

其中 $g(\ )$ 是激活函数。接下来可以通过之前提到过的强化学习算法来优化网络中的参数。

7.3 闲聊系统

闲聊系统主要分为检索式、生成式以及检索与生成相结合式几种类型。检索式闲聊系统通过检索与匹配的方式,从预先建立的回复候选中找出最合适的一项作为回复。该类方法能够得到较为通顺流畅的回复,但是回复的多样性较差。生成式闲聊系统首先通过模型的编码器部分编码历史对话,然后利用模型中的解码器/语言模型部分直接生成相应的回复。该类方法能够处理不同的对话上下文,促进回复的多样性,但是可能出现不通顺的回复。检索与生成相结合式闲聊系统则较为多样化,比如用生成模型来对检索模型进行重排序,用检索模型检索相似的上下文帮助生成模型生成更有意义的回复。本节将重点介绍检索式和生成式闲聊系统。

7.3.1 检索式闲聊系统

任务流程

闲聊型问题一般不限定对话范围,也就是说是开放域的,语料库往往要从一些开放的社交网站上爬取,如微博、贴吧等。显然不可能让一个深度神经网络在每次寻找回复时都遍历整个语料库,因此在用神经网络深度匹配合适的回复之前,一般要先经过一个"粗筛"模块选出若干相关的回复。这个模块一般将用户当前轮的需求与语料库里的需求进行快速匹配,得到几十上百个候选回复,完成第一轮的匹配。但是通过

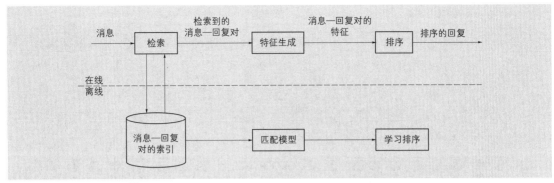

图 7-8 检索式闲聊系统的一般框架[26]

经典的信息检索方式做需求匹配没有充分考虑语义,在其基础上直接使用检索分数来挑选最优回复显然太过简单,很难得到理想结果。所以还需要使用考虑语义的深度文本匹配模型来将历史对话与检索出来的候选回复进行匹配/重排序,从而挑选出一个更加合适的回复。

检索式闲聊系统的一般框架如图 7-8 所示。

多轮检索模型

目前检索式闲聊系统主要分为两大类:单轮匹配检索模型和多轮匹配检索模型。其中单轮匹配检索模型主要利用 RNN 学习上下文和候选回复的表示,然后进行匹配,选择出最合适的回复。然而简单的单轮匹配检索方法无法完成多轮的任务,因此现有的大多数模型研究的是多轮匹配检索模型。

多轮匹配检索模型可以简单分为以下两类:

① 基于拼接的多轮匹配检索模型。该模型主要将上下文进行拼接得到一个长文档,用一个固定长度的向量来表示上下文。

② 顺序匹配模型。该模型分为表示、交互、融合三个阶段[27]。下面通过具体实例加以说明。

1. 基于拼接的多轮匹配检索模型

怎么才能从单轮问答表示匹配扩展到多轮呢? 一个最简单的想法就是直接把多轮对话首尾连接变成一个长的单轮。图 7-9[28] 提供了一种直接的多轮转单轮思路——将多轮问答语句合并为一列,连接处用特殊字符_SOS_隔开,将整个对话历史视为"一句话"去匹配下一句。将整个对话历史合并为一列,词嵌入后通过门控循环单元(GRU)模块提取词汇级特征,与候选的回复做匹配。

图 7-9 为回复选择中的词序列模型示例,具体如下:

① 上下文 c 包含了三句话,即 u_1、u_2、u_3。将三句话拼接成一句话后进行词嵌入操作,最终得到词嵌入向量 e_t,其中 t 为拼接后词的数目。将回复 r 通过词嵌入操作得到对应的词嵌入向量。

② 将 e_t 通过 GRU 进行编码,得到一个上下文向量。具体公式如下:

$$\boldsymbol{h}_t = (1-z_t) \otimes \boldsymbol{h}_{t-1} + z_t \otimes \hat{h}_t \tag{7.15}$$

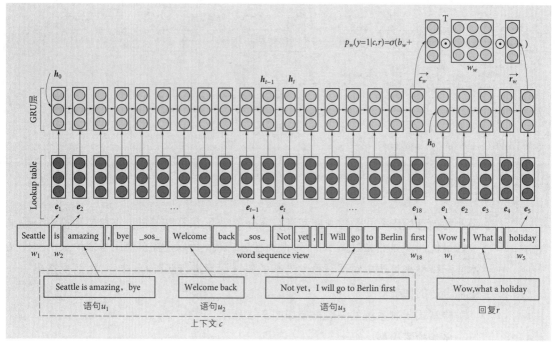

图 7-9　回复选择中的词序列模型示例[28]

$$z_t = \sigma(w_z \boldsymbol{e}_t + u_z \boldsymbol{h}_{t-1}) \tag{7.16}$$

$$\hat{h}_t = \tanh(w\boldsymbol{e}_t + U(r_t \otimes \boldsymbol{h}_{t-1})) \tag{7.17}$$

$$r_t = \sigma(w_r \boldsymbol{e}_t + u_r \boldsymbol{h}_{t-1}) \tag{7.18}$$

类似地,将回复的词嵌入通过 GRU 得到关于回复的对应状态。

③ 对上下文表示向量 $\overrightarrow{\boldsymbol{c}_w}$、回复表示向量 $\overrightarrow{\boldsymbol{r}_w}$ 进行置信度的表示:

$$p_w(y=1 \mid c,r) = \sigma(\overrightarrow{\boldsymbol{c}_w}^{\mathrm{T}} w_w \overrightarrow{\boldsymbol{r}_w} + b_w) \tag{7.19}$$

通过该结果得到最终的匹配结果。

显然,这种将长的词嵌入序列直接塞进网络得到整个多轮对话的表示难以考虑到上下文中语句之间的关系。因此,不仅要在这个词级别上进行匹配,而且还要在一个语句级别上进行匹配(即把对话中的每条文本看作词)。图 7-10 所示为多视图回复选择模型示例。

图 7-10 可分为词嵌入层→卷积层→池化层部分,首先得到对话的每条语句的向量表示,这样历史的多轮对话就变成了一个语句嵌入序列。之后再通过一层门控 RNN(GRU、LSTM 等)把无用语句中的噪声滤掉,进而取最后一个时刻的隐藏状态得到整个多轮对话的上下文嵌入。得到上下文嵌入后,就可以跟之前词级别中的做法一样,得到对话与候选回复的匹配概率。最后,将词级别得到的匹配概率与语句级别得到的匹配概率加起来就是最终的结果。

2. 顺序匹配模型

多视图回复选择模型是单轮问答表示模型的扩展,另外一个代表性模型是单轮问

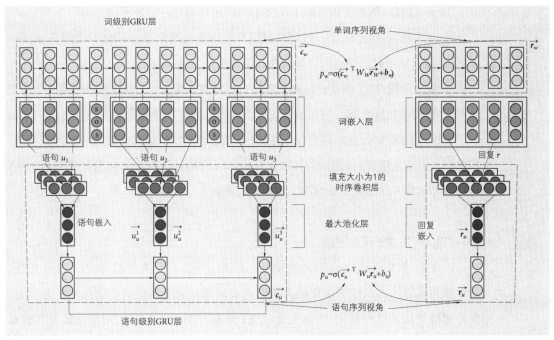

图 7-10 多视图回复选择模型[28]

答表示模型的扩展。多数研究者认为构建问答历史语句和候选回复的交互表示是重要的特征信息,因此提出了顺序匹配模型:表示—交互—融合[29]。这里将重点介绍顺序匹配网络(sequential matching network,SMN)模型,其框架如图 7-11 所示。

该模型主要分为表示、交互、融合三个阶段。

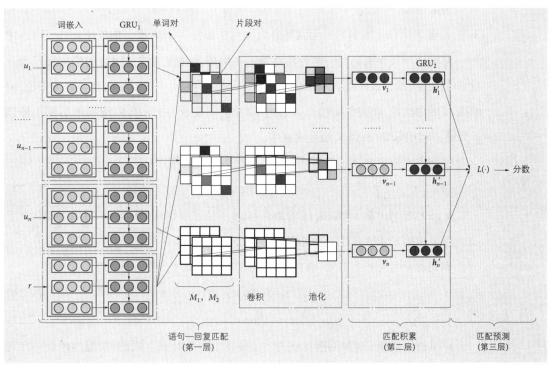

图 7-11 SMN 模型框架[29]

① 表示阶段:从两个粒度对上下文中的语句和回复进行表示。

② 交互阶段:构造语句—回复相似矩阵。这里把两个文本的相似度矩阵看成一个图像,然后使用卷积神经网络来捕获相似度特征表示。

③ 融合阶段:对于抽取到的每个语句—回复的匹配特征,利用递归神经网络的变形 GRU 来捕获特征之间的序列关系,进而学习全局的匹配特征。

计算匹配矩阵时,这里结合使用原始的词嵌入和 GRU 对文本编码后的隐藏状态,即编码过上下文信息的词嵌入,可以看作短语级别的词嵌入。从实验效果来看,SMN 相比较之前的多视图模型在性能上有很大的提升。

7.3.2 生成式闲聊系统

近年来,微软小冰、Siri 等人机交互系统的出现,让人类与机器之间进行交流、对话成为可能。人们越来越期待人机之间的对话交流不再局限于完成特定的功能,而是能够灵活地进行变化,完成更加开放和流畅的对话。生成式闲聊系统旨在根据当前的对话上下文信息采用生成的方式得到回复。与检索式闲聊系统相比,生成式闲聊系统生成的回复不再拘泥于某几个回复,而是可能生成从未在训练过程中遇到过的回复。本小节将具体介绍生成式闲聊系统的一些模型和具体的实践过程。

1. 序列—序列模型

给定消息(源序列)$X=(x_1,x_2,\cdots,x_T)$,包含 T 个词;回复(目标序列)$Y=(y_1,y_2,\cdots,y_{T'})$,包含 T' 个词。模型的目标就是要最大化在条件 X 下生成 Y 的概率 $p(Y\,|\,X)$。序列—序列模型属于编码器—解码器结构。在编码器端使用神经网络将消息编码为一个向量表示,基于该向量表示,解码器端使用神经网络再生成回复内容。具体来说,编码器按顺序读取 X 中的每个词,并通过 RNN 将其表示为上下文向量 c,然后解码器以 c 为输入利用 RNN 估计 Y 的生成概率。

编码器对源序列进行编码并得到每个时刻对应的潜在状态:

$$h_t = f(x_t, h_{t-1}) \tag{7.20}$$

h_t 表示序列中第 t 个词对应的潜在状态,f 是非线性函数,如 LSTM 和 GRU,上下文向量 c 是第 t 时刻的对应潜在状态。

解码器是带有 c 的 RNN 语言模型,每个时刻的概率分布计算如下:

$$s_t = f(y_{t-1}, s_{t-1}, c), \tag{7.21}$$

$$p_t = \mathrm{softmax}(s_t, y_{t-1}) \tag{7.22}$$

s_t 是解码器在 t 时刻的潜在状态,y_{t-1} 是在第 $t-1$ 时刻生成的词;最终序列—序列模型的目标函数如下:

$$p(y_1, \cdots, y_{T'} \mid x_1, \cdots, x_T) = p(y_1, \boldsymbol{c}) \prod_{t=2}^{T'} p(y_t, \boldsymbol{c}, y_1, \cdots, y_{t-1}) \tag{7.23}$$

序列–序列模型已在生成式闲聊系统中取得了非常大的进步，它能够根据上下文来生成回复。但是由于闲聊过程中语境的复杂性，如对话历史、人物性格、聊天场合等，导致上述过程也会考虑许多其他条件，因此整个生成过程会变得更加复杂。在这里，若单纯地使用序列—序列模型来完成生成任务，则生成的回复往往无法顾全上下文一致性、逻辑性、人物个性等方面。因此越来越多的研究关注于该模型的优化。

（1）对话上下文

由于完整对话中包含对话历史信息，因此如果能够更好地考虑先前的对话历史，就可以使对话系统更加活跃。一种考虑是将对话历史和消息直接进行拼接形成一个长的序列作为编码器的输入。但是采取这样拼接的方式造成的后果是拼接后的序列会很长。对于序列—序列模型中的 RNN 来讲，输入的序列越长，模型最后生成的回复效果就越差。许多研究人员在这个方面进行了探索。

HRED[30] 模型使用层次结构，首先捕获单个句子的表示，然后将其整合到一起。具体来说，在这个模型中将对话历史的建模分为两个层次。首先，在词级别利用句子编码器将对话历史中的每个句子进行编码，得到关于每个句子的向量表示。其次，在语句级别利用上下文编码器将每个句子的向量表示进行编码，得到有关整个对话历史的上下文向量，该向量保留了之前对话的所有信息。最后解码器以上下文向量为输入，输出回复序列的概率分布得到最终的结果。相较于之前未考虑对话历史或简单地将对话历史和消息进行拼接，这一模型能够以一种层次化的结构利用对话历史中的信息，对于包含多轮对话的长对话效果会更好。

HRED 模型是将对话历史中每个句子的表示以同等重要程度的表示作为上下文编码器的输入。但是很明显，在整个多轮对话中句子之间不是同样重要的，该模型无法显式地选择对话历史中重要的部分作为解码器的输入，导致模型最后生成的回复会丢失部分重要的内容。HRAN[31] 模型将语句级注意力机制和单词级注意力机制运用到了序列—序列模型中。具体来说，首先，使用单词级别的编码器对对话历史中的每个句子进行编码表示，并且将得到的表示通过单词级注意力机制得到一个考虑了句子中不同单词重要程度的隐藏向量。其次，将上述得到的隐藏向量通过语句级别的编码器进行编码表示，并将这些表示通过语句级注意力机制得到考虑了对话历史中不同句子重要程度的上下文向量。最后，解码器通过上下文向量得到回复。相较于之前的分层模型，该模型在分层的基础上还考虑了整个对话历史中重要的部分以生成一个更为合适的回复。

除此之外，多轮对话生成中具有自我注意能力的相关上下文检测[32] 在层次结构中利用自注意力机制，能够更好地捕获历史对话和回复之间的关系，增强上下文和回复信息之间的一致性。总的来说,层次机构要优于非层次结构。在具有历史对话的情况下,神经网络能够更好地利用对话历史,生成更加有意义的回复。

（2）回复多样性

序列—序列模型最大的挑战是,它倾向于产生一般性、没有意义的高频回复,例如"我不知道""我也是""好的"。由于生成模型选择了最大生成概率的回复,而有意义的回复相对稀疏,所以这些无意义的高频词汇经常出现在回复中。显然,在利用对话历史的过程中能够自然而然地提升回复的多样性。除此之外还可以进行如下操作:

① 修改目标函数。通过以上分析可以知道,产生一般性回复最直接的原因是在生成模型中使用了最大生成概率作为目标函数。因此可以通过寻找更好的目标函数来缓解这类型问题[33],比如最大互信息。

② 调整输入上下文的结构。为了增强回复的多样性,可以在输入编码的过程中引入分层结构以增强对话历史的表示。此外还可以引入潜在变量表示更高级别的信息,例如主题、情感等。将这些信息引入整个框架中与对话历史结合起来作为编码器的输入,最终可以得到包含更多信息的回复。

（3）个性与主题

随着对话长度的不断增加,人们开始提出了更加个性化的对话生成方式,其中个性与主题是近年来的研究热点。人们开始考虑如何能够构建更加符合人类交流方式,能够体现人类个性的对话系统。

① 主题。基于这样的考虑,一些方法将对话任务与自然语言处理中的主题建模任务进行结合。具体来说,首先通过主题模型获得关于对话历史的主题表示,然后将主题表示和对话历史联合输入模型,最后得到关于主题的回复。还有一些方法将主题模型和注意力模型结合,得到衡量不同主题重要性的回复。

② 个性。一些方法使用分布在对话历史上的建模个性化信息并将其结合到回复中。另外一些方法将用户情感嵌入用户生成的回复。

在上述内容中,我们介绍了序列—序列模型以及该模型现在面临的主要问题和一些解决方案。尽管如此,基于深度学习的对话模型[34]仍然面临着无法较好地理解上下文、生成回复的信息量不够等问题。因此,一些预训练模型开始被应用到生成式方法中。

2. 基于 Transformer 的生成模型

在传统的基于 RNN 的序列—序列模型中,由于 RNN 的固有属性阻碍了训练样本间的并行化,且对于较长的序列来说,RNN 结构无法很好地对长序列进行建模。因此,Transformer[35]模型应运而生,其主要利用自注意力机制学习长序列之间的依赖并实现样本间的并行计算。

（1）Transformer 模型

Transformer 模型是 Google 公司 2017 年提出的一种用于序列—序列任务的模型，它没有使用 RNN 的递归结构或 CNN 的卷积结构，在机器翻译等任务中取得了一定的提升，其结构如图 7-12 所示。

从图中可以看到，Transformer 是由编码器和解码器构成的。

编码器的输入是 input embedding 和 positional embedding，一起作为检索（query，Q）、键（key，K）、值（value，V），经过多头注意力层进行表示。该层利用多头注意力机制将 Q、K、V 映射到不同的子空间，学习到不同的单词表示，然后进行标准化处理，再将该表示输入前馈神经网络进行非线性变换以增强表示能力。

解码器的输入是输出嵌入和位置嵌入，一起作为 Q、K、V，经过掩蔽的多头注意力层进行表示，该层利用掩蔽防止当前生成的单词对未来的单词产生依赖性，将其输出

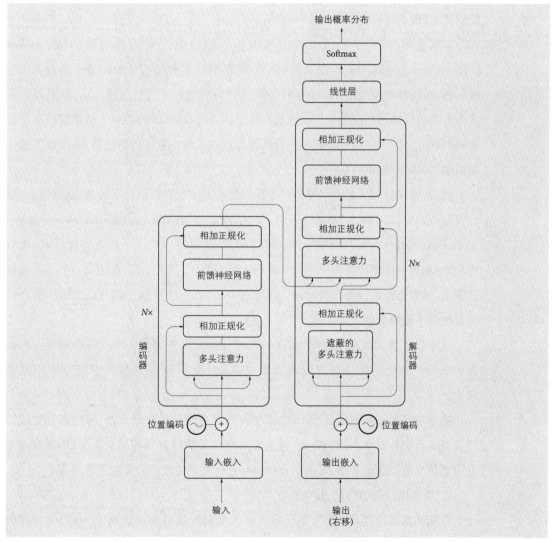

图 7-12 Transformer 模型结构[35]

作为下一步的 V,编码器的输出作为 Q、K,再次通过多头注意力层和前馈神经网络进行表示,将最终的表示结果通过线性变换和 Softmax 层得到的输出概率作为输出。

（2）基于预训练模型的序列—序列模型

继 Transformer 模型之后,大量预训练模型被提出。基于 transformer 的双向编码器表示（bidirectional encoder representations from transformer,BERT）[36] 就是 Google 公司在 2018 年推出的一个自然语言处理预训练模型。它主要使用 Transformer 模型中的编码器来学习其中的语义关系（由多个编码器堆叠而成）,但并没有使用解码器部分去完成具体的解码任务。BERT 已在 11 项自然语言处理任务中取得了比较好的成绩。但是由于该模型资源消耗巨大,因此大多数模型选择直接利用开发者公布的预训练好的模型来进行微调。

简单而言,就是将 BERT 模型作为序列—序列模型的编码器部分来增强对话历史的语义表示,作为解码部分的输入,提升回复的效果。但是单纯地这样使用效果不是特别明显,现在有一些工作对这些效果进行提升。

微软公司 2019 年提出了新的预训练模型掩码序列到序列预训练（masked sequence to sequence pre-training,MASS）。该模型的主要结构是编码器—注意力层—解码器,编码器利用双向 Transformer 对随机掩码后的句子进行编码表示,解码器的输入为与编码器掩码相反的句子。因此在整个生成过程中,解码器用于预测编码器中被掩码的部分。该预训练模型在一些自然语言处理领域也有不错的效果,但是在生成式对话中提升并不是很明显。

此后,微软公司又提出了另外一个预训练语言模型自然语言理解和生成的统一语言模型预训练（unified language model pre-training for natural language understanding and generation,UNILM）,与 MASS 模型不同的是,该模型将序列—序列模型整合到 BERT 模型上,在整个模型中使用一个 Transformer 就可以了。除了可以应用在自然语言理解任务上,该模型也可以处理自然语言生成任务。因此,将该模型与对话生成任务进行结合也是不错的选择。

基于以上预训练模型,越来越多的研究开始把这些预训练模型结合到自己的任务中来给生成模型提供更好的对话历史表示。这可以提升整个模型生成回复的效果。

通过对序列—序列模型、预训练模型及其存在问题的改进介绍,可以看到生成式闲聊系统已经有非常不错的效果,但是仍然存在无法较好地利用上下文、不能有效结合情感信息等问题。于是,近期结合知识来进行对话生成的研究也越来越多。

3. 基于知识驱动的对话系统

早期的基于神经网络的文本生成任务大多是纯数据驱动的基于 Seq2Seq 框架的（暴力）模型,甚至是直接将神经机器翻译（neural machine translation,NMT）任务的编码器—解码器框架照搬过来,仅更换数据集进行调参(本质上对话任务和机器翻译任务是不一样的)[37]。这样直接生搬硬套的模型虽然确实产生了一些有效的结果,使生成的文本看上去很接近自然语言,但是这些模型生成的回复往往缺乏有实质信息的内容。就像我们在对话和写作过程中会加入个人的经验、常识等超出上下文内容的信息一样,将外界知识引入对话系统也是必不可少的。无论是对自然语言理解(NLU)还是自然语言生成(NLG),知识的引入都肯定会使系统性能有显著提升。从训练数据上来看,要完成从对上下文的理解、推理到最后文本的生成,上下文中出现的一些实体隐含的关系、性质等信息往往要借助外界知识才能完善,而这些关系和性质仅仅从训练数据集中是无法获取和推理的。如果直接拟合上下文的匹配,其结果往往只能使系统学习到语法结构和一些最简单、最基本的标准回复。

基于知识的文本生成任务,重点主要在外部知识的嵌入和编码,以及如何将编码后的知识集成到文本生成任务当中。其中的知识一般是结构化的三元组形式,也可以是非结构化的自然语言文本:

(1) 结构化知识

目前,随着智能信息服务应用的不断发展,知识图谱已广泛应用于智能搜索、智能问答、个性化推荐等领域。知识图谱本质上是一种揭示实体之间关系的语义网络。换句话说,知识图谱是由一条条知识组成,每条知识表示为一个主谓宾三元组(subject-predicate-object,SPO),它是一种基于图的数据结构,由节点和边组成。其中,每个节点表示现实世界中存在的“实体”,每条边为实体与实体之间的“关系”。知识图谱是关系最有效的表示方式。通俗地讲,知识图谱就是把所有异构信息(heterogeneous information)连接在一起而得到的一个关系网络。知识图谱提供了从“关系”的角度去分析问题的能力。在对话系统中引入结构化的知识库可以增强模型使用相关知识的能力,从而促进产生有内容的回复句。

目前,一些利用常识知识图谱生成对话的模型被陆续提出。当使用这类知识图谱时,由于具备背景知识,模型更可能理解用户的输入,这样就能生成更加合适的回复。但是,这些结合了文本、对话记录、常识知识图谱的方法,往往只使用了单一三元组,而忽略了一个子图的整体语义,会导致得到的信息不够丰富。

为了解决这些问题,一种基于常识知识图谱的常识知识感知对话模型(commonsense knowledge aware conversational model,CCM)被提出用来理解对话。它可以产生信息丰富且合适的回复。CCM 利用大规模的常识知识图谱,采用大量的注意力机制来寻找可能与对话上下文相关的知识图谱子图,并结合子图来理解用户请求并产生合适的回复。

(2) 非结构化知识

如果说结构化知识的特点是“things,not strings”,即用户输入的关键词,其本质是真实世界的实体,而非抽象的字符串。那么非结构化知识就是"strings with information",即带有信息的字符串。相比于更适合机器去理解的结构化知识库,像百度百科、维基百科这样的非结构化知识(字符串)更适合人们去阅读,而这样的非结构化知识库往往比结构化知识库更加丰富和庞大,因此使用非结构化知识建立知识驱动的对话系统具有更强大的泛化性。目前,非结构化的知识可以分为两大类,一类是对对话历史中相关词条的解释或对一些问题的解释文档;另一类是对对话中角色的一些背景信息的描述,比如用户的个性、爱好等。对于类似提问类型的对话上下文,可以在大量非结构化知识中找到相应的文章,根据文章找到与答案相关的段落,然后提取答案并根据答案生成相应的回复。另一方面,对于加入用户画像的描述文本的对话场景,可以将刻画用户画像的文本看作背景知识,从而生成更具有个性化的回复。

7.4　语音对话系统展望

随着大数据时代的到来和深度学习技术的进步,语音对话系统近年来有了飞速的发展,从传统方法的模块优化到端到端方法的不断尝试,一系列对语音对话系统的探索研究应运而生。

对于传统的任务型语音对话系统,涉及对话的核心模块有口语理解,包括对话状态追踪和对话策略学习在内的对话管理,以及后续的自然语言生成。目前,口语理解任务中的域检测、意图识别和槽填充任务在目前的英文公共数据集上已达到很好的效果,但是从实际应用来看还有很大的提升空间。首先,在口语理解任务中,由于对话文本较短,并且有很多代指词和缩略词,所以在判断句子的语义槽时有可能需要结合相关的外部知识。通过知识图谱对短文本中出现的实体词进行知识拓展,或引入句法依存分析的知识帮助提升口语理解效果,从而提高意图识别和槽填充的准确率是未来的发展方向之一。其次,面对多轮对话时,如何更好地编码、筛选和融入有用的历史信息对多轮口语理解至关重要,仍需进一步研究。另外,在实际应用中,上层模块输出即语音识别得到的对话文本往往含有较多口语错误,会使口语理解的算法效果大打折扣,因此,如何解决或缓解语音识别错误带来的消极影响还需要进一步探索。

对于对话管理中的对话状态追踪模块,未来的研究工作仍需关注多域场景下模型的扩展性以及极少样本的情况。当前,对话状态追踪最常用的数据集是 MultiWOZ,它是一个多域的对话集,对话数量多且对话设计更加贴近现实,但目前的模型在该数据集上的表现还有待提高。从模型的扩展性角度来看,当前对于没出现过的槽值,模型主要依靠指针网络、复制机制等从对话历史中直接复制单词或词段,但这种方法对于用户在对话中没有准确表达槽值的情况下效果较差。对于极少样品的情况,由于当前有对话状态标注的数据集相对较小,且标注起来会耗费大量的人力和物力,因此,如何让模型更加有效地利用现有的领域数据,从而正确地追踪目标域的对话状态,将是学术界和产业界研究人员共同关注的研究方向。

对话策略学习是对话管理中的另一个核心部分,对话生成的好坏很大程度上取决于系统在当前轮所做的决策。日常生活的对话通常涉及多个场景,随着涉及的领域增加,对话行为空间也会随之扩大,因此如何处理多域对话和复合任务类型的对话是今后研究的趋势。此外,虽然深度强化学习是对话决策生成的主要方法,但是随着对话行为空间迅速扩大,如何更好地平衡开发未使用过的行为与利用强化学习的奖励函数得到的下一步行为之间的选择,也是今后可以关注的地方。在与用户交互时,奖励功能对于创建高质量的对话系统至关重要,但是在实践中设计一个合适的奖励函数并不容易。因此,如何设计出好的奖励函数也是未来对话策略学习模块的研究重点。

对于检索式闲聊系统来说,现在的检索匹配模型越来越复杂,未来更应该关注优化模型的学习策略。另外,人们在对话的过程中常常需要结合一定的背景知识,之后除考虑上下文约束之外,还应考虑背景知识的影响。而对于生成式闲聊系统来说,目前的系统已能产生较为流畅的回复,但是在生成回复的多样性、信息量、个性化、情感等方面还有待提升。另外,生成式闲聊系统仍然是数据驱动的,还没有涉及知识推理等方面,因此其能力较为有限,要实现和人类能够真正地进行闲聊还有很长的路要走。由于检索式闲聊系统和生成式闲聊系统各有优势,如何将两种方式结合起来构建混合模型,从而取长补短,改进模型效果、提升用户体验,也是未来关注的方向之一。

随着 ChatGPT 等语言大模型在自然语言处理领域的成功,语言大模型具有强大的语言理解和生成能力,基于大模型的语音对话系统将是未来重要的研究方向。

7.5　小结

本章主要介绍了语音对话系统的概念、发展历史,任务型语音系统和闲聊系统各个模块的经典主流方法,并针对现存问题对语音对话系统的未来方向做出展望。口语理解可以分为对话行为识别、意图识别、语义槽填充等子任务,这些子任务在任务型对话系统中起到了重要作用,是帮助用户完成任务的基础,为后续的对话管理、对话生成提供了支撑,主要目标为理解用户的说话意图。对话状态追踪一节中介绍了其发展过程,总结了先后用于对话状态追踪的四种方法以及其各自的局限性。随着深度学习的发展以及近期多域对话状态追踪数据集的发布,基于 Seq2Seq 的生成模型表现出较好的性能以及光明的发展前景,也因此成为当前较为主流的研究方法。尽管相较于其他方法生成模型表现出了较高的性能,但在多域对话集上的表现仍然有很大的提升空间,同时由于数据标注的难度以及真实场景的复杂性,极少样品以及无样本的对话状态追踪也受到了研究人员的较高关注。对话策略学习主要研究内容是如何根据已得到的信息做出当前轮对话的正确策略,我们围绕该研究内容介绍了任务型对话中的对话策略学习模块,讲解了如何使用强化学习方法建模对话策略优化问题,并依次介绍了两种优化算法:Q-learning 和策略梯度。在闲聊对话中,我们介绍了两种实现方式。其中,针对基于检索式的闲聊系统,我们介绍了其基本框架,详细阐述了目前两类主流的匹配模型。检索式的对话模型在产生回复的多样性方面略有不足,因此更加灵活的生成式系统应运而生。在生成式闲聊系统方面,我们主要介绍了其基本结构和主要方法,包括传统的序列到序列模型和基于预训练的模型,阐述了它们各自的主要结构、优缺点以及目前的发展方向。

本章知识点小结

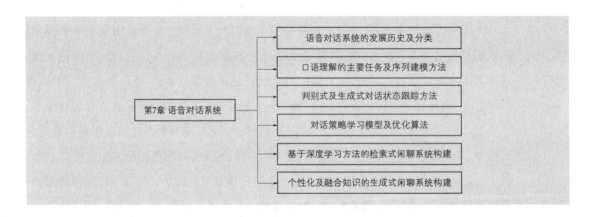

7.6 语音对话系统实践

7.6.1 对话行为识别实验

(1)项目地址

本实验的项目地址为 Github 官网 Commits 节点下的目录 smileix/DAR。

(2)环境配置

基于 Python 3.6+Keras 2.3.1+Tensor Flow 1.15.5。不同版本可能存在兼容性问题,请尽量使用指定版本以确保代码能够正常运行。具体环境配置详见/DAR/requirements.txt。

通过 pip install -r requirements.txt 命令,在自己的环境中安装 requirements.txt 文件中列出的实验所需的依赖包。

注:Keras-contrib 需要使用 git 的方式安装。

(3) 数据处理

本实验使用 SwDA 数据集(已从原始仓库 git 到本实验的仓库中,不需要额外下载)。

代码详见/DAR/swda.py 文件和/DAR/data_process.py 文件。

命令:python3 data_process.py。

数据处理时,需要对自然语言文本按句子进行分割,然后对每句进行分词处理,并将其转化为 token 表示。

(4) 模型构建

本实验的模型结构图如图 7-13 所示。

代码详见/DAR /DAR.py 文件。

模型为双层 LSTM-CRF,主要分为嵌入层、句子 LSTM 层、自注意力层、对话 LSTM 层和 CRF 层。具体来说,先对每个句子 u_i 的文本进行预处理,然后在文本处理层提取其嵌入表示。接下来按照时间维度,在每个句子内利用 BLSTM 算法和自注意力机制捕捉句子内的上下文关系,进一步得到句子的表示。然后将每个句子的表示放入句子级的 BLSTM 层,以学习对话内每个句子间的上下文信息,获得最终的句子表示。最后,将每个句子表示放入 CRF 层,学习对话行为历史中标签之间的依赖关系,从而得到最后的预测输出。

(5) 模型训练

代码详见/DAR/train.py 文件。

命令:python3 train.py。

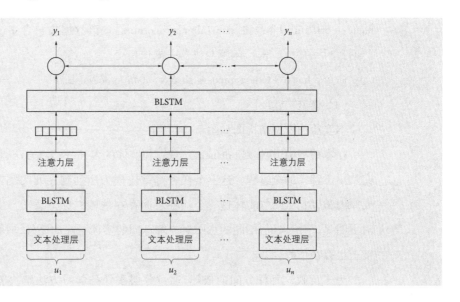

图 7-13 DAR 模型结构框架

训练过程中,epoch 默认设置为 15,batch_size 默认设置为 64。读者可在实践时根据训练结果进行进一步调优。

(6)模型测试

代码详见/DAR/test.py 文件。

命令:python3 test.py。

用测试集对最后保存下来的准确度最高的模型进行测试。

7.6.2 域检测、意图识别和槽填充联合训练实验

(1)项目地址

本实验的项目地址为 Github 官网 Commits 节点下的目录 smileix/hermit-nlu。

(2)环境配置

基于 Python 2.7+TensorFlow 1.9.0 或更高版本。具体环境配置详见/hermit-nlu/requirements.txt。

通过 pip install -r requirements.txt 命令,在自己的环境中安装 requirements.txt 文件中列出的实验所需的依赖包。

之后再下载并安装 spaCy 的英文模型 python -m spacy download en。

(3)数据处理

实验使用 NLU-Benchmark 数据集(NLU-BM),使用 BIO 格式标记(已从原始仓库 git 到本实验的仓库中,不需要额外下载)。

代码详见/HERMIT-NLU/data_process.py 文件。

NLU-BM 是一个公开可用的数据集,其包含 25 716 段话语,标注了场景(scenario)、意图(intent)与实体(entity)。例如,"Schedule a call with Lisa on Monday morning"被标注为 calendar 场景,对应于 calendar_set_event 意图,有两个实体:[event_name:a call with Lisa]和[date:Monday morning]。该数据集包含多个家庭助理任务域(如打电话、播放音乐)、闲聊与机器人操作指令。

命令:chmod +x data_process.sh &&./data_process.sh。

(4)模型构建

本实验的模型结构图如图 7-14 所示。

在本模型中,根据域(domain)、意图和实体的多任务学习方法,解决了系统所需的完整语义解释的全过程。这三个任务都被建模为序列到序列问题。提出本架构的主要原因是,域、意图与实体这三个任务之间存在依赖。标记意图与实体之间的关系相对更明显,一般来说,不同的意图对应着不同的实体。除此之外,域和意图之间某种程度上也存在依赖。

为了反映这种任务间的依赖,通过分层多任务学习方法解决分类过程。我们设

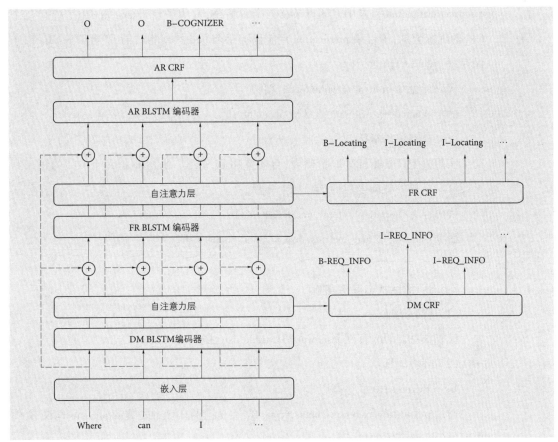

图 7-14 分层多任务跨域联合模型结构框架

计了一个多层神经网络,该网络主要由三个 BLSTM 编码层组成,分别是 DM 层(domain 层),FR 层(frame 层,可映射到意图)与 AR 层(argument 层,即 frame element 层,可映射到实体)。先通过嵌入层将一系列输入单词转换为嵌入向量表示,并被馈送到 DM 层。嵌入层还通过快捷连接(Shortcut Connection)与 DM 和 FR 层的输出连接。自注意力层放在 DM 层和 FR 层的 BLSTM 编码器之后。自注意力的特点在于无视词之间的距离直接计算依赖关系,能够学习一个句子的内部结构,其实现较为简单并且可以并行计算。

为了将本模型应用于 NLU-BM 的标注,将 NLU-BM 标注中的场景(Scenario)视为域,两者具有很高的相似性。

代码详见 hermit-nlu/learning/architectures.py 文件。

(5)模型训练与测试

所有模型都是采用 Keras 实现,并使用 TensorFlow 作为后端。实验采用 10 fold 设置,使用其中的 1 fold 用于微调,1 fold 用于测试,其余用于训练。首先利用预先训练的 1 024 维的 ELMo embeddings,在没有重训权重的情况下作为词向量表示。脚本将在 NLU-BM 数据集上执行 10 fold 评估并生成对应结果目录,评测结果会保存到

resource/evaluation 目录中。该目录有三个子目录,其中子目录 encoder 用于保存每个 fold 的训练数据,子目录 predication 用于保存每个 fold 的预测结果,子目录 results 用于保存每个 fold 的预测指标。

代码详见/hermit-nlu/evaluate.sh 文件。

命令:chmod +x evaluate.sh &&./evaluate.sh。

(6)模型评价指标

实验模型评价指标采取精确度、召回率和 F1 分数。此处根据每个 fold 的预测结果计算出全局的精确度、召回率与 F1 分数。

代码详见/hermit-nlu/total_metrics.sh 文件。

命令:chmod +x toal_metrics.sh &&./total_metrics.sh。

7.6.3　对话状态追踪实验

(1)代码地址

代码详见 github 官网 jasonwu0731/trade-dst 目录。

(2)环境配置

基于 PyTorch1.0 或更高版本。

通过 pip install -r requirements.txt 命令,在自己的环境中安装 requirements.txt 文件中列出的实验所需的依赖包。

certifi==2019.3.9

cffi==1.12.3

chardet==3.0.4

cuthon==0.5

cycler==0.10.0

Cython==0.29.10

embeddings==0.0.6

idna==2.8

kiwisolver==1.1.0

matplotlib==3.1.0

numpy==1.16.4

pycparser==2.19

pyparsing==2.4.0

python-dateutil==2.8.0

quadprog==0.1.6

requests==2.22.0

six==1.12.0

torch>=1.0.0

tqdm==4.32.1

urllib3==1.25.3

mkl-fft==1.0.12

mkl-random==1.0.2

注意:在安装过程中可能会出现找不到 mkl-fft==1.0.12、mkl-random==1.0.2 的情况,这时可以按照提示安装可用的最新版本进行替代。

(3) 数据处理

实验使用 MultiWOZ2.0 数据集(代码中会下载数据集,不需要自己进行下载)。

代码详见/trade-dst-master/create_data.py 文件。

主要包括以下两部分:

创建数据(createData):在这一部分中,首先下载数据到目录 data/multi-woz/下,之后对对话语句进行规范化,同时为用户语句添加当前的域标注,为系统语句添加对话行为标注,并将修改后的对话数据保存到文件 data/multi-woz/woz2like_data.json 中。

分离数据(divideData):从上一部分得到的对话数据中提取模型需要的数据。其中,将用户语句以及上一个系统语句整合为一轮对话,每一轮对话包括系统语句、轮索引、信念状态、轮标注、用户语句、系统行为、域等,并将每段对话按照 testListFile、valListFile 文件中的内容分配给测试集、验证集以及训练集,同时分别保存到 data/test_dials.json、data/dev_dials.json 和 data/train_dials.json 文件中。

(4) 模型构建

本实验的模型结构图如图 7-15 所示。

代码详见/trade-dst-master/models/TRADE.py 文件。

模型主要分为语句编码器(utterance encoder)、槽门限(slot gate)以及状态生成器(state generator)三部分。

在实际构建中,主要包括以下两个模块。

① 编码器(class Encoder RNN):使用 GRU 作为语句编码器对对话历史进行编码。

② 生成器(class Generator):包含模型中的槽门限部分和状态生成器部分。使用 GRU 作为解码器,在每一个解码步得到解码器的输出和隐藏状态,用于计算上下文表示、输入对话历史中各单词的概率分布(self.attend)以及词汇表中各单词的概率分布(self.attend_vocab)。将两个概率加权求和取,最大概率对应的单词作为生成器在当前解码步的输出,并用作下一个解码步的输入。在第一个解码步中,初始隐藏状态为编码器的最后一个隐藏状态,输入为域槽对嵌入,同时将输入语句的上下文表示输入槽门限计算域槽对的值类型(self.W_gate)。

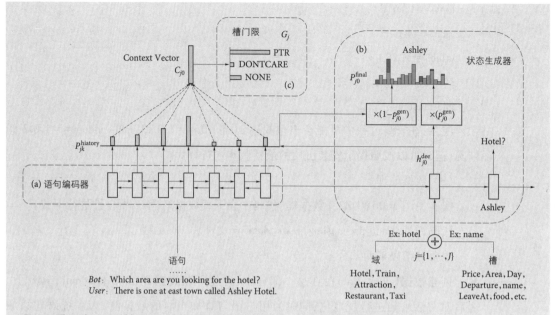

Figure 2: The architecture of the proposed TRADE model, which includes (a) an utterance encoder, (b) a state generator, and (c) a slot gate, all of which are shared among domains. The state generator will decode J times independently for all the possible (*domain, slot*) pairs. At the first decoding step. stale generator will take the j-th (*domain, slot*) embeddings as input to generate its corresponding slot values and slot gate. The slot gate predicts whether the j-th (*domain, slot*) pair is triggered by the dialogue.

图 7-15 TRADE 模型结构框架

（5）模型训练

代码详见/trade-dst-master/myTrain.py 文件。

命令：python3 myTrain.py −dec＝TRADE −bsz＝32 −dr＝0.2 −lr＝0.001 −le＝1。

模型超参数默认配置详见/trade-dst-master/utils/config.py 文件。

在每个 epoch 中，将数据分成若干 batch 对模型进行训练和优化。同时在训练过程中设置了 early_stop，即每过 args［'evalp'］（默认为 1）个 epoch 计算一次模型的准确度，当模型准确度 args［"patience"］（默认为 6）没有提升时，则训练结束；否则直到训练 200 个 epoch 结束。在训练过程中，将目前最优的模型准确度有提升的模型保存到/trade-dst-master/save/TRADE-multiwozdst/中。

（6）模型测试

代码详见/trade-dst-master/myTest.py 文件。

命令：python3 myTest.py −path＝＄｛save_path｝。

用测试集对最后保存下来的准确度最高的模型进行测试。

测试结果如下：

```
STARTING EVALUATION
100%|                                                                      | 231/231 [06:21<00:00,  1.49s/it]
{'Joint Acc': 0.48588490770901194, 'Turn Acc': 0.9694580166485272, 'Joint F1': 0.8939456651358995}
```

7.6.4 对话策略学习实践

本小节将描述如何搭建对话策略学习的基线。在此部分使用到的开源工具是由清华大学和微软公司联合开发的开源多域端到端对话系统平台 ConvLab。该系统旨在使研究人员能够快速建立实验的可重用组件,并在共同的环境下比较不同的方法,从传统的管道方法构建的对话系统到使用端到端神经模型实现的对话系统。

Convlab 系统基于 Agents-Environments-Bodies 结构设计,包括对话代理实例、交互环境、基于特定代理和环境的主体部分,除了普通的单代理、单环境设置外,还可以进行多种高级研究实验,如多代理学习、多任务学习、角色扮演等,并且不需要针对每种情况编写专门的代码。ConvLab 系统可用的工具包如表 7-2 所示,在基线中将利用表格中给出的工具包进行对话策略学习的训练。

表 7-2 ConvLab 工具包

工具包	描述
convlab	开源的多域端到端对话研究库
convlab.agent	用于构建包括 RL 算法在内的对话代理模块
convlab.env	环境集合
convlab.experiment	可用于在不同级别上进行实验的模块
convlab.evaluator	具有各种评价指标,可用于评估的对话模块
convlab.modules	一组最新对话系统各模块模型的集合,包括 NLU、DST、Policy、NLG
convlab.human_eval	使用 Amazon Mechanical Turk 进行人工评估的服务器
convlab.lib	基础功能类库
convlab.spec	实验规范文件的集合

本实践使用 ConvLab 提供的 convlab.agent 模块搭建基线。ConvLab 的安装需要 Python 3.6.5 或更高版本。安装过程如下(通过 pip 命令安装):

① 从 Github 上克隆该开源代码。使用命令 git clone。

② 下载和安装 Python 集成环境 Anaconda。创建一个 Python 版本为 3.6.5 的 Conda 环境。使用命令 conda create -n convlab python=3.6.5。

③ 激活该环境。使用命令 source activate convlab。

④ 安装运行所需要的库和依赖项,运行环境所需库都记录在 requirements 文件中。使用命令 pip install -r requirements.txt。

⑤ 安装 nltk。ConvLab 使用 nltk 中停用词表,因此需要安装 nltk 工具包。安装命令 python -m nltk.downloader stopwords。

接下来,可以使用 ConvLab 中提供的各种策略学习模型进行训练并评估训练模型的好坏。ConvLab 提供了基于规则和模板的策略学习模型,以及基于强化学习训练的模型。此外,还可以选择管道系统中其他模块的训练方法。基于该平台,可以构建基于自己设计的决策模型的对话系统。通过修改命令 python run.py ｛说明文件｝｛模型说明｝｛模式｝,就可以选择想训练的各类模型。

下面展示如何运行基线程序。

① 训练基于 DQN 模型的策略学习方法:在命令行使用命令:

python run.py demo.json onenet_rule_dqn_template train

② 评估该模型,在命令行使用命令:python run.py demo.json onenet_rule_dqn_template eval

③ 除以上 DQN 方法之外,还可以测试基于模板和规则的策略学习模型,使用命令:

python run.py demo.json onenet_rule_rule_template eval。

该系统使用的训练数据是包含多个领域的开源英文数据集 MultiWOZ[15]。该数据集包含 7 个领域的 10 438 段对话,包含对话状态和对话行为的标注,可以用来进行多个对话系统相关的实验训练。

7.6.5　检索式聊天机器人的实现

（1）环境安装

本实验使用的深度学习框架为 TensorFlow,它提供了多种安装方式,这里主要介绍在 Ubuntu 16.04 中通过 pip 命令安装(注意 Ubuntu 下已经安装了 CUDA 和 CuDNN)的方式。

安装 TensorFlow:pip install --upgrade tensorflow-gpu。

安装所需要的依赖包:pip install numpy scikit-learn pandas jupyter。

这里使用 Python 3 以及 TensorFlow0.9 或更高版本。

（2）数据处理

使用 Ubuntu 对话数据集 Ubuntu Dialog Corpus(UDC)。该数据集是目前最大的公开对话数据集之一,它是来自 Ubuntu 的 IRC 网络上的对话日志。

该数据集的训练数据有 1 000 000 条实例,每条实例包括一段上下文信息(context)和一段回复内容(utterance)。其中一半的实例为文本与回复匹配的正例,其 label 值为 1;另一半为回复不匹配的反例,其 label 值为 0,其回复为语料库中随机选取的。其数据示例如图 7-16 所示。

Ubuntu 对话数据集的生成使用了自然语言工具包(natural language toolkit, NLTK),包括分词、英文单词取词根、英文单词归类(如单复数)等文本预处理步骤;同时还使用了命名体识别技术,将文本中的实体,如姓名、地点、组织、URL 等替换成特殊字符。这些文本预处理并不是必须的,但是能够提升一些模型的性能。据统计,上下文信息的平均长度为 86 个单词,而回复的平均长度为 17 个单词。

	Context	Utterance	Label
0	I think we could import the old comment via rsync, but from there we need to go via email. I think it be easier than capturing the status on each bug and than import bite here and there __eou__ __eot__ it would be very easy to keep a hash db of message-id __eou__ __sound good __eou__ __eot__ ok __eou__ perhaps we can ship an ad-hoc apt_prerequisite __eou__ __eot__ version? __eou__ __eot__ thank __eou__ __eot__ not yet __eou__ it be cover by your insurance? __eou__ __eot__ yes __eou__ but it's really not...	basic each xfree86 upload will not force user to upgrade 100mb of font for nothing __eou__ no something i do in my spare time. __eou__	1
1	i'm not suggest all-only the one you modify. __eou__ __eot__ ok, it sound like you re agree with me, then __eou__ though rather than "the one we modify", my idea be "the one we need to merge" __eou__ __eot__	some __eou__ I think it be ubuntu relate. __eou__	0
2	afternoon all __eou__ not entire relate to warti but it grub-install take 5 minute to install, be this a sign that i should just retry the install:) __eou__ __eot__ here __eou__ __eot__ you might want to know that thinic in warti be buggi compare to that in sid __eou__ __eot__ and appar gnome be suddent almost perfect (out of the thinic problem). nobody report bug:-p __eou__ i don't get your question, where do you want to past? __eou__ __eot__ can i file the panel not link to ed ? :)...	yep. __eou__ oh. okay .I wonder what happen to you __eou__ what distro do you need? __eou__ yes __eou__	0
3	interesting __eou__ grub-install work with / be exit3, tail when it be xfs __eou__ I think d-i install the wrong kernel for your machine I have a p4 and it install the 386 kernel __eou__ holy crap a lot of stuff get install by default:) __eou__ you be install vim on a box of mine __eou__ :) __eou__ __eot__ more like osx than debian :) __eou__ we have a select of python module avail for great justice (and python develop) __eou__ __eot__ 2.8 be fix them irc __eou__ __eot__ pong __eou__ vino will...	that the one __eou__	1
4	and because python give mark a woodi __eou__ __eot__ i'm not sure if we re mean to talk about that public yet. __eou__ __eot__ and i think we be a "pant off" kind of company.. : p __eou__ you need new glass __eou__ __eot__ mono 1.0 ? dude. that's go to be a barrel of laugh for total non-release relate reason during the hours __eou__ read bryan clark's entry about network management? __eou__ __eot__ there be an accompany irc corners to that one <g> __eou__ explain? __eou__ I guess you could s...	(I think someone be go to make a joke about .au bandwidth...) __eou__ especially not if you re use screen:) __eou__	1

图 7-16 Ubuntu 对话数据集中的数据示例

Ubuntu 对话数据集也包括测试集和验证集，但这两部分的数据和训练数据在格式上不太一样。在测试集和验证集中，对于每一条实例，有一个正例和 9 个反例数据（也称为干扰数据）。模型的目标在于给正例的得分尽可能高，而给反例的得分尽可能低。

模型的评测方式有很多种，其中最常用到的是 recall@k，即经模型对候选的回复排序后，前 k 个候选中存在正例数据（正确回复）的占比。显然 k 值越大，对模型性能的要求就越松，该指标会越高。

Ubuntu 对话数据集的原始格式为 csv，需先将其转为 TensorFlow 专有的格式。新格式的好处在于能够直接从输入文件中加载张量（tensor），并让 TensorFlow 来处理混编（shuffling）、批处理（batch）和排队（queuing）等操作。预处理中还包括创建一个字典库，对词进行标号。TFRecord 文件将直接存储这些词的标号。每个实例包括如下几个字段：

① Query。表示为一串词标号的序列，如 $[231, 2190, 737, 0, 912]$。

② Query 的长度。

③ Response。同样是一串词标号的序列。

④ Response 的长度。

⑤ Label。

⑥ Distractor_$[N]$。即反例干扰数据，仅在验证集和测试集中有，N 的取值为 0~8。

⑦ Distractor_$[N]$ 的长度。

为了使用 TensorFlow 内置的训练和评测模块，需创建一个输入函数。因为训练数据和测试数据的格式不同，需要创建不同的输入函数。输入函数需要返回批量的特征

和标签值(如果有的话)。类似如下代码:

```
def input_fn():
    # TODO Load and preprocess data here
    return batched_features,labels
```

因为需要在模型训练和评测过程中使用不同的输入函数,为了防止重复书写代码,创建一个包装器(wrapper),名称为 create_input_fn,针对不同的模式使用相应的代码,具体如下:

```
def create_input_fn(mode,input_files,batch_size,num_epochs=None):
    def input_fn():
        # TODO Load and preprocess data here
        return batched_features,labels
    return input_fn
```

完整的代码见 udc_inputs.py 文件。整体上,输入函数做了如下的工作:

① 定义了示例文件中的特征字段。

② 使用 tf.TFRecordReader 来读取 input_files 中的数据。

③ 根据特征字段的定义对数据进行解析。

④ 提取训练数据的标签。

⑤ 产生批量化的训练数据。

⑥ 返回批量的特征数据及对应标签。

(3)模型构建

本实验将建立的神经网络模型为两层编码器的 LSTM 模型,这种形式的网络被广泛应用在 chatbot 中。Seq2Seq 模型常用于机器翻译领域,并取得了较好的效果。

两层编码器的 LSTM 模型的结构如图 7-17 所示。

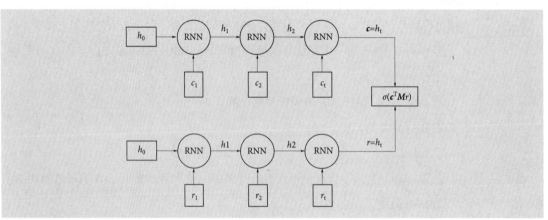

图 7-17 两层编码器的 LSTM 模型结构图

该模型大致流程如下:

① 上下文和回复都是经过分词的,分词后每个词嵌入为向量形式。初始的词向量使用单词表示的全局向量(global vectors for word representation,GloVe),之后词向量随着模型的训练会进行微调(实验发现,初始的词向量使用 GloVe 并没有在性能上带来显著的提升)。

② 分词且向量化的上下文和回复按词序排列经过相同的 RNN。RNN 最终生成一个向量表示,捕捉了上下文和回复之间的语义联系(图中的 c 和 r);这个向量的维度是可以指定的,这里指定为 256 维。

③ 将向量 c 与一个矩阵 M 相乘,来预测一个可能的回复 r'。如果 c 为一个 256 维的向量,M 为 $256*256$ 的矩阵,两者相乘的结果为另一个 256 维的向量,可以将其解释为一个生成式的回复向量。矩阵 M 是需要训练的参数。

④ 通过点乘的方式来预测生成的回复 r' 和候选的回复 r 之间的相似程度,点乘结果越大表示候选回复作为回复的可信度越高。之后通过 sigmoid 函数归一化,转成概率形式。图中把第③步和第④步结合在一起了。

为了训练模型,还需要一个损失函数。这里使用二元交叉熵作为损失函数。已知实例的真实 label y,值为 0 或 1;通过第④步可以得到一个概率值 y';因此,交叉熵损失值为 $L=-y*\ln(y')-(1-y)*\ln(1-y')$。这个公式的意义是直观的,即当 $y=1$ 时,$L=-\ln(y')$,期望 y' 尽量接近 1 使得损失函数的值越小;反之亦然。

因此,这基本上是一个最简单的 LSTM 模型实现的基于检索的对话系统了,模型构建具体见 dual_encoder.py 文件。

(4) 模型训练

首先,给一个模型训练和测试的程序样例,之后即可参照程序中所用到的标准函数来快速切换和使用其他的网络模型。假设有一个函数 model_fn,函数的输入参数有批特征、label 和模式(训练/评价),函数的输出为预测值。

运行命令:

```
python udc_train.py
```

(5) 结果分析

在训练完模型后,可以将其应用在测试集上,使用命令:

```
python udc_test.py --model_dir=$MODEL_DIR_FROM_TRAINING
```

将得到模型在测试集上的 recall@ k 的结果,注意在运行 udc_test.py 文件时,需要使用与训练时相同的参数。

在模型训练大约 2 万次时(在 GPU 上大约花费 1 小时,在 64 GB 的 CPU 服务器上大约花费 20 小时),模型在测试集上得到如下的结果:

```
recall_at_1 = 0.507581018519
```

recall_at_2 = 0.689699074074

recall_at_5 = 0.913020833333

将该模型得到的结果与额外两种方式(随机方式与 TF-IDF 方法)做对比分析。一种是随机得到的结果:

Recall @(1,10):0.0937632

Recall @(2,10):0.194503

Recall @(5,10):0.49297

Recall @(10,10):1

以上结果与理论预期相符。另一种是采用词频——逆文本频率(term frequency-inverse document frequency,TF-IDF)的方式,即将 Q(query)与 R(response)的 TF-IDF 值进行比对,对于一个 QR pair,它们语义上接近的词共现得越多,也将越可能是一个正确的 QR pair。

Recall @(1,10):0.495032

Recall @(2,10):0.596882

Recall @(5,10):0.766121

Recall @(10,10):1

其中,dual LSTM 模型 recall@1 的值与 TF-IDF 模型的差不多,但是 recall@2 和 re-call@5 的值则比 TF-IDF 模型的结果好太多。

7.6.6 生成式闲聊系统的实现

本实验代码可以在 Github 官网的 zxy556677/Knowledge-Transformer 下载。

(1)环境安装

基于 pytorch0.4.1 或更高版本。

通过 pip install -r requirements.txt 命令,在自己的环境中安装 requirements.txt 文件中列出的实验所需的依赖包。

tagme

python3

pytorch>=0.4.1

spacy==2.0.12

numpy==1.14.5

scipy==1.0.0

tqdm==4.23.2

ftfy==5.5.0

nltk==3.4.5

language-check==1.1

（2）数据处理

为了整合前文提到的知识，将对非结构化知识驱动的生成式闲聊系统进行实践。这里使用的数据库是 Wizard of Wikipedia，代码详见 model/dataset.py 文件。其中数据预处理过程主要包括：

① 重构数据集。利用函数 FacebookDateset( ) 创建具有背景知识、对话历史信息、真实回复等键值的字典，并利用函数 string2ids( ) 将输入字符串转为对应 id，方便之后转为词向量。

② 读取处理好数据的函数 DataLoader( )。在该函数中可以根据自己的需要规定训练过程中训练批次的大小、在每个 epoch 开始时是否对数据进行重排序、进程数量以及自定义数据采样的方式等。

（3）模型构建

数据处理完成后，进行模型的构建，代码详见 model/transformer_model.py 文件。主体代码是基于 OpenAI GPT 构建的，主要分为以下几个功能模块：

① 编码器和解码器的构建。由于 OpenAI GPT 原模型只提供了编码部分，在进行具体操作时需要根据自身任务的需求将其转变为 Seq2Seq 结构。

② transformer 模块的定义及构建。模型本质上是基于 Transformer 架构搭建的，因此需要进行 Transformer 模块的定义。

③ 根据编码或解码调用相应的多头注意力函数构建模型。根据编码及解码过程中注意力机制的不同，需要分别进行不同掩码的多头注意力机制的构建。

④ FeedForward 函数定义。主要用于实现残差连接层，易于模型的训练。其原因是可以使反向传播时的振荡幅度更小。

⑤ beam_search 解码方法的定义。该模块在测试阶段使用。

（4）模型训练

由于该模型是基于 OpenAI GPT 预训练语言模型实现的，所以首先需要导入预训练模型的参数。通过 load_openai_weights 函数实现。除了可以导入 OpenAI GPT 预训练语言模型，也可以导入之前通过该框架训练过的模型继续训练。该部分代码主要在根目录下的 train.py 文件和 model/trainer.py 文件中。

在导入预训练模型的参数之后，就可以针对当前处理好的数据集进行微调了。其实模型训练部分的代码很简单，就是每个 epoch 都对样本进行混洗，然后分批次，接下来将每个批次的数据分别传至 trainer.train 进行模型的训练。上述传入训练数据的任务都是通过 DataLoader 函数实现的，之后模型的训练过程中采用两种损失函数进行训练，第一种是 CrossEntropyLoss 函数，用于训练语言模型；第二种是 LabelSmoothingLoss 函数，用于测量 Seq2Seq 模型的训练误差。

我们训练的 epoch 通常设置为 100。在训练过程中采用的优化器是基于 Adam 构建的。Adam 是一种可以替代传统随机梯度下降过程的一阶优化算法,它能基于训练数据迭代更新神经网络权重。传统的随机梯度下降保持单一的学习率(即 alpha)更新所有的权重,学习率在训练过程中并不会改变。而 Adam 算法通过计算梯度的一阶矩估计和二阶矩估计,为不同的参数设计独立的自适应性学习率。

在训练完成后,模型会在测试集进行一次结果评测,其中评价指标采用的是 F1,也就是精确值和召回率的调和均值。当然,也可以通过 metric_funcs 函数自行添加或设定评测指标。

(5) 模型预测

预测好模型之后,接下来需要做的就是对模型效果进行测试。这里也比较简单,主要工作就是通过 beam_search 算法求解并进行输出,其中评测指标采用的是 F1。结果样例可以用函数 sample_text_func 输出,其中输出的结果会包含对话相关的文档知识(knowledge),对话历史(dialog),数据集中给定的真实回复(target)以及模型预测生成的结果(prediction)。

测试样例如下所示:

Knowledge:

thierry daniel henry(; born 17 august 1977)is a retired french professional footballer who played as a forward and is the second assistant manager of the belgium national team.

Dialog:

- thierry henry is one of my all time favorite players. what about you?

- he was good. he is a retired french professional footballer.

- yes i think he retired many years ago. he was a coach for belgium during the world cup.

Target:

he played for monaco, juventus, barcelona, new york red bulls so he has been almost everywere

Prediction:

he was a professional footballer. he was a member of the world cup.

习题 7

1. 在对话行为识别模型中加入 CRF 层的原因是什么? 请查阅资料阐述其原理。

2. 关于上下文-回复的匹配模型,为什么序列匹配的模型效果要比将上下文拼接起来的效果好?

3. 序列匹配模型有什么缺陷?

4. 请查阅相关资料,具体描述序列到序列模型是如何工作的。

5. 在生成式闲聊系统中有哪些主要的研究方式以及待解决的问题?

6. 对话状态追踪的判别模型有哪些不足,生成模型又有哪些优势?

7. 请描述如何使用强化学习对任务型语音对话系统中的策略学习模块建模。

8. 请描述你知道的策略优化算法有哪些。

9. 请简述检索式闲聊系统的常用方法有哪些。

10. 请简要描述 Transformer 结构是如何进行编码解码的。

11. 基于知识驱动的对话系统是如何进行分类的？相较之前的模型有什么优点？

参考文献

［1］Weizenbaum, Joseph (January 1966). "ELIZA——A Computer Program for the Study of Natural Language Communication Between Man and Machine". Communications of the ACM. 9；36-35.

［2］Chen, Hongshen, et al. "A survey on dialogue systems；Recent advances and new frontiers." Acm Sigkdd Explorations Newsletter 19.2(2017)；25-35.

［3］A. Stolcke, N. Coccaro, R. Bates, and P. Taylor, "Dialogue Act Modeling for Automatic Tagging and Recognition of Conversational Speech," Computational Linguistics, vol. 26, no. 3, p. 35, 2000.

［4］Jeremy Ang, Yang Liu, and E. Shriberg, "Automatic Dialog Act Segmentation and Classification in Multiparty Meetings," in ICASSP, Philadelphia, Pennsylvania, USA, 2005, vol. 1, pp. 1061-1064, doi：10.1109/ICASSP.2005.1415300.

［5］H. Kumar, A. Agarwal, R. Dasgupta, and S. Joshi, "Dialogue act sequence labeling using hierarchical encoder with crf," In ThirtySecond AAAI Conference on Artificial Intelligence, 2018.

［6］Bing Liu and Ian Lane, "Attention-based recurrent neural network models for joint intent detection and slot filling," in Interspeech, 2016, pp. 685-689.

［7］Chih-Wen Goo, Guang Gao, Yun-Kai Hsu, Chih-Li Huo, Tsung-Chieh Chen, Keng Wei Hsu, and Yun-Nung Chen, "Slot-gated modeling for joint slot filling and intent prediction," in Proceedings of the 2018 Conference of the North American Chapter of the Association for Computational Linguistics：Human Language Technologies, 2018, pp. 753-757.

［8］杜晓宇. 基于 LSTM 的对话状态追踪模型研究与实现［D］.北京邮电大学, 2018.

［9］Williams, J. D., R Aux, A., & Henderson, M..(2016). The dialog state tracking challenge series：a review.

［10］Jason D. Williams and Steve Young. 2007. Partially observable markov decision processes for spoken dialog systems. Computer Speech and Language 21；393-422.

［11］Dan Bohus and Alex Rudnicky. 2006. A "k hypotheses + other" belief updating model. In Proceedings of the AAAI Workshop on Statistical and Empirical Methods in Spoken Dialogue Systems.

［12］Matthew Henderson, Blaise Thomson, and Steve Young. 2014. Word-Based Dialog State Tracking with Recurrent Neural Networks. In Proceedings of SIGDIAL.

［13］N. Mrkšić, D. O S'eaghdha, T. -H. Wen, B. Thomson, ' and S. Young. Neural belief tracker：Data-driven dialogue state tracking. In Proceedings of the 55th Annual Meeting of the Association for Computational Linguistics (Volume 1；Long Papers), pages 1777-1788, Vancouver, Canada, July 20［17］Association for Computational Linguistics.

［14］Lee H., Lee, J., & Kim, T. Y..(2019). SUMBT；Slot-Utterance Matching for Universal and Scalable Belief Tracking. Meeting of the Association for Computational Linguistics.

［15］Budzianowski, P., Wen, T. H., Tseng, B. H., Casanueva, I., & Gai, M..(2018). MultiWOZ-A Large-Scale Multi-Domain Wizard-of-Oz Dataset for Task-Oriented Dialogue Modelling. Proceedings of the 2018 Conference on Empirical Methods in Natural Language Processing.

［16］Chien-Sheng Wu, Andrea Madotto, Ehsan HosseiniAsl, Caiming Xiong, Richard Socher, and Pascale Fung. 2019. Transferable multi-domain state generator for task-oriented dialogue systems. In Proceedings of the 57th Annual Meeting of the Association for Computational Linguistics, pages 808-819, Florence, Italy. Association for Computational Linguistics.

［17］Quan, J., & Xiong, D..(2020). Modeling Long Context for Task-Oriented Dialogue State Generation.

［18］Wu, P., Zou, B., Jiang, R., & Aw, A. T..(2020). GCDST；A Graph-based and Copy-augmented Multi-domain Dialogue State Tracking. Findings of the Association for Computational Linguistics；EMNLP 2020.

［19］Sutton, R. S. and Barto, A. G.(2018). Reinforcement Learning；An Introduction. MIT Press, 2nd edition.

［20］Gao J, Galley M, Li L. Neural approaches to conversational AI［C］// The 41st International ACM SIGIR Conference on Research & Development in Information Retrieval. 2018；1371-1374.

［21］Puterman, M. L. (1994). Markov Decision Processes；Discrete Stochastic Dynamic Programming. Wiley-Interscience, New York.

［22］周志华. 机器学习［M］. 北京：清华大学出版社, 2016.

［23］ Mnih, V., Kavukcuoglu, K., Silver, D., Rusu, A. A., Veness, J., Bellemare, M. G., Graves, A., Riedmiller, M., Fidjeland, A. K., Ostrovski, G., Petersen, S., Beattie, C., Sadik, A., Antonoglou, I., King, H., Kumaran, D., Wierstra, D., Legg, S., and Hassabis, D. (2015). Human-level control through deep reinforcement learning. Nature, 518:529–533.

［24］ Williams, R. J. (1992). Simple statistical gradient-following algorithms for connectionist reinforcement learning. Machine Learning, 8:229–256.

［25］ Sutton, R. S., McAllester, D., Singh, S. P., and Mansour, Y. 1999. Policy gradient methods for reinforcement learning with function approximation. In Advances in Neural Information Processing Systems 12(NIPS), pages 1057–1063.

［26］ Mingxuan Wang, Zhengdong Lu, Hang Li, and Qun Liu. 2015. Syntax-based Deep Matching of Short Texts. arXiv preprint arXiv:1503.02427.

［27］ Yu Wu, Wei Wu, Chen Xing, Can Xu, Zhoujun Li, and Ming Zhou. A Sequential Matching Framework for Multi-turn Response Selection in Retrieval-based Chatbots. Computational Linguistics, 1–50, 2018.

［28］ Xiangyang Zhou, Daxiang Dong, Hua Wu, Shiqi Zhao, Dianhai Yu, Hao Tian, Xuan Liu, and Rui Yan. 2016. Multi-view response selection for human-computer conversation. In EMNLP, pages 372–381.

［29］ Yu Wu, Wei Wu, Chen Xing, Ming Zhou, and Zhoujun Li. Sequential Matching Network: A New Architecture for Multi-turn Response Selection in Retrieval-based Chatbots. ACL'17.

［30］ I. Serban, A. Sordoni, Y. Bengio, A. Courville, and J. Pineau. Building end-to-end dialogue systems using generative hierarchical neural network models. In AAAI Conference on Artificial Intelligence, 2016.

［31］ C. Xing, W. Wu, Y. Wu, M. Zhou, Y. Huang, and W. Y. Ma. Hierarchical recurrent attention network for response generation. arXiv preprint arXiv:1701.07149, 2017.

［32］ H Zhang, Y Lan, L Pang, J Guo, X Cheng. ReCoSa: Detecting the Relevant Contexts with Self-Attention for Multi-turn Dialogue Generation. In Proceedings of the 57th Annual Meeting of the Association for Computational Linguistics, Florence, Italy, July, 2019. pages 3721–3730.

［33］ J. Li, M. Galley, C. Brockett, J. Gao, and B. Dolan. A diversity-promoting objective function for neural conversation models. In Proceedings of the 2016 Conference of the North American Chapter of the Association for Computational Linguistics: Human Language Technologies, San Diego, California, June 2016. pages 110–119.

［34］ 陈晨,朱晴晴,严睿,柳军飞.基于深度学习的开放领域对话系统研究综述[J].计算机学报,2019,42(07):1439–1466.

［35］ A Vaswani, N Shazeer, N Parmar, J Uszkoreit, L Jones, A N Gomez, L Kaiser, and I Polosukhin. 2017. Attention is all you need. In Advances in neural information processing systems, pages 5998–6008.

［36］ J Devlin, M Chang, K Lee, and K Toutanova. 2019. Bert: Pre-training of deep bidirectional transformers for language understanding. In Proceedings of the 2019 Conference of the North American Chapter of the Association for Computational Linguistics: Human Language Technologies, Volume 1(Long and Short Papers), pages 4171–4186.

［37］ 庞睿婷. 知识驱动的生成式会话系统研究[D].电子科技大学,2020.

第8章 语音信息处理前瞻技术

【内容导读】本章主要对语音信息处理前瞻技术进行简要介绍。情感作为实现人工智能的基础，本章首先对当前语音情感处理与分析领域的基本概念、主流语音情感识别模型以及其他情感计算内容进行了详细阐述。其次，对语音信息处理当前的热点端到端模型进行了介绍，包括面向语音识别的连接时序分类（CTC）和序列到序列（Seq2Seq）两种端到端模型，以及面向联合优化语音识别和自然语言理解的端口语理解模型。最后，作为第三代人工神经网络，脉冲神经网络（Spiking neural network，SNN）以低能耗、高效率、生物可信度高所著称，其为高效的语音信息处理提供了潜在的解决方案。本章以声音识别为例，展示了脉冲神经网络在语音信息处理上的应用。

8.1 语音情感信息处理与分析

人类之间的沟通与交流不仅仅局限在语言陈述本身，还包含了丰富的情感信息，例如相同的语义信息用不同情感来演绎，其表达的信息也有所不同。因此，在人机交互过程中，人们也希望计算机能够具备情感能力。早在 20 世纪 80 年代，情感即在机器智能中得到关注。被誉为"人工智能之父"的另一位科学家马文·明斯基在 1986 年曾指出情感是实现人工智能的基础[1]。由此可见，为了让计算机更好地理解说话人的情感、与人进行更加自然和谐的交互，情感的研究是十分必要的。1995 年麻省理工学院的 Rosalind Picard 首次提出"情感计算"这一概念。情感计算的目的是通过赋予计算机识别、理解、表达和适应人的情感的能力来建立和谐人机环境，并使计算机具有更高、更全面的智能。之后，情感计算这一新兴科学领域进入众多信息科学和心理学研究者的视野。

语音情感识别能力是计算机情感智能的重要组成部分，是实现自然人机交互的关键前提。在人机交互过程中，正确识别用户的情感能够给用户提供良好的交互性，提升用户的体验。因此，随着人机交互的发展，语音情感识别得到世界范围内相关研究者的持续关注，并取得了一些令人瞩目的成绩[2]。然而，语音情感识别仍然面临着许多的问题和挑战，例如人们无法明确地知道哪些特征或模型对于区分情感最为有效[3]，主要原因是不同说话人之间的文化和说话风格差异造成情感表达方式不统一；难以获得情感分布均衡、语料充足且能被公开认可的数据库[4]。

8.1.1 情感描述模型

情感的描述方式一直以来都是学界的一个研究焦点，因为它决定了情感的定义和如何认知情感。可以把情感的描述方式分为两类：范畴观（离散情感）和维度观（连续情感）。范畴观将情感或情绪描述为相互独立的范畴,例如高兴、悲伤、生气等。人们在日常的交流和生活中存在高效且大量的情感标签可以描述丰富的情感状态。所以在范畴观中一个最根本的问题就是,基本情感的确认。研究人员提出了大量的基本情感种类,其中最为广泛接受的是美国的 Ekman 等人提出的六大基本情感描述方式,即:快乐、生气、厌恶、害怕、悲伤、惊讶[5]。维度观则认为情感具有基本的维度和极性,某种情感或情绪状态是多维空间中的一个点,具有消极或积极的属性。在多维空间中的每个点都代表一种特定的情感属性,因此维度情感具有可以描述所有情感的特性。在维度观中也有很多不同的描述体系,例如二维的激活度—效价理论[6],三维的激活度—效价—控制理论[7]。图 8-1 所示为二维的激活度—效价理论,很多特定的情感状态都能在这个坐标体系中有一个准确的定位。

　　范畴观和维度观都有各自的研究价值,范畴观更加符合人类词汇的概念,与人类的语言和语义更加契合;而维度观则可以细致动态地描述人类情感的变化。两者没有本质上的优劣,看似对立实则可以相互转化,需要根据具体的任务选择合理的情感描述方式。

8.1.2 语音情感数据库

　　语音情感数据库的存在是我们可以完成语音情感识别的基础,数据库的质量和类型也决定了情感识别系统的性能和用途。由于语音情感数据本身的多样性,所以其录制和采集并没有统一的标准。这些数据库按照情感产生的类型可分为表演型、诱发型和自发型等。表演型数据库中的话语是由专业或半专业演员在隔音工作室中记录的。

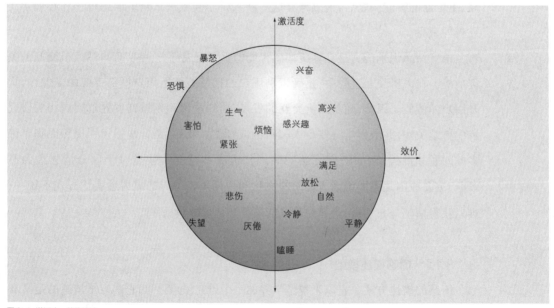

图 8-1 激活度—效价理论

与其他类型相比,创建这样的数据库相对容易。然而,研究人员指出,表演的语言不能充分表达现实生活中的情感,甚至可能被夸大,这会影响对真实情感的识别性能。诱发型数据库是通过将说话人置于能够激发各种情绪的模拟情绪环境中来创建的。虽然这些情绪不是完全激发出来的,但它们很接近真实的情绪。自发型数据库主要来源于谈话节目、呼叫中心录音、广播谈话等自然对话。由于在处理和分发这些数据时出现了伦理和法律问题,因此情感语音数据的获取变得十分困难。当然,语音情感数据库也可以按照情感的描述方式进行划分,即范畴观下的离散语音情感数据库,维度观下的维度语音情感数据库。表 8-1 给出了几个常用的离散语音情感数据库,表 8-2 给出了常用的维度语音情感数据库。

表 8-1　离散语音情感数据库

数据库	语种	类型	描述
Emo-DB[8]	德语	表演	由 10 位演员(5 男 5 女)录制,以 7 种情感(愤怒、无聊、厌恶、高兴、焦虑/恐惧、悲伤、中性)演绎 500 多个德语句子
CASIA[9]	普通话	表演	由 4 位录音人(2 男 2 女)在纯净录音环境下,分别用 6 类不同情感(高兴、悲哀、愤怒、恐惧、中性、惊喜)对 9 600 句文本进行演绎得到
IEMOCAP[10]	英语	表演/自发	一个多模态数据库,包含音频、视频、文本数据。数据库分为 5 个会话,每个会话有两个说话人(1 男 1 女),以表演和自发两种形式进行对话,共覆盖 9 情感。在使用过程中,研究者通常选用愤怒、高兴、悲伤、中性这 4 类情感
FAU AIBO[11]	德语	自发	录制了 51 名儿童与电子宠物 AIBO 之间的自然对话,且只保留情感信息明显的句子
eNTERFACE' 05[12]	英语	诱发	一个试听数据库,有音频和视频数据。包含来自 14 个不同国家的 42 个受试者,让每个受试者去听 6 部连续的短篇小说,并且每部短篇小说都会诱发一种特定的情感

表 8-2　维度语音情感数据库

数据库	语种	类型	描述
VAM[13]	德语	自发	电视采访节目,采用三维的激活度—效价—控制理论评价,共有 47 位受访者的 947 句语音数据
Semaine[14]	英语	表演	记录人机交互的场景对话,在一个激活度,效价,强度,期望,激励的五维度的描述空间评价,时长超过 7 小时,并且部分被用于 AVEC 2012 挑战中
RECOLA[15]	法语	自发	一个多模态数据库,并且还有生理信号的采集,共 46 位参与人,内容为参与者之间的在线交互和协作完成任务的过程。采用激活度—效价理论描述记录
TURES[16]	土耳其语	表演	记录 582 个说话人,采集自电影片段,采用离散和连续两种描述方式,维度描述为激活度—效价—控制理论
ICT-MMMO[17]	英语	诱发	370 个说话人的多模态数据库,并且采用的是强消极、弱消极、自然、弱积极、强积极的极性维度分类

8.1.3 语音情感特征

语音情感识别通常包含语音信号处理、情感特征提取和情感识别模型三部分,如图8-2所示。其中,情感特征提取是基础,即从语音信号中提取可以表征语音情感的特征;情感识别模型在整个框架中也起到了至关重要的作用,构建一个高泛化能力的模型是保证识别性能的关键。常见的声学特征可以分为韵律特征、谱特征和声音质量特征三种类型。

韵律特征能够影响语速、停顿、音调等主观感受,而这些特征携带有重要的情感信息。其中最为常用的韵律特征包含音高、时长、强度等。在实际使用过程中,人们通常采用这几种特征的统计参数,如均值、标准差、范围、中值等。这些韵律特征已经得到了研究人员的广泛认可,并且被大量研究证实了其在语音情感识别中的重要作用[18,19]。

谱特征(spectral feature)被认为是声道形状变化和发声运动相关性的体现[20]。通过傅里叶变换将时域信号转化为频域信号,进而得到谱特征。将谱特征应用到语音情感识别中,起到了改善系统性能的作用[21,22]。常用的谱特征包括梅尔频率倒谱系数(MFCC)、线性预测编码(LPC)、线性预测倒谱系数(LPCC)等。

声音质量特征(voice quality feature)指的是个体语音的个性化听觉表现,是用来衡量语音清晰度、是否容易辨识的主观评价指标[23]。声音质量特征同样携带有与情感相关的重要信息。在语音情感的听辨实验中,声音质量的变化被判定为与语音情感的表达有着密切的关系[23]。声音质量特征通常包括共振峰频率及其带宽、声门参数、频率微扰和振幅微扰等。

8.1.4 语音情感识别算法

在语音情感识别中,构建有效的识别算法也是至关重要的。传统的语音情感识别算法包括隐马尔可夫模型(HMM)、高斯混合模型(GMM)、支持向量机(support vector machine,SVM)等。还有决策树(decision tree,DT),k 近邻(k-nearest neighbor,KNN),k 均值(K-means)聚类,朴素贝叶斯(naive bayes)等方法。

随着深度学习的不断进步,一些基于深度模型的方法被提出。利用深度学习模型,可以实现自动提取深度特征表示的过程。在语音情感识别中,一些常用的深度学习模型包括深度神经网络(DNN)、递归神经网络(RNN)、卷积神经网络(CNN)。

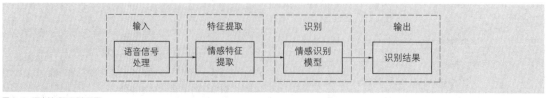

图 8-2 语音情感识别流程图

　　DNN 作为一种基本的深度学习网络,被用来从段或帧级别的声学特征中提取深度特征表征[28,29],随后可以将学习到的深度特征输入 SVM、极限学习机(extreme learning machine,ELM)等分类器中实现情感的识别。图 8-3 给出 DNN-ELM 的模型结构图。

　　RNN 是一种专门用于处理时序数据的网络结构,可以利用先前的信息预测接下来要发生的事情,目前已成功应用于语音、文本、视频领域。研究者利用 RNN 处理不同时刻的声学特征,进而完成情感识别。然而,在应用过程中,RNN 很难学习到长期依赖关系。后来提出的长短期记忆网络(LSTM)可以解决这个问题。有研究者将 LSTM 与 RNN 结合,提出混合在线语音情感识别系统。

　　CNN 以其局部权值共享的优势在语音和图像领域得到广泛应用。利用 CNN 提取深度声学特征也成为语音情感识别领域最常用的方法之一[32,33]。研究者提出的 CNN-SVM 模型[34],即用 CNN 从语谱图中自动提取深度声学特征,然后将提取的特征输入 SVM 完成情感识别,图 8-4 给出了 CNN-SVM 的模型结构图。SVM 作为一种静态分类器应用于语音领域时存在很多局限性,例如不能有效地利用情感动态信息和上下文信息。后来 CNN 和 LSTM 结合的模型被提出[32-35],LSTM 可以有效利用时序信息,这种结构取得了不错的识别效果。图 8-5 给出了一种 CNN-LSTM 模型的结构图。

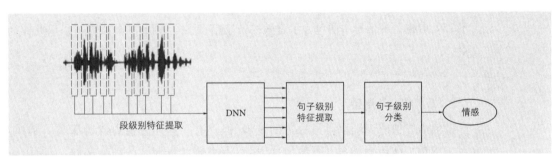

图 8-3 DNN-ELM 模型结构图[28]

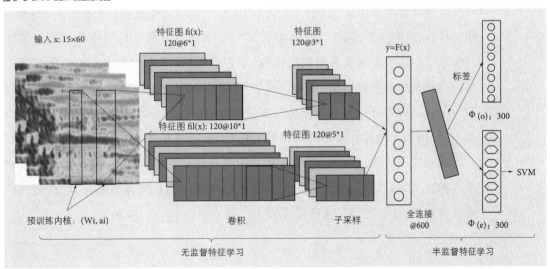

图 8-4 CNN-SVM 模型结构图[34]

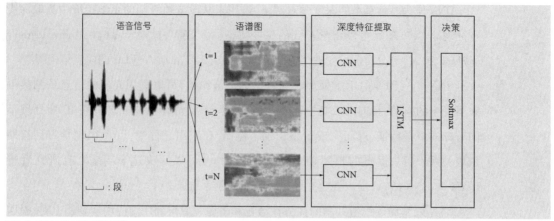

图8-5 CNN-LSTM 模型结构图[32]

从图中可以看到,语音信号首先进行了固定长度的分段处理,一段输入语音分割成 N 段,所有的段共享标签。然后对每一个段提取其对应的语谱图,再用 CNN 从语谱图中提取每一个段所对应的深度声学特征。每句话所有段的深度声学特征再传输给 LSTM,进而提取到句子级别的特征,这个过程可以利用段与段之间的时序信息,最后提取的句子级别的特征经过 Softmax 完成情感识别。目前,CNN-LSTM 模型也成为语音情感识别任务中常用的经典方法。这时关于段长的选择是一个开放性问题,但有研究表明大于 250 ms 的语音信号中便包含了有效的情感信息[36,37],因此在分段时可以以此作为参考。

8.1.5 结论与展望

虽然语音情感识别取得了一定的进展,但仍有一些问题值得继续探究。例如,基于语音预训练模型的语音情感识别、探究声学特征与情感之间的关联、如何构建对于识别情感最为有效的模型等。另外,由于音频信号本身存在一些固有的缺陷,如信号弱、噪声强等,从单一的模型获得的情感状态很难满足当前人机交互系统的需求。而多模态融合可以利用语音、生理信号、面部表情等多个通道的情感信息的互补来提高识别性能,从而提高识别的准确度。多模态融合的优势在于,当某一个通道的特征或识别过程缺失或受到影响时,另一个通道仍能保证较好的识别率,使识别系统具有良好的鲁棒性。因此,探究多模态情感识别具有重要的研究价值和应用价值。此外,在数据驱动和知识驱动的时代,如何将纯白盒的理论研究和纯黑盒的统计模型结合,实现屏蔽数据偏向性和知识局限性,进而打开情感计算的新局面,这将是值得研究者关注的方向。

8.2　基于端到端的语音信息处理

无论是 GMM 和 HMM 这样的传统声学模型,还是基于深度学习的声学模型,它们对于整个语音识别系统都是分开优化的。但是语音识别本质上是一个序列识别问题,如果模型中的所有组件都能够联合优化,很可能会获取更好的识别准确度,因此端到端的语音识别系统应运而生,它彻底摆脱了马尔可夫假设,并且不需要发音词典。

总体来说,端到端技术解决了输入序列的长度远大于输出序列长度的问题。端到端技术主要分成两类,即 CTC 方法和 Seq2Seq 方法。采用 CTC 作为损失函数的声学模型序列,不需要预先进行数据对齐,只需要一个输入序列和一个输出序列就可以进行训练。CTC 关心的是预测输出的序列是否和真实的序列相近,而不关心预测输出序列中每个结果在时间点上是否和输入的序列正好对齐。CTC 建模单元是音素或者字,因此它引入了空白符(blank)。对于一段语音,CTC 最后输出的是尖峰的序列,尖峰的位置对应建模单元的 Label,其他位置都是 Blank。

Seq2Seq 方法原来主要应用于机器翻译领域。2017 年,Google 公司将其应用于语音识别领域,取得了非常好的效果,能够将词错误率降低至 5.6%[42]。

端到端语音识别系统的优势很明显。首先,它直接将声学特征映射到更大单元的序列中,而不是音素或声韵母,例如词级别、子词级别或字级别,词级别的输出更便于后期的自然语言处理任务。其次,它降低了多语言或方言识别的难度。

除了在语音识别领域,联合优化声学模型与语言模型的端到端模型逐步变成学术界和工业界的主流方法。在语音信息处理的其他领域,跨任务的端到端处理方法也得到尝试。例如,联合语音增强和语音识别任务的端到端模型——联合优化语音信号处理、特征提取、声学模型、语言模型的方法;联合语音增强和说话人识别任务的端到端模型;联合语音识别与自然语言理解的端到端口语理解模型等。

8.2.1　面向语音识别的端到端模型

本小节主要介绍面向语音识别的端到端模型:连接时序分类(CTC)模型和序列到序列(Seq2Seq)模型。

1. CTC 模型

2014 年卡内基·梅隆大学与百度公司提出 CTC 模型,其结构如图 8-6 所示。该模型有效解决了利用 RNN 训练时目标标签与输入的每一帧需要对齐的问题[43-44]。

为了更便于描述,可以把输入序列(音频)映射为 $X=[x_1,x_2,\cdots,x_T]$,其相应的输出序列(转录)即为 $Y=[y_1,y_2,\cdots,y_U]$。将字符与音素对齐的操作就相当于在 X 和 Y 之间建立一个准确的映射。

CTC 模型在损失计算和推理上十分高效。为了给出准确的输出,经训练的模型必须在分布中最大化正确输出的概率,为此,需要计算概率 $P(Y|X)$(输入 X 后输出为 Y 的概率),这个 $P(Y|X)$ 应该是可微的,所以才能使用梯度下降法。一般而言,如果已经训练好了一个模型,就应该针对输入 X 推理一个可能的 Y,这就意味着要解决如下问题:

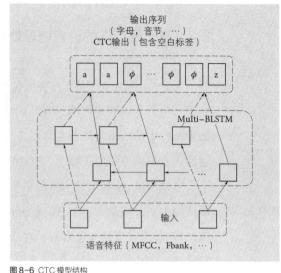

图 8-6 CTC 模型结构

$$Y^* = \mathrm{argmax} p(Y|X) \quad (8.1)$$

理想情况下,这个 Y^* 可以被快速找到。有了 CTC 模型,就意味着我们能在低投入情况下迅速找到一个近似的输出。

CTC 算法可以根据输入 X 映射 Y,而计算概率的关键在于算法如何看待输入和输出之间的一致性。在讨论它是如何计算损失和进行推理前,我们先来看一下什么叫对齐。

CTC 算法不要求输入和输出严格对齐,但是为了计算概率,总结两者的一些对齐规律是必要的,这之中涉及一些损失计算。可以举一个简单的例子。假设输入 X 长度为 6,输出 $Y=[c,a,t]$,那么对齐 X 和 Y 的一种有效方法是,为每个输入长度分配一个输出字符并重复折叠。如图 8-7 所示。

但这样做会出现两个问题:

① 通常情况下,强制要求输入与输出的严格对齐是没有意义的。例如在语音识别中,输入可以有一些静音,但模型不必给出相应的输出。

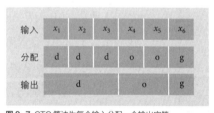

图 8-7 CTC 算法为每个输入分配一个输出字符

② 无法产生连续多个相同字符。如果输入是 $[h,h,e,l,l,o]$,CTC 算法会折叠重复的字符输出"helo",而不是"hello"。

为了解决这些问题,CTC 算法加入一个空白符号 $[-]$,这里暂时把它设为 ϵ,它不对应任何输入,最后会从输出中被删除(如图 8-8 所示)。由于 CTC 允许路径长度和输入长度等长,映射到 Y 的相邻 ϵ 可以合并整合,最后统一去除。

从图 8-8 中可以看出,首先合并所有重复字母得到第二行,接着移除空白符号,最后保留剩余字母作为输出序列。如果 Y 在同一行中的相邻位置有两个相同的字符,为了做到有效对齐,它们之间必须插入一个空白符号 ϵ。有了这个规则,模型才能准确

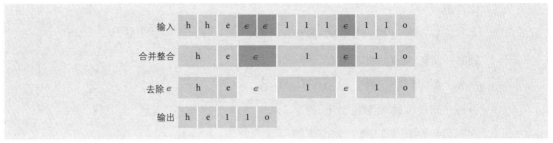

图 8-8　插入空白符号后的输出序列

区分压缩到"hello"和"helo"的路径。这样就得到了正确的输出序列。

CTC 模型的对齐方式展示了一种利用时间步长概率推测输出概率的方法。确切地说,如果 CTC 的目标是一对输入输出(X,Y),那 Y 的路径的概率之和为

$$p(Y \mid X) = \sum_{A \in A_{X,Y}} \prod_{t=1}^{T} p_t(a_t \mid X) \tag{8.2}$$

从公式可以看出 CTC 的条件概率计算过程。首先计算单个路径概率,接着对所有可能概率求和得到最后的概率。因此,训练过程中模型参数先要调整使负对数似然值最小化。训练好模型后就可以利用启发式搜索进行解码。

CTC 模型最广为人知的一个缺点是其条件独立假设,即对给定输入而言,每个输出与其他输出条件独立。但在许多序列排序问题中,这一假设有问题。

2. Seq2Seq 模型

Seq2Seq 模型通常包含两部分:编码器和解码器[46-47]。编码器和解码器通常都采用 RNN 及其变体作为基本结构[48]。采用 Seq2Seq 模型建模语音识别问题的思路很简单,先通过模型的编码器结构将语音序列编码成固定长度的向量,然后解码器再根据编码器输入的句子表示以及上一时刻解码逐步输出生成下一时刻的标记。

注意力机制带给 Seq2Seq 模型一个极大的性能提升。与纯 Seq2Seq 模型的差异是,基于注意力机制的 Seq2Seq 模型在每一步解码时都会计算一个上下文向量,它是从编码器每一步编码输出的加权和,表示解码当前标记需要注意源序列中的信息。权重表示当时解码状态与编码器每一时刻编码输出的相关性。实际上可以解读为一个查询机制,根据解码器当前时刻状态去编码器输出中查找最匹配的信息。带有注意力机制的 Seq2Seq 模型如图 8-9 所示。

除此之外,可以对编码器部分进行优化。可以采用卷积结构代替 RNN 结构。其中最经典的方法是 Facebook 的 ConvS2S[49]。整个模型采用 CNN 代替了 RNN,模型解决了 RNN 不能充分利用 GPU 性能的问题,同时提高了模型的精度。但利用 CNN 代替 RNN 结构对序列建模会使序列丢失时序信息,因此最关键的一步是对源序列进行位置编码并扩充到原有的特征中。还可以加深编码器结构。采用更深层的编码器结构的基本假设就是,在深度学习中,通常增加网络的层数能够获得更好的模型精度和泛

化性能。

　　还有一种选择就是减少源序列时间步的探索。对于语音任务，实际上源序列长度通常为几百步，目标序列长度通常为几十步，源序列与目标序列之间的巨大长度差异限制了序列编码能力和注意力机制的查找能力。例如，LAS 模型采用了金字塔结构的编码器，每经过一层编码，时间步就会缩小一半，这会大大减少注意力机制的计算量，同时更容易在源序列中查找出有效的信息[47]。

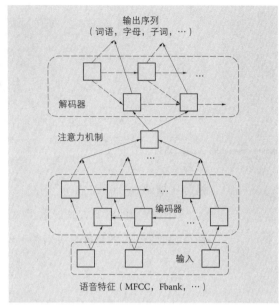

图 8-9　带有注意力机制的序列到序列模型

　　注意力机制目前存在多种形式。从不同的计算相似度方法角度来讲，可分为点乘法和拼接法。前者是两个向量直接点乘。后者为两个向量拼接在一起后进行间接计算相似度。从不同的注意力结构角度来讲，可分为全局注意力、局部注意力、多头注意力、自注意力等，常见的是后两种[42,50]。

　　自注意力实际上提供了一个使每个序列单元都快速获得序列全局信息的方法，极大地利用了 GPU 的性能，同时摆脱了 RNN 结构。其结构如图 8-10 所示。

　　每个注意力机制实际上能够注意到的信息是有限的，那么可以通过增加多个注意力机制来使得模型能够注意到源序列的不同信息。多头注意力结构如图 8-11 所示。每个注意力头的计算方法是一样的。在实际中为了确保每个注意力头都能学习到不一样的方面，避免每个注意机制都注意到同一个地方，对多头注意力权重增加惩罚项。

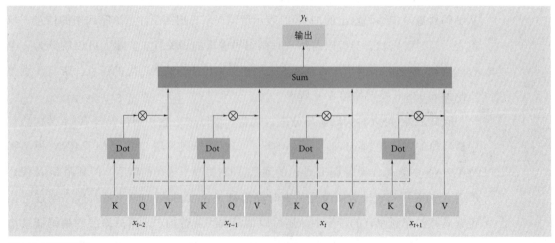

图 8-10　自注意力结构

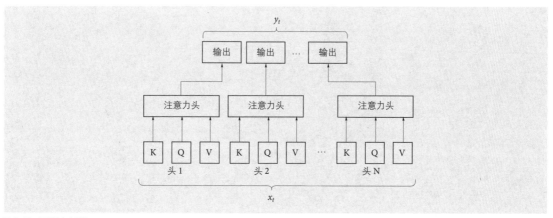

图 8-11 多头注意力结构

增加惩罚项约束了注意力学习的过程,强迫每个注意力权重注意不同的内容,注意力权重尽量不相关。

8.2.2 端到端口语理解模型

随着深度学习和端到端技术的发展,端到端口语理解逐渐登上舞台。这里的端到端是指以语音作为输入端,以符号化的意图表示作为输出端。这样将语音识别和口语理解两个模块联合起来,就可以缓解模块过渡中缺乏语音韵律信息和出现语音识别错误这两个问题给语音对话系统带来的影响,从而提升系统性能。

常用的端到端口语理解方法主要还是基于编码器-解码器的 Seq2Seq 模型。例如,研究人员使用基于子采样的编码器,配合解码器实现了基于 Seq2Seq 的端到端口语理解[54]。其模型结构如图 8-12 所示。为了减少由 GRU 处理的序列长度,他们针对每个双向 GRU 层在时域上对激活的隐藏层神经元进行了子采样。这种方法可以使模型在给定的句子中大致以音节水平来提取特征表示。此外,子采样方法显著减少了训练和预测的计算时间,这就能够将双向 GRU 用于实时意图和/或领域分类。

8.2.3 问题及展望

端到端模型依然存在诸多问题。

例如:① 没有语言模型。针对这个问题,人们提出了在训练时加入外部的 RNNLM[55-56]。

② 有非常严重的未登录词(OOV)问题。同样,添加外部的语言模型可以改善这个问题[57]。

③ 延时问题。由于 Seq2Seq,结构往往需要完整的语音序列,因此对实时语音任务并不友好。但最近提出的 RNN-Transducer 结构可以一定程度上解决这类问题[58]。

④ 训练数据不充足。

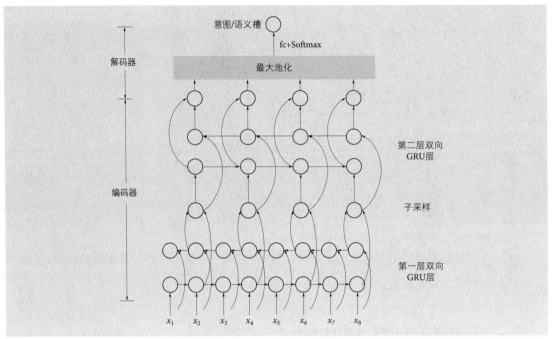

图 8-12 端到端口语理解模型框架[54]

　　相比于传统的语音识别系统,端到端系统在构建时不需要关注底层的发音字典以及相关的音素信息,减少了对语言学知识的要求;采用纯数据驱动的方式,系统复杂度上简化很多,构建起来更加容易,而且灵活性也更强。正因为如此,端到端识别技术近些年成为学术界研究的热点,ICASSP、Interspeech 等学术会议上有大量端到端识别相关的研究成果发表,而且在模型性能优化、应用领域拓展、数据有效利用等多个方向也有创新成果持续涌现。在工业界,以 Google 公司为代表的互联网巨头也通过论文或博客的方式,多次介绍端到端识别系统在实际业务中的应用落地情况。

　　虽然当下的端到端语音识别系统在一些业务中有非常好的表现,但依然存在处理不好的场景,比如针对重口音、方言的识别,嘈杂环境的识别,多人同时说话的识别等,还有很大的进步空间。同时,远场语音识别目前相比近场还有很大差距。此外,语音识别系统与其他系统(如语音合成、机器翻译、自然语言理解与文本生成等)的统一和融合,随着深度学习技术的发展和演进也会有所突破,特别是面向多种语音任务的语音通用大模型以及结合语音与自然语言处理任务的语音与语言多模态大模型受到学术界和工业界越来越广泛的关注。

8.3　基于类脑计算的语音信息处理

　　机器学习和深度学习技术都是采用连续的模拟值对信息进行处理、转化,同时需要海量的训练数据对模型进行训练,耗费了大量的计算资源。而类脑计算则通过模仿大脑中处理信息、响应刺激的机制,采用离散的脉冲对输入信息进行处理,并以脉冲的形式输出响应结果,具有低能耗、高效率和计算性能高等优点。近年来类脑计算吸引了众多学者的关注并逐渐发展壮大。

声音识别是从环境中自动识别出特定的声音的一种技术[60],是语音信息处理领域中的一项基本任务。特定的声音往往与偶发的重要事件或过程相关,及时高效地将这些声音探测识别出来,对于后续选择合适的处理行动至关重要。然而相比语音信号,声音信号的混沌、无结构化特性[61]以及现实环境的动态复杂性,都给声音识别任务带来了诸多困难和挑战。近几年来,声音识别不论是在声学信号处理领域[62-63]还是在神经科学领域[64]都受到越来越多的关注,并被广泛应用到安全监控、野生动物区域的入侵者检测[63-65]、老年人监控[66]以及通用机器听力[67]等领域。如何构建高效的声音识别系统并扩展到各种应用领域,是语音信息处理领域中所面临的重大挑战,也是本节关注的主要问题。

基于类脑计算进行环境声音识别,主要有声音信号编码和脉冲学习算法两方面问题需要解决。声音信号编码主要用于将外界刺激的声音信号转换为更加高效的稀疏脉冲信号,而脉冲学习算法则用来将编码好的脉冲序列解析成对应的声音信号。然而,如何设计一个高效的基于脉冲的类脑环境声音识别系统仍是一项艰巨而具有挑战性的任务。最近,研究人员[68]从类脑计算的角度出发对声音识别任务展开了研究,提出了基于稀疏关键点编码技术和高效多脉冲学习的鲁棒环境声音识别系统。该系统首先应用关键点技术提取声音信号的局部时频特征,进一步处理之后将这些特征转化为脉冲序列,然后将这些脉冲序列输入脉冲神经网络,基于阈值驱动的多脉冲学习算法进行训练学习和分类识别。

该系统具有以下几个特点:

① 设计了基于离散脉冲的稀疏编码、高效学习和分类功能为一体的类脑环境声音识别框架,对复杂和非平稳的环境噪声具有较强的鲁棒性,更高效且具有更强的生物可信度。

② 简单的关键点编码前端可以较好地提取声音信号的有效特征,具有强大的泛化能力,使得其在经典的 CNN 和 DNN 中也有不错的表现。

③ 使用阈值驱动的多脉冲学习方法不仅能通过训练神经元发放指定数量的脉冲来充分学习外界刺激的时域特征信息,而且能处理不同编码类型的脉冲序列,具有高效、鲁棒性强、泛化能力好和计算能力高的优点。

本章将详细介绍基于稀疏关键点编码技术和高效多脉冲学习的声音识别系统的组成部分、基本原理和实验分析。

8.3.1　基于稀疏关键点的编码方法

在脉冲神经网络中,编码方法用来将外界信息转为生物神经元可以处理的离散脉冲序列。生物学表明,听觉神经元对外界声音信号的特征参数比较敏感,例如局部时频带、强度、幅度以及频率等[69-71]。受此启发,关键点编码方法从声音信号的频谱图出发,通过定位频谱图中的局部高能量点(关键点)来提取局部时域和频域特征信息。由于局部最大值的特性,这些关键点对不匹配的噪声具有很强的鲁棒性。因此,采用关键点这样的局部时频域特征来表示声音信号[72-74],可以有效地进行鲁棒的环境声音识别。

在该编码方法中,声音信号首先通过短时傅里叶变换转化为语谱图,之后再对得到的语谱图进行对数处理,得到对数能量语谱图,记为 $S(t,f)$,其中 t 指代时间,f 指代频率。对于处理好的对数能量语谱图,分别从局部的时域和频域采用一维的最大值滤波器提取关键点来得到局部的相关信息,关键点提取的公式如下:

$$P(t,f) = \left\{ S(t,f) \mid S(t,f) = \max \left\{ \begin{matrix} S(t \pm d_t, f) \\ S(t, f \pm d_f) \end{matrix} \right\} \right\} \tag{8.3}$$

其中,d_t 和 d_f 分别表示时域和频域的局部区域大小。

为了使编码更加稀疏,同时去除不重要的背景噪声等信息,这里引入两种不同的掩码机制:绝对值掩码和背景相对掩码。绝对值掩码 $P(t,f) < \beta_a$ 用来过滤能量值较低的关键点,背景相对掩码 $P(t,f) * \beta_r < \mathrm{mean}(S(t \pm d_t, f \pm d_f))$ 利用关键点和周围位置相对的对比度来剔除低于局部区域平均能量值的关键点。其中 β_a 和 β_r 是用来控制提取关键点的稀疏程度的两个超参数。

最后将提取到的关键点直接映射成脉冲序列,完成编码过程。干净和加噪后的声音语谱图,以及经过基于稀疏关键点编码技术得到脉冲时空图如图 8-13 所示。

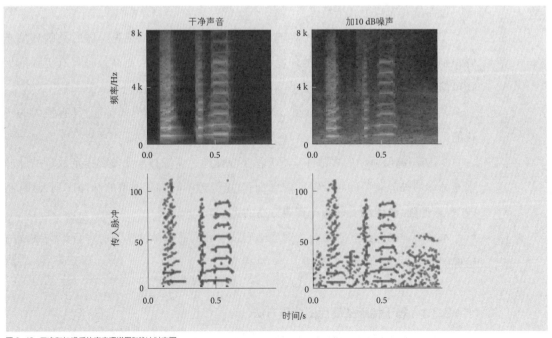

图 8-13 干净和加噪后的声音语谱图和脉冲时空图

8.3.2 神经元模型

脉冲神经元是类脑计算中的基本处理单元,与传统神经元不同,其输入输出都是具有时域信息的电脉冲,更加接近生物神经元的运作方式。相比于传统的人工神经元,脉冲神经元固有的时域特性使其更适合处理包含时间结构的声音信息。在诸多神经元模型中,基于电流驱动的带泄露整合发放神经元模型(leaky integrate-and-fire neuron model,LIF)由于其简单且具有生物神经元整合动态信息、复位等能力被广泛使用[75,76]。LIF 的膜电位 $V(t)$ 是通过整合来自 N 个传入神经元的突触电流得到的:

$$V(t) = \sum_{i=1}^{N} w_i \sum_{t_i^j < t} K(t - t_i^j) - \vartheta \sum_{t_s^j < t} \exp\left(-\frac{t - t_s^j}{\tau_m}\right) \tag{8.4}$$

其中,t_i^j 是第 j 个到达突触的脉冲时间,t_s^j 代表第 j 个输出脉冲的时间,ϑ 表示神经元激活阈值。每一个传入脉冲都对突触后膜电位作出贡献,其峰值振幅和形状分别由突触权重 w_i 和归一化核函数 K 决定。核函数可以用以下的方程表示:

$$K(t - t_i^j) = V_0\left[\exp\left(-\frac{t - t_i^j}{\tau_m}\right) - \exp\left(-\frac{t - t_i^j}{\tau_s}\right)\right] \tag{8.5}$$

这里 τ_m 表示膜电位的时间常数,τ_s 表示突触电流的时间常数,V_0 是一个常数因子,定义为

$$V_0 = \frac{1}{\beta - 1} \cdot \beta^{\frac{\beta}{\beta-1}} \tag{8.6}$$

图 8-14 所示的脉冲神经元模型展示了脉冲神经元以事件驱动的方式整合传入脉冲序列的动态过程。神经元不断接收输入的脉冲,使得膜电位不断累积,当神经元的

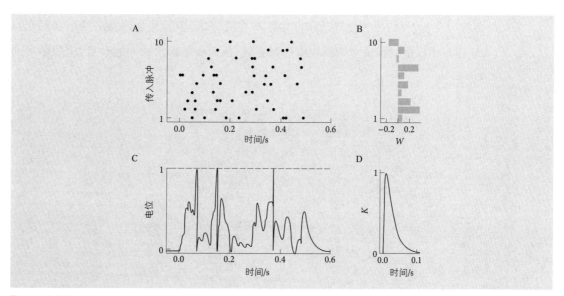

图 8-14 脉冲神经元模型示意图

A:输入的脉冲序列,其中每个点表示一个脉冲;B:对应传入突触的权重;C:突触后神经元膜电位的动态变化;D:突触后神经元膜电位的归一化核函数

膜电位超过其激活阈值时,神经元就会发放脉冲,然后膜电位开始复位,回落到静息电位。当没有输入的脉冲时,膜电位会逐渐衰减至静息电位。

8.3.3 多脉冲学习算法

在编码方法将外界刺激信号转换成稀疏的脉冲时空图之后,学习算法用来对脉冲时空图进行学习训练,使得突触后神经元对外部信息做出合适的响应。很多学者都对脉冲神经网络的学习算法进行了研究,目前常见的学习算法有 Tempotron 算法[77]、PSD 算法[78]以及 TDP 算法[76]。Tempotron 算法是一种采用二值决策的学习算法,它训练神经元对于目标类别的脉冲序列发放单个脉冲,对于其他类别的输入保持沉默。也就是说,神经元在此规则下,要么保持静息,要么只发放一个脉冲。精准脉冲驱动(precise-spike-driven,PSD)算法训练神经元在精准的时刻点发放脉冲从而对输入的信息进行学习。阈值驱动塑性(threshold-driven plasticity,TDP)多脉冲学习算法则是训练神经元对指定的输入序列发放一定数目的脉冲,而无需限制脉冲的发放时间。TDP 多脉冲学习算法同时弥补了 Tempotron 算法二值输出响应的局限性和 PSD 算法的不易扩展性,可以对整个时间窗口内的特征信息进行有效学习,更加简单高效。

在 LIF 中,当其他参数固定时,不同的发射阈值会影响输出脉冲的数目[76]。较高的阈值会导致较少的输出脉冲,相反,较低的阈值会增加输出脉冲个数。输出脉冲的数目与阈值之间的这种关系可以由脉冲阈值表面(spike-threshold-surface,STS)函数进行表征。如图 8-15 所示,STS 函数定义了一系列使得脉冲输出个数变化的临界阈值。基于 STS 函数,TDP 多脉冲学习算法对突触权重进行调整。对于输入的脉冲时空图,当输出脉冲数目和目标值不等时,TDP 多脉冲学习算法使用临界阈值 ϑ^* 相对于权重的梯度对突触权重进行更新,从而改变输出脉冲的数目,达到学习的目的。

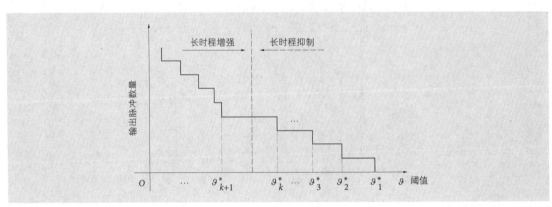

图 8-15 脉冲阈值表面(STS)函数的示意图

由 LIF 对权重求导,可以得到相对梯度为

$$\vartheta_i^{*\,\prime} = \frac{\partial V(t^*)}{\partial w_i} + \sum_{j=1}^{m} \frac{\partial V(t^*)}{\partial t_s^j} \frac{\partial t_s^j}{\partial w_i} + \frac{\partial V(t^*)}{\partial t^*} \frac{\partial t^*}{\partial w_i} \tag{8.7}$$

其中,t^* 表示临界阈值 ϑ^* 所对应的时间,m 表示出现在 t^* 之前的输出脉冲数量。

假设目标输出脉冲个数定义为 d,实际输出脉冲个数为 o,那么 TDP 多脉冲学习算法对权重 w 的更新法则如下:

$$\Delta w = \begin{cases} -\eta \dfrac{\mathrm{d}\vartheta_o^*}{\mathrm{d}w}, & \text{如果 } o > d \\[3mm] \eta \dfrac{\mathrm{d}\vartheta_{o+1}^*}{\mathrm{d}w}, & \text{如果 } o < d \end{cases} \tag{8.8}$$

其中,$\eta > 0$ 为学习率,控制每次更新的步长。结合图 8-15 可以看到,如果神经元输出脉冲的个数少于目标个数,TDP 多脉冲学习算法则通过长时程增强(long-term potentiation,LTP)增加输出脉冲的个数,否则通过长时程抑制(long-term depression,LTD)减少输出脉冲的个数。为了进一步增强 TDP 多脉冲学习算法的分类能力,研究者提出了一种新的"区间"训练模式[76],该模式训练神经元发放指定区间内的脉冲数量,而非特定的单一目标脉冲数量。这样可以使得学习算法有更强的实际应用问题解决能力。

8.3.4 基于稀疏关键点编码技术和多脉冲学习算法的环境声音识别模型

综合以上内容,基于稀疏关键点编码技术和多脉冲学习算法的环境声音识别模型如图 8-16 所示。在该模型中,声音信号首先通过短时傅里叶变换(STFT)、语谱图预处理、关键点提取以及掩码得到稀疏的脉冲序列,然后通过多脉冲学习算法进行训练学习以调整突触权重,并根据神经元的脉冲输出个数得到识别结果。

本节从 Real Word Computing Partnership(RWCP)声音数据库[79]中选取了 10 类声音进行实验,分别是:whistle1、ring、phone4、metal15、kara、horn、cymbals、buzzer、bottle1 和 bells5。在每一类声音中选取前 80 个文件构成数据集。在训练时每次从中随机选取一半作为训练集,另一半作为测试集。为了更好地测试该系统的鲁棒性,实验采用 NOISEX-92 数据集中的 Speech Babble 噪声来代表常见的复杂环境噪声。同时,设计了两种情况进行实验,分别是:

① 采用干净的声音数据集训练,测试时分别使用干净、信噪比为 20 dB、10 dB、0 dB、-5 dB 的带噪数据集。

② 随机选择干净、20 dB、10 dB 的数据集进行训练,测试时分别使用干净、信噪比

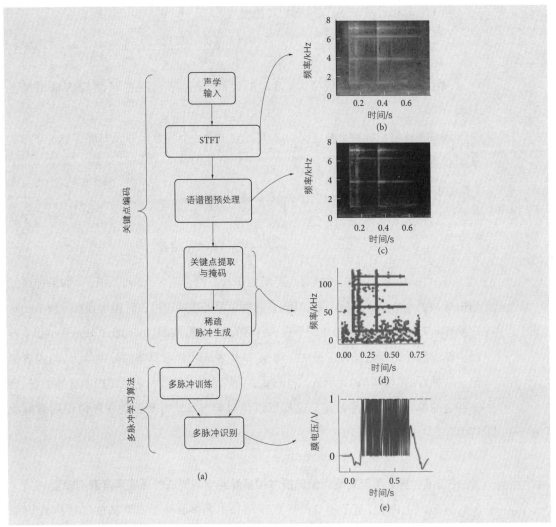

图 8-16 基于稀疏关键点编码和多脉冲学习算法的环境声音识别模型

为 20 dB、10 dB、0 dB、−5 dB 的带噪数据集。

以 buzzer 声音为例,我们首先展示了该系统在训练集为干净数据集,测试数据分别为干净、信噪比为 0 dB 噪声条件下的表现情况,如图 8-17 所示。从图中可以看出,在干净和 0 dB 噪声条件两种测试数据集的情况下,Tempotron 算法(Bin)可以对 buzzer 声音对应的脉冲时空图发射一个脉冲,同时对 horn 和 ring 声音保持沉默;而 TDP 多脉冲学习算法则能够对 buzzer 声音发射一定数量的脉冲,而对 horn 和 ring 保持沉默。在这两种情况下都能够正确地实现声音的分类,表明了声音识别的鲁棒性。值得注意的是,TDP 多脉冲学习算法可以利用整个时域内的特征信息做出合适的输出响应,而 Tempotron 算法只能基于局部时域信息做出响应。

为了更好地展示该系统在鲁棒的环境声音识别任务中的性能,我们将该模型与传统的基准模型和基于 DNN/CNN 的模型进行了对比。表 8-3 和表 8-4 分别展示了在

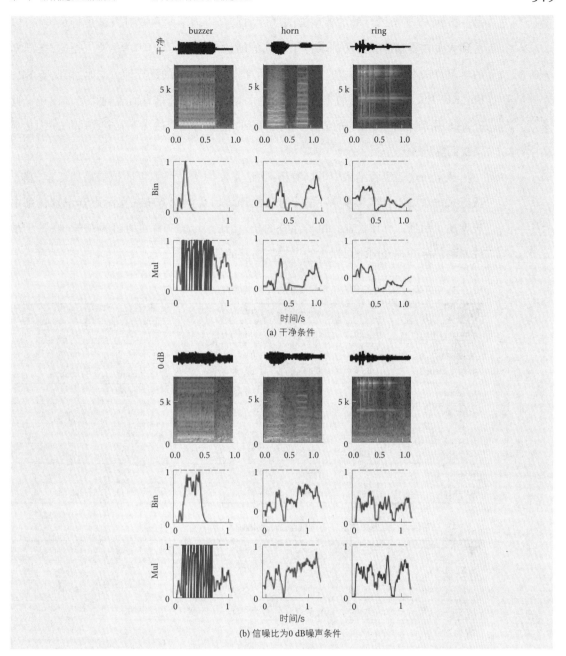

图 8-17　神经元在干净和信噪比为 0 db 噪声条件下的输出响应示意图

每个图由上到下依次为：声音波形、语谱图、用 Tempotron 算法（Bin）检测 buzzer 声音和用 TDP 多脉冲学习算法(Mul)检测 buzzer 声音时膜电压随时间的动态变化情况

干净和带噪训练数据集情况下不同模型在 RWCP 上的分类结果。

在干净训练数据集情况下，传统的声学处理模型 MFCC-HMM[72]在测试集为干净数据时表现良好，然而随着信噪比的增加，准确率急速下降。相比于 MFCC-HMM，深度学习神经网络模型（DNN/CNN）可以有效地提高识别性能。值得注意是，当将稀疏关键点编码和 CNN 结合时，模型的表现有了显著提升，彰显了我们编码方法的优点。

另一方面,基于类脑计算的模型尝试从更加符合生理学的角度对声音进行分类,可以看到大多数类脑计算方法都取得了较高的测试准确率。与 LSF-SNN[72] 相比,在同样的学习算法下,KP-Bin 方法再一次展示了我们编码方法的优异性。同时,相比于 KP-Bin,KP-Mul 由于可以更加充分地利用整个时域内的特征信息而表现得更加出色。此外,在使用带噪训练数据集的情况下,可以看到我们的方法仍然优于大多数基准模型,彰显了我们模型的优点。

从上面这些实验结果中可以看出,无论是使用干净训练集还是带噪训练集,基于稀疏关键点编码技术和多脉冲学习算法的环境声音识别系统在实际声音识别任务中表现出了超强的鲁棒性能。值得注意的是,相比于传统和深度神经网络模型,基于事件驱动的脉冲神经网络可以大幅度提高模型的处理效率。

表 8-3　在干净训练数据集情况下不同模型的识别准确率(%)

模型	干净	20 dB	10 dB	0 dB	-5 dB	平均
MFCC-HMM [72]	99.0	62.1	34.4	21.8	19.5	47.3
SPEC-DNN	**100**	94.38	71.8	42.68	34.85	68.74
SPEC-CNN	99.83	**99.88**	98.93	83.65	58.08	88.07
KP-CNN	99.88	99.85	**99.68**	94.43	84.8	95.73
SOM-SNN [73]	99.6	79.15	36.25	26.5	19.55	52.51
LSF-SNN [72]	98.5	98.0	95.3	90.2	84.6	93.3
LIF-SNN [74]	**100**	99.6	99.3	96.2	90.3	97.08
KP-Bin	99.35	96.58	94.0	90.35	82.45	92.54
KP-Mul	**100**	99.5	98.68	**98.1**	**97.13**	**98.68**

表 8-4　在带噪训练数据集情况下不同模型的识别准确率(%)

模型	干净	20 dB	10 dB	0 dB	-5 dB	平均
SPEC-DNN	99.9	99.88	99.5	94.05	78.95	94.46
SPEC-CNN	99.89	99.89	99.89	99.11	91.17	98.04
KP-CNN	**99.93**	99.93	99.73	98.13	94.75	98.49
SOM-SNN [73]	99.8	**100**	**100**	**99.45**	98.7	**99.59**
KP-Bin	99.13	99.23	99.1	95.1	89.38	96.38
KP-Mul	99.65	99.83	99.73	99.43	**98.95**	99.52

为了进一步探索该系统在连续复杂环境下对声音信号的感知识别能力,我们对实验进行了扩展。首先随机生成动态变化的连续背景随机噪声,然后随机选取不同声音片段将其嵌入背景噪声,之后用该系统对其进行信息处理与提取。图 8-18 展示了该系统在复杂的连续背景噪声条件下对声音的识别过程。可以看出,该系统可以稳定地在动态噪声背景下检测出特定的环境声音,具有广泛的应用价值。

8.3.5 结论与展望

本节主要介绍了类脑计算在声音识别这一基本语音信息处理任务中的应用示例。基于关键点编码技术和多脉冲学习算法的鲁棒环境声音识别系统在复杂的噪声环境下，展现出了不可小觑的优异表现，显示出了类脑计算的优势，为未来的语音信息处理提供了一种潜在的更加高效、生物可信度更高的方式。值得注意的是，当前这些工作只是基于浅层的脉冲神经网络模型，将其扩充到多层网络架构并应用到更加复杂场景下的更高层次语音信息处理任务，将是未来的重要研究方向。通过进一步模拟人脑的层级结构，有望提升人类对人脑认知能力的理解，为人工智能的进一步发展奠定基础。同时，该系统采用了更符合生理学的脉冲计算范式，容易被类脑芯片所实现。

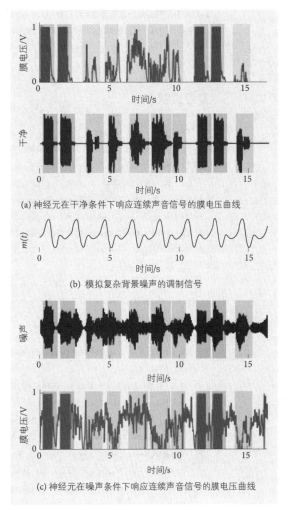

(a) 神经元在干净条件下响应连续声音信号的膜电压曲线

(b) 模拟复杂背景噪声的调制信号

(c) 神经元在噪声条件下响应连续声音信号的膜电压曲线

图 8-18 从复杂的连续背景噪声中识别目标声音示意图
图中深灰底纹表示目标声音，浅灰底纹表示干扰声音

结合类脑芯片与类脑计算系统的低功耗、高实时性等特点，该系统有望被广泛应用于对特定声音的监测中，例如公共安全、老人儿童监护等领域。具有比较广泛的研究及应用价值。

习题 8

1. 查阅相关资料，总结语音情感识别有哪些实际应用。

2. 分析离散情感和维度情感的区别以及各自的优缺点。

3. 查阅资料，调研当前其他常用的维度情感描述空间，分析其描述情感方面有什么优势？

4. 针对端到端语音识别的不同方法，请列举其优缺点。

5. 在基于 CTC 模型的端到端语音识别系统训练中，其损失值如何计算？

6. 在端到端语音识别任务中，注意力机制与 CTC 模型分别用于解决什么类型的问题？

7. 和传统口语理解相比，列举端到端口语理解的优缺点。

8. 查阅相关资料，简述适合端到端口语理解的应用场景。

9. 简述脉冲神经元信息处理的运作过程。

10. 简要说明基于离散脉冲的类脑系统潜在优势有哪些。

参考文献

[1] Minsky M. Society of mind[M]. New York: Simon & Schuster, 1987.

[2] 韩文静, 李海峰, 阮华斌, 等. 语音情感识别研究进展综述[J]. 软件学报, 2014, 25(1): 37-50.

[3] El Ayadi M, Kamel M S, Karray F. Survey on speech emotion recognition: Features, classification schemes, and databases [J]. Pattern Recognition, 2011, 44(3): 572-587.

[4] Schuller B, Batliner A, Steidl S, et al. Recognising realistic emotions and affect in speech: State of the art and lessons learnt from the first challenge[J]. Speech Communication, 2011, 53(9-10): 1062-1087.

[5] Ekman P, Power MJ. Handbook of Cognition and Emotion. Sussex: John Wiley & Sons, 1999.

[6] Xie B. Research on key issues of Mandarin speech emotion recognition[Ph.D. Thesis]. Hangzhou: Zhejiang University, 2006(in Chinese with English abstract).

[7] Cowie R, Douglas-Cowie E, Tsapatsoulis N, Votsis G, Kollias S, Fellenz W, Taylor JG. Emotion recognition in human-computer interaction. In: Proc. of the IEEE Signal Processing Magazine. 2001. 32-80.

[8] Burkhardt F, Paeschke A, Rolfes M, et al. A database of German emotional speech[C]//Proc. of INTERSPEECH. 2005: 1517-1520.

[9] Tao J H, Liu F Z, Zhang M, et al. Design of speech corpus for mandarin text to speech[C]//The Blizzard Challenge 2008 workshop. 2008.

[10] Busso C, Bulut M, Lee C-C, et al. IEMOCAP: Interactive emotional dyadic motion capture database[J]. Language resources and evaluation, 2008, 42(4): 335-363.

[11] Batliner A, Steidl S, Nöth E. Releasing a thoroughly annotated and processed spontaneous emotional database: the FAU Aibo Emotion Corpus[C]//Proc. of a Satellite Workshop of LREC. 2008, 28.

[12] Martin O, Kotsia I, Macq B, et al. The eNTERFACE'05 audio-visual emotion database[C]//22nd International Conference on Data Engineering Workshops(ICDEW'06). IEEE, 2006: 8-8.

[13] Grimm M, Kroschel K, Narayanan S. The vera am mittag german audiovisual emotional speech database. In: Proc. of the 2008 IEEE Int'l Conf. on Multimedia and Expo(ICME). Hannover: IEEE Computer Society, 2008. 865-868. [doi: 10.1109/ICME.2008.4607572].

[14] McKeown G, Valstar MF, Cowie R, Pantic M. The semaine corpus of emotionally coloured character interactions. In: Proc. of the 2010 IEEE Int'l Conf. on Multimedia and Expo(ICME). Singapore: IEEE Computer Society, 2010. 1079-1084. [doi: 10.1109/ICME.2010.5583006].

[15] Ringeval, F., Sonderegger, A., Sauer, J., Lalanne, D., 2013. Introducing the recola multimodal corpus of remote collaborative and affective interactions. In: 2013 10th IEEE international conference and workshops on automatic face and gesture recognition(FG). IEEE, pp. 1-8.

[16] Oflazoglu, C., Yildirim, S., 2013. Recognizing emotion from turkish speech using acoustic features. EURASIP J. Audio Speech Music Process. 2013(1), 26.

[17] M. Wollmer, F. Weninger, T. Knaup, B. Schuller, C. Sun, K. Sagae, L.-P. Morency, Youtube movie reviews: Sentiment analysis in an audio-visual context, Intell. Syst. IEEE 28(3)(2013)46-53.

[18] Lee C M, Narayanan S S. Toward detecting emotions in spoken dialogs[J]. IEEE transactions on speech and audio processing, 2005, 13(2): 293-303.

[19] Luengo I, Navas E, Hernáez I, et al. Automatic emotion recognition using prosodic parameters[C]//Proc. of INTERSPEECH. 2005: 493-496.

[20] Benesty J, Sondhi M M, Huang Y. Springer handbook of speech processing[M]. Springer, 2007.

[21] Bitouk D, Verma R, Nenkova A. Class-level spectral features for emotion recognition[J]. Speech communication, 2010, 52 (7-8): 613-625.

[22] Wu S, Falk T H, Chan W Y. Automatic speech emotion recognition using modulation spectral features[J]. Speech communication, 2011, 53(5): 768-785.

［23］Gobl C,Chasaide A N. The role of voice quality in communicating emotion,mood and attitude［J］. Speech communication, 2003,40(1-2):189-212.

［24］Nwe T L,Foo S W,De Silva L C. Speech emotion recognition using hidden Markov models［J］. Speech communication,2003, 41(4):603-623.

［25］Schuller B,Rigoll G,Lang M. Hidden Markov model-based speech emotion recognition［C］∥Proc. of ICASSP. 2003:II-1- II-4.

［26］Ververidis D,Kotropoulos C. Emotional speech classification using Gaussian mixture models［C］∥2005 IEEE International Symposium on Circuits and Systems. IEEE,2005:2871-2874.

［27］Hu H,Xu M X,Wu W. GMM supervector based SVM with spectral features for speech emotion recognition［C］∥Proc. of IC-ASSP. 2007,4:IV-413-IV-416.

［28］Han K,Yu D,Tashev I. Speech emotion recognition using deep neural network and extreme learning machine［C］∥Proc. of INTERSPECCH. 2014:223-227.

［29］Wang Z Q,Tashev I. Learning utterance-level representations for speech emotion and age/gender recognition using deep neural networks［C］∥ICASSP. IEEE,2017:5150-5154.

［30］Lee J,Tashev I. High-level feature representation using recurrent neural network for speech emotion recognition［C］∥Proc. of INTERSPECCH. 2015:1537-1540.

［31］Eyben,F,Wöllmer,M,Graves,A,Schuller,B,Douglas-Cowie,E,Cowie,R.. On-line emotion recognition in a 3-d activation-valence-time continuum using acoustic and linguistic cues［J］. J. Multimodal User Interfaces. 2010,3(1-2),7-19

［32］Satt A,Rozenberg S,Hoory R. Efficient Emotion Recognition from Speech Using Deep Learning on Spectrograms［C］∥Proc. of INTERSPECCH,2017:1089-1093.

［33］Guo L,Wang L,Dang J,et al. A feature fusion method based on extreme learning machine for speech emotion recognition［C］∥ Proc. of ICASSP. 2018:2666-2670.

［34］Huang Z,Dong M,Mao Q,et al. Speech emotion recognition using CNN［C］∥Proceedings of the 22nd ACM international conference on Multimedia. ACM,2014:801-804.

［35］Lim W,Jang D,and Lee T. Speech emotion recognition using convolutional and recurrent neural networks in Signal and Information Processing Association Annual Summit and Conference,2016:1-4.

［36］Provost E M. Identifying salient sub-utterance emotion dynamics using flexible units and estimates of affective flow［C］∥ Proc. of ICASSP,2013.

［37］Kim Y,Provost E M. Emotion classification via utterance-level dynamics:A pattern-based approach to characterizing affective expressions［C］∥Proc. of ICASSP,2013.

［38］Sutskever I,Vinyals O,Le Q V. Sequence to Sequence Learning with Neural Networks［J］. Advances in neural information processing systems,2014:3104-3112.

［39］Zhou H,Huang M,Zhang T,et al. Emotional Chatting Machine:Emotional Conversation Generation with Internal and External Memory［C］∥AAAI 2018,730-738.

［40］Song Z,Zheng X,Liu L,et al. Generating responses with a specific emotion in dialog［C］∥ACL 2019,3685-3695.

［41］Shen L,Feng Y. CDL:Curriculum Dual Learning for Emotion-Controllable Response Generation［C］∥ACL 2020,556-566.

［42］Vaswani A,Shazeer N,Parmar N,et al. Attention is all you need,Advances in Neural Information Processing Systems. 2017: 5998-6008.

［43］Y. Miao,M. Gowayyed and F. Metze, "EESEN:End-to-End Speech Recognition using Deep RNN Models and WFST-based Decoding",Http:∥arxiv.org/abs/1507.08240,2015.

［44］Graves,A.,Fernandez,S.,Gomez,F. and Schmidhuber J., "Connectionist Temporal Classification :Labelling Unsegmented Sequence Data with Recurrent Neural Networks",23rd international conference on Machine Learning,pp. 369—376,2006.

［45］A. Hannun, "Sequence modeling with ctc," Distill,vol. 2,no. 11,p. e8,2017.

［46］A. Graves and N. Jaitly, "Towards End-to-End Speech Recognition with Recurrent Neural Networks",International Conference on Machine Learning,2014.

［47］W. Chan,N. Jaitly,Q. Le and O. Vinyals, "Listen attend and spell:A neural network for large vocabulary conversational speech recognition",Proc. Int. Conf. Acoust. Speech Signal Process.,pp. 4960-4964,2016.

［48］J. Chorowski,D. Bahdanau,K. Cho and Y. Bengio, "End-to-end Continuous Speech Recognition using Attention-based Recurrent NN:First Results",Neural Information Processing Systems:Workshop Deep Learning and Representation Learning Workshop,2014.

[49] J. Gehring, M. Auli, D. Grangier, D. Yarats and Y. N. Dauphin, "Convolutional sequence to sequence learning", 2017, [online].

[50] S. Seo, J. Huang, H. Yang and Y. Liu, "Interpretable convolutional neural networks with dual local and global attention for review rating prediction", Proc. 11th ACM Conf. Recommender Syst. (RecSys), pp. 297-305, 2017.

[51] E. Shriberg et al., "Can Prosody Aid the Automatic Classification of Dialog Acts in Conversational Speech?," Lang Speech, vol. 41, no. 3-4, pp. 443-492, Jul. 1998, doi: 10.1177/002383099804100410.

[52] D. Ortega and N. Thang Vu, "Lexico-Acoustic Neural-Based Models for Dialog Act Classification," in ICASSP, Calgary, AB, Apr. 2018, pp. 6194-6198, doi: 10.1109/ICASSP.2018.8461371.

[53] Si Y, Wang L, Dang J, et al. A Hierarchical Model for Dialog Act Recognition Considering Acoustic and Lexical Context Information[C]//ICASSP 2020 - 2020 IEEE International Conference on Acoustics, Speech and Signal Processing (ICASSP). IEEE, 2020: 7994-7998.

[54] D. Serdyuk, Y. Wang, C. Fuegen, A. Kumar, B. Liu, and Y. Bengio, "Towards End-to-end Spoken Language Understanding," in 2018 IEEE International Conference on Acoustics, Speech and Signal Processing (ICASSP), Calgary, AB, Apr. 2018, pp. 5754-5758, doi: 10.1109/ICASSP.2018.8461785.

[55] A. Kannan, Y. Wu, P. Nguyen, T. N. Sainath, Z. Chen and R. Prabhavalkar, "An Analysis of Incorporating an External Language Model into a Sequence-to-Sequence Model", Proc. ICASSP (accepted), 2018.

[56] C. Gulcehre, O. Firat, K. Xu, K. Cho, L. Barrault, H.-C. Lin, et al., "On using monolingual corpora in neural machine translation", arXiv preprint arXiv: 1503.03535, 2015.

[57] S. Ueno, H. Inaguma, M. Mimura and T. Kawahara, "Acoustic-to-word attention-based model complemented with character-level CTC-based model", ICASSP, 2018.

[58] Y. He, R. Prabhavalkar, K. Rao, W. Li, A. Bakhtin and I. Mc-Graw, "Streaming small-footprint keyword spotting using sequence-to-sequence models", Proc. ASRU, pp. 474-481, Dec 2017.

[59] Y. LeCun, Y. Bengio, G.J.n. Hinton, Deep learning, 2015.

[60] M. Cowling, R. Sitte, Comparison of techniques for environmental sound recognition, 2003.

[61] Q. Yu, Y. Yao, L. Wang, H. Tang, J. Dang, A multi-spike approach for robust sound recognition, in: ICASSP 2019-2019 IEEE International Conference on Acoustics, Speech and Signal Processing (ICASSP), IEEE, 2019, pp. 890-894.

[62] D. O'Shaughnessy, Automatic speech recognition: History, methods and challenges, 2008.

[63] R.V. Sharan, T.J. Moir, An overview of applications and advancements in automatic sound recognition, 2016.

[64] A.M. Leaver, J.P. Rauschecker, Cortical representation of natural complex sounds: effects of acoustic features and auditory object category, 2010.

[65] F. Weninger, B. Schuller, Audio recognition in the wild: Static and dynamic classification on a real-world database of animal vocalizations, in: IEEE International Conference on Acoustics, Speech & Signal Processing, 2011.

[66] C. Kwak, O.W. Kwon, Cardiac disorder classification by heart sound signals using murmur likelihood and hidden markov model state likelihood, 2012.

[67] R.F Lyon, Machine Hearing: An Emerging Field[Exploratory DSP], 2010.

[68] Q. Yu, Y. Yao, L. Wang, H. Tang, J. Dang, K.C. Tan, L. Systems, Robust Environmental Sound Recognition With Sparse Key-Point Encoding and Efficient Multispike Learning, 2020.

[69] R.C. DeCharms, D.T. Blake, M.M. Merzenich, Optimizing sound features for cortical neurons, 1998.

[70] P. Joris, C. Schreiner, A. Rees, Neural processing of amplitude-modulated sounds, 2004.

[71] F.E. Theunissen, K. Sen, A.J. Doupe, Spectral-temporal receptive fields of nonlinear auditory neurons obtained using natural sounds, 2000.

[72] J. Dennis, Q. Yu, H. Tang, H.D. Tran, H. Li, Temporal coding of local spectrogram features for robust sound recognition, in: 2013 IEEE International Conference on Acoustics, Speech and Signal Processing, IEEE, 2013, pp. 803-807.

[73] J. Wu, Y. Chua, M. Zhang, H. Li, K.C Tan, A spiking neural network framework for robust sound classification, 2018.

[74] R. Xiao, H. Tang, P. Gu, X. Xu, Spike-based encoding and learning of spectrum features for robust sound recognition, 2018.

[75] R. Gütig, Spiking neurons can discover predictive features by aggregate-label learning, 2016.

[76] Q. Yu, H. Li, K.C. Tan, Spike timing or rate? Neurons learn to make decisions for both through threshold-driven plasticity, 2018.

[77] R. Gütig, H. Sompolinsky, The tempotron: a neuron that learns spike timing-based decisions, 2006.

［78］ Q. Yu，H. Tang，K.C. Tan，H. Li，Precise-spike-driven synaptic plasticity：Learning hetero-association of spatiotemporal spike patterns，2013.

［79］ S. Nakamura，K. Hiyane，F. Asano，T. Nishiura，T. Yamada，Acoustical sound database in real environments for sound scene understanding and hands-free speech recognition，2000.

新一代人工智能系列教材

"新一代人工智能系列教材"包含人工智能基础理论、算法模型、技术系统、硬件芯片和伦理安全以及"智能+"学科交叉等方面内容以及实践系列教材,在线开放共享课程,各具优势、衔接前沿、涵盖完整、交叉融合,由来自浙江大学、北京大学、清华大学、上海交通大学、复旦大学、西安交通大学、天津大学、哈尔滨工业大学、同济大学、西安电子科技大学、桂林电子科技大学、四川大学、北京理工大学、南京理工大学、微软亚洲研究院等高校和研究所的老师参与编写。

教材名	作者	作者单位
人工智能导论:模型与算法	吴飞	浙江大学
可视化导论	陈为、张嵩、鲁爱东、赵烨	浙江大学、密西西比州立大学、北卡罗来纳大学夏洛特分校、肯特州立大学
智能产品设计	孙凌云	浙江大学
自然语言处理	刘挺、秦兵、赵军、黄萱菁、车万翔	哈尔滨工业大学、中科院大学、复旦大学
模式识别	周杰、郭振华、张林	清华大学、同济大学
人脸图像合成与识别	高新波、王楠楠	重庆邮电大学、西安电子科技大学
自主智能运动系统	薛建儒	西安交通大学
机器感知	黄铁军	北京大学
人工智能芯片与系统	王则可、李玺、李英明	浙江大学
物联网安全	徐文渊	浙江大学
神经认知学	唐华锦、潘纲	浙江大学
人工智能伦理	古天龙	暨南大学
人工智能伦理与安全	秦湛、潘恩荣、任奎	浙江大学
金融智能理论与实践	郑小林	浙江大学
媒体计算	韩亚洪、李泽超	天津大学、南京理工大学
人工智能逻辑	廖备水、刘奋荣	浙江大学、清华大学
生物信息智能分析与处理	沈红斌	上海交通大学
数字生态:人工智能与区块链	吴超	浙江大学
"人工智能+"数字经济	王延峰	上海交通大学
人工智能内生安全	姜育刚	复旦大学
数据科学前沿技术导论	高云君、陈璐、苗晓晔、张天明	浙江大学、浙江工业大学
计算机视觉	程明明	南开大学
深度学习基础	刘远超	哈尔滨工业大学

新一代人工智能实践系列教材

教材名	作者	作者单位
智能之门：神经网络与深度学习入门（基于Python 的实现）	胡晓武、秦婷婷、李超、邹欣	微软亚洲研究院
人工智能基础	徐增林　等	哈尔滨工业大学（深圳）
机器学习	胡清华、杨柳、王旗龙　等	天津大学
深度学习技术基础与应用	吕建成、段磊等	四川大学
计算机视觉理论与实践	刘家瑛　等	北京大学
语音信息处理理论与实践	王龙标、党建武、于强	天津大学
自然语言处理理论与实践	黄河燕、李洪政、史树敏	北京理工大学
跨媒体移动应用导论	张克俊　等	浙江大学
人工智能芯片编译技术与实践	蒋力	上海交通大学
智能驾驶技术与实践	黄宏成	上海交通大学
人工智能导论：案例与实践	朱强　飞桨教材编写组	浙江大学、百度

语音信息处理

Yuyin Xinxi Chuli

理论与实践

Lilun yu Shijian

图书在版编目（CIP）数据

语音信息处理理论与实践 / 王龙标，党建武，于强
编著. -- 北京：高等教育出版社，2024.12
ISBN 978-7-04-058364-9

Ⅰ.①语… Ⅱ.①王… ②党… ③于… Ⅲ.①语音数
据处理－教材 Ⅳ.①TN912.3

中国版本图书馆CIP数据核字 (2022) 第038730号

郑重声明

高等教育出版社依法对本书享有专
有出版权。任何未经许可的复制、
销售行为均违反《中华人民共和国
著作权法》，其行为人将承担相应的
民事责任和行政责任；构成犯罪的，
将被依法追究刑事责任。为了维护
市场秩序，保护读者的合法权益，
避免读者误用盗版书造成不良后果，
我社将配合行政执法部门和司法机
关对违法犯罪的单位和个人进行严
厉打击。社会各界人士如发现上述
侵权行为，希望及时举报，我社将
奖励举报有功人员。

反盗版举报电话
（010）58581999　58582371

反盗版举报邮箱
dd@hep.com.cn

通信地址
北京市西城区德外大街4号
高等教育出版社法律事务部
邮政编码　100120

读者意见反馈

为收集对教材的意见建议，进一步
完善教材编写并做好服务工作，读
者可将对本教材的意见建议通过如
下渠道反馈至我社。

咨询电话　400-810-0598
反馈邮箱　gjdzfwb@pub.hep.cn
通信地址　北京市朝阳区惠新东街4
号富盛大厦1座　高等教育出版社总
编辑办公室
邮政编码　100029

策划编辑　刘　茜
责任编辑　张　曦
封面设计　杨伟露
版式设计　徐艳妮
责任绘图　杨伟露
责任校对　高　歌
责任印制　刁　毅

出版发行　高等教育出版社
社址　北京市西城区德外大街4号
邮政编码　100120
购书热线　010-58581118
咨询电话　400-810-0598
网址
http://www.hep.edu.cn
http://www.hep.com.cn
网上订购
http://www.hepmall.com.cn
http://www.hepmall.com
http://www.hepmall.cn
印刷　河北鹏远艺兴科技有限公司
开本　787mm×1092mm　1/16
印张　23.25
字数　450千字
版次　2024年12月第1版
印次　2024年12月第1次印刷
定价　49.00元